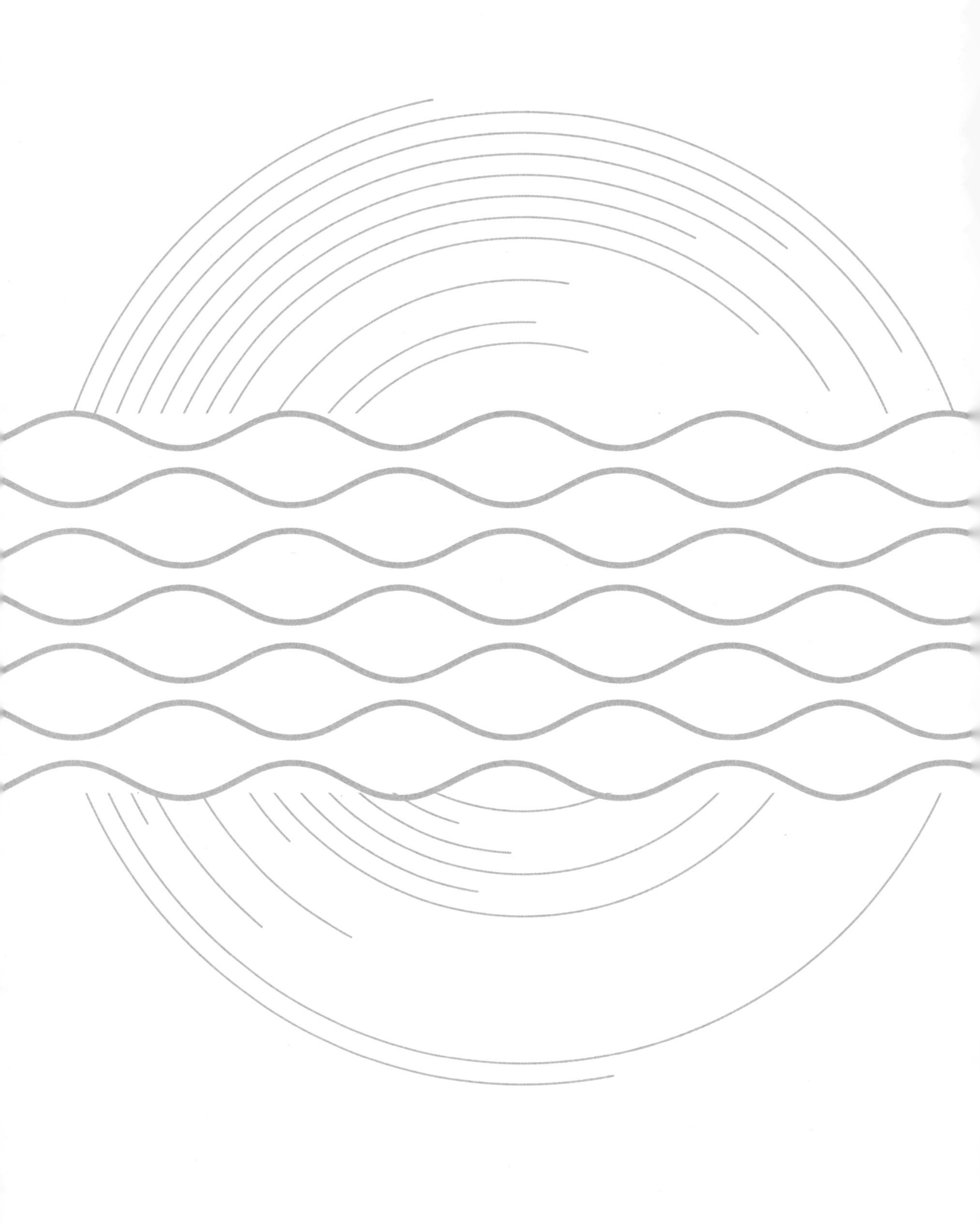

从新手到高手

C4D&Octane
渲染器材质与灯光设计从新手到高手

陈林鼎 / 编著

清華大学出版社
北京

内容简介

C4D和Octane渲染器是制作真实产品效果最佳的软件搭配。本书全面介绍使用C4D进行三维制作和使用Octane渲染器进行渲染的方法，内容包括C4D灯光、材质、OC渲染器和特效等知识；主要介绍C4D的材质渲染知识，包括认识C4D材质编辑器、熟悉C4D的灯光、熟练使用Octane渲染器材质、灯光、环境和场景的渲染输出等。本书案例丰富，着重于实战应用。另外，本书还赠送Cinema 4D基础建模、渲染、动画视频教学、Octane渲染视频教学、本书案例的工程文件及素材库、Octane渲染器资源预置库和PPT课件。

本书适合初、中级三维制作人员使用，也可作为相关培训机构的教学用书。

图书在版编目（CIP）数据

C4D&Octane 渲染器材质与灯光设计从新手到高手 / 陈林鼎编著 . — 北京：清华大学出版社，2022.4（2024.7 重印）

（从新手到高手）

ISBN 978-7-302-60291-0

Ⅰ. ① C… Ⅱ. ①陈… Ⅲ. ①三维动画软件 Ⅳ. ① TP391.414

中国版本图书馆 CIP 数据核字（2022）第 043329 号

责任编辑：张　敏
封面设计：郭二鹏
责任校对：胡伟民
责任印制：杨　艳

出版发行：清华大学出版社
网　　址：https://www.tup.com.cn, https://www.wqxuetang.com
地　　址：北京清华大学学研大厦A座　　**邮　　编**：100084
社 总 机：010-83470000　　**邮　　购**：010-62786544
投稿与读者服务：010-62776969，c-service@tup.tsinghua.edu.cn
质 量 反 馈：010-62772015，zhiliang@tup.tsinghua.edu.cn

印 装 者：北京博海升彩色印刷有限公司
经　　销：全国新华书店
开　　本：185mm×260mm　　**印　　张**：14　　**字　　数**：395千字
版　　次：2022年6月第1版　　**印　　次**：2024年7月第3次印刷
定　　价：99.00元

产品编号：094778-01

前言
Preface

Cinema 4D 是一套由德国 Maxon Computer 公司开发的 3D 绘图软件，以极高的运算速度和强大的动画功能而著称。Cinema 4D 软件应用广泛，在广告、电影、工业设计等方面都有出色的表现。目前，Cinema 4D 已经成为许多一流艺术家和电影公司的首选。

Cinema 4D 的开放式接口决定了它有很多外挂插件，其中 Octane 渲染器就是其中的佼佼者，尤其 Octane 渲染器的实时渲染功能，让设计人员能够更加高效地表现其强大的特效。Octane 与 Cinema 4D 在建模、光线、材质、渲染等各方面有着完美的结合，其高质量的出图效果促进了三维制作行业的蓬勃发展。

全书内容本着由浅入深的编写顺序，从基础知识到综合应用共分 9 章。

第 1 章为 Cinema 4D 基础知识。

第 2 ～ 3 章为内置材质编辑器和灯光与环境的基本操作。只有掌握了 Cinema 4D 基本的材质和灯光编辑方法，才能为后面介绍的 Octane 渲染器的使用打好基础。

第 4、5 章为 Octane 的基础知识和材质编辑器的用法，罗列了一系列 Octane 渲染器专用材质类型和基本案例。

第 6 ～ 8 章为案例演示部分，分别讲述了 Octane 渲染器的组合材质、混合材质和特殊材质的用法。

第 9 章为综合案例应用，列举了电商的完整制作流程。

为了更好地帮助读者掌握 Octane 渲染器，本书赠送 Cinema 4D 基础建模、渲染、动画视频教学、Octane 渲染视频教学、本书案例的工程文件及素材库、Octane 渲染器资源预置库和 PPT 课件，读者可扫描下方二维码下载获取。

C4D 基础建模、渲染、动画视频教学

Octane 渲染视频教学

本书工程文件及素材库 1

本书工程文件及素材库 2

Octane 渲染器资源预置库

PPT 课件

本书最大的特色在于图文并茂，书中大量的图片都做了标示和对比，力求让读者通过有限的篇幅，学习尽可能多的知识。基础部分采用参数讲解与案例应用相结合的方法，使读者在明白参数意义的同时，最大程度地学会实际应用。

软件的进步促进了三维渲染图的质量，但它们毕竟只是工具，只有人的能力的全面提升，才能更好地提高图像的制作水平。三维渲染图是设计师思想的一种展现，所以图像制作者想要提高自身的设计能力，还要具有一定的艺术修养和绘画基本功。因此，效果图制作者除了要熟练掌握计算机操作技术，还要不断地学习最新的设计理念，不断提高艺术欣赏力，不断练习绘画的基本功，只有这样做，才能不为人后。希望通过此书，能够对读者在制作效率和渲染效果上有所帮助和提升。

本书由云南艺术学院陈林鼎老师编著。

由于时间仓促，错误之处在所难免，敬请广大读者朋友批评指正。

编者

目录
Contents

第 1 章 Cinema 4D 基础知识

第 2 章 内置材质编辑器

第 3 章 内置灯光和环境

第 4 章 Octane 渲染器基础

第 5 章 Octane 材质编辑器

第 6 章 Octane 组合材质应用

第 7 章 Octane 混合材质应用

第 8 章 Octane 特殊材质应用

第 9 章 综合案例应用

第1章

Cinema 4D 基础知识

本章导读

Cinema 4D 自 1993 年诞生起，就一直深受 3D 动画创作者的极大青睐，Cinema 4D 提供了十分友好的操作界面，使创作者可以很容易地创作出专业级别的三维图形和动画。在过去的几年中，Cinema 4D 软件得到了迅速发展和完善，其应用领域也在不断拓宽。可以毫不夸张地说，Cinema 4D 是目前世界上最优秀、使用最广泛的三维动画制作软件之一，其无比强大的建模功能、丰富多彩的动画技巧、直观简单的操作方式已深入人心。Cinema 4D 已经被广泛应用于电影特级、电视广告、工业造型、建筑艺术等各个领域，并不断地吸引着越来越多的动画制作爱好者和三维制作专业人员。本章将详细介绍 Cinema 4D 的基础知识。

知识点 \ 学习目标	了解	理解	应用	实践
Cinema 4D 的应用领域	√			
Cinema 4D 的工作流程		√	√	
Cinema 4D 的界面学习		√	√	
Cinema 4D 中物体的显示方式			√	√
Cinema 4D 的操作视图布局			√	√
隐藏与冻结物体			√	√
群组和展开群组物体			√	√

1.1 Cinema 4D的应用领域

随着社会的发展和软件技术的进步，从行业上看，三维动画的分工越来越细，目前已经形成了几个比较重要的制作行业。

1.1.1 建筑行业的应用

在建筑行业的应用，主要表现在建筑效果图的制作、建筑动画和虚拟现实技术。因为随着我国经济的发展，房地产行业持续升温，带动了其相关产业的发展。近年来，在一些大型的规划项目中也应用了虚拟现实技术，说明 Cinema 4D 在建筑行业中的应用也日趋完善了。

图 1.1 所示为 Cinema 4D 在建筑行业中应用的截图。

图 1.1

1.1.2 广告包装行业的应用

一个好的广告包装往往是创意和技术的完美结合，所以广告包装对三维软件的技术要求比较高，一般包括复杂的建模、角色动画和实景合成等很多方面。随着我国广告相关制度的健全和人们对产品品牌意识的提高，这一行业将有更加广阔的空间。图 1.2 所示为广告宣传片截图，这个广告的制作完全通过 Cinema 4D 完成。

图 1.2

1.1.3 影视行业的应用

影视行业的应用主要分两个方面：电视片头动画和电视台的栏目包装。这个行业有其自身的特点，最主要的一点就是高效率，一般一个完整的片子几天内必须制作完成，所以就需要团队作业，最好从前期策划到场景制作和后期处理一起合成。图 1.3 所示为 Maxon 公司一些优秀的电视栏目包装。

图 1.3

1.1.4 电影特效行业的应用

近几年，三维动画和合成技术在电影特效中得到了广泛应用，如最近热播的电影《大闹天宫》中就使用了大量的三维动画镜头，三维动画技术创造出了许多现实中无法实现的场景，而且也大大降低了制作成本。

目前，国内的电影工业初显起色，《哪吒》和《大圣归来》中就使用了大量的电影特效，在效果上丝毫不逊色于欧美大片，但是，国内技术整体还很滞后。

在制作电影特效方面，Maya、Houdini 做得比较好，但是随着 Cinema 4D 的不断升级，其功能也在不断向电影特级靠拢，制作电影级的特效也得到了广泛应用。图 1.4 所示为电影《阿凡达》中制作的虚拟三维城市。

图 1.4

1.1.5 游戏行业的应用

Cinema 4D 在全球应用最广的领域就是游戏行业，游戏开发在美国、日本及韩国都是支柱性的娱乐产业，但是在中国游戏开发公司却很少。究其原因，一是国内相关制度不健全，盗版市场猖獗；二是国内缺少高级的游戏开发人员。近年来，随着外来游戏的不断涌入，很多国内投资商也看到了这一商机，纷纷推出自己开发的游戏，在国内游戏市场上也有一片天地，但是始终无法占据主流市场。但是，随着盗版的抑制，国内 CG 水平的提高，游戏这一行业很快就会得到长足发展。

游戏行业的制作人员一般需要很好的美术功底，能熟练掌握多边形建模、手绘贴图、程序开发、角色动画等多项技术，所以必须团队合作。目前，国内的游戏开发技术人员的缺口还很大，相信再过几年会有越来越多的人投入这一行业中。图 1.5 所示为韩国 CG 大师李米化身为网络游戏《征服》制作的女主角形象。

图 1.5

1.2 Cinema 4D的工作流程

Cinema 4D 可以创造专业品质的 CG 模型、照片级的静态图像及电影品质的动画，如图 1.6 所示。所以了解 Cinema 4D 的工作流程是十分重要的，Cinema 4D 的工作流程一般分为 6 步，分别为设置场景、建立对象模型、使用材质、放置灯光及摄影机、渲染场景、设置场景动画。

图 1.6

1.2.1 设置场景

设置场景包括 3 方面，首先，打开 Cinema 4D 程序，如图 1.7 所示。然后通过设置语言和视图显示来建立一个场景。具体设置方法在本书后面的章节中将会进行详细讲解。

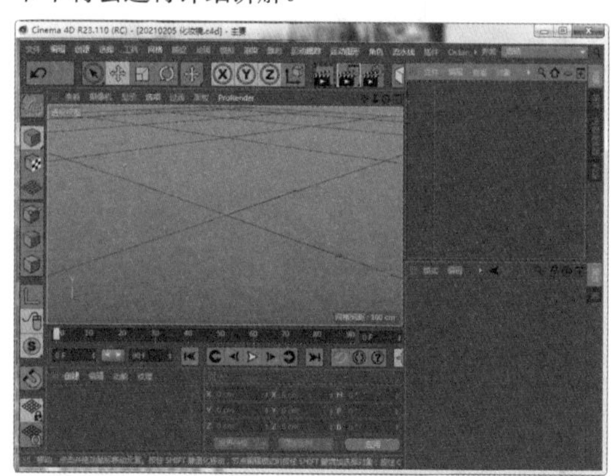

图 1.7

1.2.2 建立对象模型

建立模型是通过创建几何体对象，如 3D 几何体或者 2D 物体，然后对这些物体添加变换，也可以使用“移动”/“旋转”和“缩放”等方式将这些物体定位到场景中。图 1.8 所示为模型的建立过程。

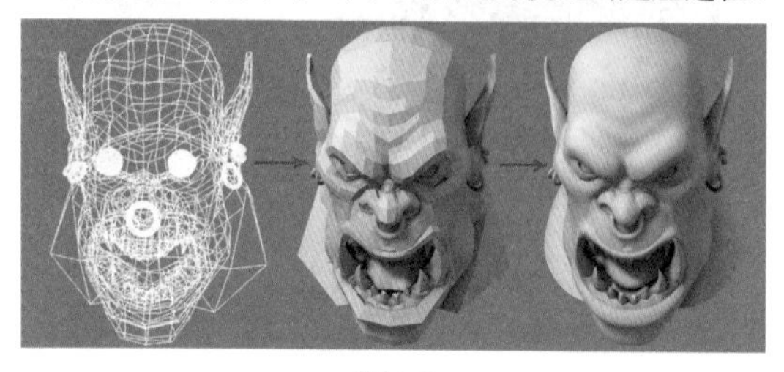

图 1.8

1.2.3 使用材质

可以使用“材质编辑器”制作材质和贴图，从而控制对象曲面的外观。贴图也可以被用来控制环境效果的外观，如灯光、雾和背景等。通过应用贴图来控制曲面属性，如纹理、凹凸度、不透明度和反射，可以扩展材质的真实度。大多数基本属性都可以使用贴图进行增强。任何图像文件，如在画图程序中（如 Photoshop 软件）创建的文件，都能作为贴图使用，或者也可以根据所设置的参数来选择创建图案的程序贴图。图 1.9 中的上图为一辆汽车的模型，下图为使用材质后的效果。

图 1.9

1.2.4 放置灯光和摄影机

默认照明均匀地为整个场景提供照明。当建模时此类照明很有用，但不是特别有美感或真实感。如果想在场景中获得更加真实的照明效果，可以创建和放置灯光。

用户可以创建和放置摄影机。摄影机可以定义用来渲染的视图，还可以通过设置摄影机动画来产生电影的效果。图 1.10 中的左图为灯光和摄影机建立图示，右图为在摄影机视角渲染好的场景。

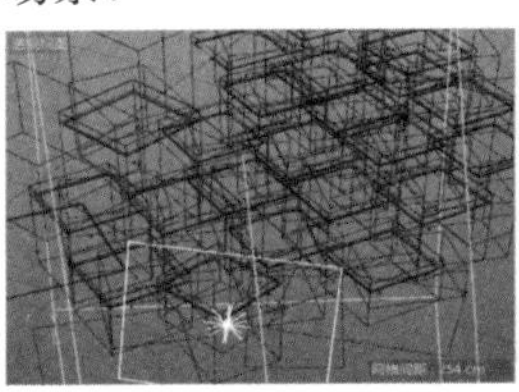

图 1.10

1.2.5 渲染场景

渲染是指将颜色、阴影、照明效果等加入几何体中，如图 1.11 所示。可以设置最终输出的大小和质量，还可以完全地控制专业级别的电影和视频属性及效果，如反射、抗锯齿、阴影属性和运动模糊等。

图 1.11

1.2.6 设置场景动画

在 Cinema 4D 中，几乎可以对场景中的任何东西进行动画设置。单击“自动关键帧”按钮，启用自动创建动画，拖动时间滑块，并在场景中做出更改来创建动画效果。可以打开“时间线”窗口更改“运动曲线”来编辑动画。“时间线”窗口就像一张电子表格，它沿时间线显示动画关键点，更改这些关键点，可以编辑动画效果。

1.3 认识Cinema 4D界面

Cinema 4D 的界面主要包括主菜单栏、工具栏、“对象”面板、材质编辑器、视图、参数控制区、时间线和视图控制区这 8 个区域组成。

1.3.1 界面布局

了解一下 Cinema 4D 的主菜单栏，如图 1.12 所示。包括“文件”“渲染”及“动画”等多个菜单。关于菜单功能的具体应用在后面的章节中会进行讲解。

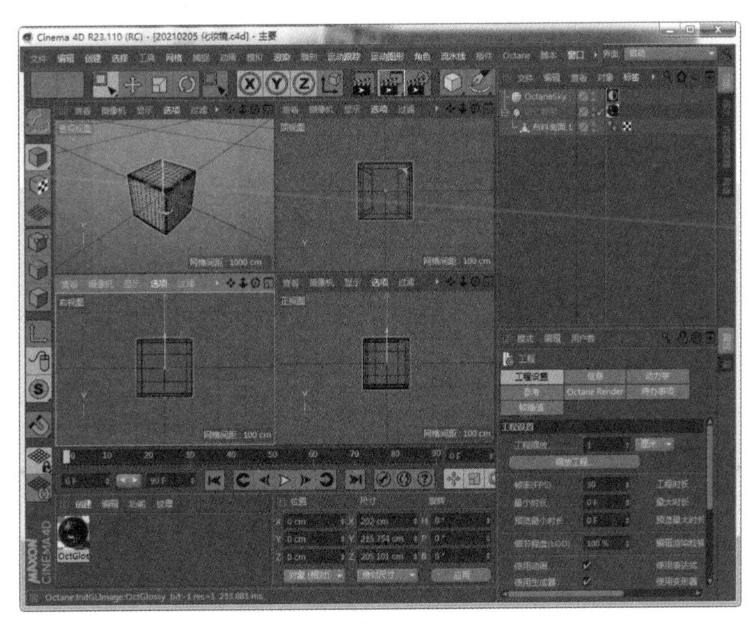

图 1.12

Cinema 4D 的工具栏如图 1.13 所示。工具栏中包含了很多常用命令，在计算机屏幕不能完全显示的情况下，可以通过鼠标中键拖动查看。

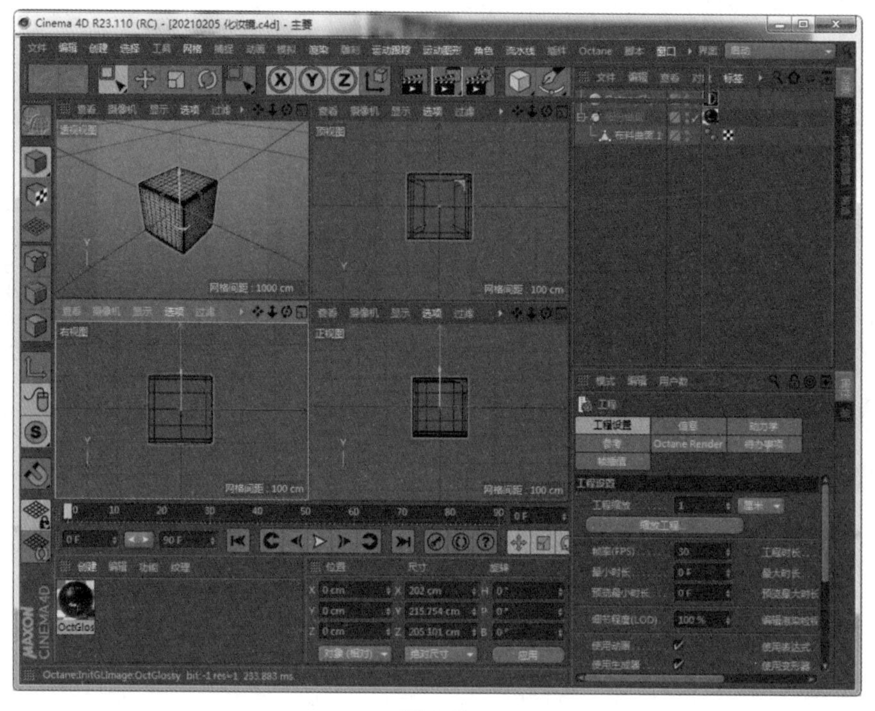

图 1.13

在主菜单栏空白处右击，可以将一些隐藏的工具面板打开，如图 1.14 所示。

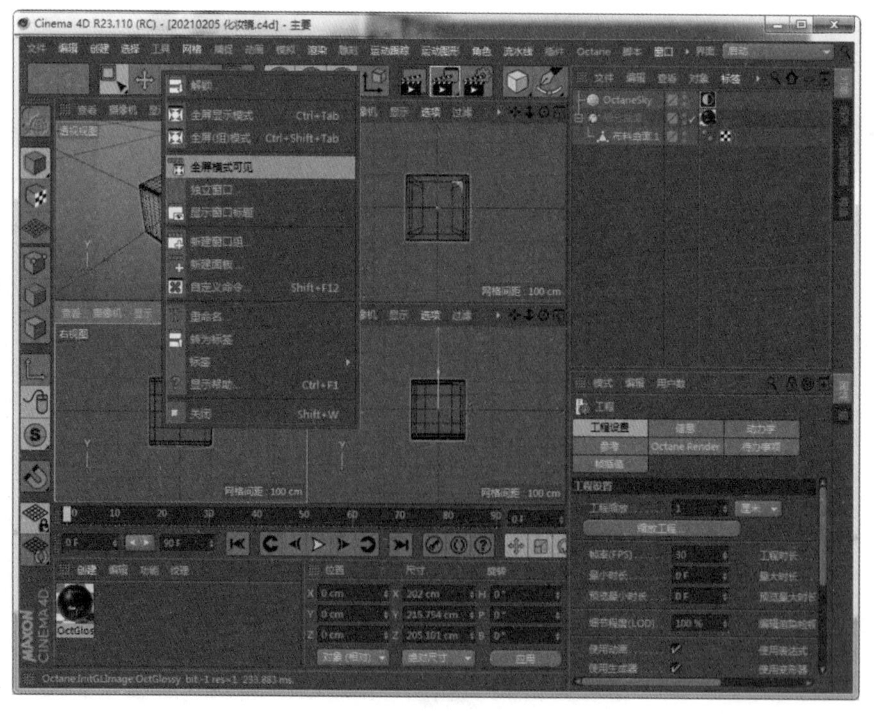

图 1.14

右上方是“对象”面板，如图 1.15 所示。“对象”面板主要以层级方式显示场景中的对象，可进行选择和编辑操作，是一个全新的场景编辑方式。

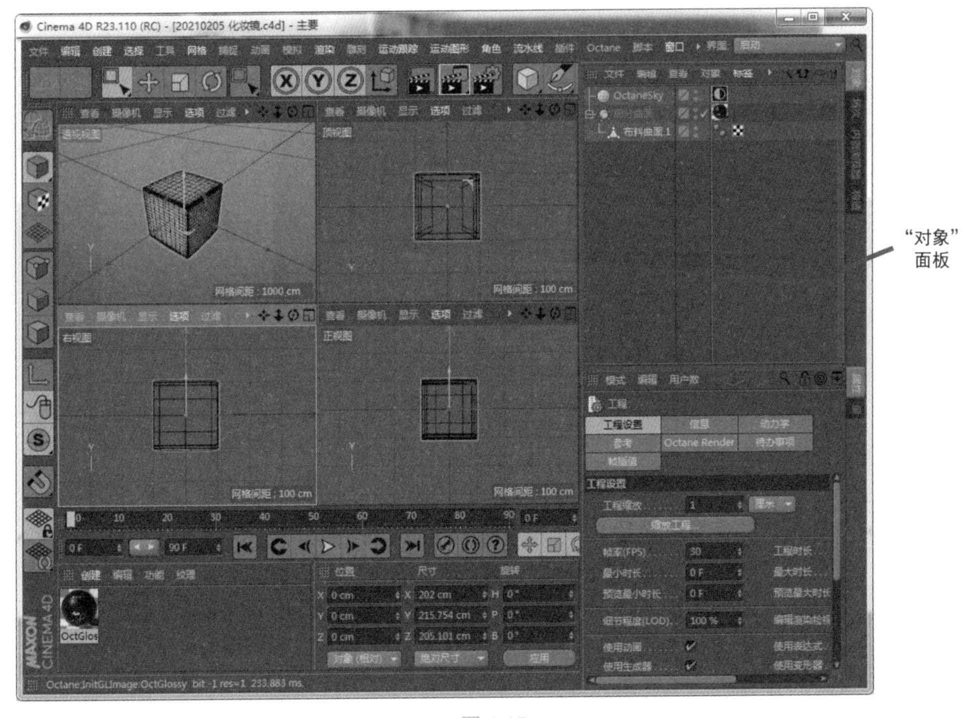

图 1.15

视图区如图 1.16 所示。这是一个重要的工作区域，可以划分成不同的视图方式或者进行不同方式的视图大小比例的定位。

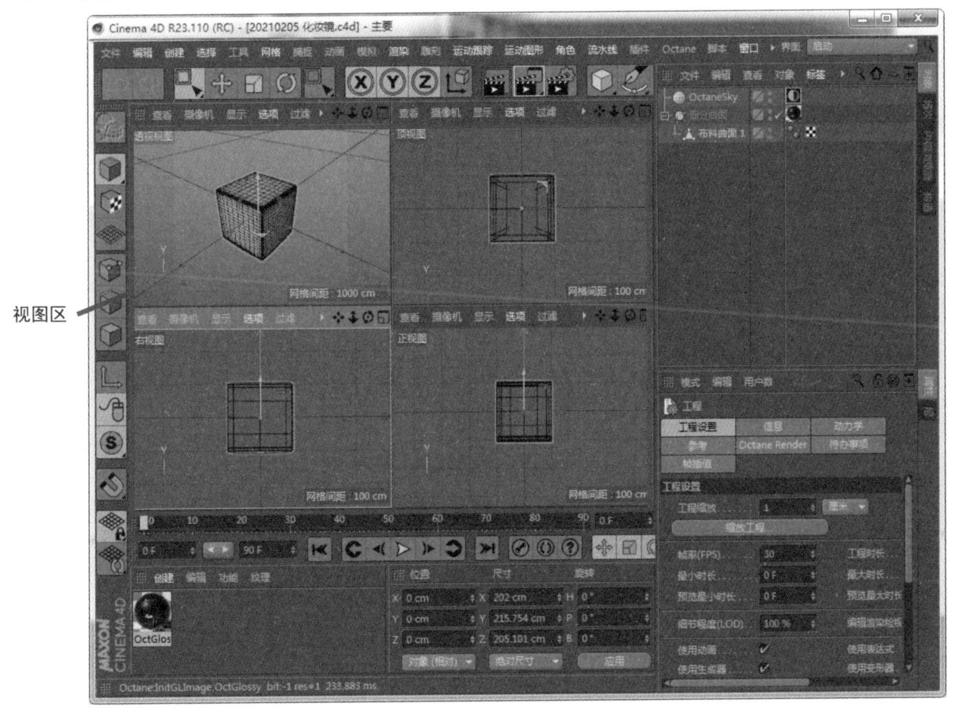

图 1.16

视图下方是时间线区域，如图 1.17 所示。可在这里编辑关键帧、创建动画、控制动画帧数，以及改变时间线的编辑模式。

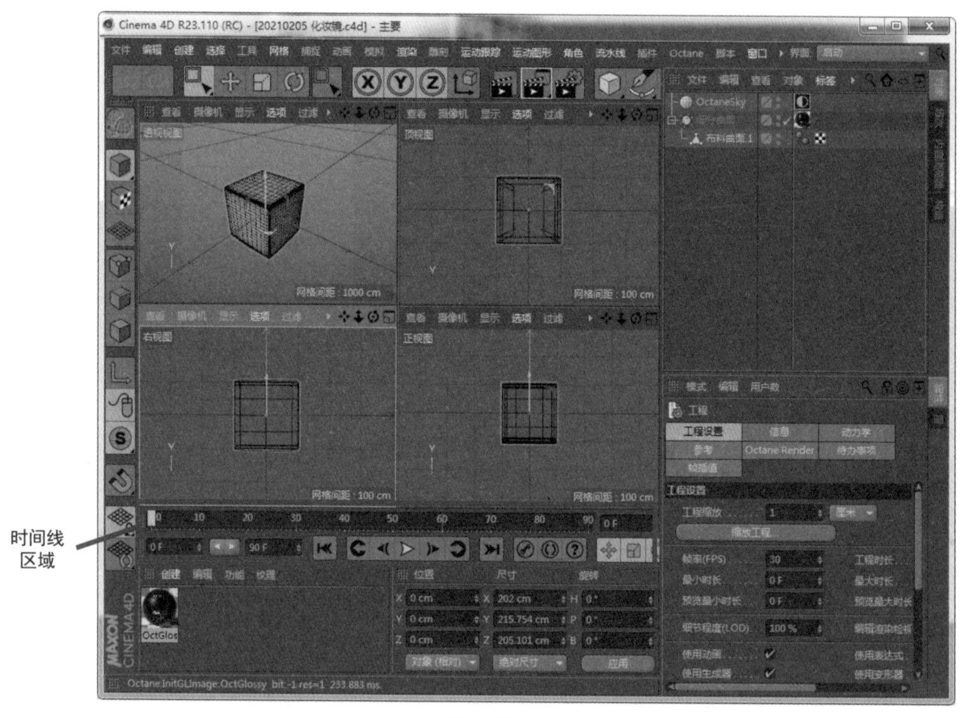

图 1.17

右下方是参数控制区，如图 1.18 所示。在场景中选择一个对象后，参数控制区将显示该对象的所有参数，并且可以对属性进行编辑。

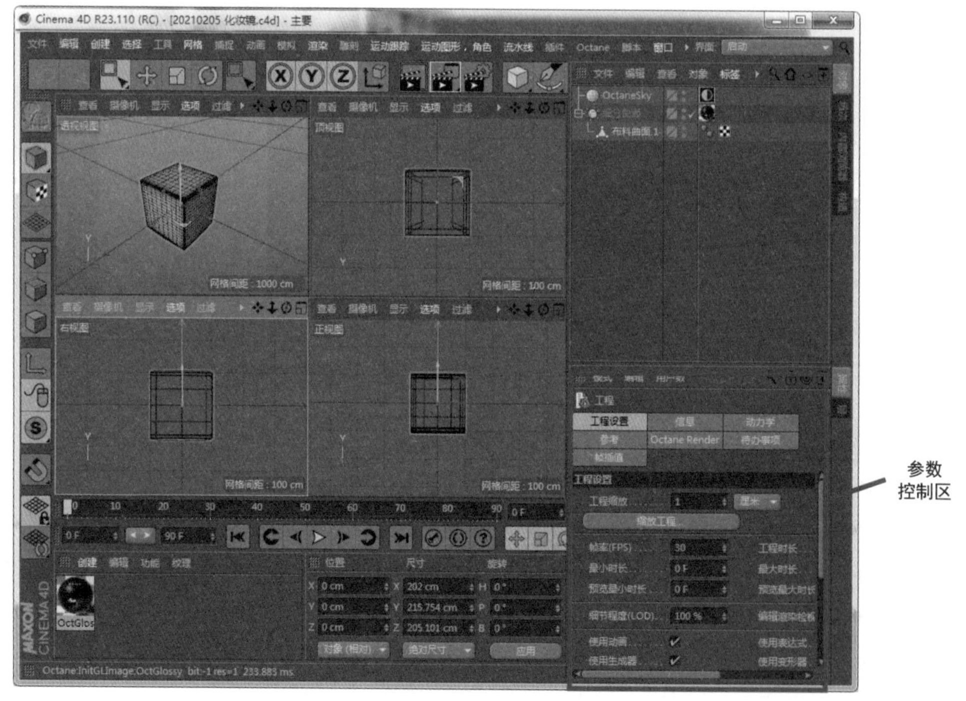

图 1.18

左下方是材质编辑器，如图 1.19 所示。在这里可以编辑材质属性和贴图，对材质球进行分类和命名等操作。

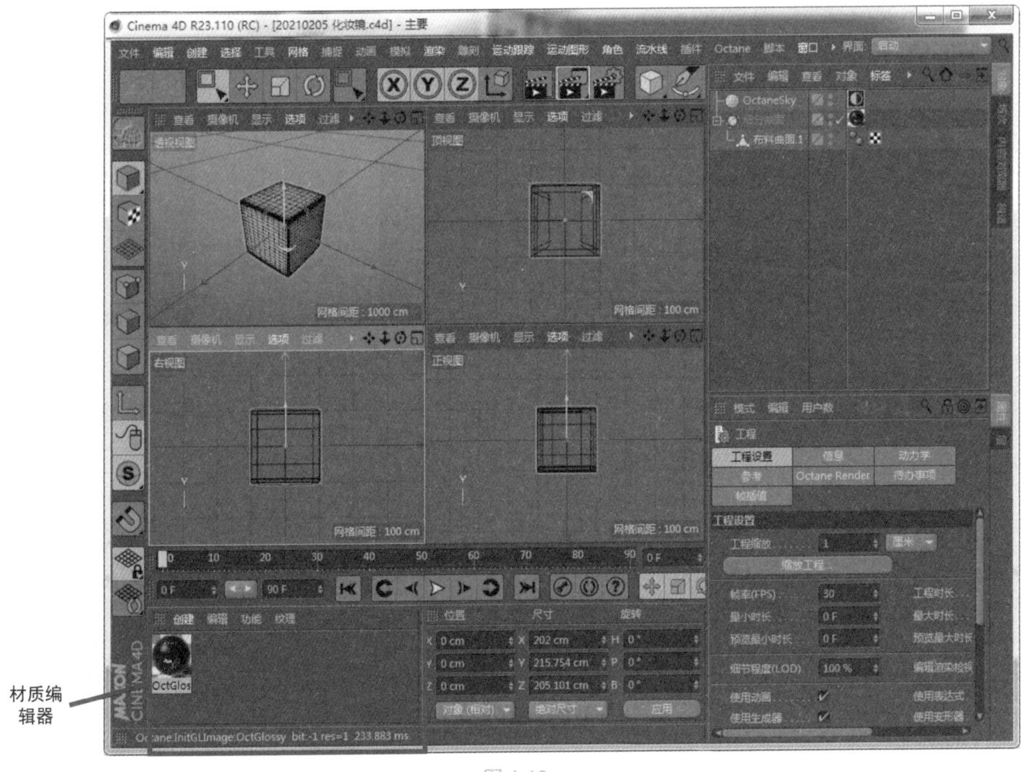

图 1.19

可以对界面布局进行重新调整，只需拖动区域左边的小方块，就可以随意移动它们，如图 1.20 所示。

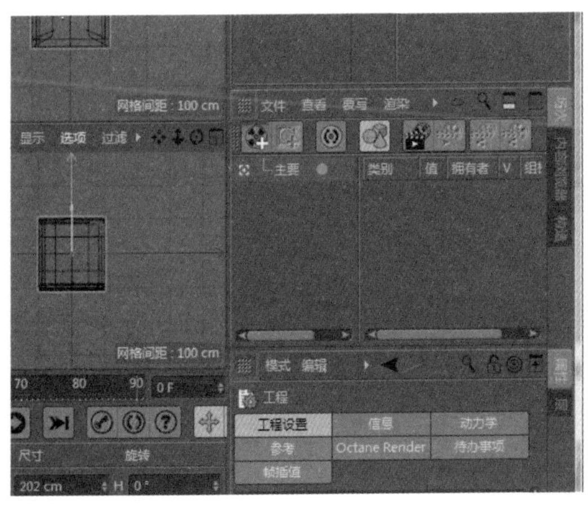

图 1.20

视图右上角有 4 个小图标，如图 1.21 所示。分别是控制视图的按钮，可对视图进行缩、放、平移和旋转等操作。

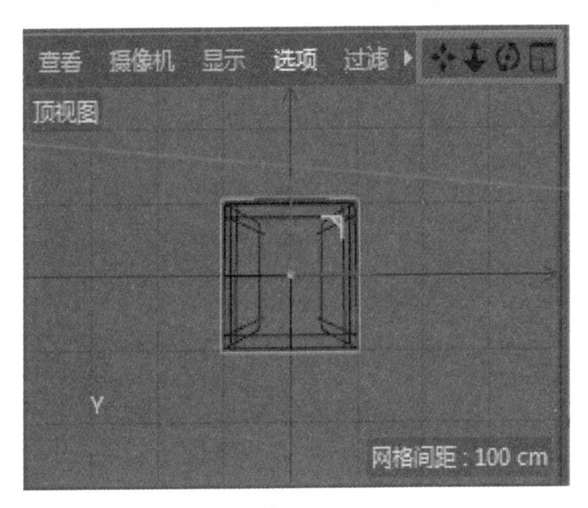

图 1.21

1.3.2 Cinema 4D 中物体的显示方式

模型在视图中有不同的显示方式，可以根据不同的显示方式进行不同的操作。默认情况下，模型以实体方式显示。

除了界面的主菜单，每个视图上方都有自己的视图菜单，可以控制物体的显示方式，如图 1.22 所示。

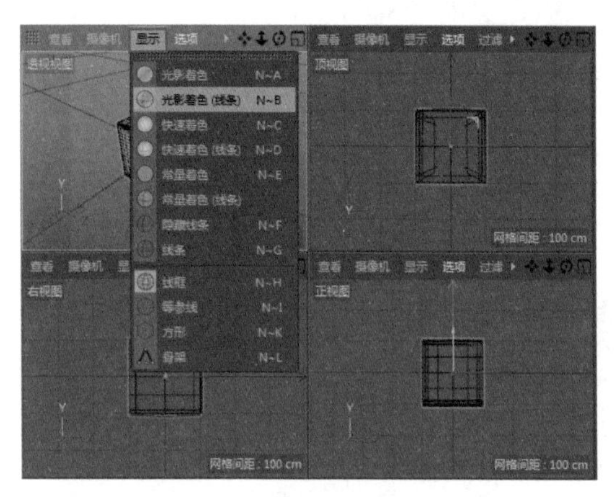

图 1.22

“光影着色”方式，即真实的显示方式。可以在视图中看到物体明暗的显示面及灯光效果，如图 1.23 所示。

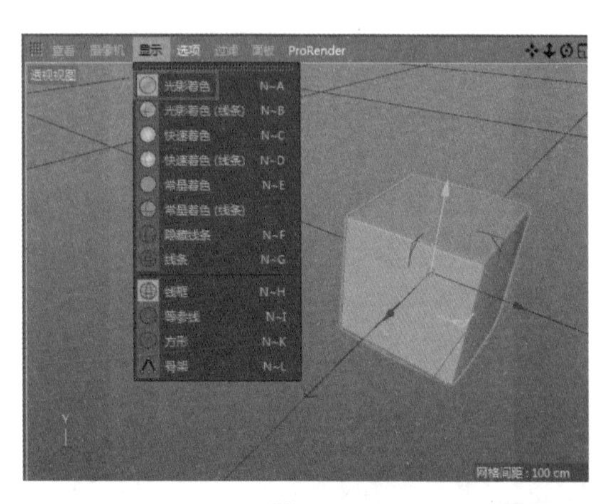

图 1.23

可以尝试选择不同的个性化显示方式。图 1.24 所示为“光影着色（线条）”显示方式。

“线条”是较为常用的显示方式之一，在物体显示的基础上以全部的线框形式显示，但必须与“线框”模式一起使用，如图 1.25 所示。

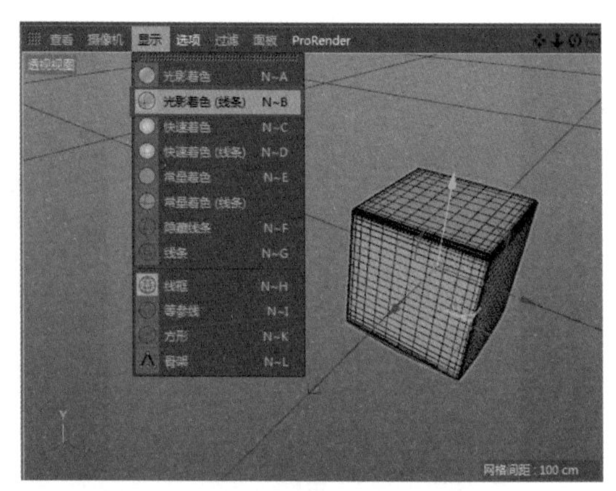

图 1.24

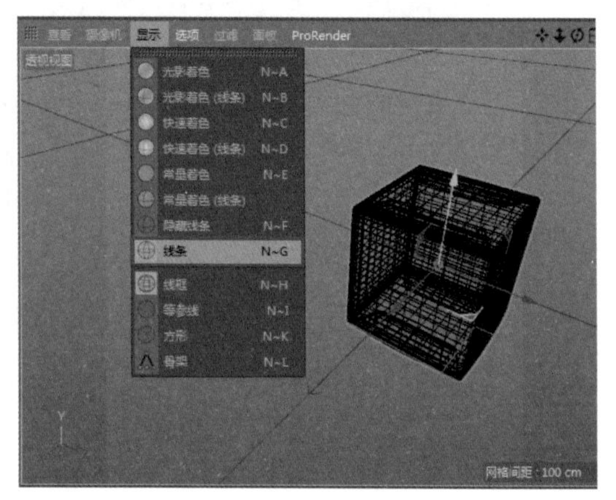

图 1.25

“等参线”显示方式如图 1.26 所示。模型以其本身网格线框的简化形式显示（此时不显示全部线条）。

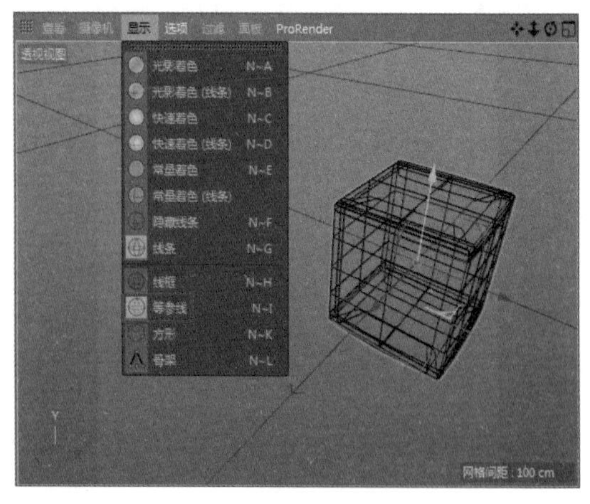

图 1.26

在“光影着色（线条）”显示方式打开时，还可以打开“等参线”显示方式，如图 1.27 所示。这样模型既能显示出平滑的阴影面，又能显示出模型的简化结构效果，也是比较常用的一种显示方式。

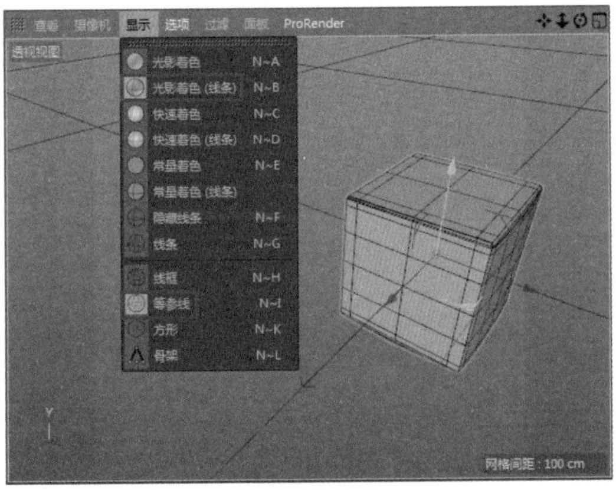

图 1.27

在“光影着色（线条）”显示方式打开时，还可以打开“方形”辅助显示方式，这比较适合大型的场景，用这种显示方式可以加快视图的显示速度，如图 1.28 所示。

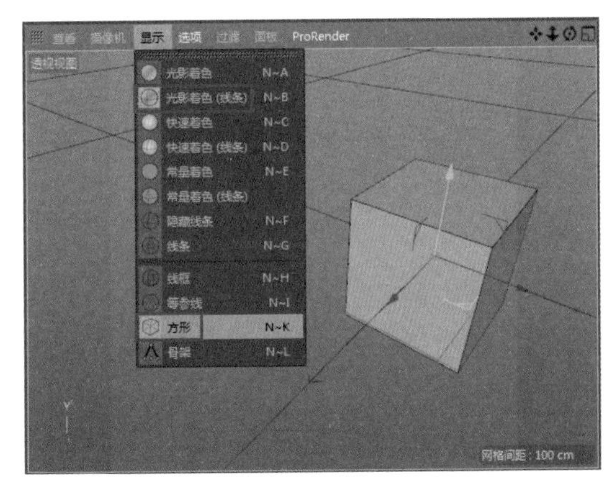

图 1.28

1.4 Cinema 4D的操作视图布局

默认情况下，Cinema 4D 的操作界面采用四视图布局方式，4 个视图被均匀划分。默认情况下，左上角是它的当前属性标志。

Cinema 4D 有 4 个常用视图，即透视图、顶视图、右视图和正视图，如图 1.29 所示。

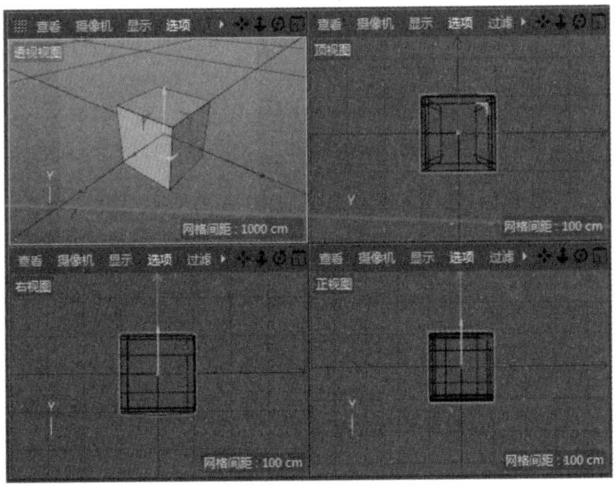

图 1.29

选择其他视图的具体操作方法为，用鼠标箭头选择将要修改的视图，然后单击视图左上方的“摄像机”菜单，在打开的菜单中选择将要更换的视图即可，如图 1.30 所示。

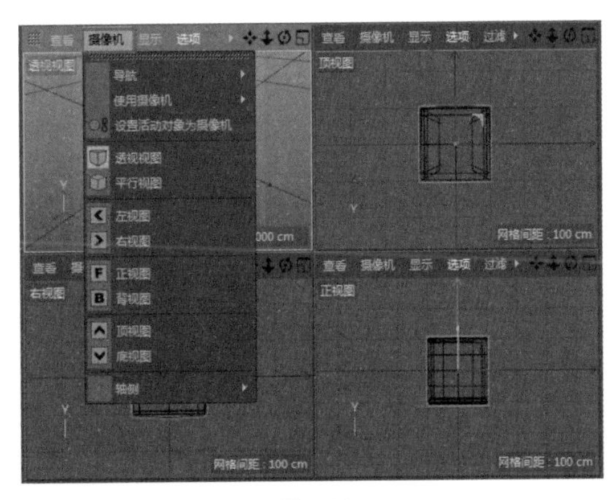

图 1.30

1.4.1 Cinema 4D 的视图设置

按【Shift+V】组合键可打开“视图设置”面板，在“显示”页面中可设置物体的显示方式等，如图 1.31 所示。

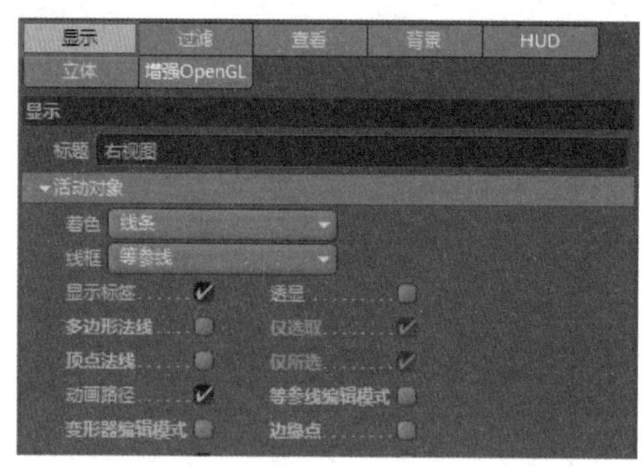

图 1.31

在“过滤”页面中可设置场景中的哪些元素显示，哪些元素不显示，这样可以优化视图，避免视图过于复杂，影响正常操作，如图 1.32 所示。

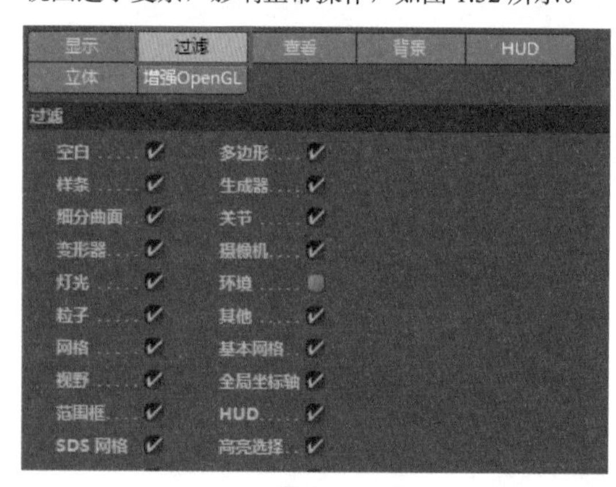

图 1.32

在“查看”页面中可设置视图的安全框、范围框及边界，安全范围主要用于摄像机视图渲染，如图 1.33 所示。

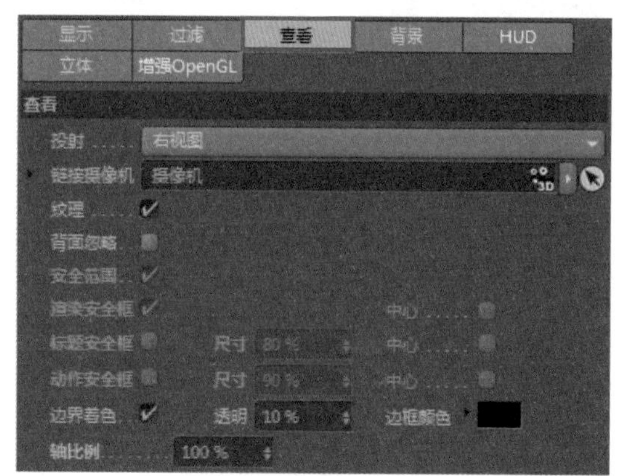

图 1.33

在“背景”页面中，可设置参考图片，背景图片可以方便建模参考，如图 1.34 所示。

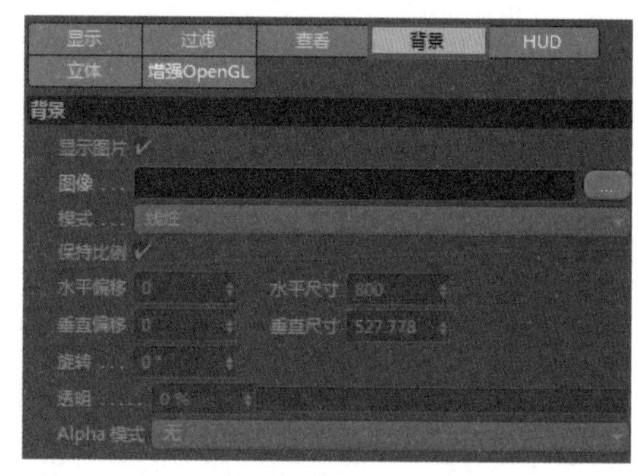

图 1.34

在“HUD”页面中可设置参考数据，如当前模型的面数、当前所选的点数等，如图 1.35 所示。

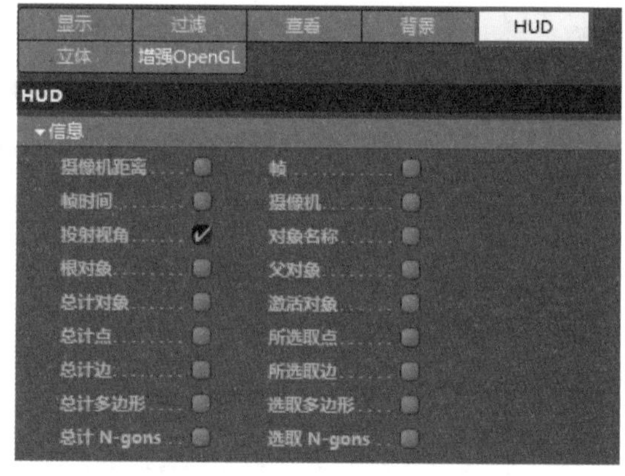

图 1.35

最后两个页面分别是“立体”和“增强 OpenGL”，可设置立体模式和硬件加速模式，如图 1.36 所示。

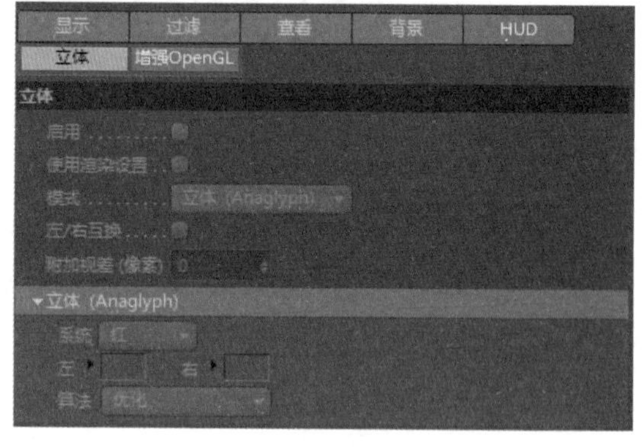

图 1.36

1.4.2 Cinema 4D 的视图背景

视图背景的作用是，在当前窗口区域，可以将图像引入作为制作的参考图像。下面详细讲述如何将准备好的图片作为视图背景显示。

首先选择一个要添加背景图片的视图，按【Shift+V】组合键打开“视图设置”面板，进入“背景”页面，如图 1.37 所示。

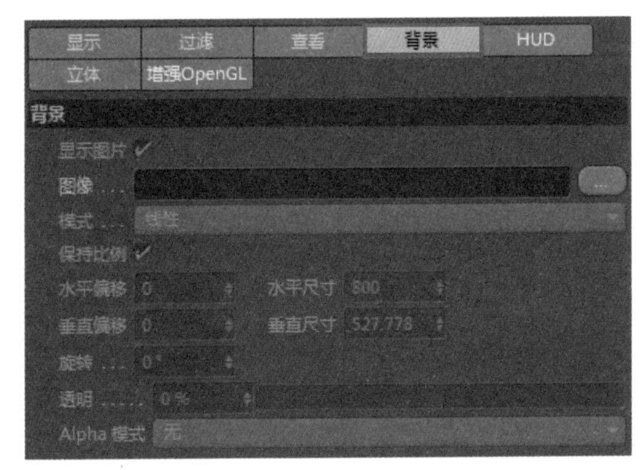

图 1.37

在“图像”选项右侧单击按钮，在弹出的“打开文件”对话框中选择图片，然后单击“打开”按钮，如图 1.38 所示。

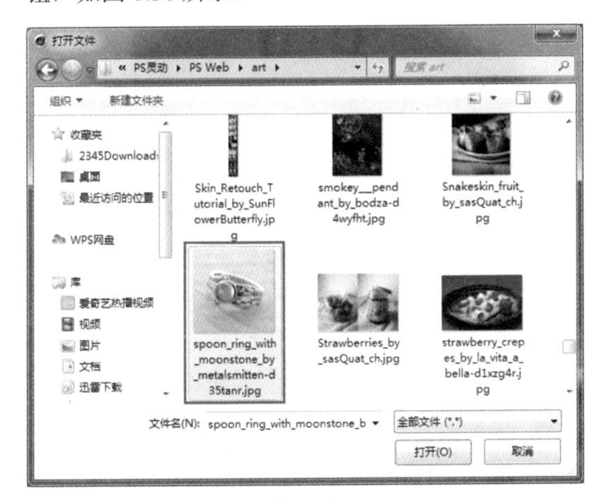

图 1.38

除了使用上述方法，也可以用拖放的方法更改视图背景。在“资源管理器”窗口中直接选择一个图片，将其拖动到视图中即可，但是如果要对图片进行缩放和平移，还需要进入“背景”页面中进行设置。

此时所选的视图中背景发生了变化，图片已经在视图中显示出来，如图 1.39 所示。

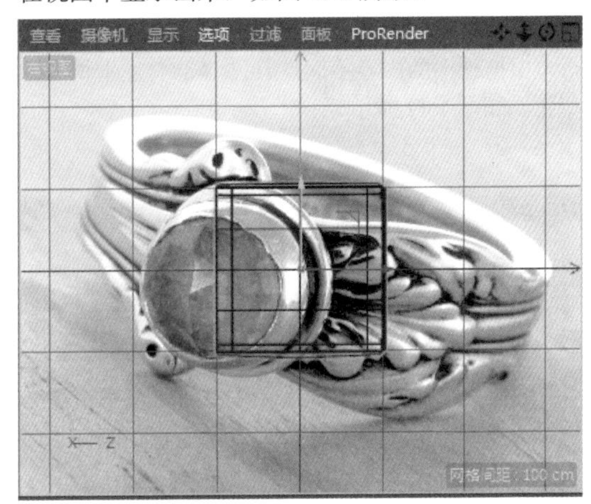

图 1.39

可以改变图片的透明度，拖动“透明”滑块，设置图片透明度，如图 1.40 所示。

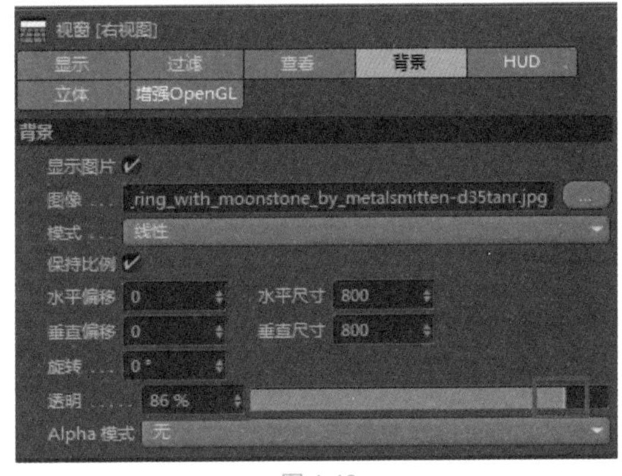

图 1.40

也可以对图片进行大小和位移参数的调整，如图 1.41 所示。

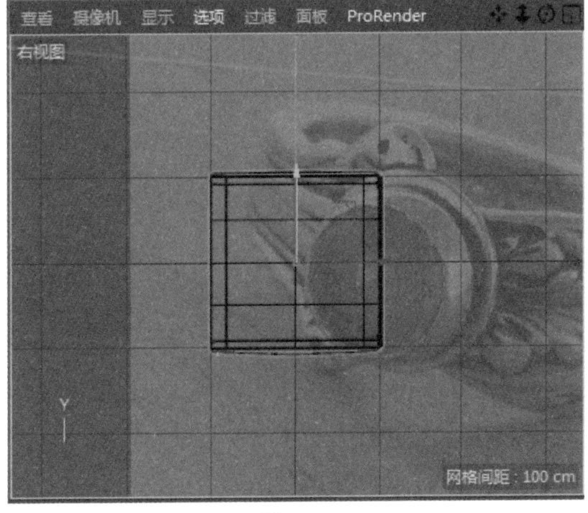

图 1.41

1.4.3 操作视图

操作视图主要通过右上角的视图操作工具来进行，根据视图的内容不同，其内容也会发生相应的变化，如图 1.42 所示。

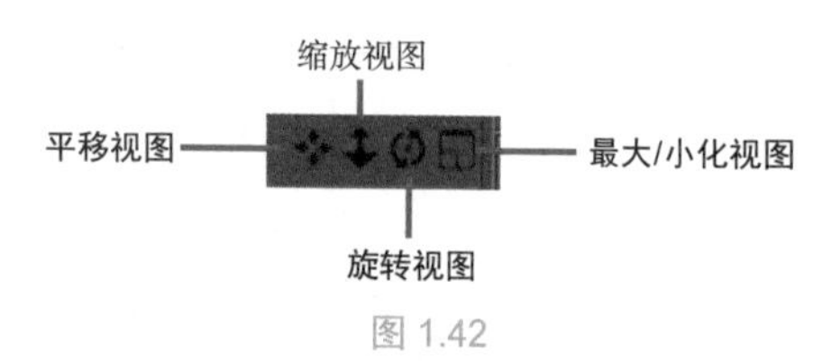

图 1.42

缩放视图。在视图中拖动按钮可调整视图物体的大小（此时只是视角的远近，而不是改变物体本身的尺寸），如图 1.43 所示。

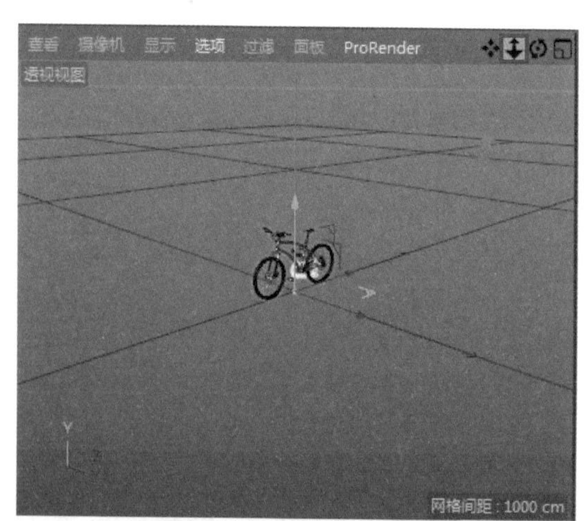

图 1.43

缩放视频的快捷键为【Alt+ 鼠标右键】或鼠标中键滚轮，上下滚动中键滚轮也可以达到拖动按钮同样的效果。

平移视图。在视图中拖动按钮可平移视图物体的位置（此时只是视角的平移，而不是改变物体本身的位置），平移视图的快捷键为【Alt+ 鼠标中键】，如图 1.44 所示。

图 1.44

旋转视图。在视图中拖动按钮可旋转物体的显示角度（此时只是视角的旋转，而不是改变物体本身的角度位置），旋转视图的快捷键【Alt+ 鼠标左键】，如图 1.45 所示。

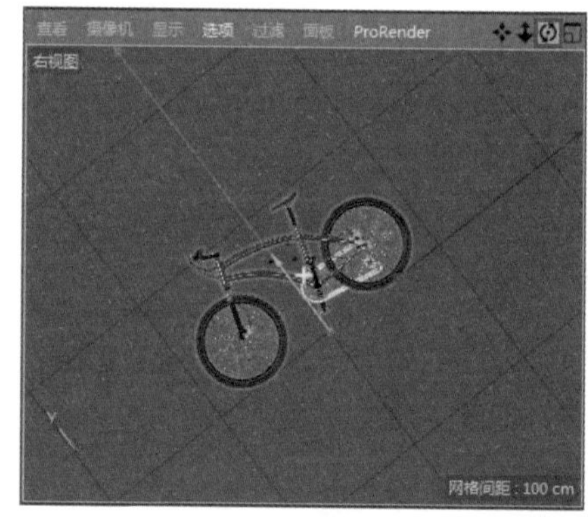

图 1.45

最大/小化视图。单击按钮可将该视图最大化或最小化，该功能的快捷键是单击鼠标中键，如图 1.46 所示。

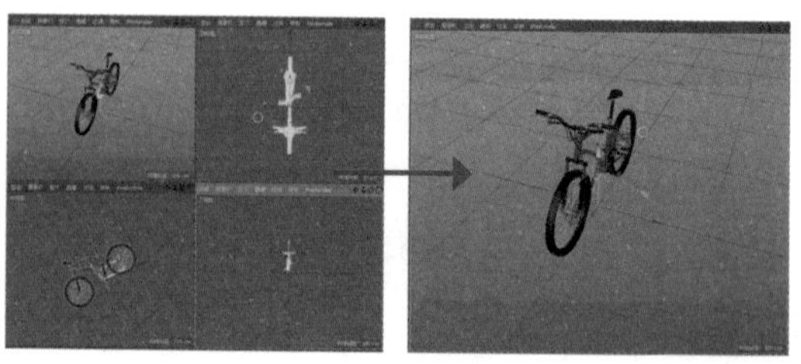

图 1.46

物体的最大化显示的快捷键为【O】或【S】。操作时尽量使用快捷键，这样可以形成肌肉记忆，大幅度提高工作效率。

1.4.4 隐藏物体

工程：01\隐藏物体.c4d

在场景复杂的情况下，需要对物体进行隐藏（而不是删除），这样可以避免对物体进行误操作。在Cinema 4D中，隐藏物体的操作在“对象”面板中，如图1.47所示。

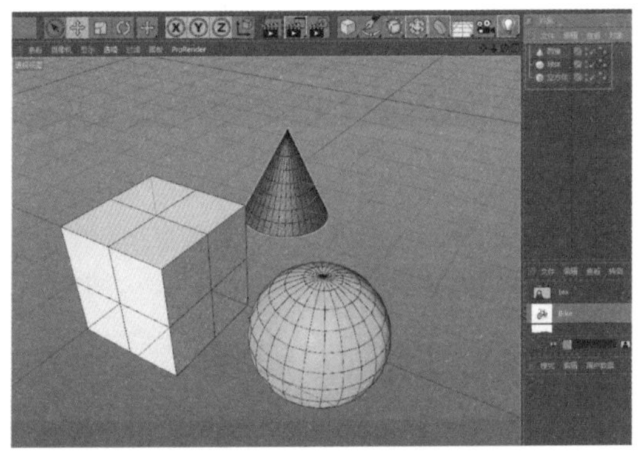

图 1.47

隐藏所选对象就是将选中的视图中的物体加以隐藏。选择球体，单击两次“对象”面板中的“球体”名称后上方的灰色小圆点，当上方的圆点变为红色时❶，球体被隐藏❷，如图1.48所示。

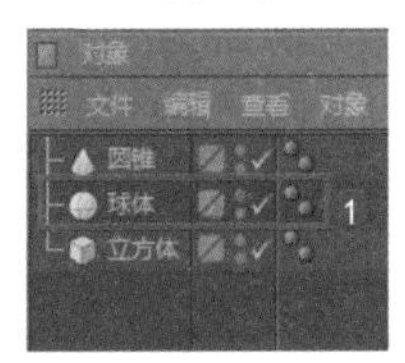

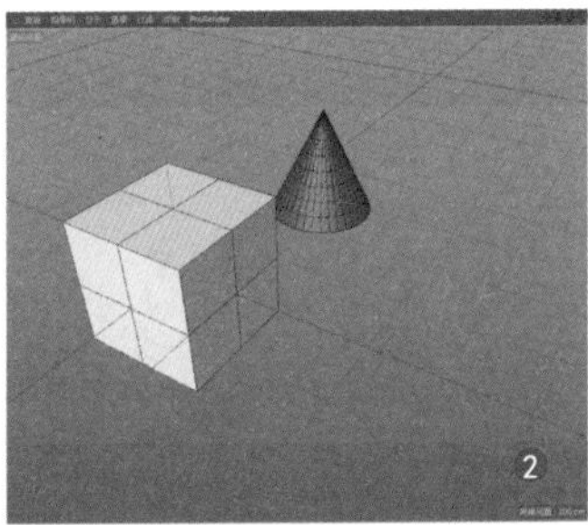

图 1.48

单击主菜单中的“渲染活动视图”按钮，可以看到，此时虽然在视图中隐藏了绿色球体，但该球体依然可以被渲染，只是在视图显示中隐藏了该球体，如图1.49所示。

图 1.49

单击两次“立方体”名称后下方的灰色小圆点，当下方的圆点变为红色时❶，球体被冻结渲染❷，如图1.50所示。

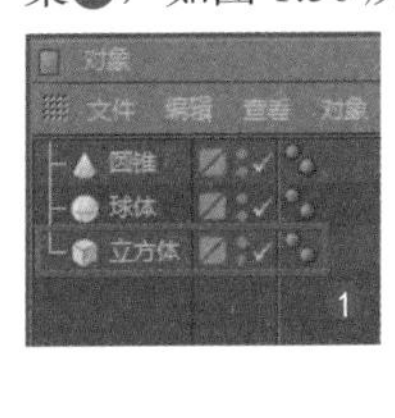

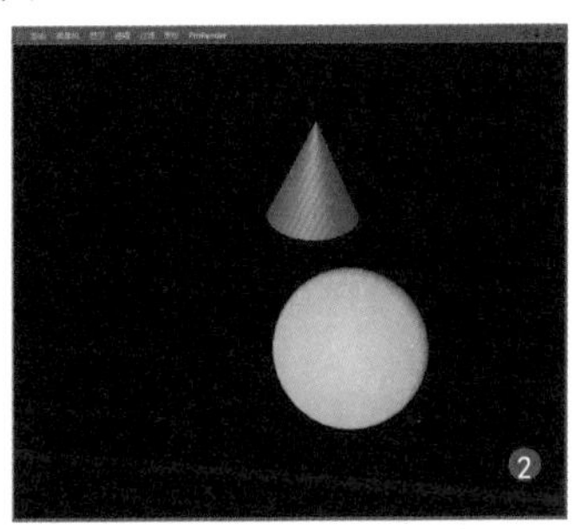

图 1.50

1.4.5 隐藏群组

在Cinema 4D中，可以将场景中的3个物体进行群组，然后对群组物体进行隐藏。在“对象”面板中框选所有物体，按【Alt+G】组合键进行群组，如图1.51所示。

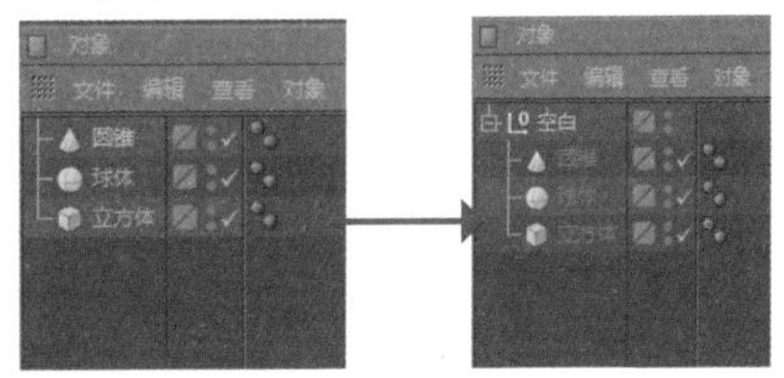

图 1.51

下面隐藏群组，单击两次“空白”群组名称后上方的灰色小圆点，当上方的圆点变为红色时❶，该群组被隐藏，视图中的整组物体被全部隐藏❷，如图1.52所示。

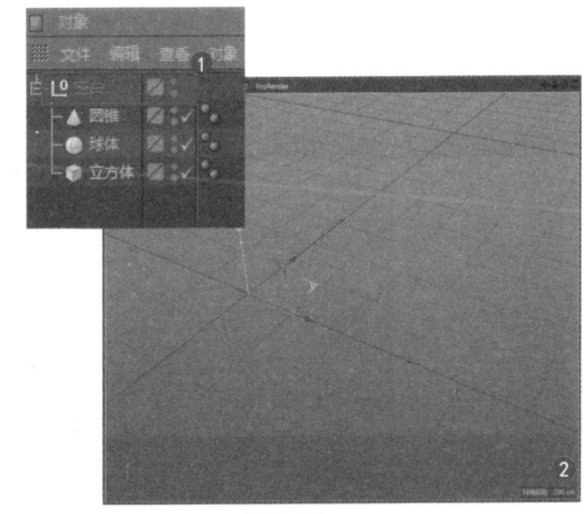

图 1.52

单击两次“空白”群组名称后下方的灰色小圆点，当下方的圆点变为红色时，整组被取消渲染，此时物体和群组的操作是一样的。

1.4.6 强制显示和强制渲染

通过前面两个例子可以知道，单个物体或群组是可以被隐藏和冻结渲染的。如果将灰色小圆点单击成绿色，则会强制显示或强制渲染。再来看一下下面这种情况：当“空白”群组名称后上方的灰色小圆点变为红色时❶，该群组被隐藏，视图中的整组物体全部被隐藏❷，如图 1.53 所示。

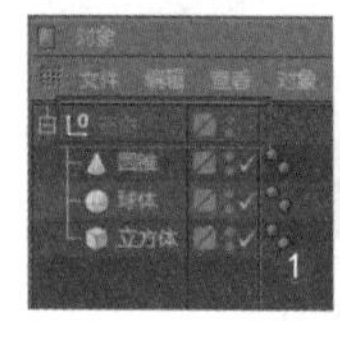

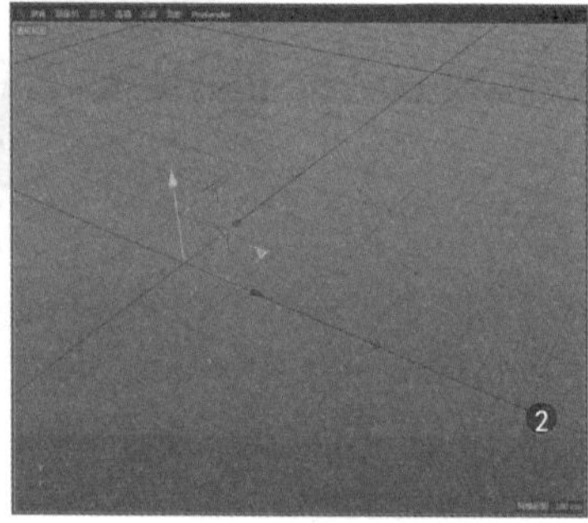

图 1.53

将“立方体”物体后面的灰色小圆点单击成绿色❶，视图将强制显示立方体❷，如图 1.54 所示。

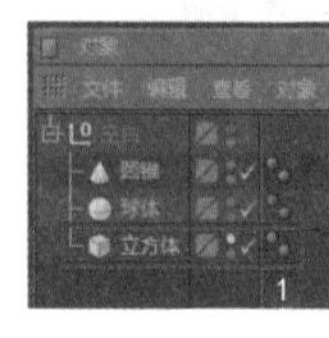

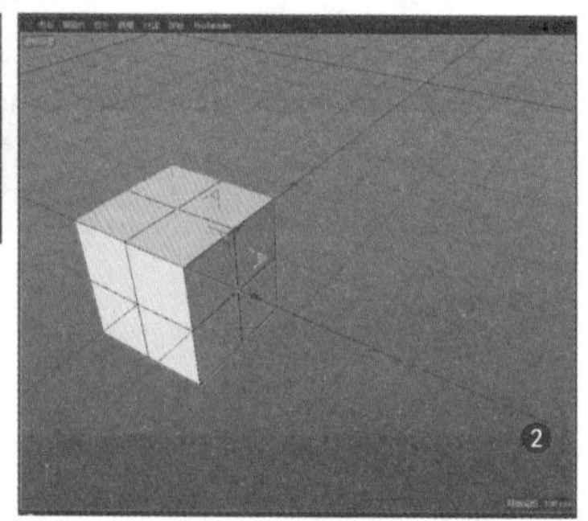

图 1.54

同理，如果将灰色小圆点单击成绿色❶，则会冻结整组渲染❷，如图 1.55 所示。

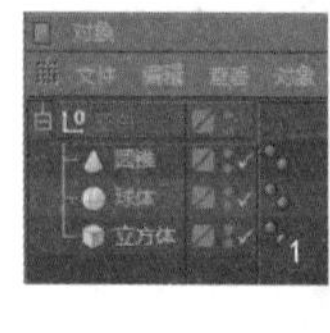

图 1.55

将“立方体”物体后面的灰色小圆点单击成绿色，该立方体将强制渲染，而组内其他两个物体仍然被冻结渲染。

按住【Ctrl】键的同时单击“空白”群组名称后方的小圆点，可以看到整组物体的小圆点同时被改变颜色，如图 1.56 所示。

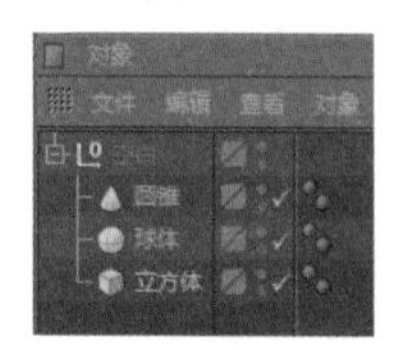

图 1.56

按住【Alt】键的同时单击“空白”群组名称后方的小圆点，可以看到代表隐藏和渲染的上下两个小圆点同时被改变颜色。要充分理解红色圆点和绿色圆点的含义，熟练操作视图中的物体，如图 1.57 所示。

图 1.57

1.4.7 群组和取消群组

选择要群组的物体后右击，弹出快捷菜单，其中包括“群组对象”和“展开群组”两个命令，如图 1.58 所示。

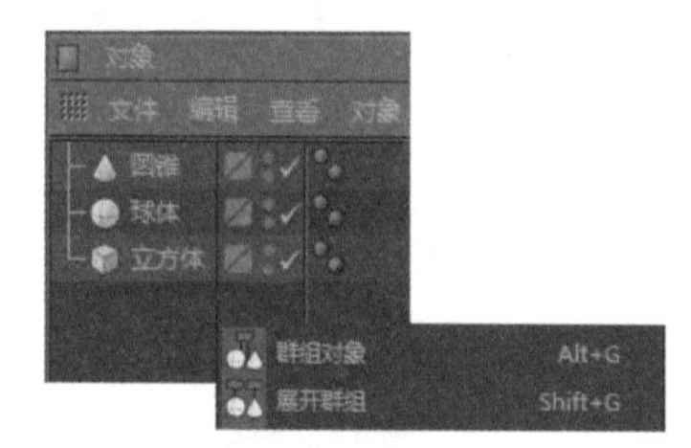

图 1.58

“展开群组”命令相当于“群组对象”命令的反向操作，用拖曳的方式也可以使物体脱离群组。在群组中选择“球体”，将其拖曳到“空白”群组之外的区域，即可将球体脱离群组，如图 1.59 所示。

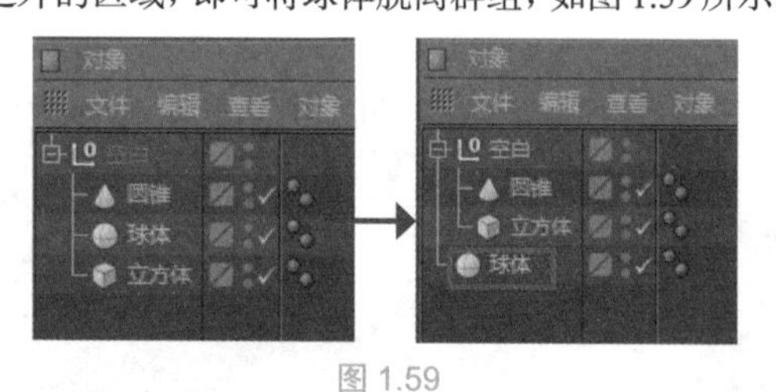

图 1.59

此时可以看到“空白”群组中只剩下了圆锥和立方体，而球体则脱离在群组之外了，也可以将球体重新拖动到群组之内。读者可以尝试各种操作，并熟练掌握群组的功能，这对于日后进行复杂场景的操作非常重要。

1.5 保存工程（含资源）

在 Cinema 4D 中，如果仅保存工程文件，很多不同目录中的贴图和资源将无法被有效打包在一起，当移动文档或在另一台计算机中打开文档时，会提示丢失贴图资源。本节将讲解如何打包工程文件的资源。

下面来学习保存、打开、关闭和管理工程文件的方法。

1.5.1 保存工程文件

打开 Cinema 4D 软件，在场景中新建一个立方体。选择“文件”→“另存为”命令，如图 1.60 所示。

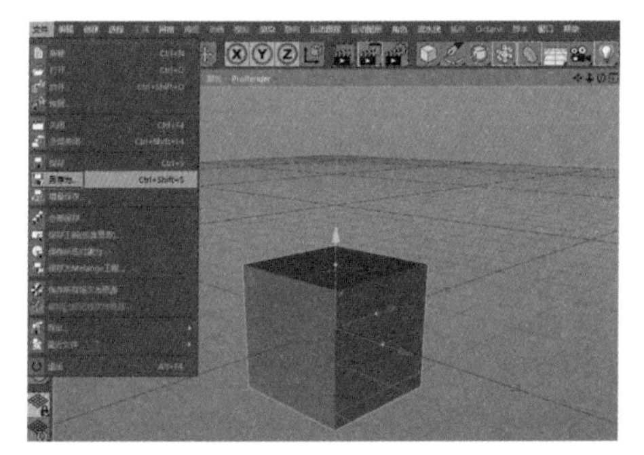

图 1.60

在弹出的对话框中设置文件名并保存，如图 1.61 所示。

图 1.61

选择“文件”→“关闭”命令，将该场景关闭，如图 1.62 所示。

图 1.62

1.5.2 打开多个工程文件

在工作中，可以同时打开多个工程文件进行操作，Cinema 4D 软件对于多个文件之间的切换是无缝连接的，非常方便。在“窗口”下拉菜单中可以看到这些文件，如图 1.63 所示。

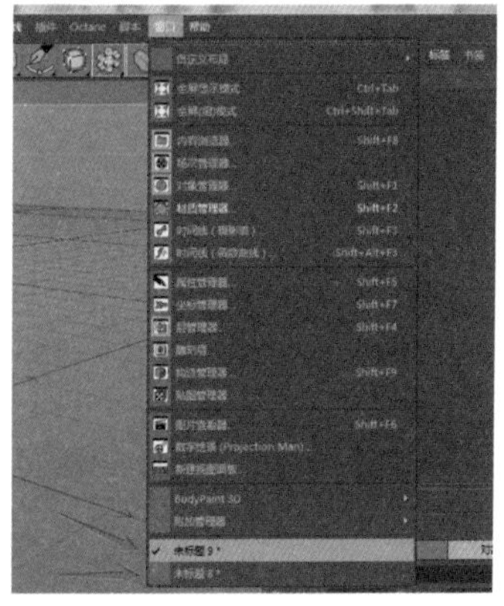

图 1.63

如果要切换场景文件，只需在“窗口”菜单中选择相应的文件名即可。

如果要关闭这些文件，可选择“文件”→“全部关闭”命令❶，将所有场景关闭，此时会弹出对话框，提示是否保存修改后的文件❷，如图 1.64 所示。

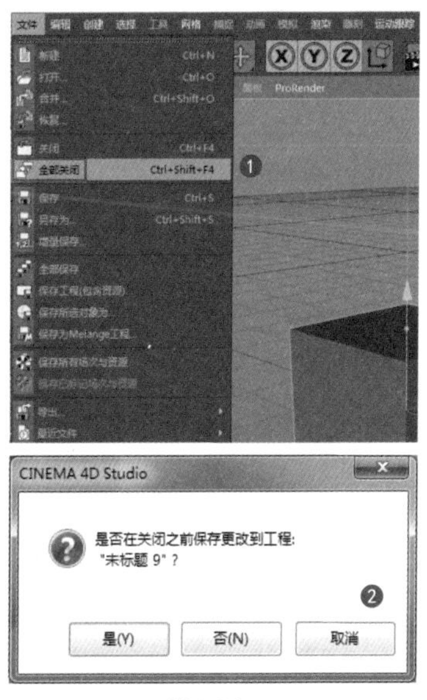

图 1.64

1.5.3 管理工程文件

如果经将工程文件和贴图同时打包在一起，则很容易切换到其他计算机中进行操作。打开一个有贴图的文件，选择“文件”→“保存工程（包含资源）”命令，如图 1.65 所示。

图 1.65

在弹出的对话框中设置文件名为“工程文件”，如图 1.66 所示。

图 1.66

保存完成后，将看到一个打包好的“工程文件”目录❶，进入该目录会看到除了有扩展名为 .c4d 的工程文件，还有一个专用贴图目录 tex，其中存放着打包好的贴图❷，如图 1.67 所示。

图 1.67

在动画制作的过程中，可能会保存很多不同阶段制作的版本，可以用“增量保存”方式来保存，如图 1.68 所示。

图 1.68

保存后可以在原来的目录中看到一个不同编号的增量保存文件，这样就很方便地保存了不同版本的文件，如图 1.69 所示。

图 1.69

有时会将文件输出成不同的格式到其他软件中进行编辑，如外挂 UV 贴图的工作，.obj 格式是个可以保存 UV 信息的模式❶，经常会被用到。输出时要选择“纹理坐标（UV）”复选框，才能记录 UV 信息❷，如图 1.70 所示。

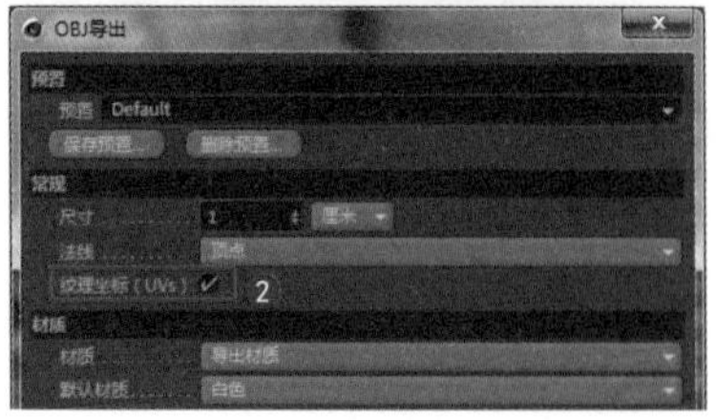

图 1.70

1.6 自定义界面

Cinema 4D 中的工具栏和菜单内容非常多，有时无法全部显示在工具栏中，可以将自己常用的工具按钮放置在顺手位置，还可以更改界面颜色和界面布局。

1.6.1 自定义工具栏

Cinema 4D 的工具栏在界面很多位置都有出现，如界面上方和左边，以及材质编辑器上方。下面讲解如何自定义工具栏中的按钮。

1 选择“窗口”→“自定义布局”→“自定义命令”命令，或按【Shift+F12】组合键，弹出“自定义命令”对话框，如图 1.71 所示。

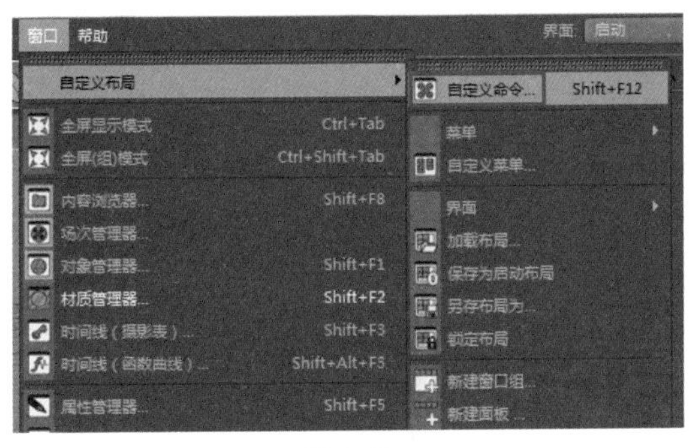

图 1.71

2 在其中输入命令的名称，这里由于安装了 Octane 渲染器，所以输入 Octane 文字，找到 Octane 的相关工具，如图 1.72 所示。

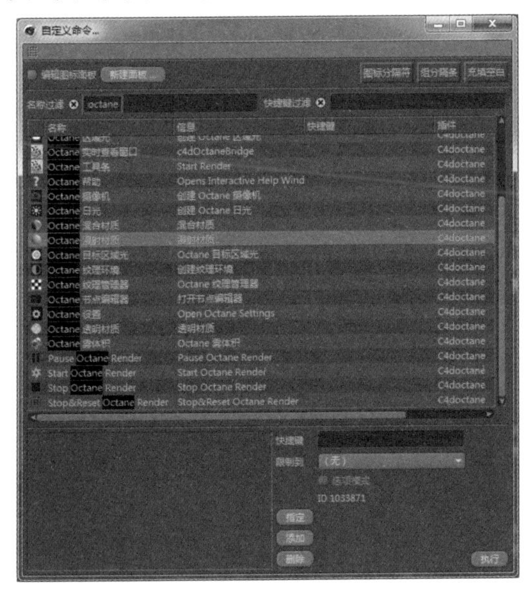

图 1.72

3 将需要的工具按钮拖动到相应的位置，就完成了自定义工具栏的操作，如图 1.73 所示。

图 1.73

1.6.2 自定义区域

工程：01\界面.c4d

Cinema 4D 的界面被分成很多区域，这些区域是可以随意挪动的，可以根据个人需要进行布局，非常方便。

1 打开一个工程文件，可以看到材质编辑器默认情况下位于界面的右下角，可以将其移动到其他位置，如图 1.74 所示。

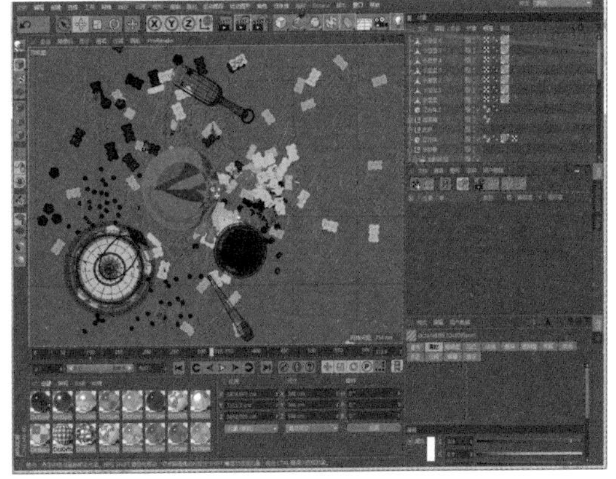

图 1.74

2 每个区域都会有一个▩按钮，拖动该按钮即可移动该区域，如图 1.75 所示。

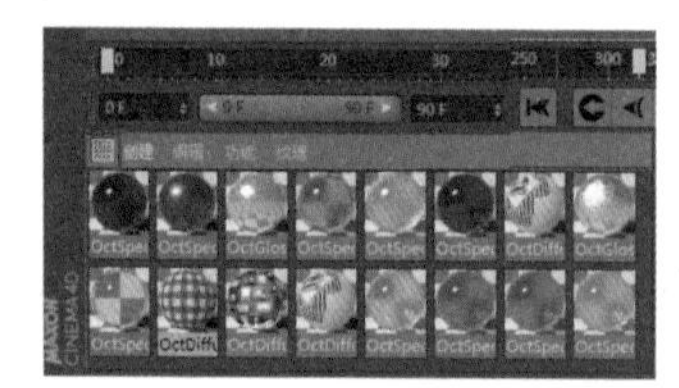

图 1.75

3 将材质编辑器移动到想要的位置，本例移动到界面的右边，松开鼠标即可将该区域固定在右边，如图 1.76 所示。

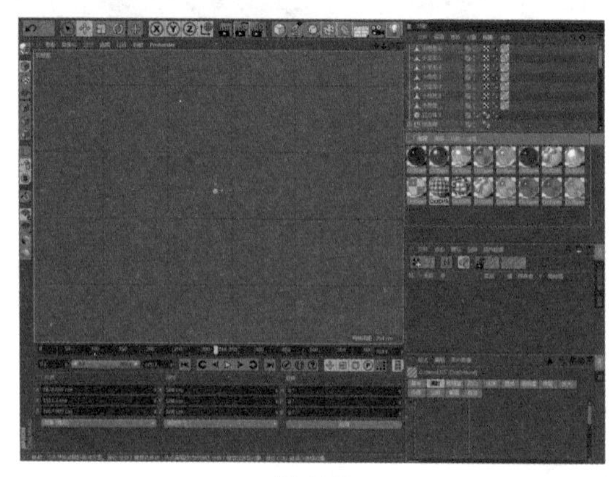

图 1.76

4 可以将这个布局进行保存，以便下次打开软件时随时调用该布局。选择“窗口”→“自定义布局”→“另存布局为”命令❶，弹出“保存界面布局”对话框❷，如图 1.77 所示。

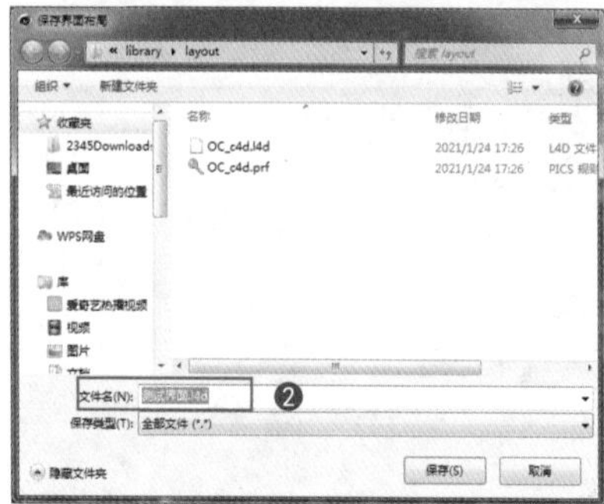

图 1.77

5 在其中设置本例的布局为“测试界面”。

6 在界面右上角的界面下拉列表中可以找到刚才保存的“测试界面”布局，如图 1.78 所示。下次重新打开软件后可在这里调用该布局。

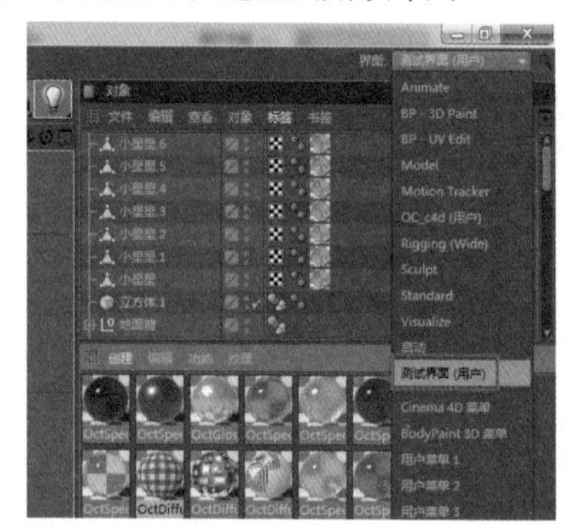

图 1.78

1.6.3 自定义界面颜色

1 如果不喜欢深灰色的默认界面颜色，也可以改变界面的颜色。选择“编辑”→“设置”命令，如图 1.79 所示，弹出“设置”对话框。

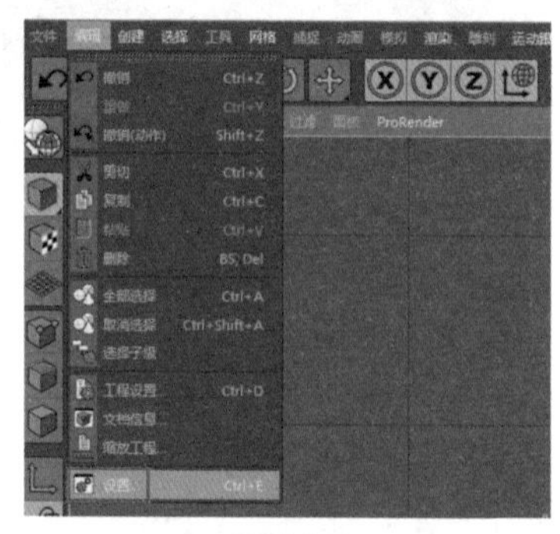

图 1.79

2 在其中找到“界面颜色”进行设置即可，可以改变背景、文字、按钮等各种界面元素的颜色，如图 1.80 所示。

图 1.80

1.7 层的管理

在 Cinema 4D 中有一个“层”面板，任何物体都可以在“层”面板中进行分层管理，在场景非常复杂的情况下，可以方便对模型进行梳理。

1.7.1 层管理界面

Cinema 4D 的“层”面板位于参数面板区域，单击面板页面即可进入“层”面板，如图 1.81 所示。

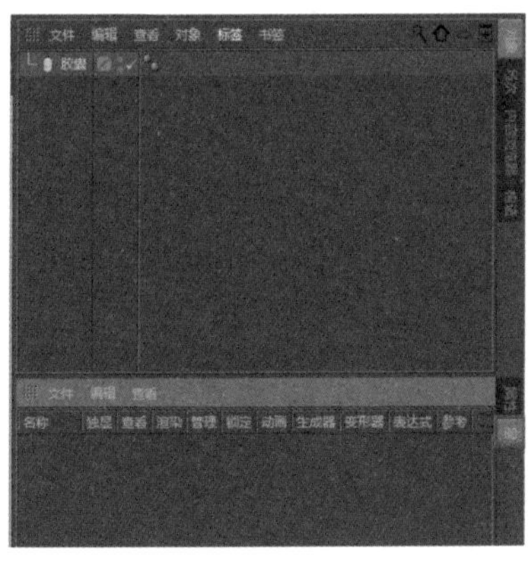

图 1.81

“层”面板中有很多图标，分别代表了它们各自管理的属性，可以激活某个图标（表示在视图中激活该功能），也可以关闭某个图标（表示在视图中关闭该功能），如图 1.82 所示。

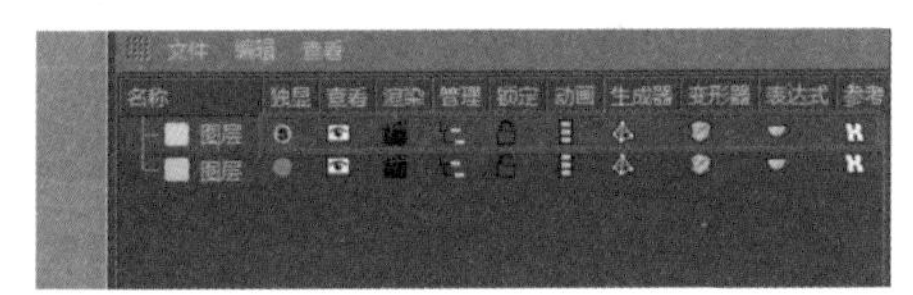

图 1.82

独显：单独显示（跟视图独显的不同之处为，在层里也独显）。

查看：在视图中看不到，但能渲染出来。

渲染：关闭渲染，在视图中能看到。与按钮的功能一样。

管理：在“层”面板中隐藏，使“对象”面板清爽。能渲染，能在视图显示。

锁定：将物体变成不可操作状态，但在视图中可显示。

动画：在某一帧定格动画。

生成器：生成器的开关，整个物体都消失。

变形器：变形的开关。

表达式：表达式的开关。

参考：参考系的开关。

1.7.2 建立层

1 在场景中建立 3 个胶囊和 3 个立方体物体作为层的练习，在“对象”面板中框选 3 个立方体并右击，在弹出的快捷菜单中选择“加入新层”命令，如图 1.83 所示。

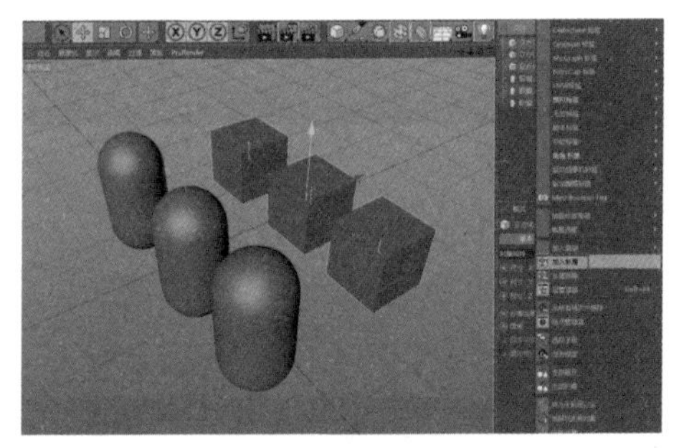

图 1.83

2 在 3 个立方体名称后方出现了随机的色块，这就是层标签，代表已经加入了层，这 3 个方块颜色一样，代表它们是一个层，如图 1.84 所示。

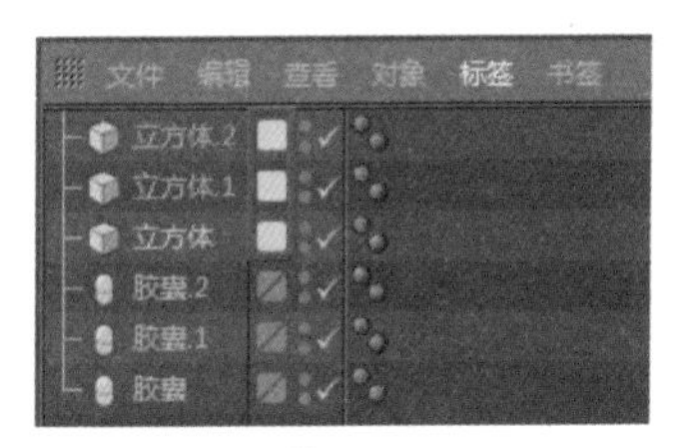

图 1.84

3 在“层”面板中可以找到这个层，双击该层名称，可以对其重新命名（本例中命名为“立方体”），如图 1.85 所示。

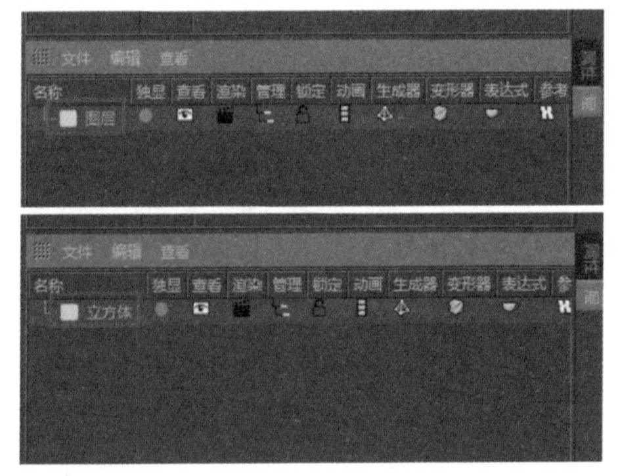

图 1.85

4 双击色块，弹出“颜色拾取器”对话框，可以给层重新设置颜色，不同的颜色代表不同的层，如图 1.86 所示。

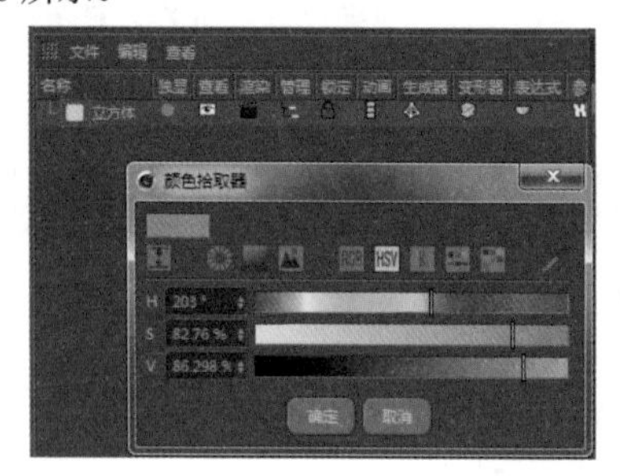

图 1.86

5 在“对象”面板中框选另外 3 个胶囊物体并右击，在弹出的快捷菜单中选择“加入新层”命令。现在 3 个胶囊名称后方出现了不同颜色的色块，颜色是系统随机给出的，如图 1.87 所示。

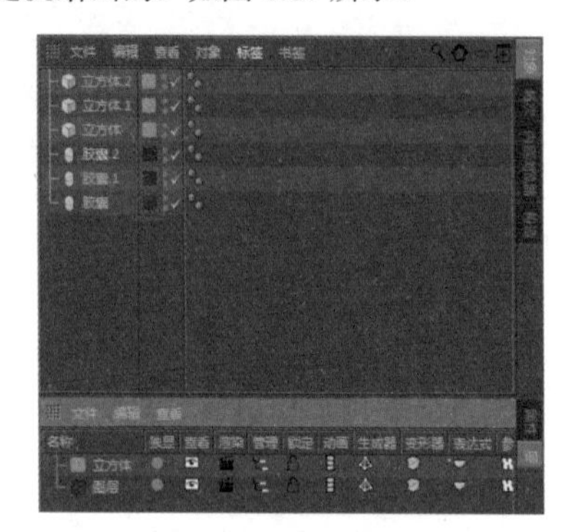

图 1.87

6 选择一个胶囊，给胶囊添加“晶格”效果器和“扭曲”变形器，如图 1.88 所示。

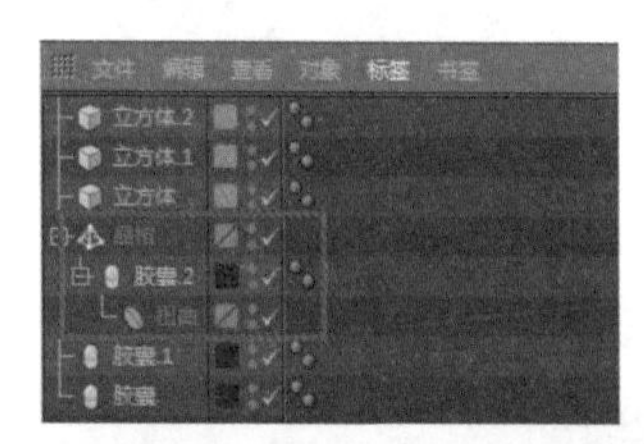

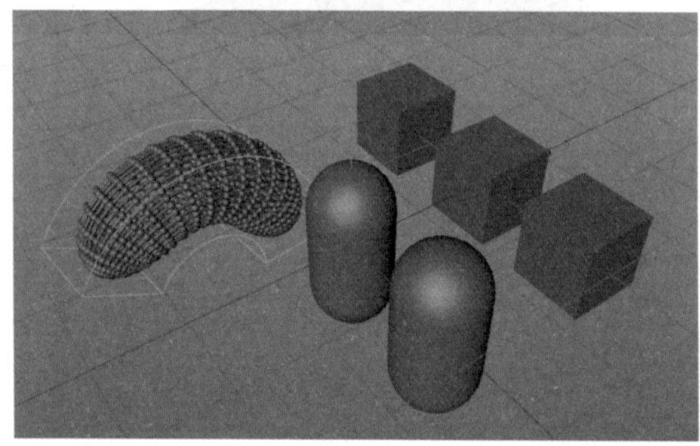

图 1.88

7 分别单击“晶格”效果器和“扭曲”变形器名称后方的色块❶，在打开的下拉列表框中选择“加入到层”选项❷，如图 1.89 所示。

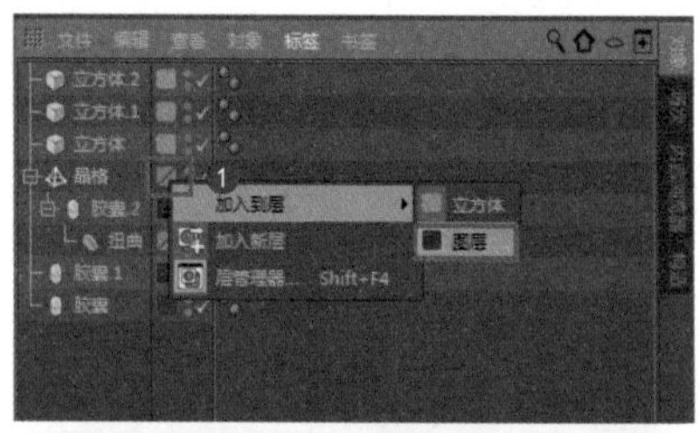

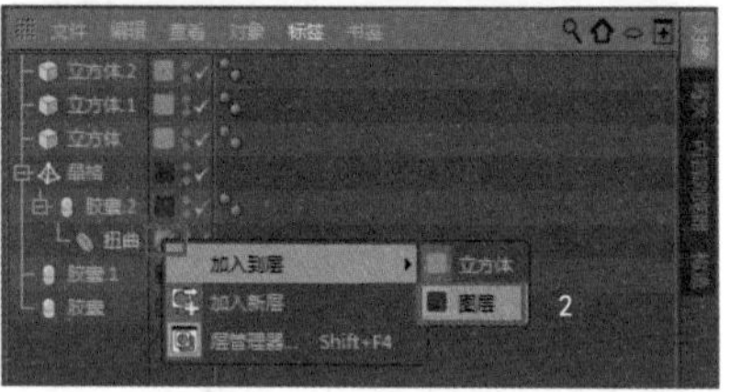

图 1.89

此时建立了两个层，分别是淡蓝色和深蓝色，如图 1.90 所示。

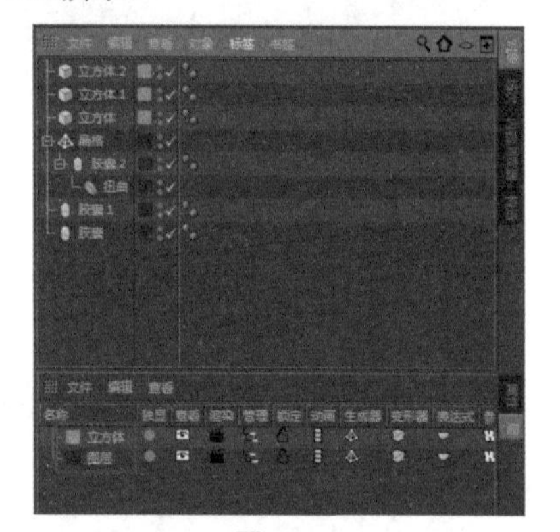

图 1.90

1.7.3 层的操作

1 在“层”面板中双击胶囊层的名称，将其重新命名（本例中命名为“胶囊”），如图 1.91 所示。

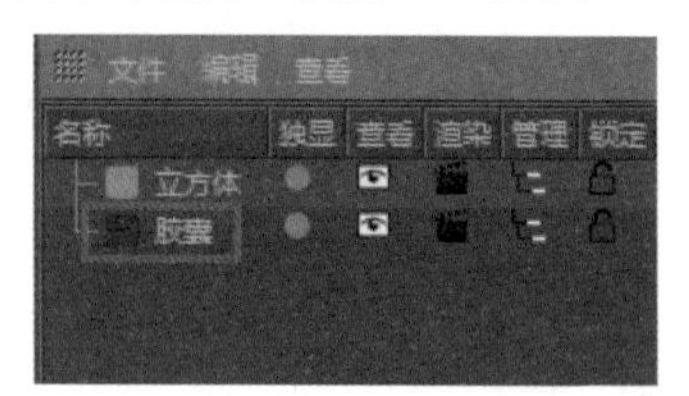

图 1.91

2 在“胶囊”层中单击“独显”按钮，可以看到，视图和“对象”面板上除了胶囊层的物体，其他物体全部被隐藏，如图 1.92 所示。

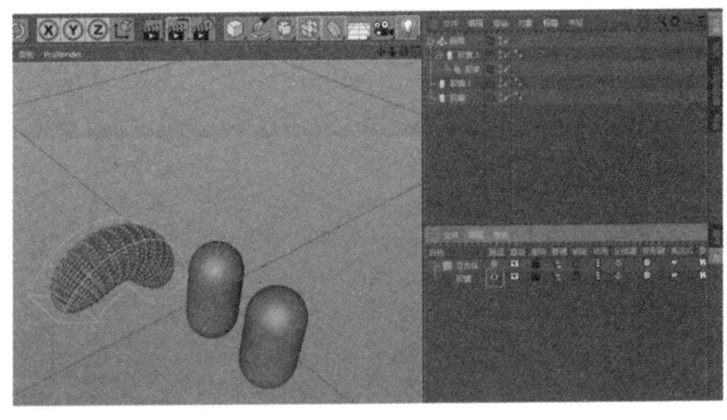

图 1.92

3 渲染视图，只有胶囊被渲染出来。这说明“层”面板的独显具有隐藏物体的功能，与工具菜单中的独显工具不同，工具菜单中的独显工具只作用于视图显示（仍然可以被渲染），如图 1.93 所示。

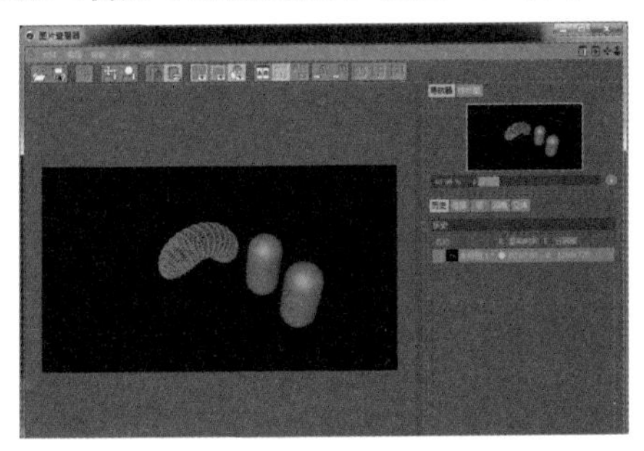

图 1.93

4 单击“层”面板中的“独显”按钮，关闭独显功能。单击“立方体”层的“查看”按钮❶，视图中的立方体均被隐藏，渲染视图，可以发现立方体仍然可以被渲染，这说明“查看”功能仅针对于视图显示❷，如图 1.94 所示。

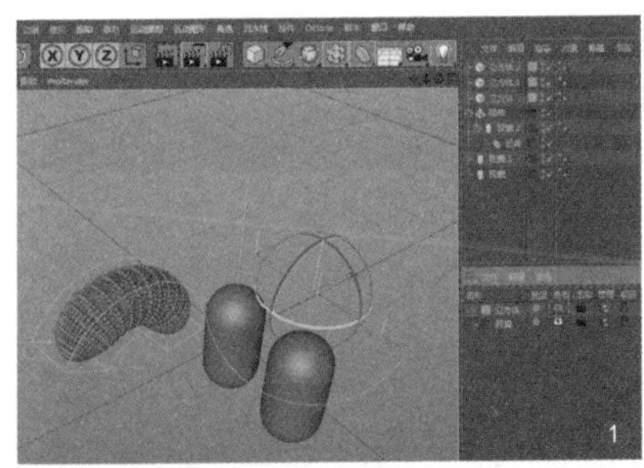

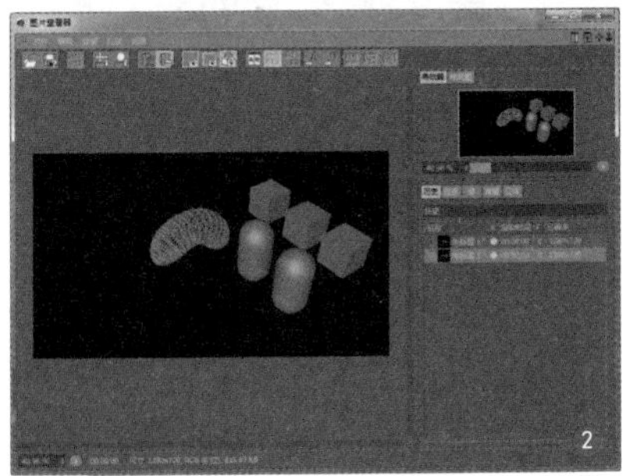

图 1.94

5 在“胶囊”层中单击“渲染”按钮，关闭该层的渲染功能，此时胶囊将不再被渲染，如图 1.95 所示。

图 1.95

6 在“胶囊”层中单击“管理”按钮，胶囊层在对象面板中被隐藏，这个功能可以让“对象”面板操作更加简洁，如图 1.96 所示。

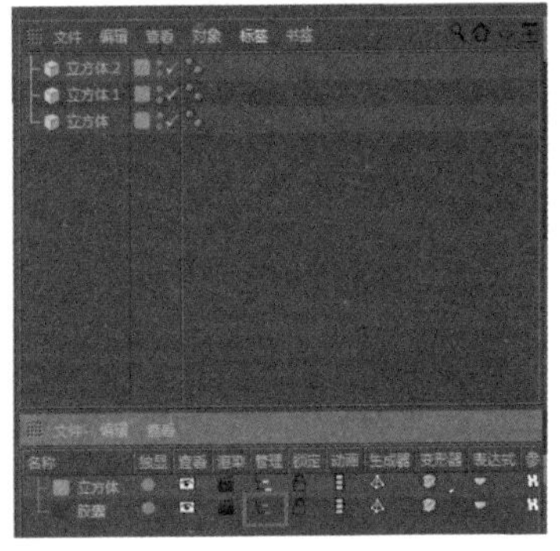

图 1.96

7 在“胶囊”层中单击“锁定”按钮，视图中的胶囊物体将会被选定（类似于被冻结），这种操作可以保证物体在显示状态下得到保护，不会被误选择。在锁定操作下，物体在“对象”面板中呈灰色显示，如图 1.97 所示。

图 1.97

8 在“胶囊”层中单击“动画”按钮，如果胶囊之前做过动画，则动画被定格显示，这个功能的好处是可以将动画效果播放到某一帧，再定格显示动画效果（有利于进行位置参考），如图 1.98 所示。

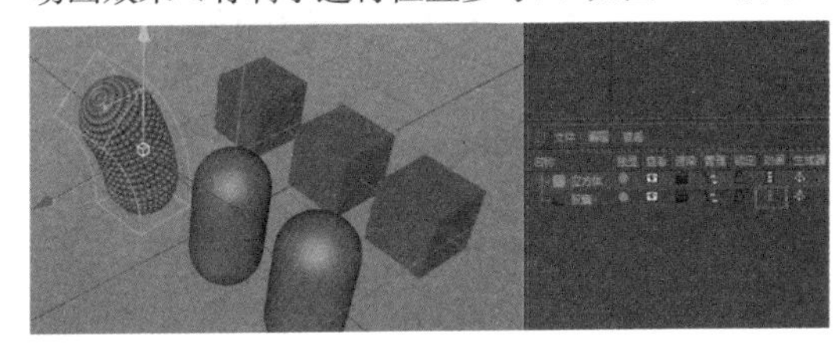

图 1.98

9 “生成器”按钮和“变形器”按钮是场景中生成器和变形器的效果开关，类似于“对象”面板中的按钮，如图 1.99 所示。

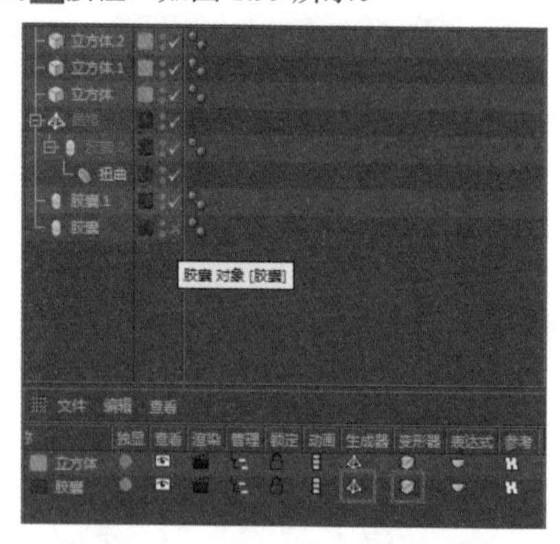

图 1.99

10 “表达式”按钮和“参考”按钮用到的地方不多，这里不再赘述。当遇到物体有很多的场景时，“层”面板能够帮助用户提高工作效率。如果想将已有层的物体加入到其他层中，可以在“对象”面板中单击物体名称的层按钮，然后选择要加入的层即可，如图 1.100 所示。

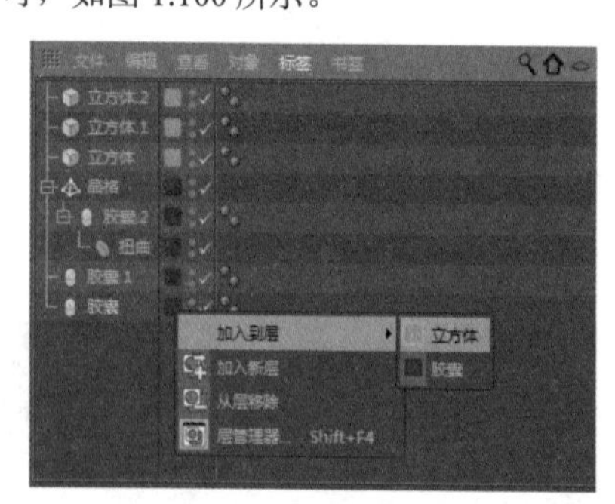

图 1.100

1.7.4 材质的层管理

“层”面板也可以对场景中的材质进行层管理，在材质球面板中，由于场景中的材质太多，导致面板无法显示完整，如图 1.101 所示。

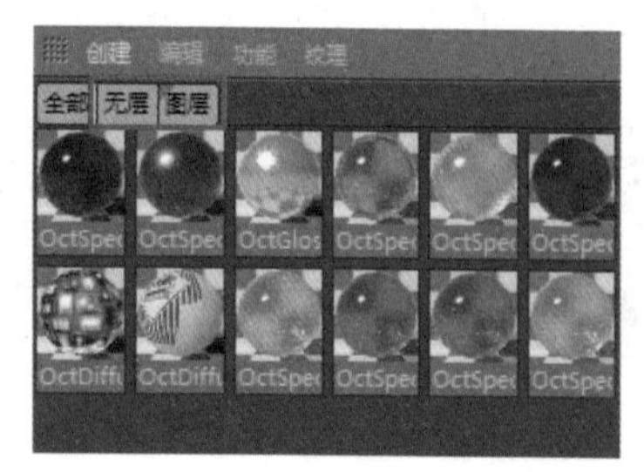

图 1.101

1 选中需要分层的材质球并右击，在弹出的快捷菜单中选择“加入新层”命令，如图 1.102 所示。

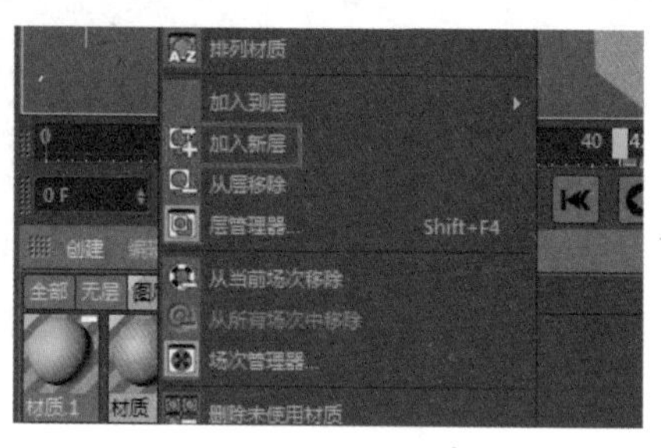

图 1.102

2 材质球面板上方出现了新建的图层，双击该名称❶，可以对其进行命名。在“层”面板中，可以看到相应的名称已经显示出来❷，如图 1.103 所示。

图 1.103

3 双击层名称前的“颜色”按钮❶，可以修改层的标识颜色❷，这里仅方便用户识别，并不改变材质本身的颜色，如图 1.104 所示。

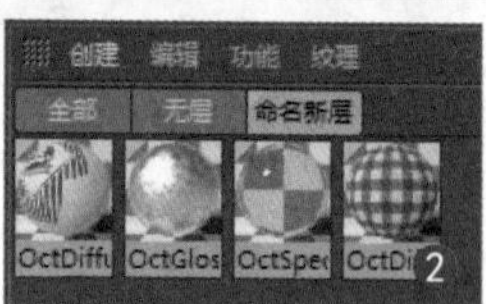

图 1.104

还可以对层进行独显、锁定、动画、查看等操作，与物体层的操作方法是一样的。

1.8 标签的用法

在 Cinema 4D 中有一个很独特的概念，即“标签”，在“对象”面板的物体后方会看到一排按钮，这些按钮代表了在该物体上施加的各种操作，如材质标签、动画标签、修改标签等。单击某个标签，可以打开相应的参数面板进行设置。下面就来认识一些主要标签。

1.8.1 标签的操作

在 Cinema 4D 中，当对物体进行了一些特殊操作后（如附材质、添加动力学等），物体会在“对象”面板上显示一些标签，如图 1.105 所示。

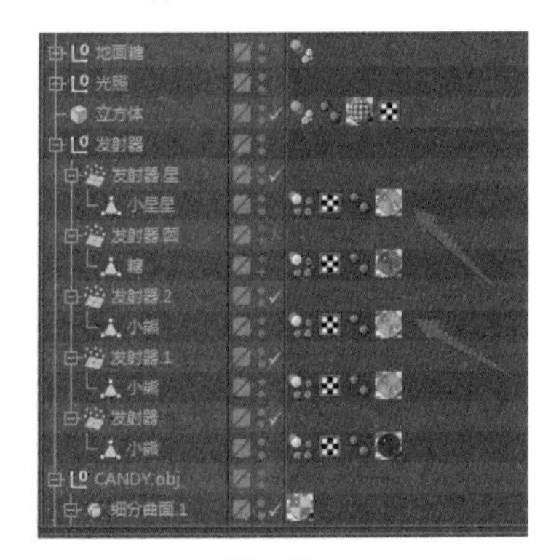

图 1.105

选择一个标签就相当于进入了这个操作的当前设置状态，在参数面板中会出现相应的参数，可以对当前操作进行设置，如图 1.106 所示。

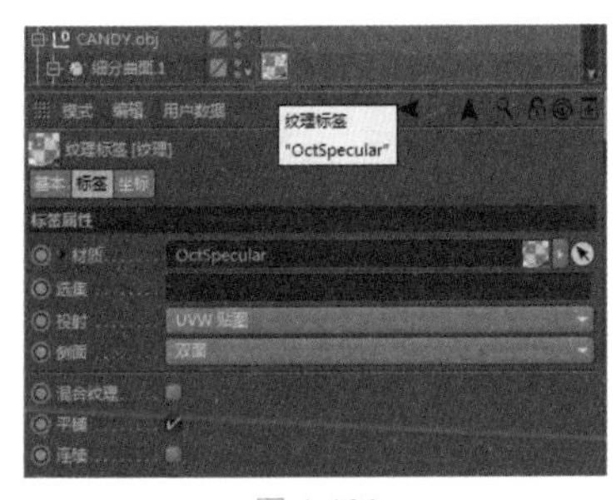

图 1.106

标签的前后顺序可以移动，也可以将其拖动到其他物体上，比如将一个立方体的材质球标签拖动到另一个圆柱体上，相当于将立方体的材质属性转移到了圆柱体上。

1.8.2 标签的分类

在“对象”面板上选择一个物体后右击，在弹出的快捷菜单中会出现一些标签，如图 1.107 所示。Cinema 4D 中的标签几乎都在这里呈现，选择一个标签后，这个标签就会添加到当前物体之后。

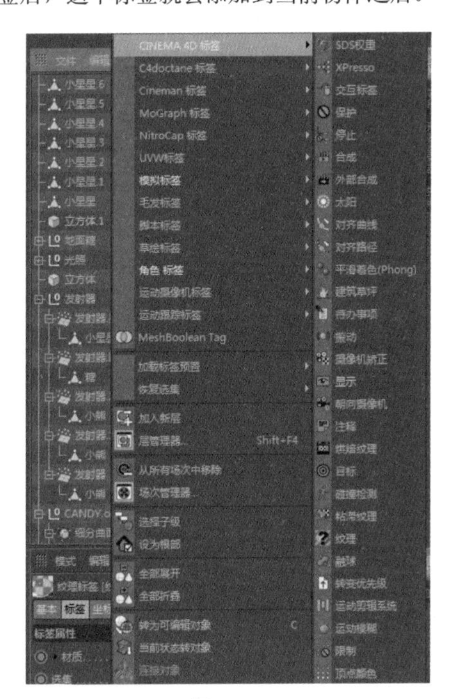

图 1.107

在 Cinema 4D 中，系统已经将标签进行了分类，如动力学模拟标签、毛发标签或 UVW 标签等。如果安装了 Octane 渲染器或其他外挂插件，系统也会将这些标签进行分类显示，如图 1.108 所示。

图 1.108

可以通过按【Delete】键删除标签来取消这个属性，也可以按住【Ctrl】键拖动，以复制的方式将标签拖动给其他物体。

第2章

内置材质编辑器

本章导读

通过学习本章内容，能够使读者了解材质编辑器在材质编辑过程中的重要功能，以及灯光和环境的基本知识。此外，本章还将讲解各种材质类型、材质通道和各种贴图效果的制作方法。

知识点 \ 学习目标	了解	理解	应用	实践
内置材质编辑器		√		
材质球面板		√		
编辑材质		√		
贴图坐标		√	√	
金属、反射材质			√	√
贴图 UV 调整			√	√
参数化贴图			√	√
布料、皮革材质			√	√
树叶、木纹材质			√	√

2.1 材质编辑器简介

“材质编辑器”是 Cinema 4D 软件的一个能力非常强大的模块，所有的材质都可以在这个编辑器中进行制作。材质是某种物质在一定光照条件下产生的反光度、透明度、色彩及纹理的光学效果。在 Cinema 4D 中，所有模型的表面都要按真实三维空间中的物体加以装饰，才能达到生动逼真的视觉效果。

材质编辑器提供创建和编辑材质及贴图的功能。材质将使场景更加具有真实感，且详细描述了对象如何反射或透射灯光。材质属性与灯光属性相辅相成；通过明暗处理或渲染将两者合并，用于模拟对象在真实世界下的情况。可以将材质应用到单个的对象或选择集；一个的场景可以包含许多不同的材质。在 Cinema 4D 中，有以下两个材质编辑器界面。

“材质球面板”用于对材质球进行管理，如图 2.1 所示。

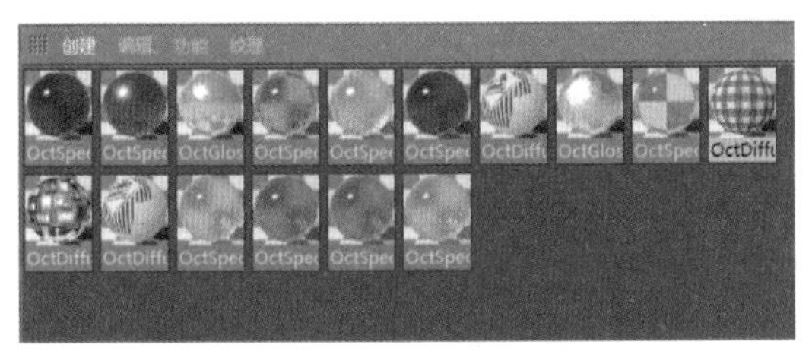

图 2.1

“材质编辑器”用于对材质进行编辑，如图 2.2 所示。材质编辑器左上角为材质预览框，主要用于对材质效果进行预览。左边是材质通道，选择相应的材质通道，右边的参数面板会显示相应的参数，可对具体的参数进行编辑。

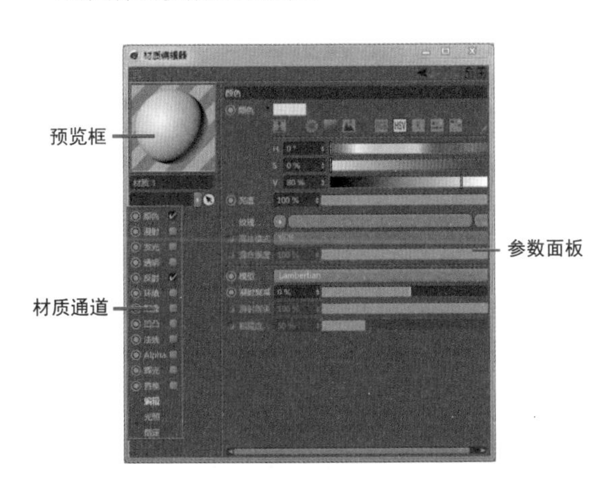

图 2.2

2.1.1 新建材质

工程：02\新建材质.c4d

新建一个立方体，下面用这个立方体作为材质练习，如图 2.3 所示。

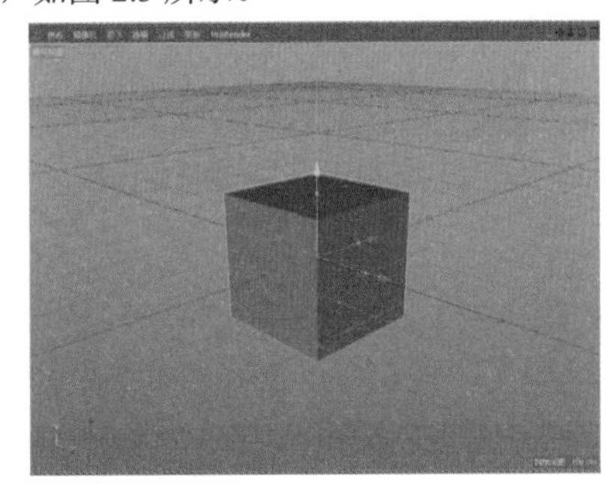

图 2.3

新建材质的方法有 3 种，第一种方法是双击材质球面板的空白区域，新建一个默认材质球，如图 2.4 所示。

图 2.4

第二种方法是在材质编辑器菜单中选择“创建”→“新材质”命令，如图 2.5 所示。第三种方法是单击材质编辑器空白面板，然后按【Ctrl+N】组合键。

图 2.5

双击材质球下方的名称，将材质球重命名为“材质练习”，如图 2.6 所示，要养成为材质命名的好习惯。

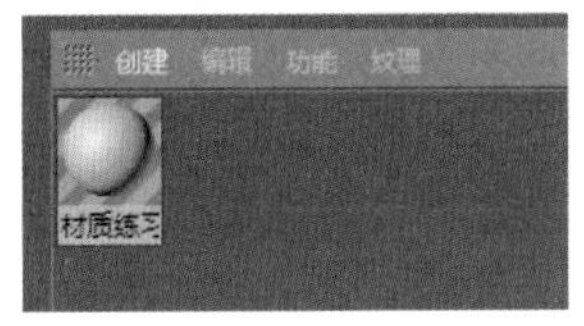

图 2.6

有 3 种方式可以将材质赋予对象，第一种方法是拖曳材质球的方式，如图 2.7 所示。将该材质拖动到视图的立方体对象上，该材质就赋给了立方体对象。

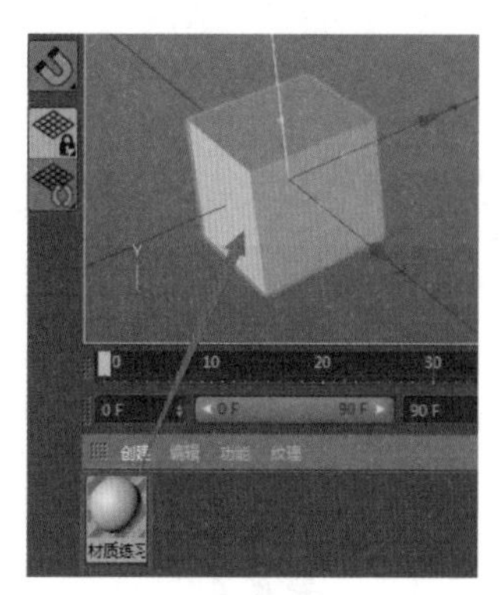

图 2.7

第二种方法是将材质球拖动到“对象”面板的立方体名称上，如图 2.8 所示，此时立方体名称后面多了一个材质标签。

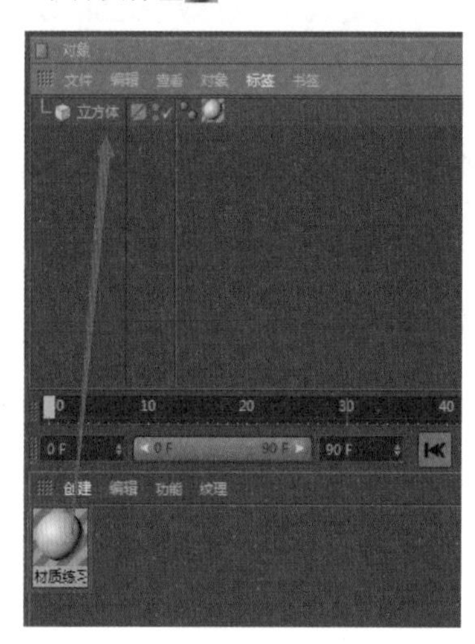

图 2.8

第三种方法是在选中立方体的前提下，选择材质球，在材质编辑器菜单中选择“功能”→“应用”命令，如图 2.9 所示。

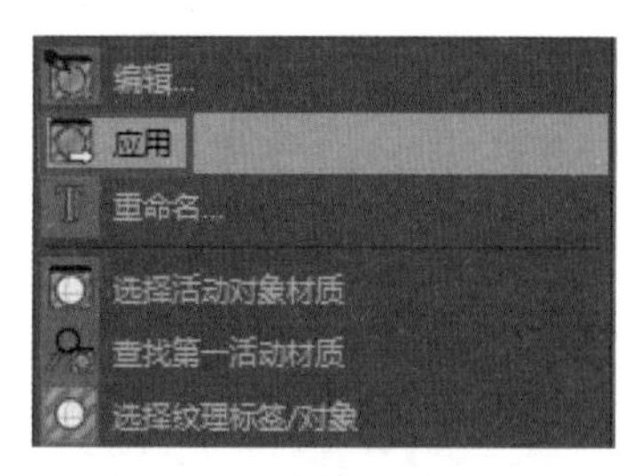

图 2.9

2.1.2 编辑材质

1 双击材质球，打开“材质编辑器”窗口，如图 2.10 所示。

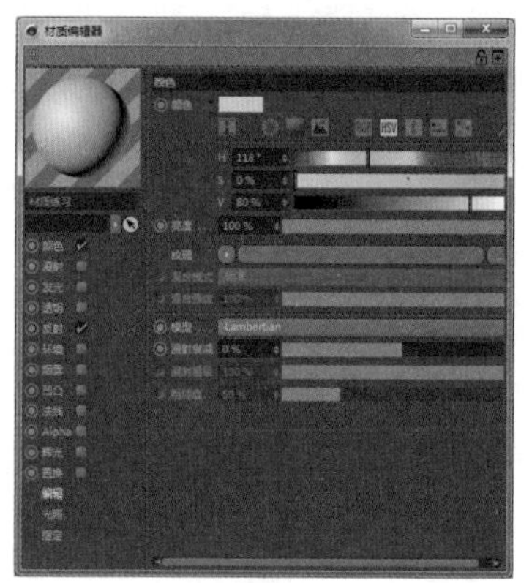

图 2.10

2 在“颜色”通道中设置“颜色”为蓝色，如图 2.11 所示。

图 2.11

3 在“反射”通道中设置参数，如图 2.12 所示，产生反射效果。

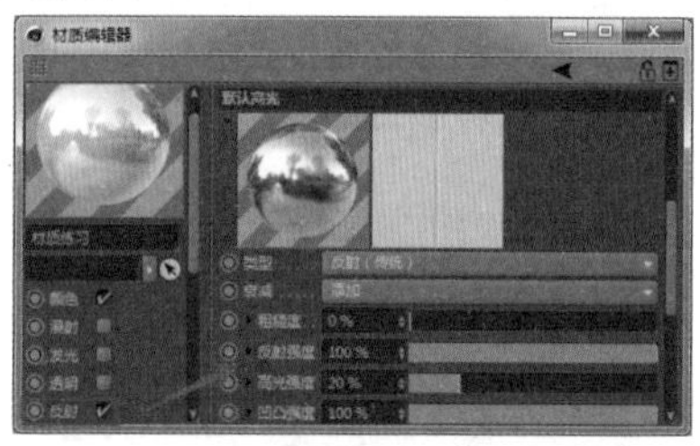

图 2.12

4 在“透明”通道中设置“亮度”为 90，如图 2.13 所示，产生透明效果。

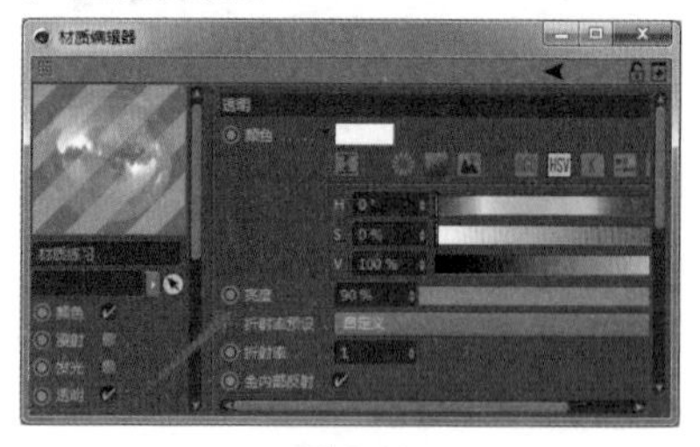

图 2.13

2.1.3 渲染材质效果

1 按【Ctrl+R】组合键或单击工具栏中的按钮❶，渲染场景。可以看到默认情况下场景一片漆黑❷，如图 2.14 所示，因为没有任何环境设置，在默认的纯黑色背景下场景也是纯黑色。

图 2.14

2 建立环境。单击工具栏中的“天空”按钮，如图 2.15 所示，建立一个天空球，这个天空球是不可见的，仅在“对象”面板中显示，如图 2.16 所示。

图 2.15

图 2.16

3 在材质球面板中按【Ctrl+N】组合键，新建一个材质球，如图 2.17 所示，下面来给天空设置贴图。

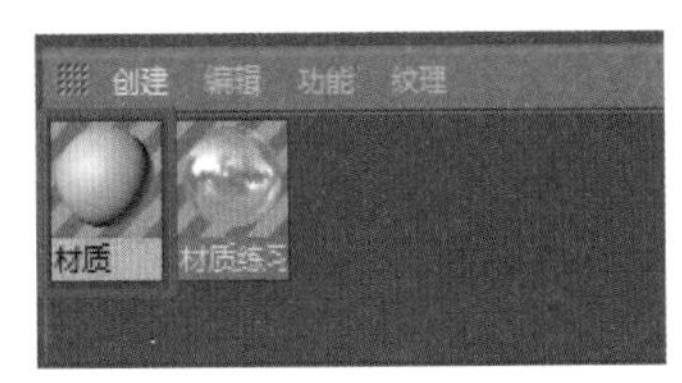

图 2.17

4 双击该材质球，打开“材质编辑器”窗口，取消选择除了“发光”通道外的所有通道的复选框，如图 2.18 所示，这样该材质就只有发光属性了。

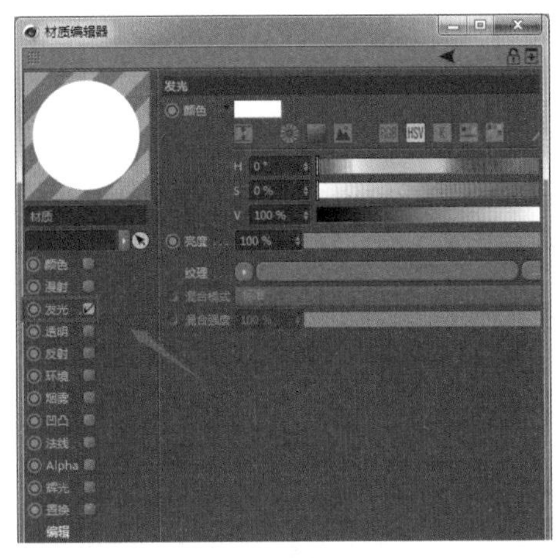

图 2.18

5 在“对象”面板中打开内容浏览器页面❶，选择本例预置的 HDRI 贴图❷，将该贴图拖动到“纹理”通道中❸（这是简易的赋予贴图的方法），如图 2.19 所示。

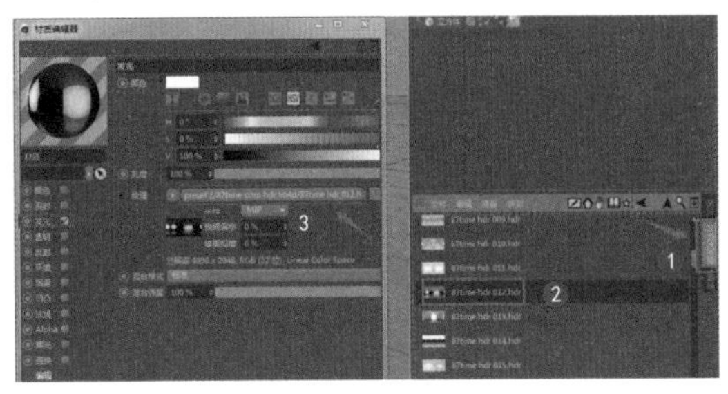

图 2.19

6 将该材质球拖动到“对象”面板的“天空”物体上，如图 2.20 所示。

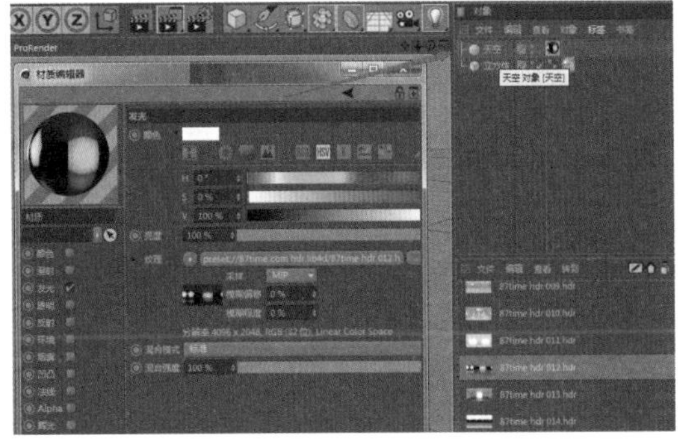

图 2.20

注意：HDRI 是高动态范围图像（High Dynamic Range Image）的缩写。它是一种比低动态范围图像包含更多颜色信息的特殊图像格式。HDRI 图像包含 32 位颜色信息，而 LDRI 只包含 8 位。这一点在调节图像的亮度时尤为重要。

7 至此，就完成了天空的材质制作。下面重新渲染视图，可以看到立方体反射出天空的效果，如图 2.21 所示（为了得到较好的反射，为立方体添加了圆角）。

图 2.21

8 如果想取消立方体的材质，可以在“对象”面板的立方体后面将材质标签删除，如图 2.22 所示。

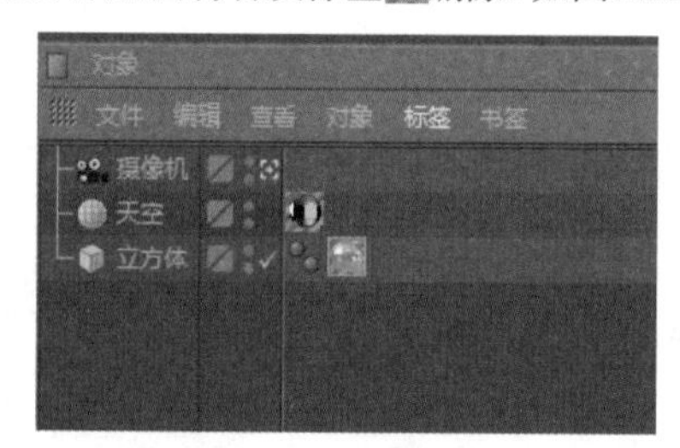

图 2.22

9 材质标签的使用很方便，可以拖动这个标签放到其他物体上，如图 2.23 所示，这样，该材质就从立方体移动到了其他物体上。

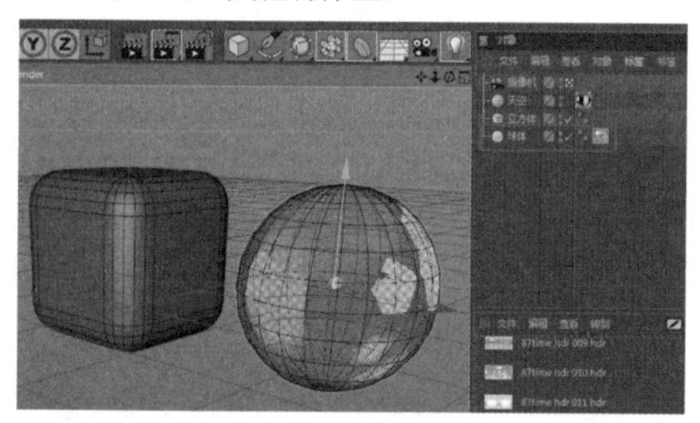

图 2.23

10 按住【Ctrl】键的同时拖动这个标签可将材质球复制到其他物体上，如图 2.24 所示。

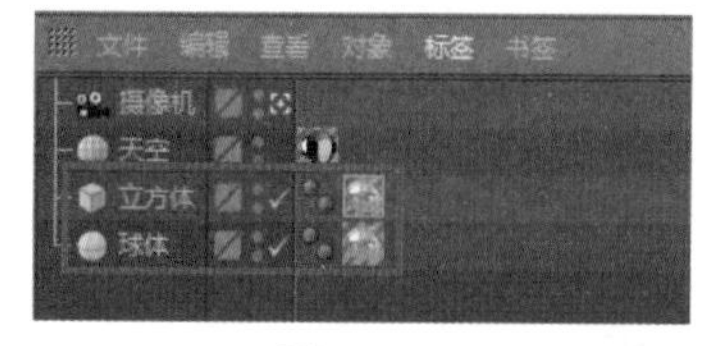

图 2.24

11 如果将材质球放到群组上，如图 2.25 所示，则该群组下面的所有物体都将拥有这个材质属性。

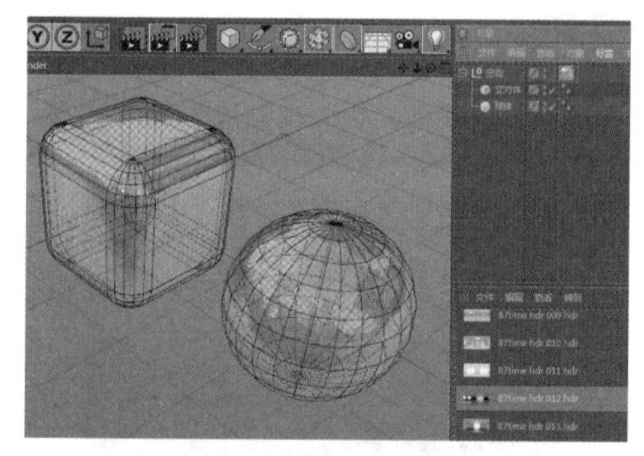

图 2.25

12 如果想将物体的材质替换成其他材质也很容易，只需将新的材质球拖放到旧的材质球上即可，如图 2.26 所示。

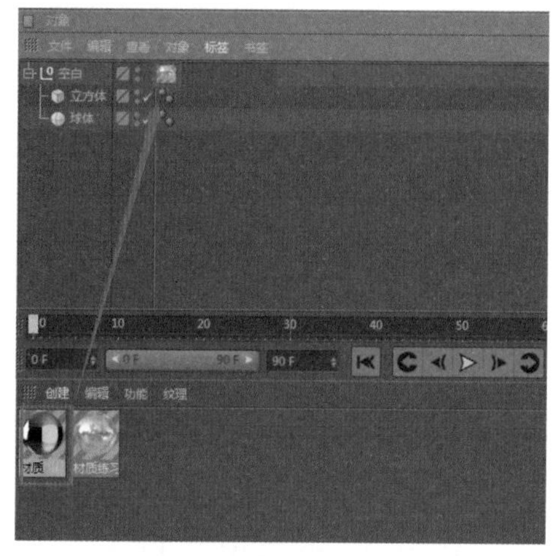

图 2.26

13 材质球可以单独保存❶，也可以一次将场景中的所有材质球全部保存❷，方便以后调取，如图 2.27 所示。

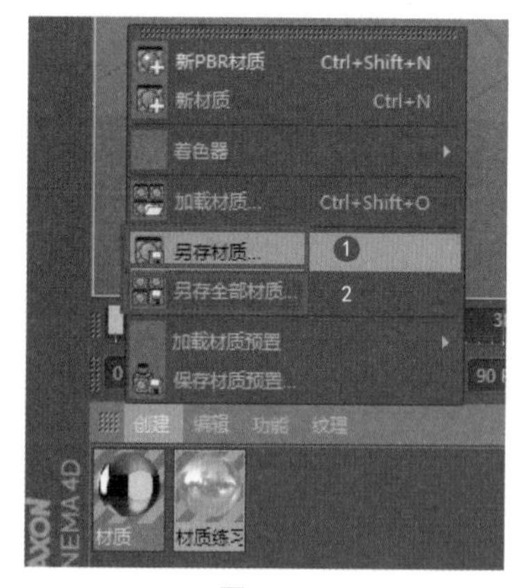

图 2.27

2.2 贴图坐标

贴图坐标又称UV坐标，在贴图中 *X*、*Y*、*Z* 轴向用 *U*、*V*、*W* 来表示，基本含义相同，就是通过轴向来对贴图进行对位调整。在Cinema 4D中，贴图坐标的设置方法主要有3种，分别为材质球标签、纹理模式调节和在UV面板中进行UV展开（本章仅介绍前两种方法，UV展开将在后面的案例中进行讲解）。

2.2.1 材质球标签调节贴图坐标

工程：02\贴图坐标.c4d

1 建立一个立方体，设置“分段”和“尺寸”参数，如图2.28所示。按【C】键将其塌陷为可编辑多边形。

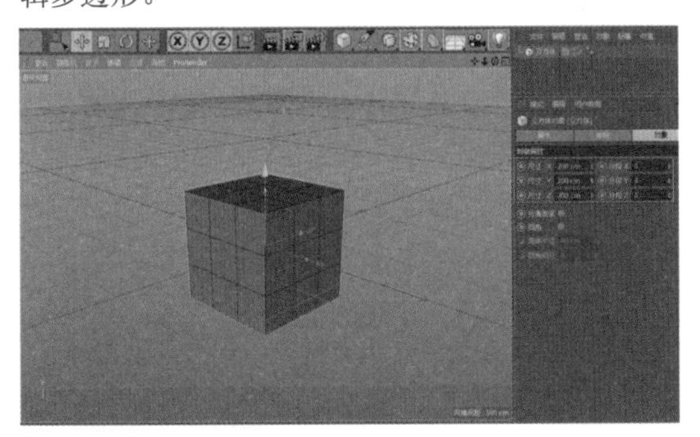

图2.28

2 双击材质球面板的空白处，新建一个空白材质样本球，如图2.29所示。

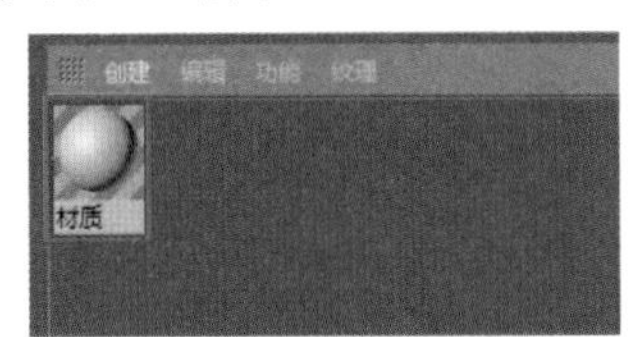

图2.29

3 双击该材质球，打开“材质编辑器”窗口，如图2.30所示，将在这里进行贴图设置。

图2.30

4 在“颜色”通道中单击“纹理”按钮，在打开的下拉列表框中选择“加载图像”选项，如图2.31所示。

图2.31

5 在打开的资源浏览器中选择一幅图片❶。将材质球拖动到视图的立方体模型上，此时立方体模型出现了贴图效果，默认情况下立方体的四面都会有贴图产生❷，如图2.32所示。

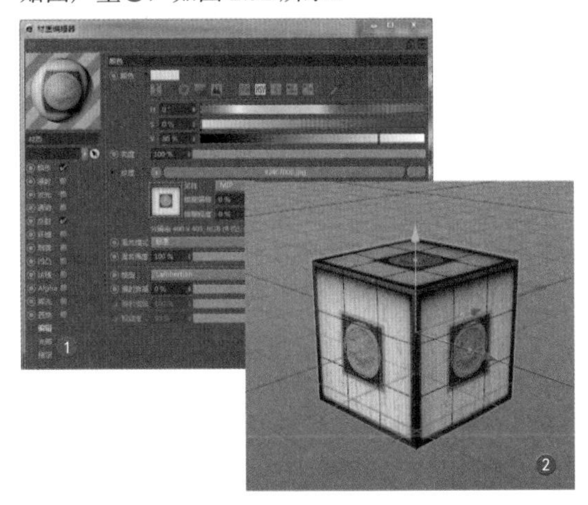

图2.32

6 此时，“对象”面板中的立方体名称后方出现了材质标签，如图2.33所示。

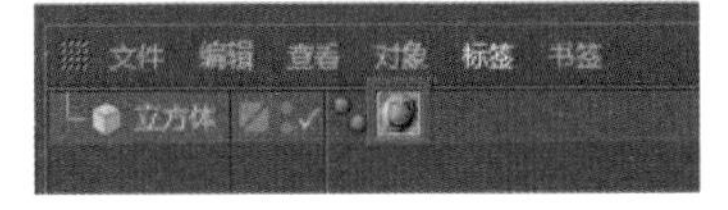

图2.33

7 选择材质标签❶，在“参数”面板中可以看到，默认情况下，材质的投射方式为“UVW 贴图”❷，如图 2.34 所示。

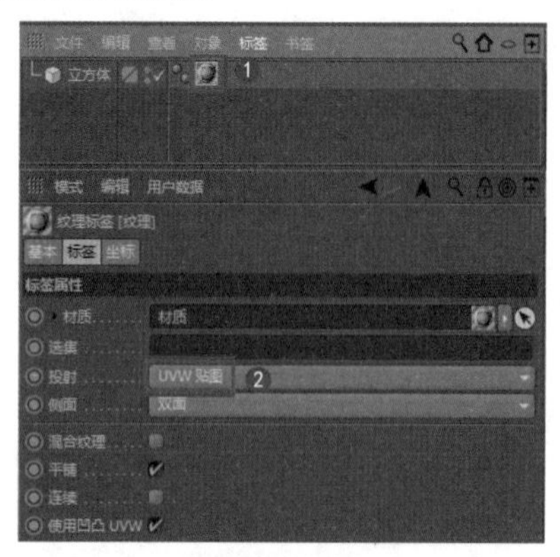

图 2.34

8 将材质的投射方式设置为“平直”❶，立方体一面产生了贴图，其他区域都被拉伸❷，如图 2.35 所示。

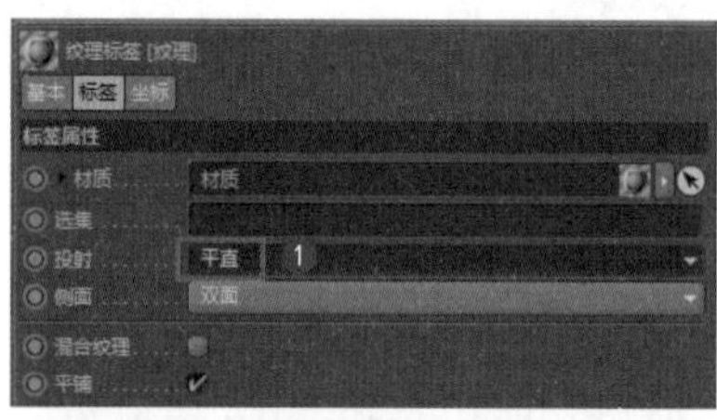

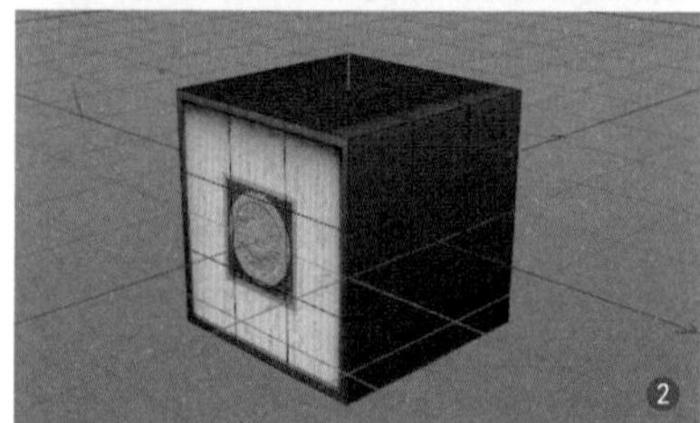

图 2.35

9 修改“偏移”“长度”和“平铺”参数❶，可以看到贴图发生了变化❷，如图 2.36 所示。

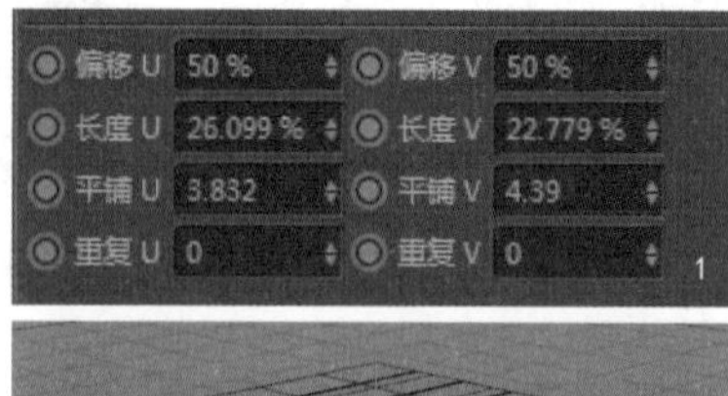

图 2.36

10 取消选择“平铺”复选框❶，可以看到贴图的连续纹理消失了❷，如图 2.37 所示。

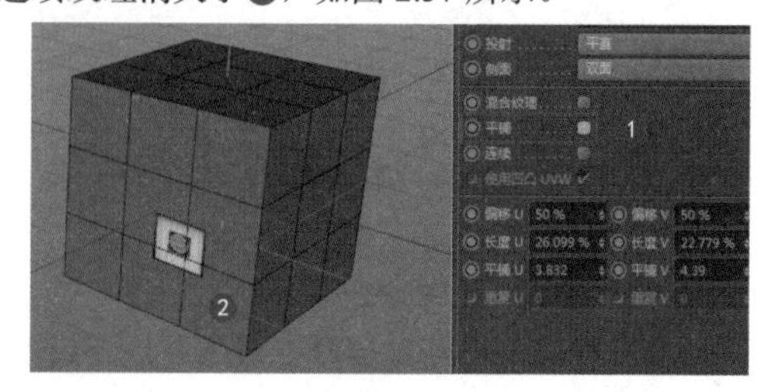

图 2.37

11 在“坐标”页面，调整“旋转”参数❶，可以对贴图进行角度调节❷，如图 2.38 所示。

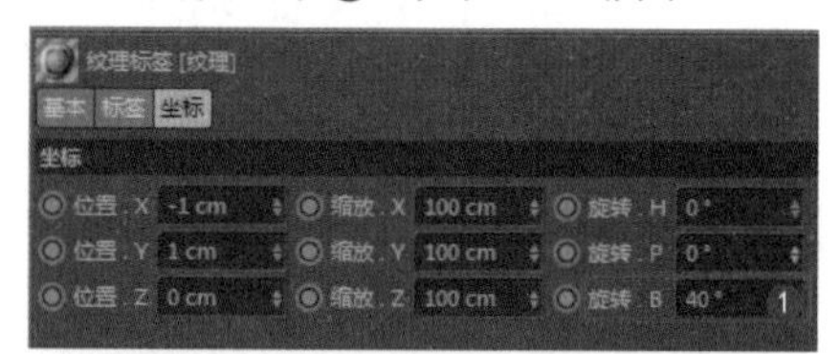

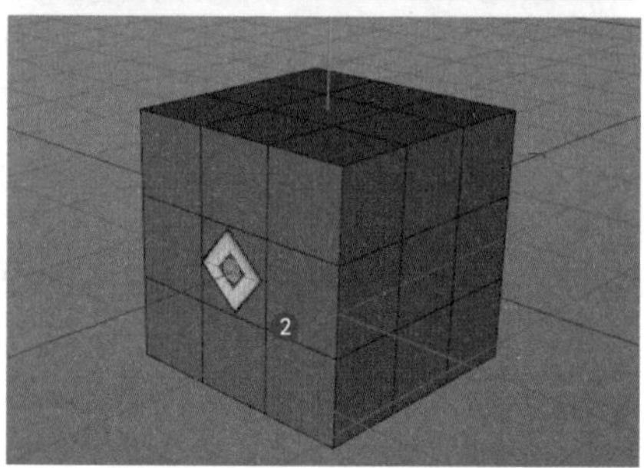

图 2.38

12 调节“位置”参数❶，可以改变贴图的位置❷，如图 2.39 所示。

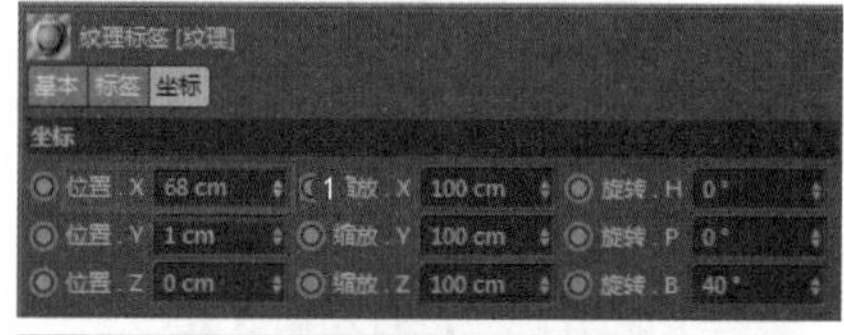

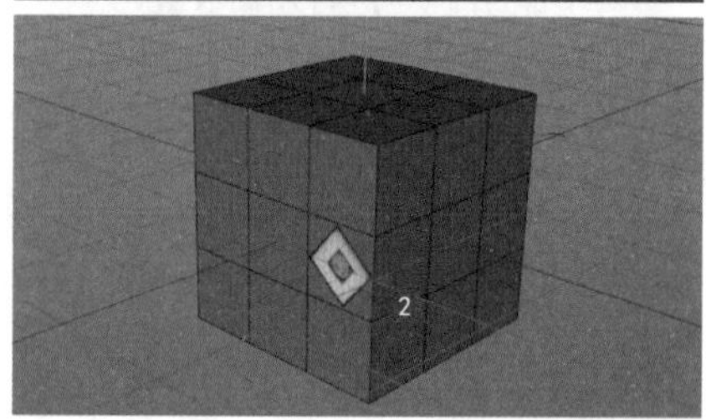

图 2.39

使用材质标签的方式进行简单物体的贴图编辑非常方便快捷，可以轻松得到贴图效果。Cinema 4D 的附贴图和编辑贴图最方便的地方在于，它可以同时在一个物体上对多个材质球进行贴图坐标编辑。

13 选择立方体，按【C】键将其转换成可编辑多边形，进入多边形次物体级别，选择立方体的面，如图 2.40 所示。

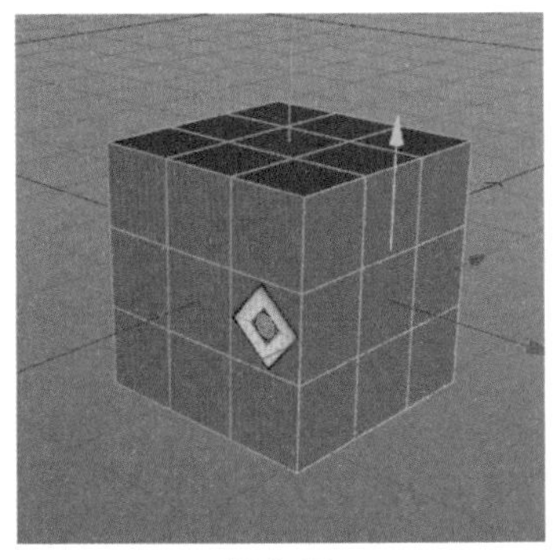

图 2.40

14 在材质球面板中按住【Ctrl】键拖动刚才制作的材质球，复制一个同样的材质，如图 2.41 所示。

图 2.41

15 将新复制的材质球的贴图修改为另一幅贴图，如图 2.42 所示。

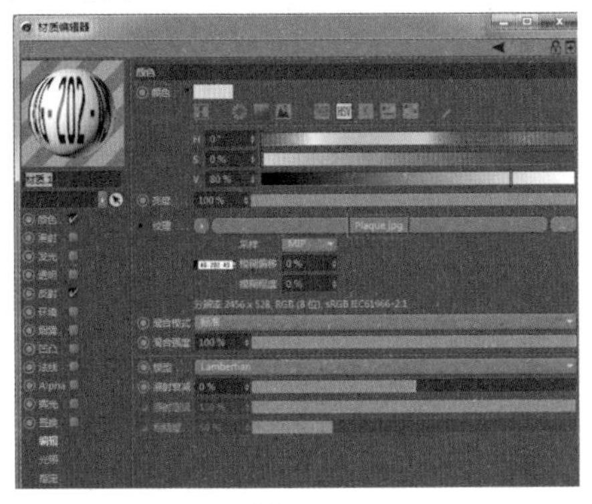

图 2.42

16 将这个材质球拖动到刚才选择的多边形上，可以看到被选择的多边形上产生了贴图，如图 2.43 所示。

图 2.43

17 在"对象"面板中，可以看到立方体后方出现了两个材质球标签，如图 2.44 所示。可以分别对这两个标签进行贴图坐标编辑。

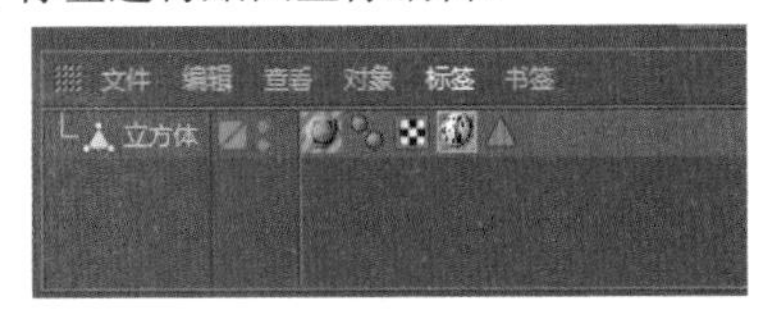

图 2.44

18 单击这个标签，在"参数"面板中配合"偏移"和"长度"参数❶，可以任意控制贴图位置❷，如图 2.45 所示。

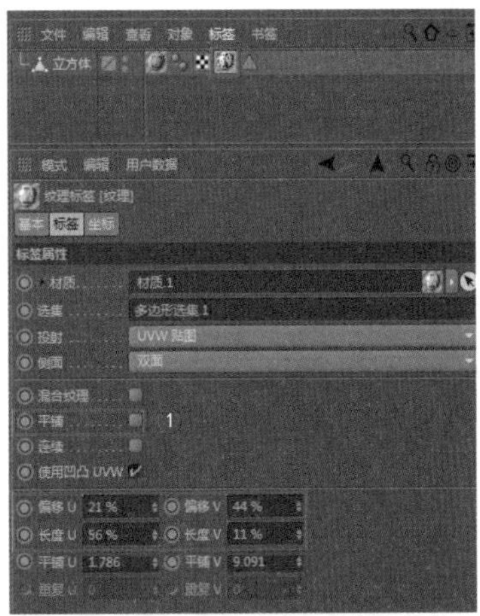

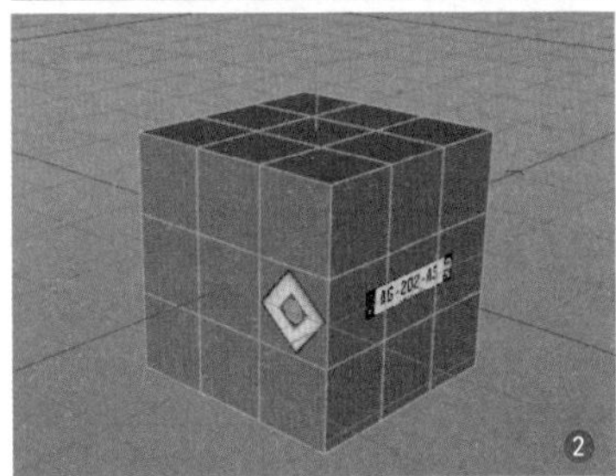

图 2.45

19 在标签上右击，在弹出的快捷菜单中选择"适合对象"命令❶，将贴图尺寸适配到模型上❷，如图 2.46 所示。

图 2.46

20 右击材质球标签，在弹出的快捷菜单中选择“适合区域”命令❶，在正交视图中框选一块区域，将贴图放置到这个框选的区域中❷，如图 2.47 所示。

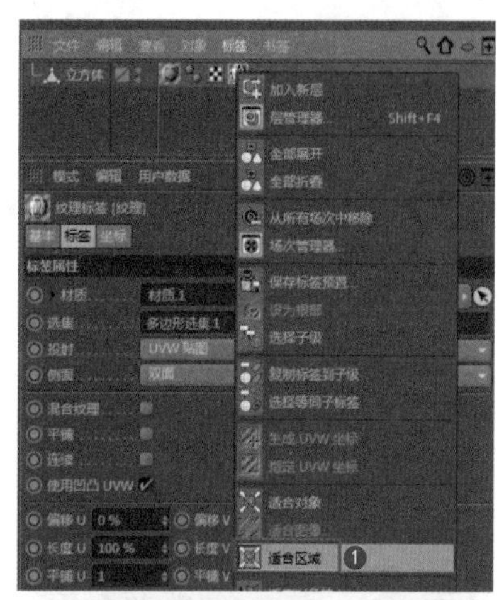

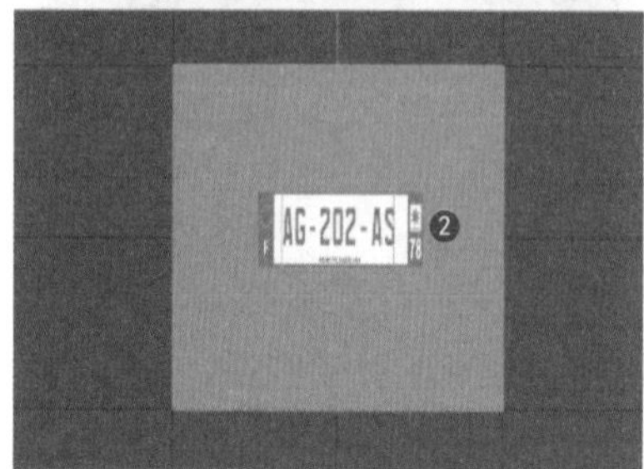

图 2.47

21 要想使该贴图的比例正确，继续右击材质球标签，在弹出的快捷菜单中选择“适合图像”命令❶，在弹出的对话框中选择这个贴图即可。贴图比例就变得正确了❷，如图 2.48 所示。

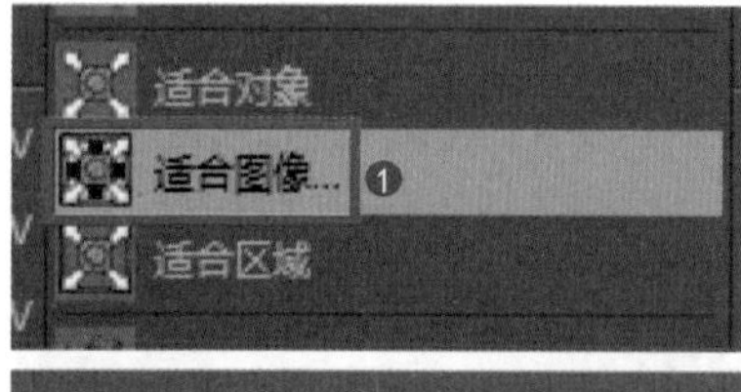

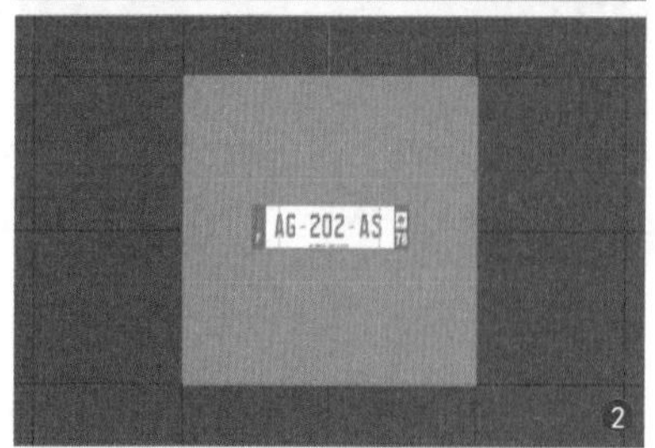

图 2.48

2.2.2 纹理模式调节贴图坐标

1 用纹理模式调节贴图坐标是一种全新的设置方法，可以直观地通过纹理框来调节贴图的位置。下面通过案例来讲解纹理模式。继续使用刚才的立方体案例，先选择立方体，然后单击按钮进入纹理模式，如图 2.49 所示。

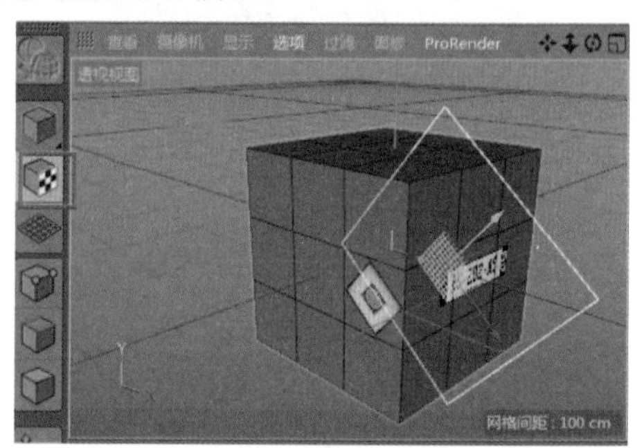

图 2.49

2 在纹理模式中，单击立方体后面不同的材质球，可以看到不同的黄色贴图坐标框，如图 2.50 所示。

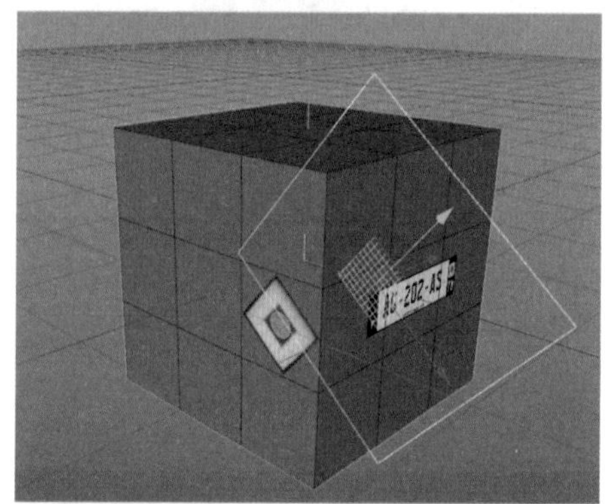

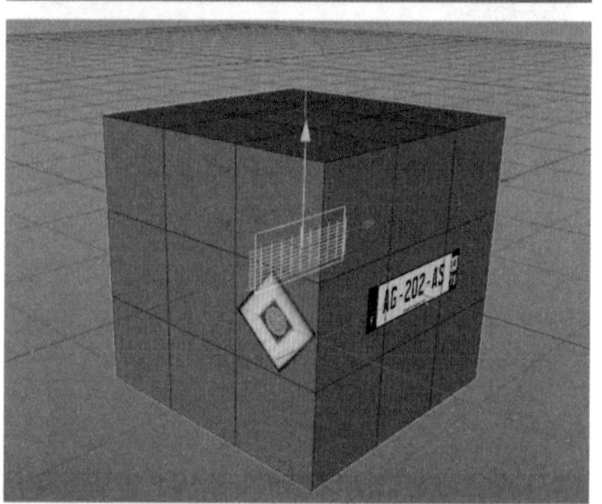

图 2.50

3 拖动贴图坐标框，可以看到相应的贴图位移，可以对这个坐标框进行移动、旋转和缩放等操作，非常方便直观。设置完成后，再次单击按钮，退出纹理模式。

2.3 内置材质制作

本节学习几个重要的材质制作案例，通过案例制作对 Cinema 4D 默认的材质制作融会贯通，本节将要学习的案例有玻璃、反射、划痕、凹凸、透明及系统自带的程序贴图等。

2.3.1 制作生锈金属材质

下面制作生锈金属材质。本例将利用生锈金属贴图表现表面色调，用菲涅耳贴图表现反射效果，用凹凸贴图表现斑驳的生锈质感，效果如图 2.51 所示。

图 2.51

1 新建一个材质球，设置“颜色”通道为纹理贴图❶，准备一个生锈金属的贴图❷，如图 2.52 所示。再专业的参数化纹理都无法代替照片贴图的逼真度，所以要经常搜集一些这种贴图来制作做旧效果。

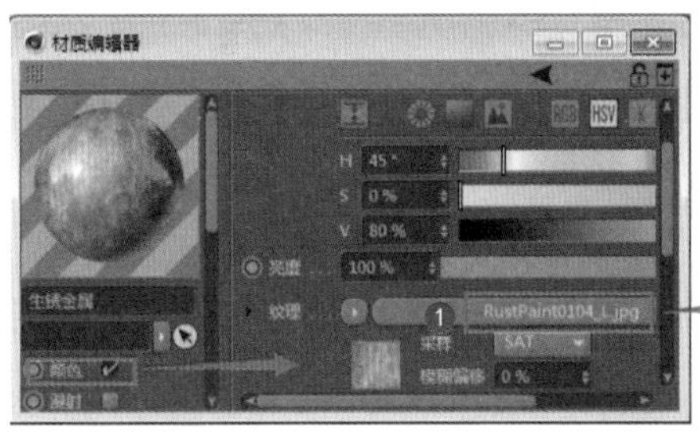

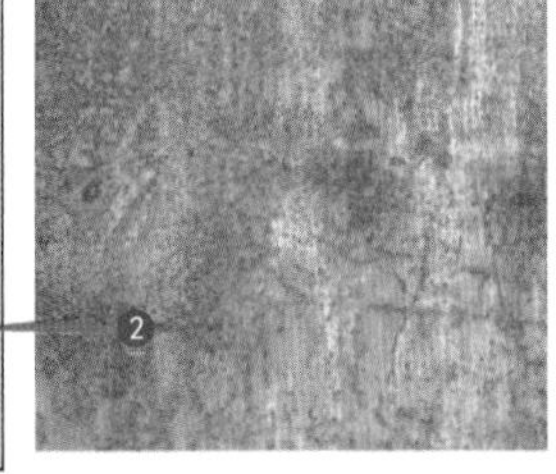

图 2.52

2 在“反射”通道中设置反射纹理为 Fresnel（菲涅耳）贴图❶，设置菲涅耳参数❷，设置“混合强度”参数❸（产生了轻微菲涅耳反射效果），如图 2.53 所示。

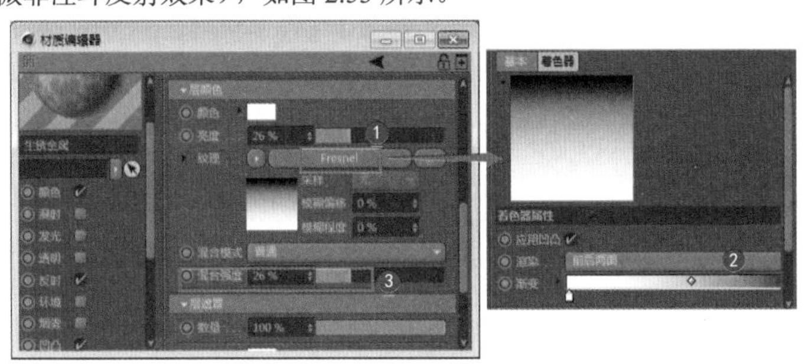

图 2.53

3 在“凹凸”通道中设置纹理贴图❶，设置“反射”类型为“反射（传统）”❷，如图 2.54 所示。

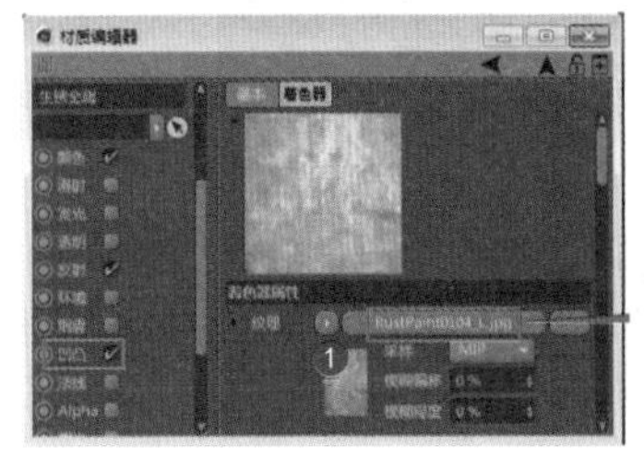

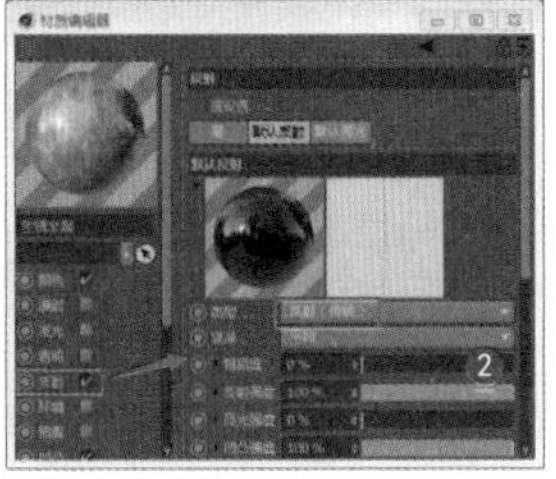

图 2.54

2.3.2 制作高硼玻璃材质

下面制作高硼玻璃材质。本例将利用折射的菲涅耳贴图来控制高硼玻璃的透明效果，设置反射的菲涅耳贴图表现玻璃的通透效果，如图 2.55 所示。

图 2.55

1 新建一个默认材质（玻璃），设置透明玻璃的“折射率”参数❶，设置纹理贴图为“菲涅耳（Fresnel）”❷，设置菲涅耳折射参数❸，如图 2.56 所示。

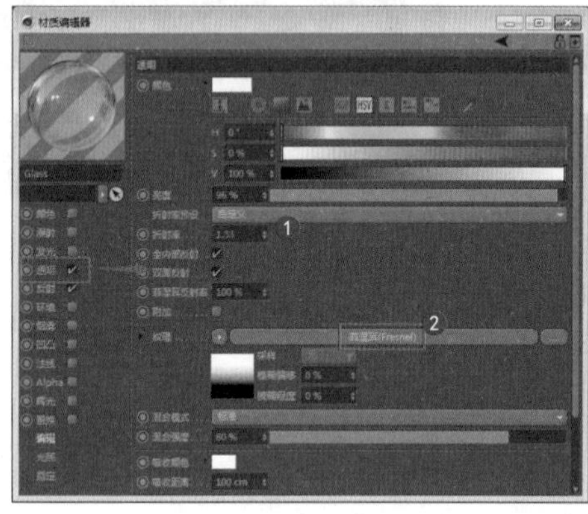

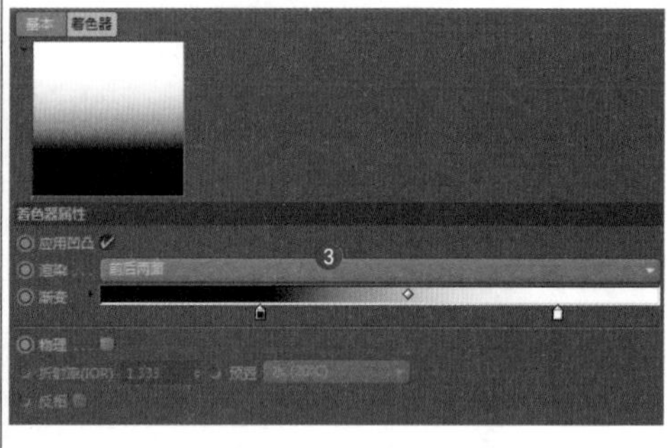

图 2.56

2 设置“反射”参数❶，设置反射纹理为“菲涅耳（Fresnel）”❷，设置菲涅耳反射参数❸，如图 2.57 所示。

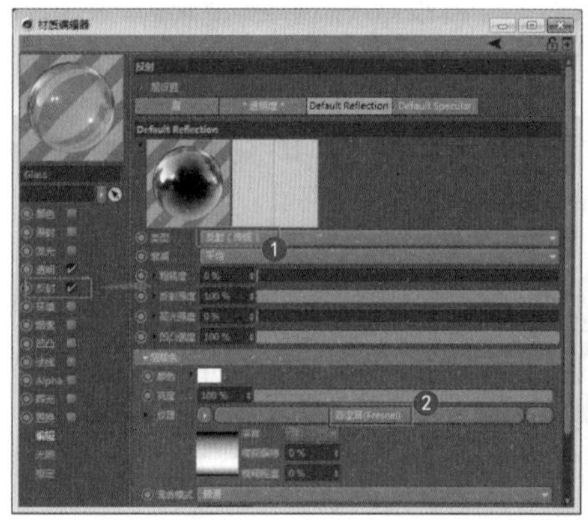

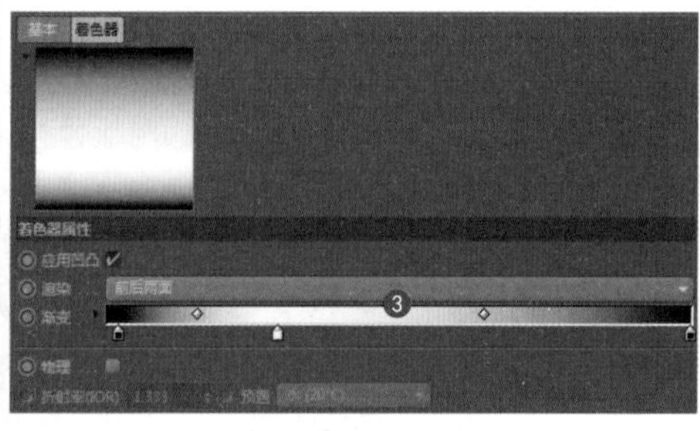

图 2.57

渲染效果如图 2.58 所示。

图 2.58

2.3.3 制作肥皂泡材质

图 2.59

下面制作肥皂泡材质。本例将利用“透明”通道设置光谱贴图，设置层颜色产生气泡反射效果，设置 Alpha 贴图产生通透气泡效果，如图 2.59 所示。

1 新建一个默认材质，设置“透明”通道的纹理为“光谱”❶、七色光谱❷，如图 2.60 所示。

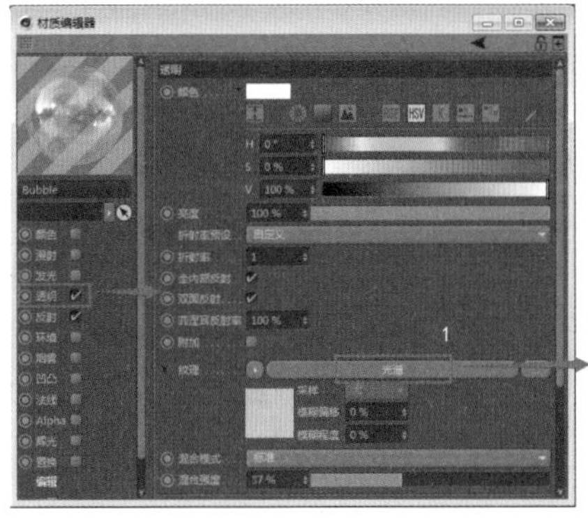

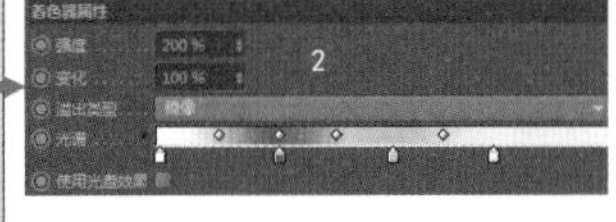

图 2.60

2 设置“反射”类型为“反射（传统）”❶，设置层颜色的“纹理”为七色光谱❷，开始进行气泡渲染测试❸，如图 2.61 所示。

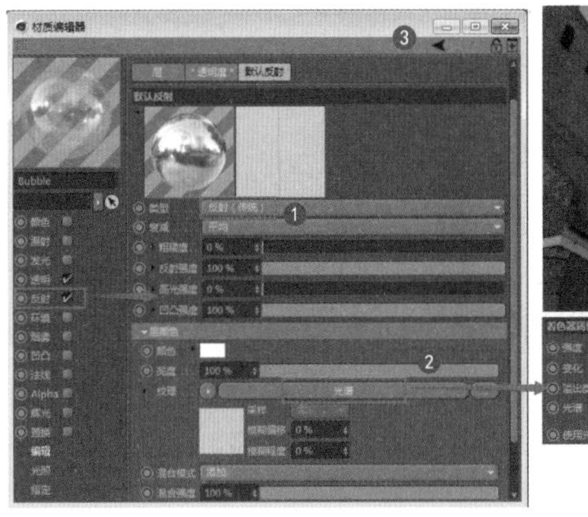

图 2.61

3 在 Alpha 通道中打开“柔和”属性❶，设置“纹理”为七色光谱❷，此时的气泡渲染效果更加通透❸，如图 2.62 所示。

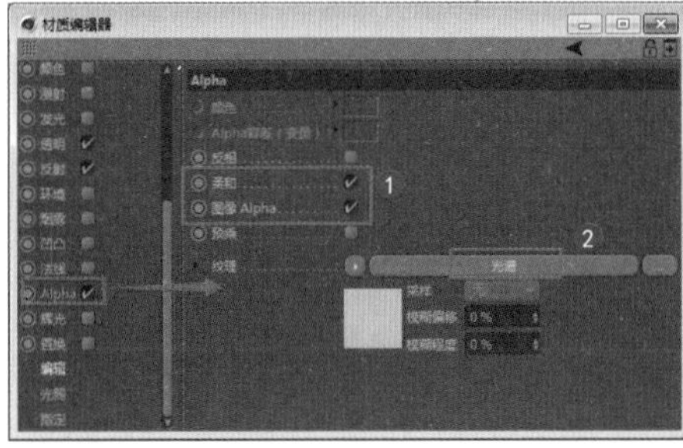

图 2.62

2.3.4 制作金边瓷器材质

下面制作金边瓷器材质。本例将利用贴图和反射制作金边陶瓷材质，设置镂空污渍贴图制作杯子上的污痕，如图 2.63 所示。

图 2.63

1 新建一个默认材质（陶瓷），设置“颜色”通道的纹理为陶瓷表面贴图❶，设置“反射”通道的“反射”类型为 Backmann（陶瓷反射模式）❷，该反射类型适合于光泽度较高的反射模拟。设置“粗糙度”和“反射强度”参数❸，微弱的粗糙度可以让效果更加真实，如图 2.64 所示。

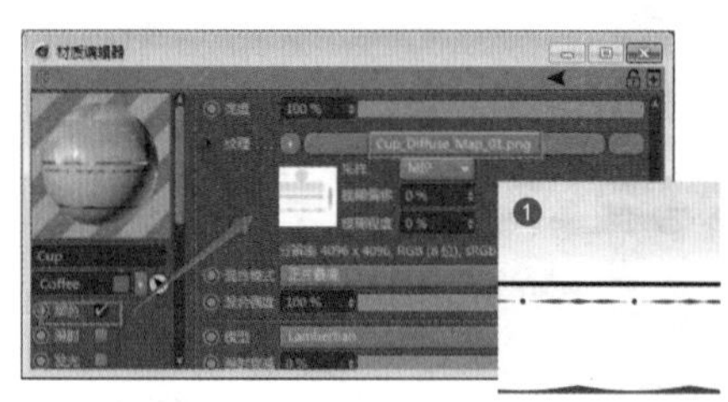
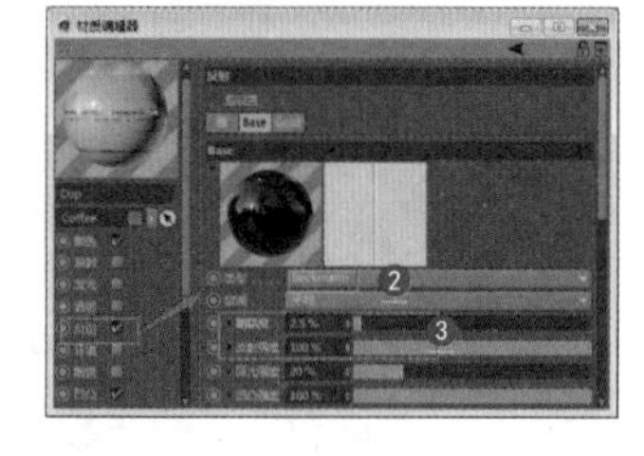

图 2.64

2 设置层遮罩的“纹理”贴图（陶瓷的裂纹）❶，添加一个反射层，设置反射类型为 GGX ❷，如图 2.65 所示。GGX 是一个比较普通的反射类型，是一个集速度和效果于一体的通用型反射，如果对逼真效果不苛刻的话，可以经常使用 GGX。

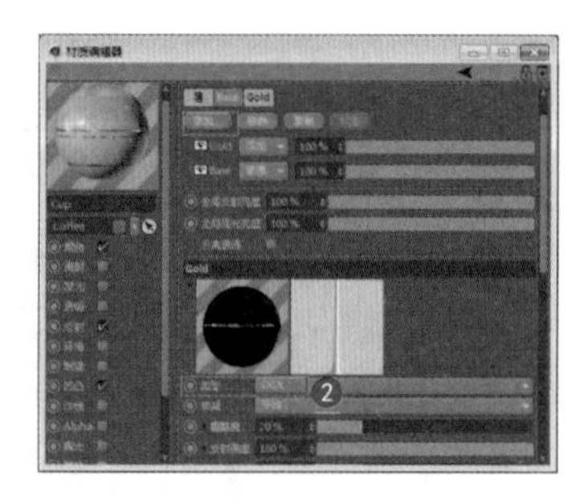

图 2.65

3 设置层颜色为淡黄色（金色），设置层遮罩贴图（陶瓷上的金边）❶，金色和白色区域就是通过遮罩贴图来产生的，白色区域透出金色，黑色区域透出白色陶瓷。设置“凹凸”贴图❷，裂缝是通过凹凸贴图来产生的，如图 2.66 所示。

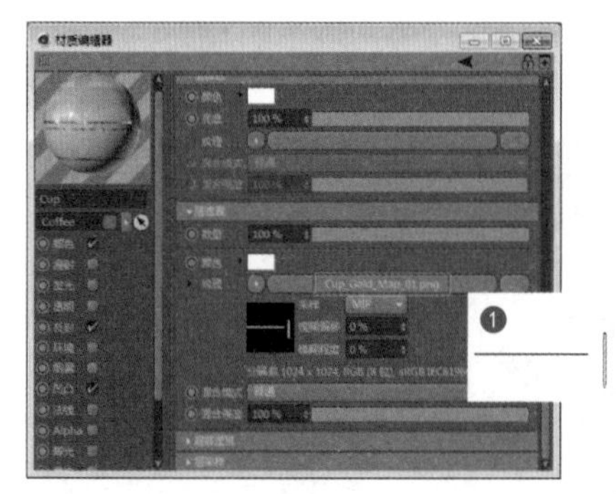
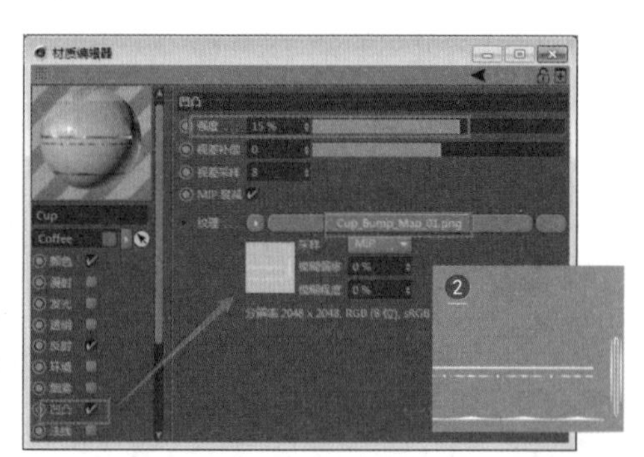

图 2.66

4 新建一个默认材质（陶瓷上的污渍），设置颜色为棕色❶。设置“凹凸”通道的“纹理”贴图❷，设置“强度”参数（凹凸效果）❸，如图 2.67 所示。

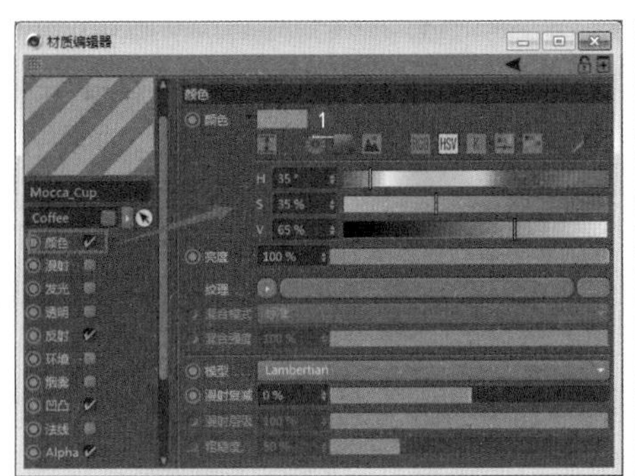

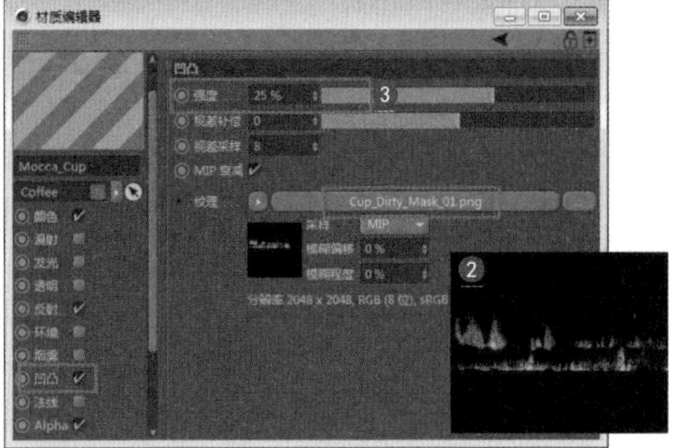

图 2.67

5 设置 Alpha 贴图（产生镂空）❶，将陶瓷赋给模型❷，将镂空材质继续赋给模型❸（产生叠加效果），如图 2.68 所示。这种污渍镂空贴图可以反复叠加，并单独设置它的贴图坐标，这里仅设置一层。

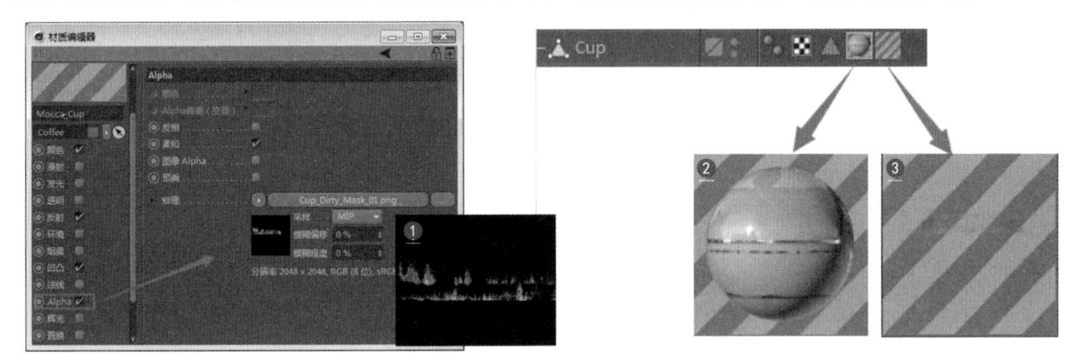

图 2.68

6 ❶为陶瓷上的污渍效果，❷为陶瓷上的裂痕效果，如图 2.69 所示。

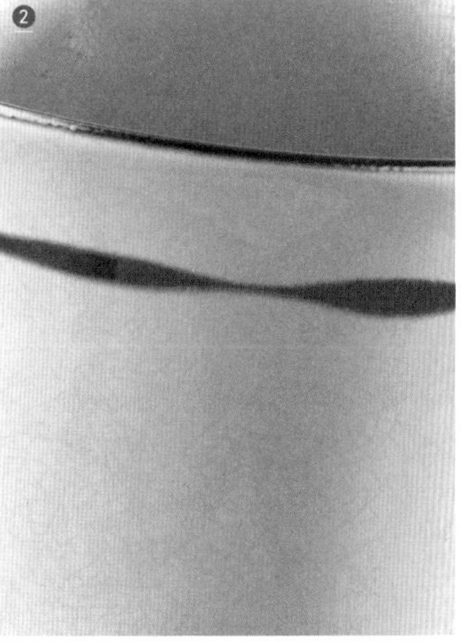

图 2.69

2.3.5 制作榉木清漆材质

下面制作榉木清漆材质。本例将利用系统自带的木材贴图随机产生榉木贴图，设置两层反射贴图控制木纹清漆效果，利用凹凸贴图产生质感，如图 2.70 所示。

图 2.70

1 新建一个默认材质（榉木），设置“颜色”通道的纹理为“图层”❶，在图层中设置第一层贴图为木材❷，如图 2.71 所示（木材是软件自带的参数化贴图类型，可通过“年轮比例”等参数控制木纹）。

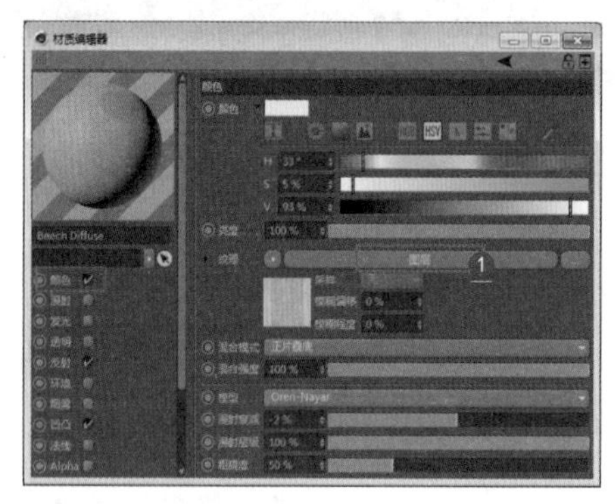

图 2.71

2 设置木材的参数（随机产生）❶，设置第二层贴图为“噪波”❷（设置木头颜色），如图 2.72 所示。

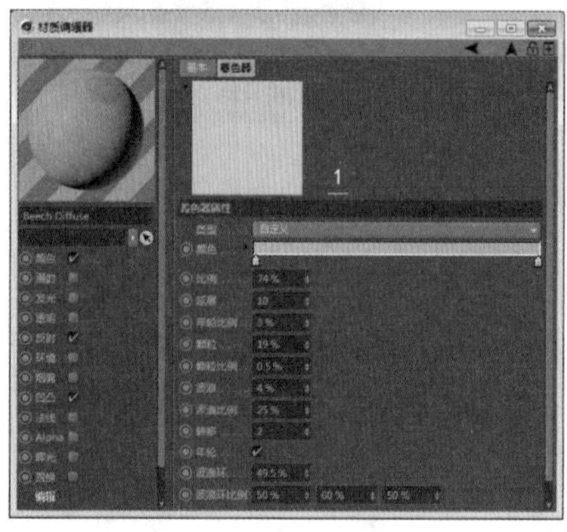

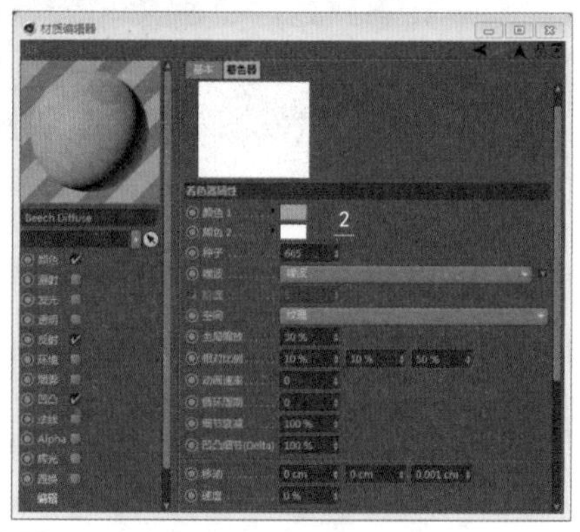

图 2.72

3 设置噪波的混合模式为“正片叠底”❶，产生真实木纹效果，设置木纹材质的反射和高光（第一层清漆）❷，如图 2.73 所示。正片叠底的效果是把基色和混合色的图像都制作成幻灯片，把它们叠放在一起，拿起来凑到亮处看到的效果。由于两张幻灯片都有内容，所以重叠起来的图像比单张图片要暗。

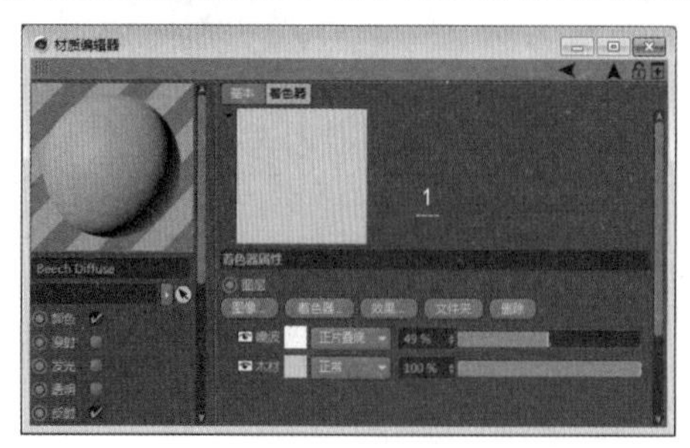

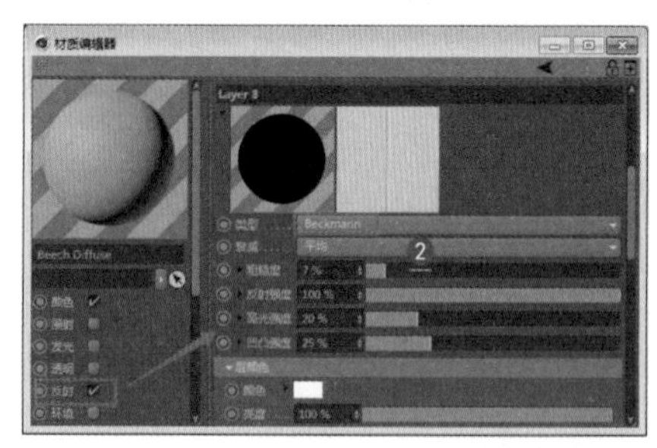

图 2.73

4 添加一个反射层并设置反射类型❶（清漆下面的木头反射），设置“凹凸”通道的纹理为“图层”❷，如图 2.74 所示。Ward 反射类型和 Phong 的效果十分接近，只是在背光的高光形状上略有不同。Ward 为类似圆形的高光，而 Phong 为梭形，所以一般用 Ward 表现反光，用 Phong 表现反光比较柔和的材质。

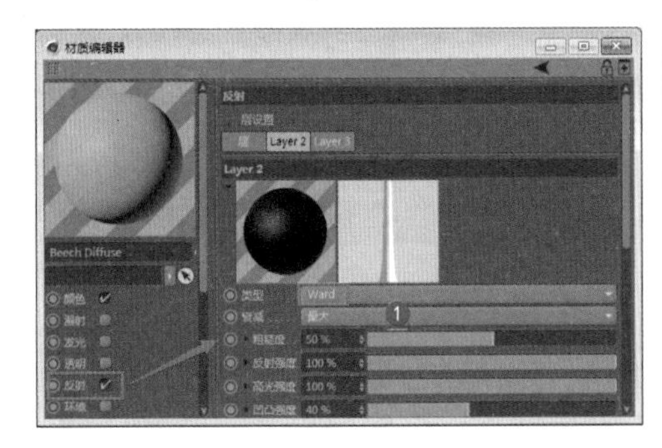

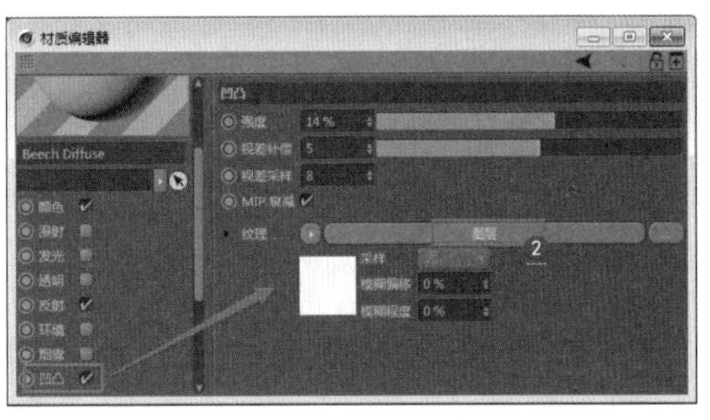

图 2.74

5 在图层中设置第一层贴图为“木材”，设置“木材”的参数❶，设置第二层贴图为“噪波”（设置木头颜色）❷，如图 2.75 所示。

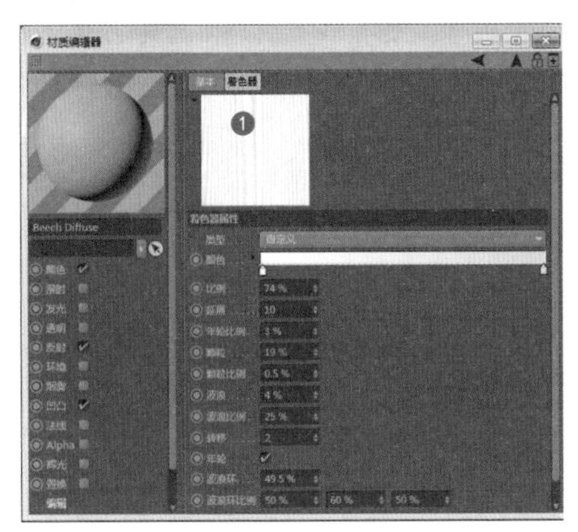

图 2.75

6 设置“噪波”的混合模式为“正片叠底”❶，产生真实木纹效果❷，如图 2.76 所示。这里介绍的是参数化的木纹制作，是理想化的木纹设计。如果想要获得更真实的木纹，建议使用分辨率较高的照片贴图来实现。

图 2.76

2.3.6 制作皮革表带材质

下面制作皮革表带材质。本例将利用皮革纹路制作表带材质，通过设置置换和法线贴图来控制皮革的凹凸质感，如图 2.77 所示。

图 2.77

1 新建一个默认材质（表带皮革）❶，设置“颜色”通道的纹理为“融合”❷，设置“融合”的基本通道为皮革贴图❸，设置混合通道为“噪波”贴图（产生皮革污垢）❹，如图 2.78 所示。

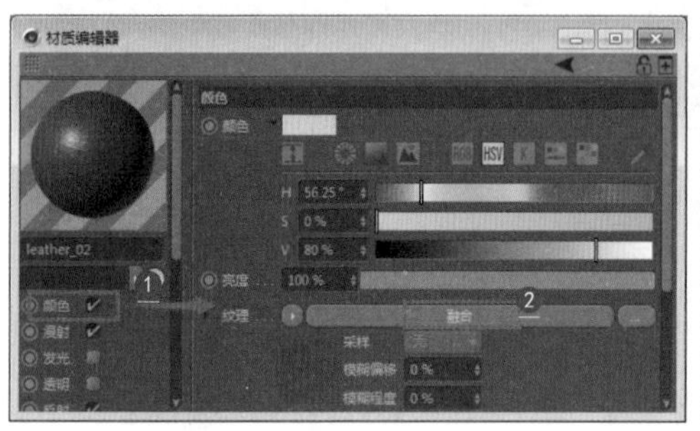

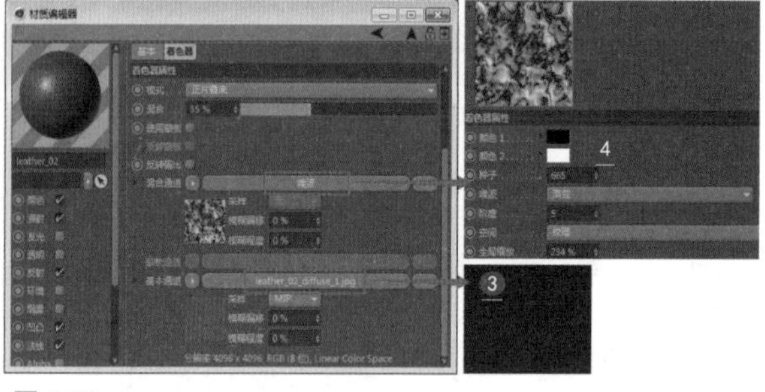

图 2.78

2 设置“反射”类型为 GGX（标准反射）❶，设置层反射的“颜色”为棕色（皮革高光色）❷，如图 2.79 所示。“反射强度”参数用于设置反射的锐利效果，取值越小，反射效果越模糊。平滑反射的品质由“粗糙度”参数来控制。

图 2.79

3 设置“凹凸”通道的纹理贴图为“噪波”❶，设置凹凸颜色❷，如图 2.80 所示。凹凸贴图使对象的表面看起来凹凸不平或呈现不规则形状。用凹凸贴图材质渲染对象时，贴图较明亮（较白）的区域看上去被提升，而较暗（较黑）的区域看上去被降低。

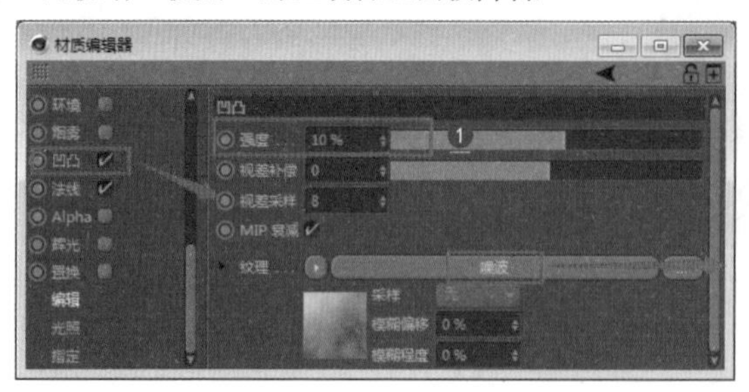

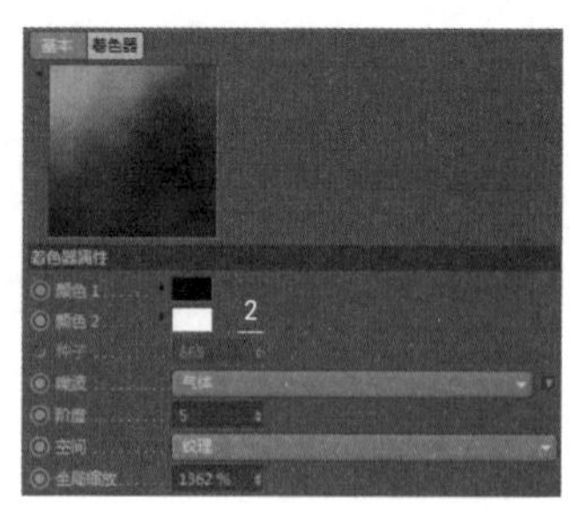

图 2.80

4 设置法线贴图❶，设置法线强度（增强皮革纹路）❷，皮革纹路一般会有一些凹痕，这里需要配合灯光来体现这种效果（由于篇幅原因，这里不再赘述）。通过在“颜色”通道添加“过滤”，可控制贴图颜色❸（不同的皮革拥有不同的颜色），如图 2.81 所示。

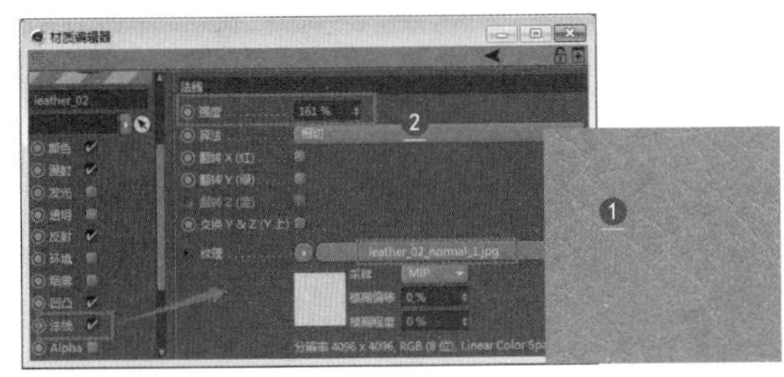
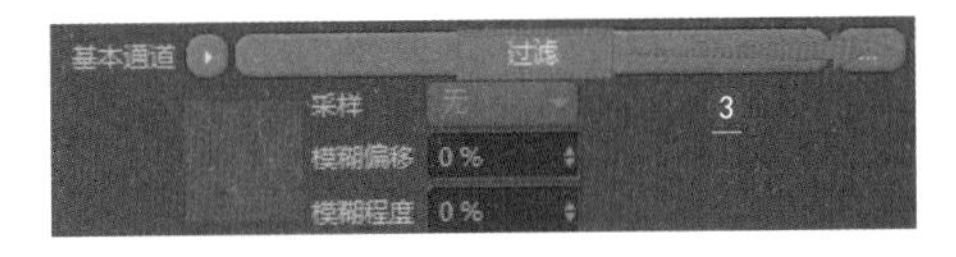

图 2.81

5 设置纹理为皮革材质❶，设置“色调”和“饱和度”❷（控制颜色），设置不同的皮革色调❸，如图 2.82 所示。

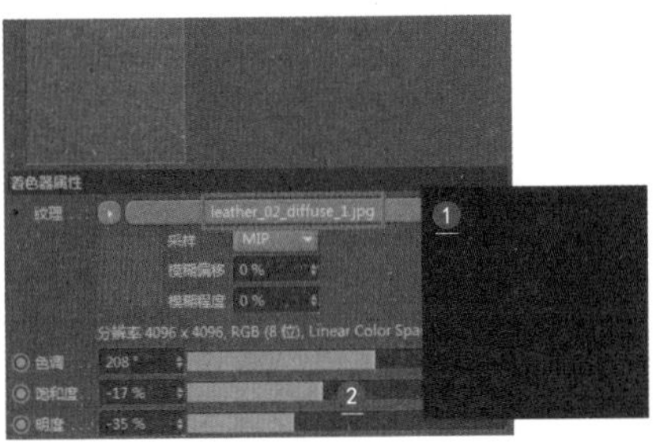
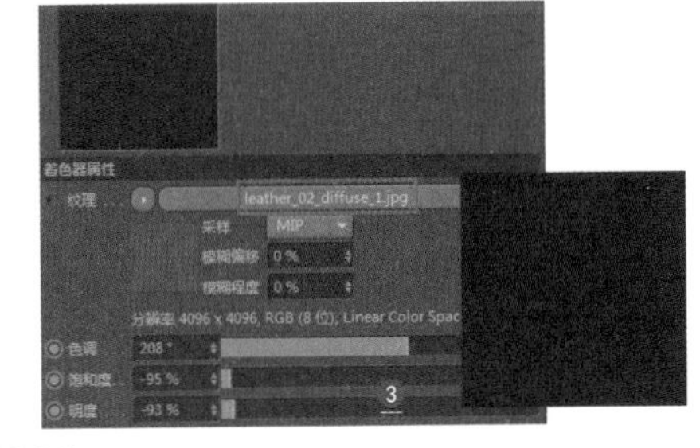

图 2.82

6 新建一个默认材质（表带内侧），在“置换”通道中设置纹理为“噪波”❶（产生麻点凹凸），设置置换高度❷，如图 2.83 所示。噪波贴图是基于两种颜色的交互创建曲面的随机扰动。

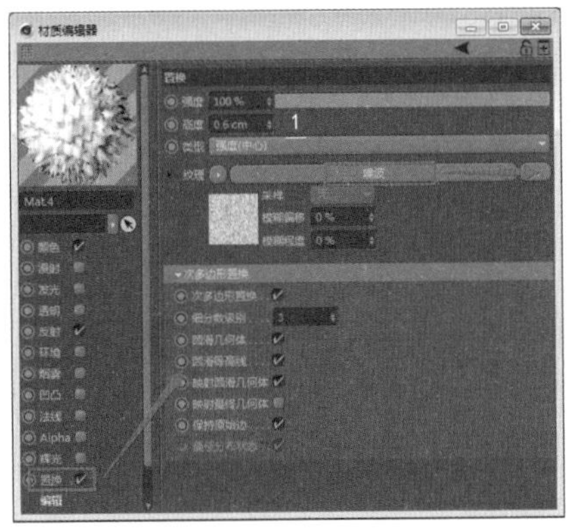
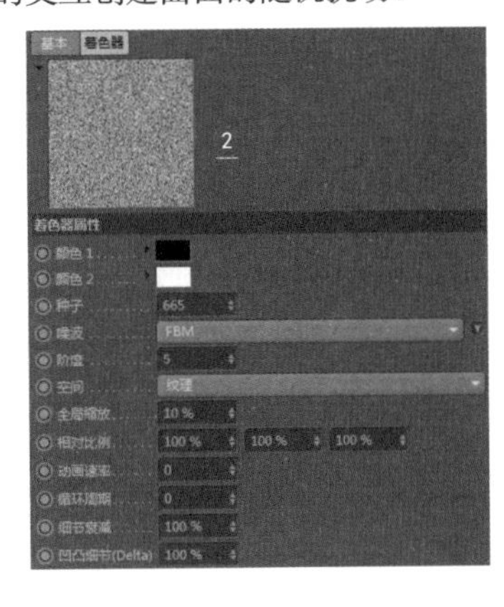

图 2.83

7 设置“反射”为“织物”❶，设置织物的颜色❷，如图 2.84 所示。

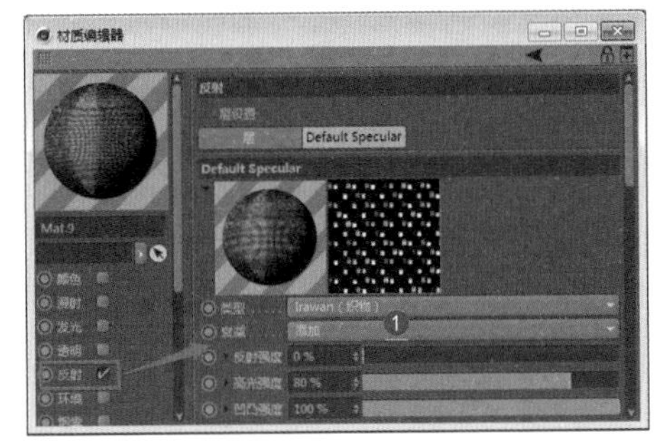
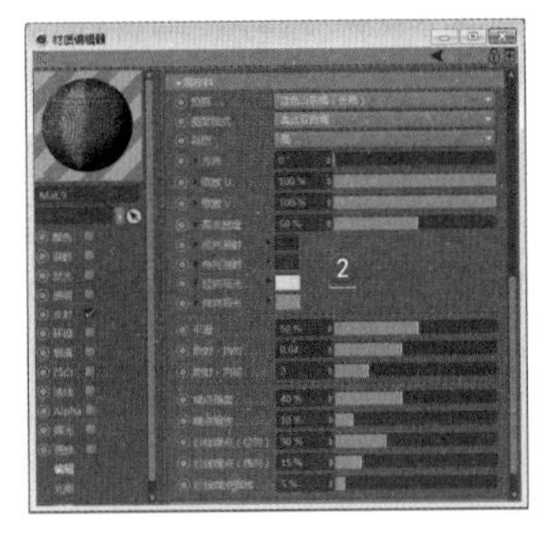

图 2.84

2.3.7　制作鹅卵石材质

下面制作鹅卵石材质。本例将利用噪波叠加产生鹅卵石花纹，设置变化材质让鹅卵石产生不同的纹理，如图 2.85 所示。

图 2.85

1 新建一个默认材质❶，设置“颜色”通道的贴图为“图层”❷，如图 2.86 所示。当在“颜色”通道设置贴图后，拾色器的颜色将不起作用。

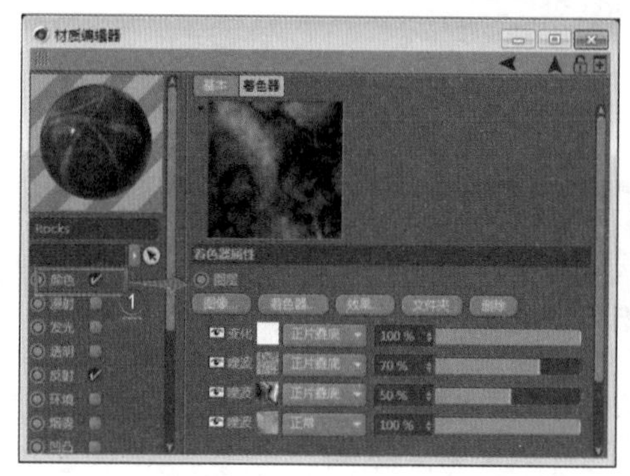

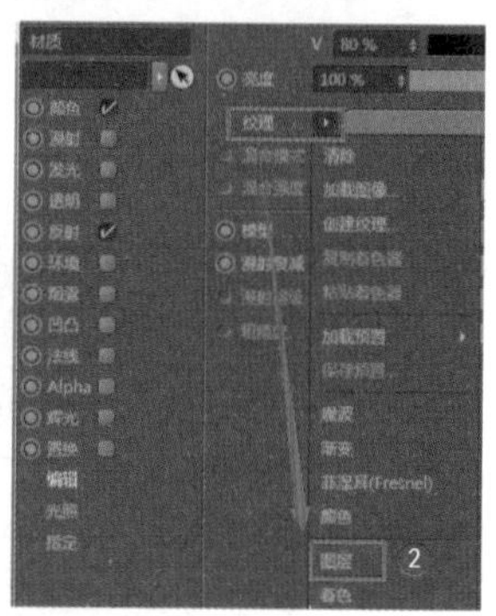

图 2.86

2 在图层中添加第一层材质为“噪波”（设置鹅卵石的底色花纹），设置混合模式为“正常”❶，添加第二层材质为“噪波”（设置鹅卵石的表面花纹），设置混合模式为“正片叠底”❷，如图 2.87 所示。

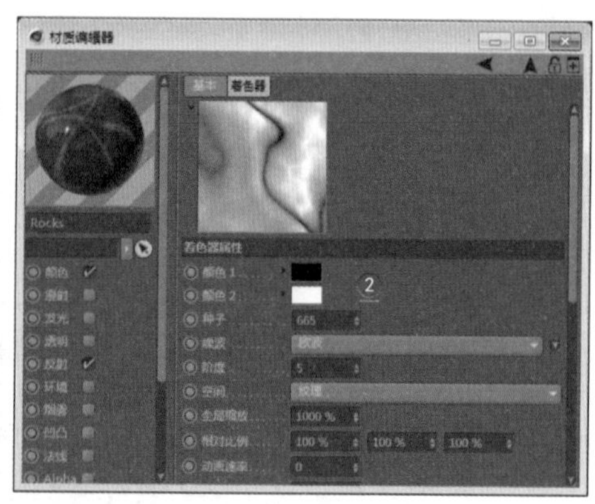

图 2.87

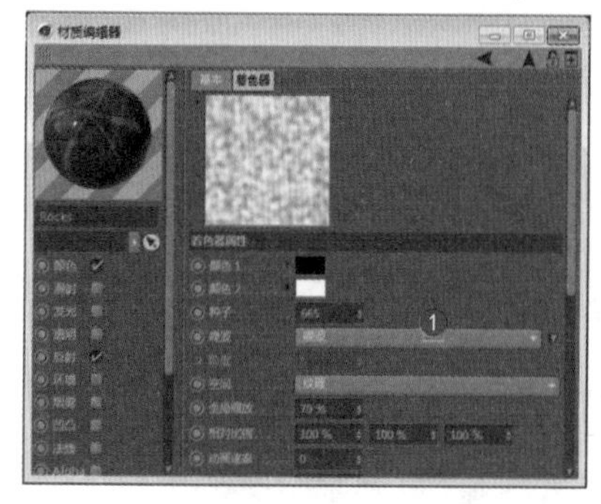

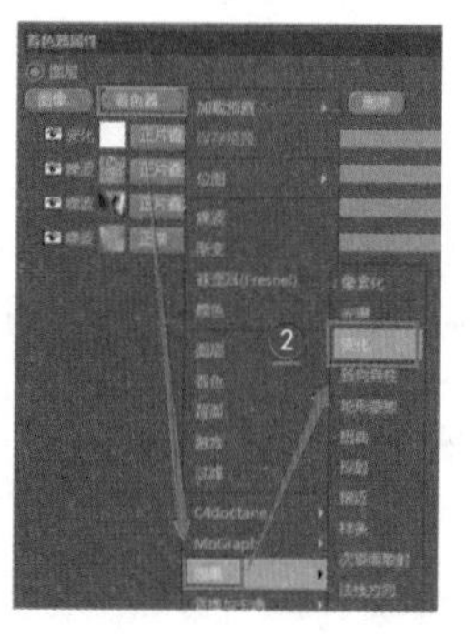

图 2.88

3 添加第三层材质为“噪波”（设置鹅卵石的表面麻点），设置混合模式为“正片叠底”❶。添加第四层材质为“变化”，设置混合模式为“正片叠底”❷，如图 2.88 所示。

4 设置鹅卵石的噪波贴图❶，设置二级纹理为“噪波”（设置花纹变化）❷，设置鹅卵石的总体变化为灰绿色过渡（鹅卵石的颜色）❸。如果要增加鹅卵石的贴图变化，可单击“添加”按钮，继续增加贴图❹，如图 2.89 所示。贴图越多，鹅卵石的变化越丰富。

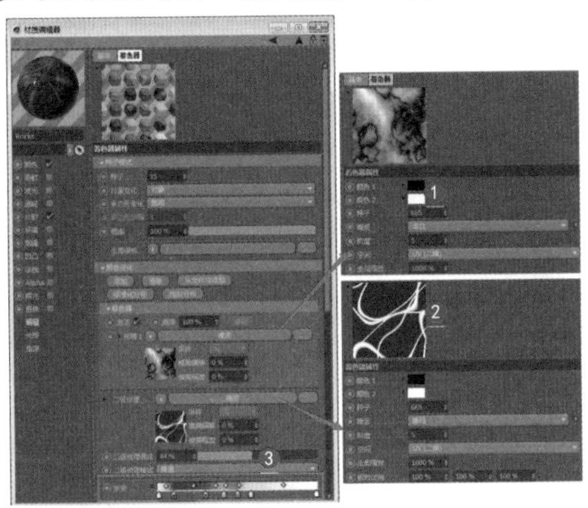

图 2.89

2.3.8 制作岩浆材质

下面制作岩浆材质。本例将利用发光贴图制作岩浆发光部分，设置辉光效果可产生岩浆光晕；设置置换可增加岩石的粗糙感，如图 2.90 所示。

图 2.90

1 新建一个默认材质，在“颜色”通道中设置纹理为 Noise（噪波）❶，设置噪波颜色❷，如图 2.91 所示。

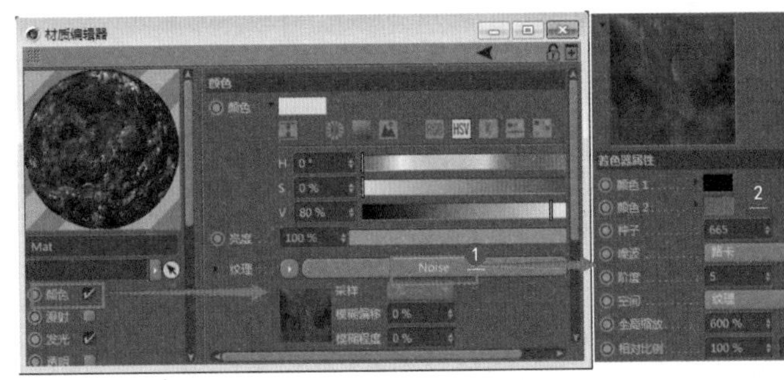

图 2.91

2 在“颜色”通道中设置纹理为 Colorizer（着色）❶，设置“输入”为“发光”❷，设置“渐变”为火焰渐变色❸，设置“纹理”为 Noise（噪波）❹，如图 2.92 所示。这种发光通道可以让材质在没有灯光支持的情况下产生自发光效果。

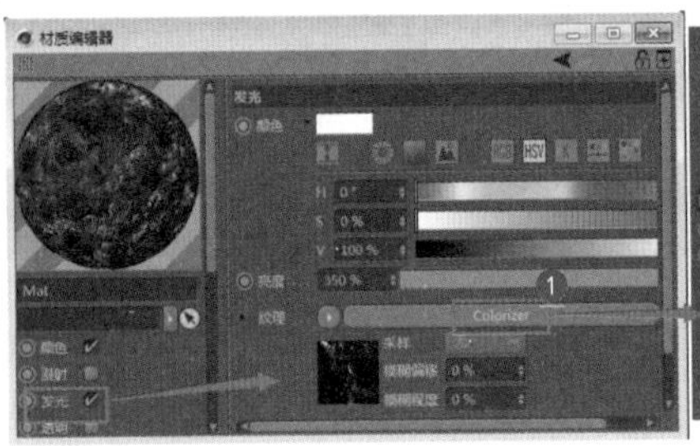

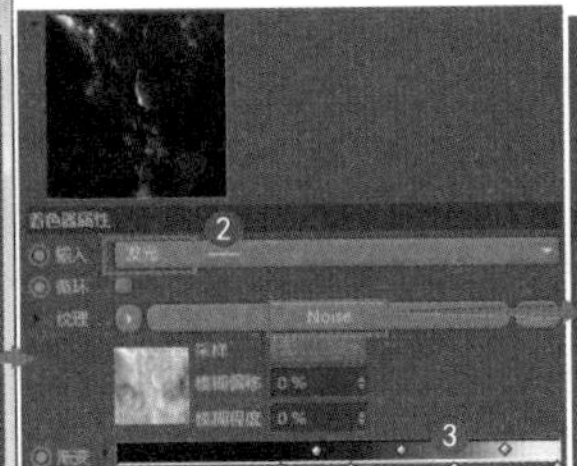

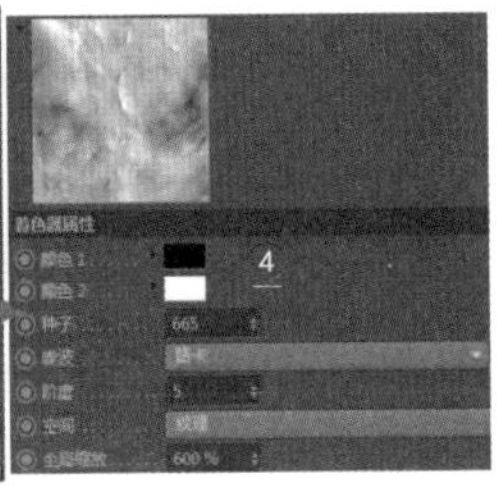

图 2.92

3 设置“辉光”效果❶，设置辉光的颜色❷，如图 2.93 所示。这里的辉光设置是一种比较简单的方法，它不产生真正的三维体积辉光。如果想要获得更真实的效果，则需要在 After Effects 中进行合成，不建议在这里设置动画，这里仅可满足静帧画面的需求。

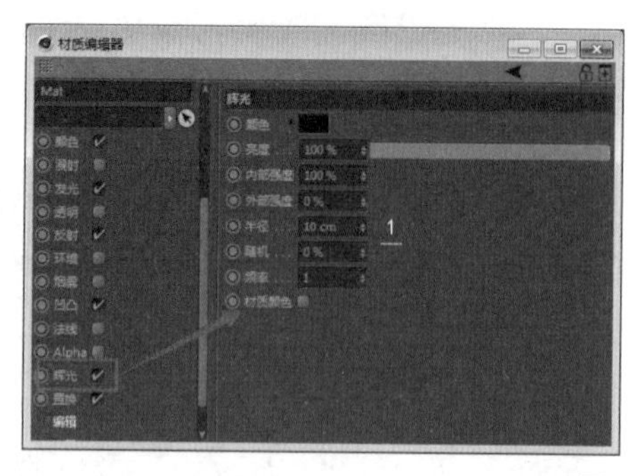

图 2.93

4 设置“置换”通道的“强度”和“高度”参数❶（产生凹陷和凸起效果），设置“纹理”为 Colorizer（着色）❷，设置“输入”为“发光”❸，设置渐变色❹，设置“纹理”为 Noise（噪波）❺。❻为岩石的最终渲染效果，如图 2.94 所示。

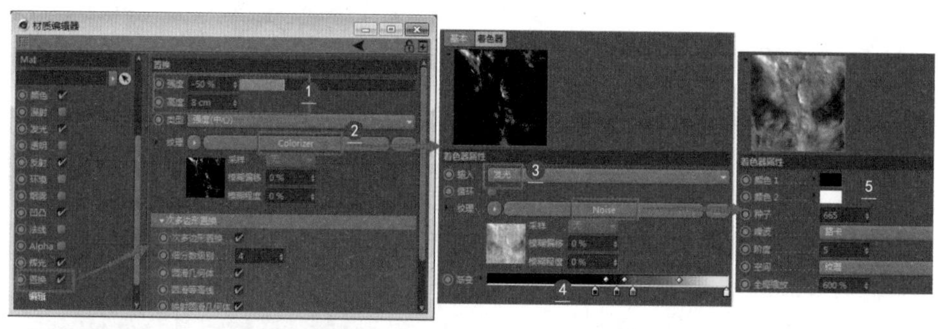

图 2.94

2.3.9 制作树叶材质

下面制作树叶材质。本例将利用变化贴图模拟不同颜色的枫叶，设置漫射贴图控制树叶的透光效果，设置镂空贴图制作镂空的树叶，如图 2.95 所示。

图 2.95

1 新建一个默认材质❶，设置“颜色”通道的纹理为“变化”贴图❷，如图 2.96 所示。变化贴图可以让用户使用很少的贴图就能产生复杂的贴图效果、像是一个复杂工具的简化功能。

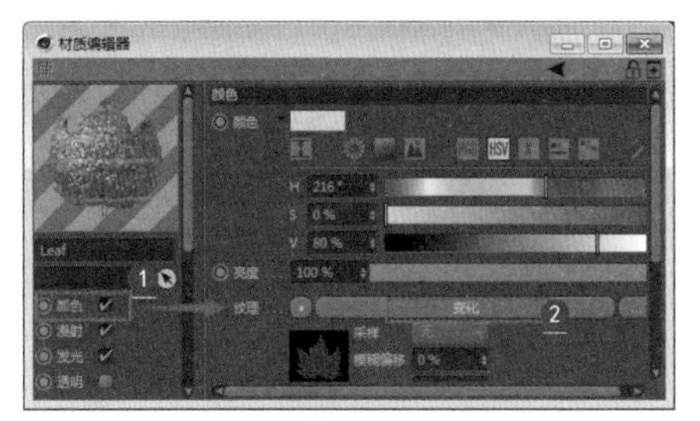

图 2.96

2 勾选“漫射”通道的“影响高光”复选框❶，设置“纹理”为“环境吸收❷，如图 2.97 所示。“环境吸收”可让树叶产生半透明吸光效果，很像树叶的质感，树叶在不受光照的情况下很难看出透明，一旦受阴影和光线照射的影响，可以发现它们都会透光。

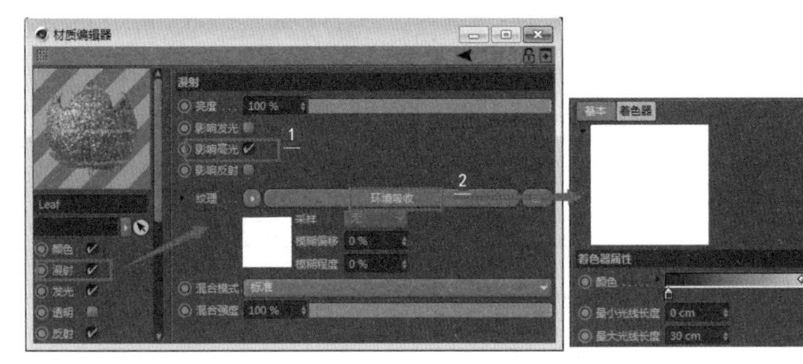

图 2.97

3 在“颜色”通道的“变化”贴图中，设置变化模式❶，单击“添加”按钮，添加一个纹理，设置“纹理”为“过滤”贴图❷，设置“过滤”贴图的“纹理”为“树叶”❸，设置色调变化❹，如图 2.98 所示。

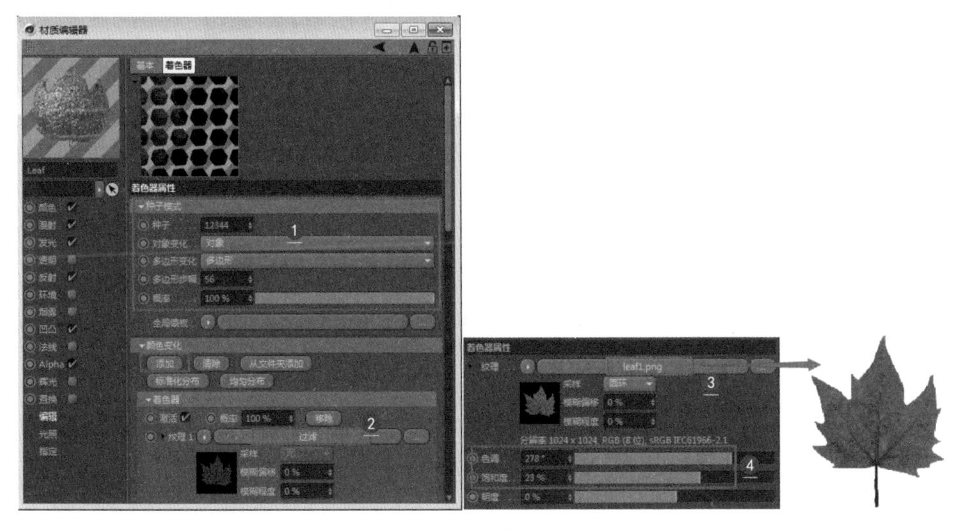

图 2.98

4 继续添加纹理，设置纹理贴图和过滤色调变化❶，继续添加纹理，设置纹理贴图和过滤色调变化❷，继续添加纹理，设置纹理贴图❸，如图 2.99 所示。

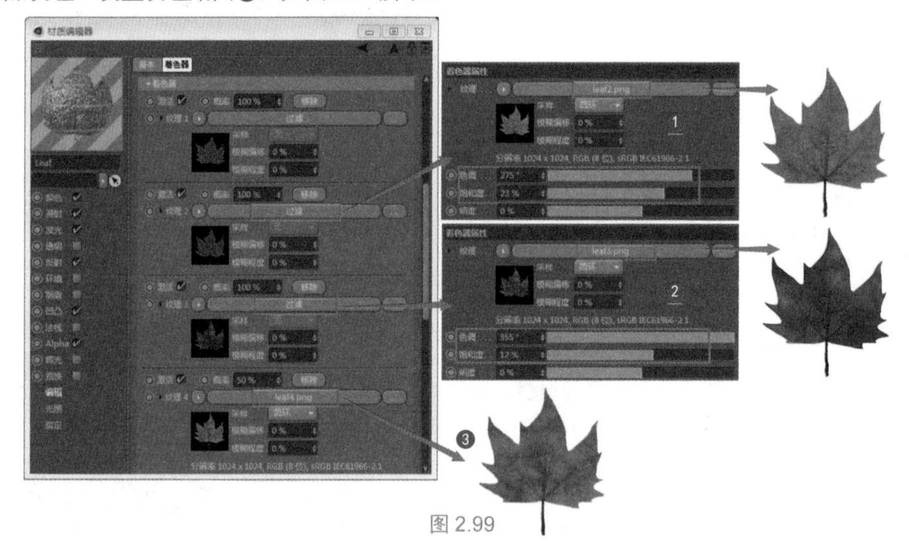

图 2.99

5 复制着色器（复制这个变化贴图）❶，在“发光”通道中粘贴着色器（粘贴这个变化贴图）❷，如图 2.100 所示。变化贴图的好处是只需几张图片即可让系统随机产生多个不一样的花纹，类似这种满树的树叶或上面的鹅卵石花纹等，最适合使用变化贴图。

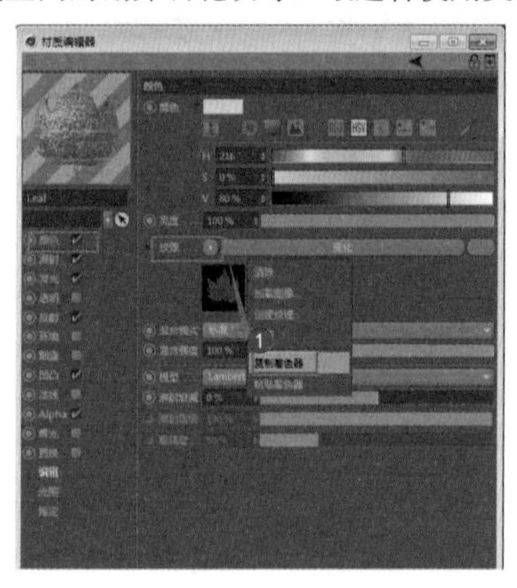

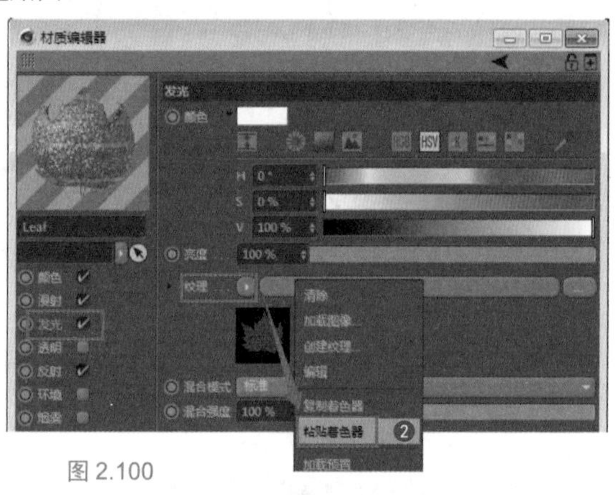

图 2.100

6 在“凹凸”通道中粘贴着色器（粘贴这个变化贴图）❶。在“反射”通道中设置反射类型❷，设置“粗糙度”和“反射强度”参数❸，如图 2.101 所示。这里的反射和粗糙度仅给出很小的参数设置，因为树叶并不像金属那样反射特别强，设置过多的反射和粗糙度反而会对系统运算造成压力，使渲染时间更长。

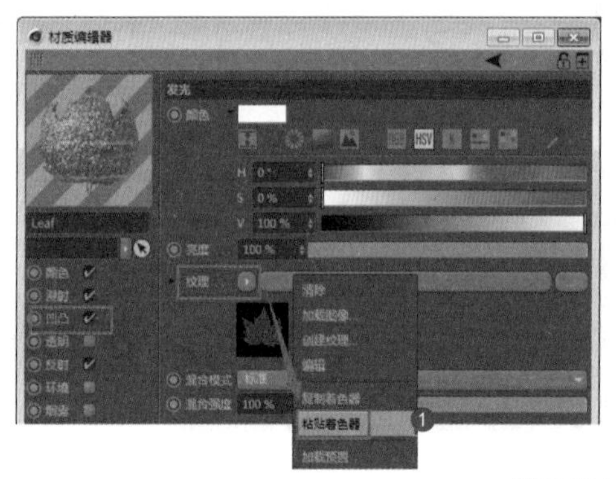

图 2.101

7 在 Alpha 通道中粘贴着色器❶，由于贴图都自带通道❷，所以会产生树叶镂空效果，如图 2.102 所示。PNG 格式可以自带 Alpha 通道，可以选择 PSD、TIF 等有通道的贴图来制作镂空效果。

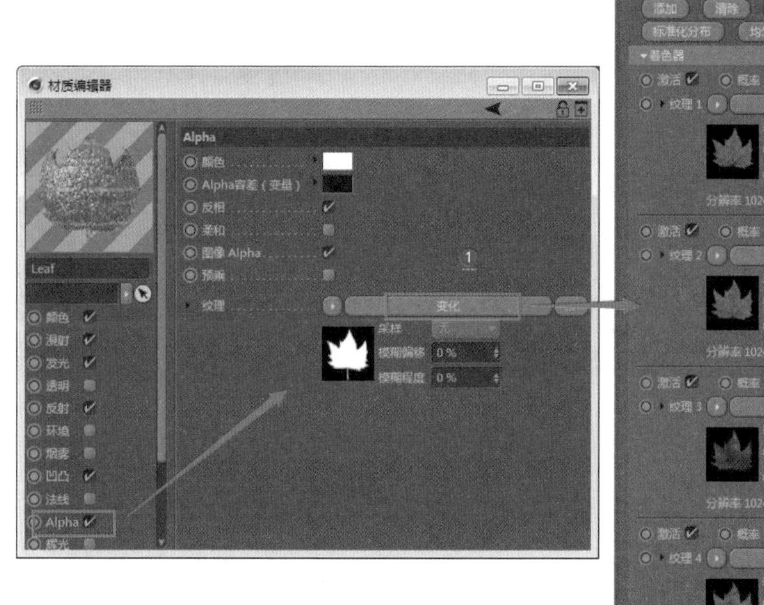

图 2.102

本例最终好渲染效果如图 2.103 所示。

图 2.103

2.3.10 制作印花绸缎材质

下面制作印花绸缎材质。本例将利用反射的绸缎预置设置基本材质，设置层颜色模拟金色材质，设置层遮罩效果来区分金色和绸缎材质的花纹，如图 2.104 所示。

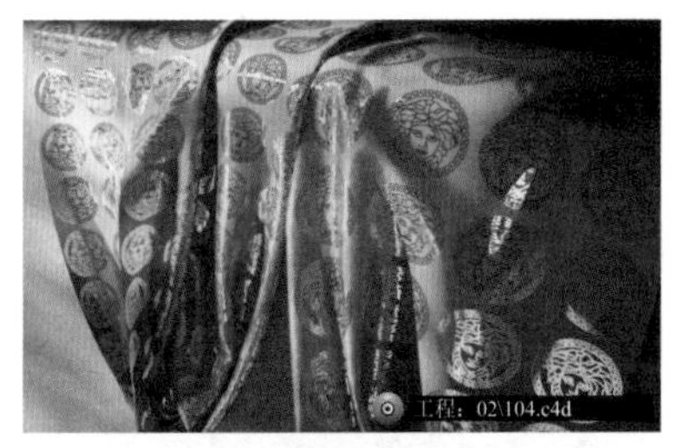

图 2.104

1 新建一个默认材质，设置“发光”通道的“纹理”为“背光”❶，设置背光参数（产生丝光效果）❷，如图 2.105 所示。

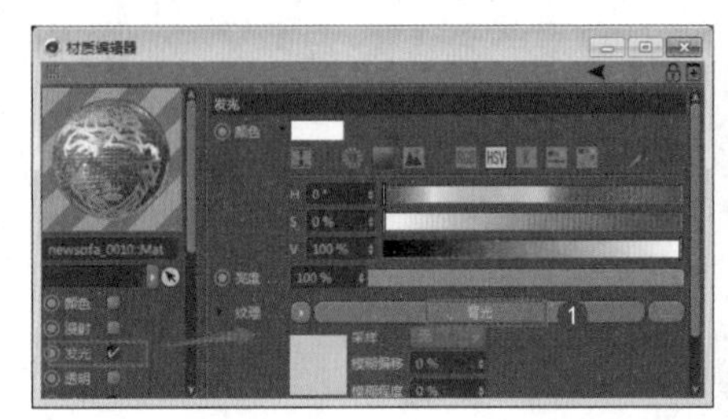

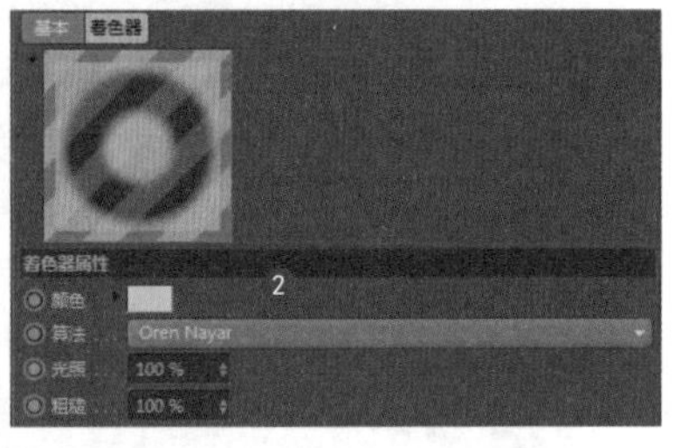

图 2.105

2 设置“反射”类型为“织物”，如图 2.106 所示。

3 设置织物预置为蓝色山东绸（长袍）❶，设置“反射”类型为 GGX（一种通用反射）❷，如图 2.107 所示。

图 2.106

图 2.107

4 设置层颜色为黄色（产生金色光泽）❶，设置层遮罩的“纹理”为装饰纹样❷，如图 2.108 所示。

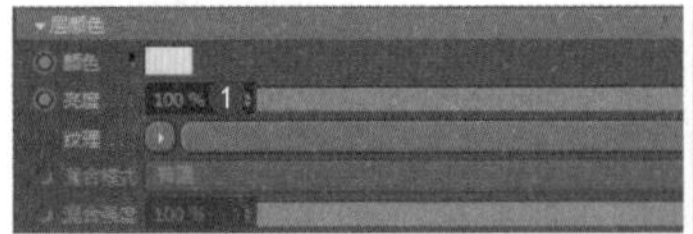

图 2.108

5 通过黑点和白点对贴图进行反转（0 和 1 分别表示黑和白）❶，在“对象”面板中设置 UV 贴图比例❷，如图 2.109 所示。

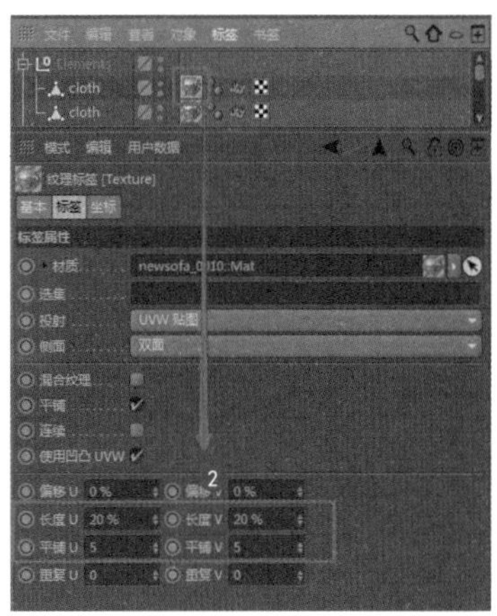

图 2.109

本例的绸缎渲染效果如图 2.110 所示。

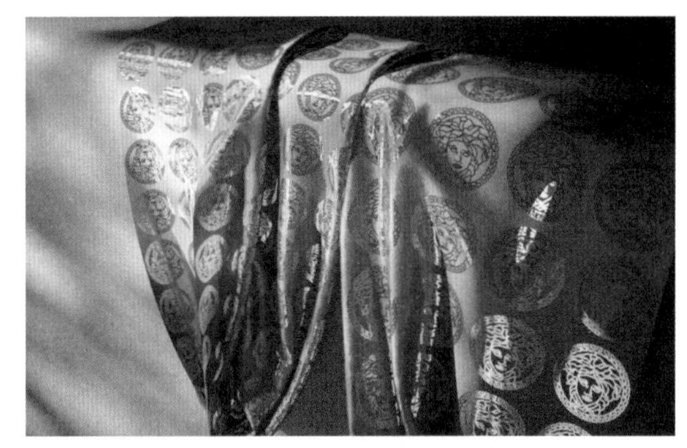

图 2.110

2.3.11 制作发光飘带材质

下面制作发光飘带材质。本例将利用发光通道的菲涅耳贴图表现渐变色，设置辉光让效果产生光晕效果，如图 2.111 所示。

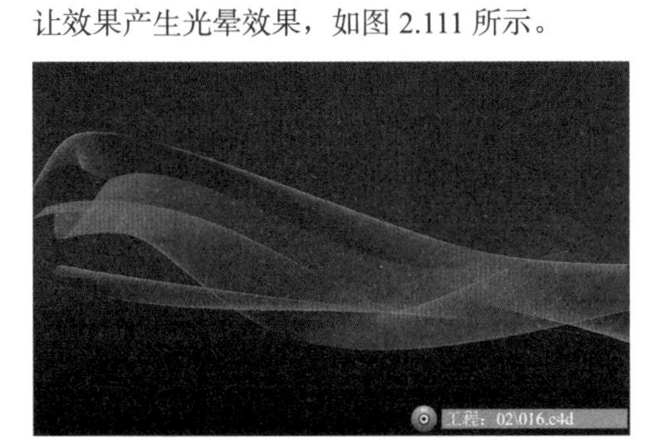

图 2.111

1 新建一个默认材质，设置“纹理”贴图为层（Layer）模式，如图 2.112 所示。

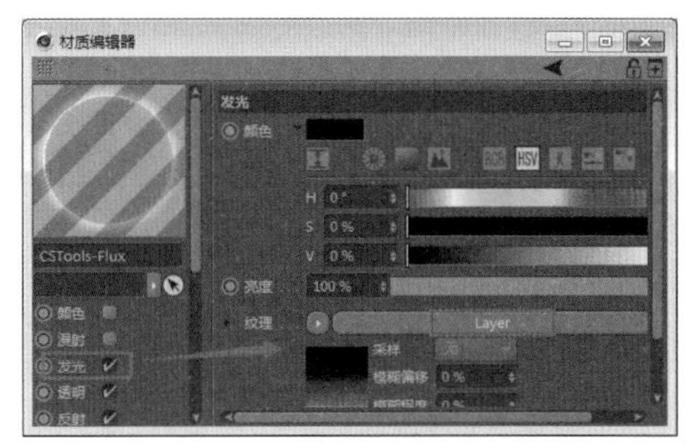

图 2.112

2 设置第一层为过滤（Filter）模式❶，设置过滤色为菲涅耳（Fresnel）贴图❷，设置菲涅耳参数为红色渐变❸，如图 2.113 所示。

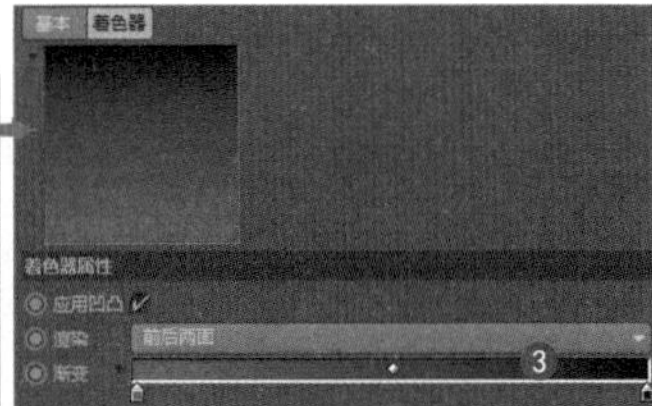

图 2.113

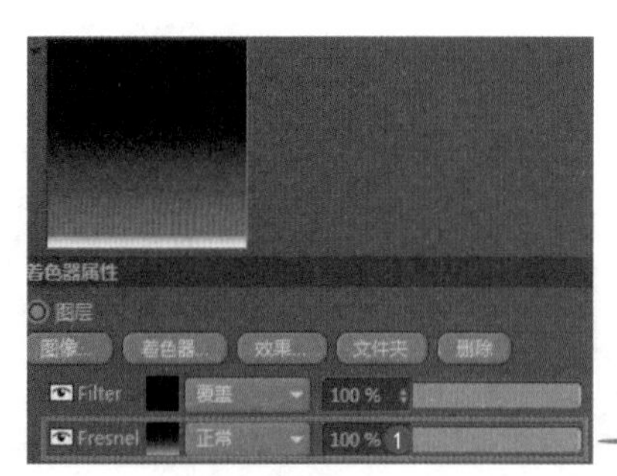

3 设置第二层为菲涅耳（Fresnel）模式❶，设置菲涅耳渐变为灰度❷，如图 2.114 所示。

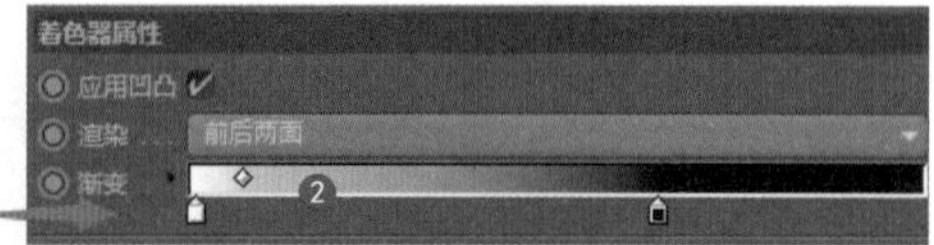

图 2.114

4 设置“透明”通道的参数，如图 2.115 所示。

5 设置“反射”方式为“反射（传统）”模式❶，设置层颜色为菲涅耳（Fresnel）贴图❷，设置菲涅耳渐变❸，如图 2.116 所示。

6 设置“辉光”颜色为“白色”❶，设置色调变化❷，如图 2.117 所示。

7 ❶为飘带发光效果，❷为指定给其他模型的渲染测试效果，如图 2.118 所示。

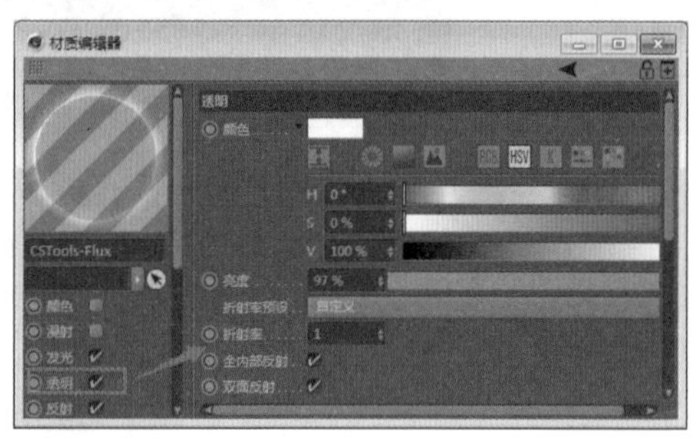

图 2.115

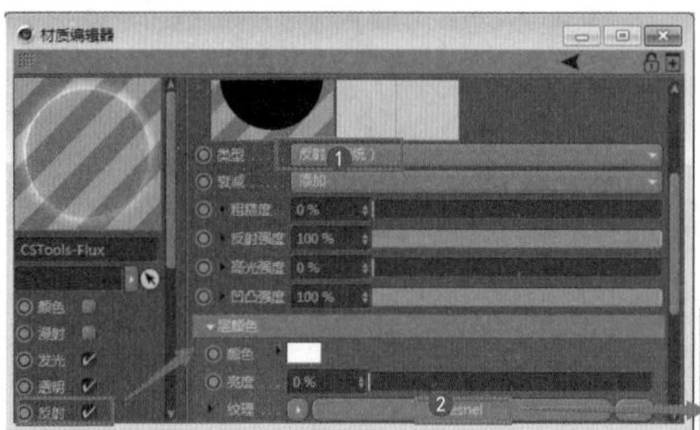

图 2.116

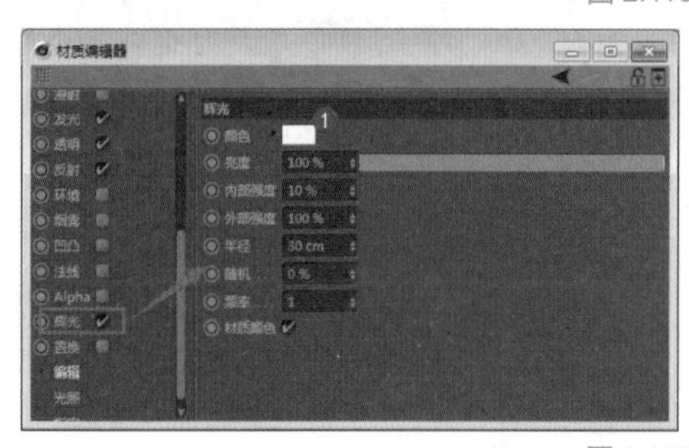

图 2.117

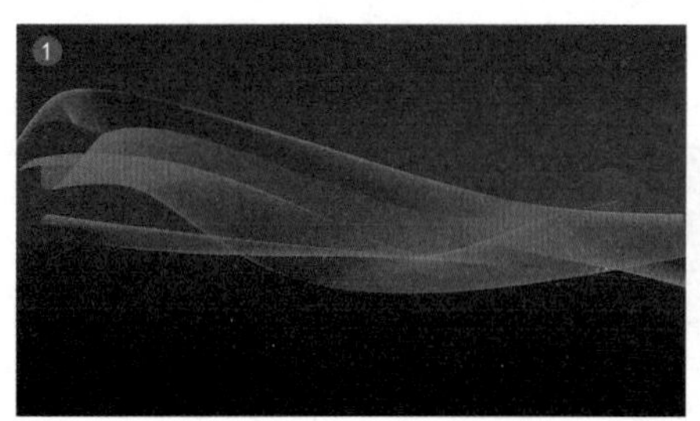

图 2.118

第3章 内置灯光和环境

本章导读

本章通过对灯光系统的学习，了解灯光在 Cinema 4D 中的制作原理和制作流程。通过灯光、聚光灯、区域光及环境的学习，了解一般通用灯光的制作方法。通过灯光和全局渲染的学习，了解各种打光方法、各种参数的用法，以及如何为场景设置布光和环境。

Cinema 4D 中的灯光主要用来模拟真实光的原理设计，它要求使用者对 3D 原理有一个大概的了解。这里主要介绍自然光，当然也会简单介绍人造光。本章的重点在于如何利用出色的打光技术来实现有照片真实感的图像。首先介绍光的原理，然后再一步一步地制作模拟灯光下的 3D 图像。

知识点 \ 学习目标	了解	理解	应用	实践
真实光理论		√		
自然光属性		√		
聚光灯			√	√
区域光			√	√
Octane 灯光			√	√
IES 灯光			√	√
HDRI 和云雾环境			√	√

3.1 真实光理论

灯光是制作三维图像时用于表现造型、体积和环境气氛的关键。制作三维图像时，总希望建立的灯光能和真实世界的相差无几。现实生活中，很多光照效果是人们非常熟悉的，正因如此，所以人们对灯光不是很敏感，从而也降低了在三维世界中探索和模拟真实世界光照效果的能力。本章将介绍灯光的相关知识，从而帮助读者在三维世界里成功模拟真实的照明理解能力。

灯光为人们的视觉感官提供了基本的信息，通过摄像机的镜头，使物体的三维轮廓形象且易于辨认。但灯光照明的功能远远不止于此，它还提供了满足视觉艺术需求的元素，它赋予了场景以生命和灵性，使场景中的气氛栩栩如生。在场景中，不同的灯光效果能够产生不同的情绪，从而影响人的感受：快乐、悲伤、神秘、恐怖……这里面的变化是戏剧性的、微妙的。可以这么说，光线投射到物体上，为整个场面注入了浓浓的感情色彩，并且能够直观地反映到视图中。温暖柔和的灯光为画面增加了温馨的效果，如图 3.1 所示。

图 3.1

设计、造型、表面处理、光、动画、渲染和后期处理，这些都是在做项目时所涉及的大致流程。大部分制作人都把主要精力放在了造型方面，其他方面则考虑得相对较少，其中最容易被忽视的就是布光。在场景中随意放上几盏灯，然后就全部依赖软件和渲染器的渲染引擎，这样做只能产生一个不真实的图像。要想制作出类似照片般真实感的图像，这就要求不但有好的造型，还要有好的贴图和布光。在 3D 中模拟太阳光非常困难，如图 3.2 所示。

图 3.2

当然，那些专门模拟太阳光的人必须对自然光是如何反射、折射，色彩如何变化，及如何在自然中改变强度等十分了解才行。模拟自然光要求充分考虑所用光源的位置、强度和颜色。下面就从以下几个方面进行探讨。

1. 颜色

光的颜色取决于光源。白色光由各种颜色组成。白色光在遇到障碍物时会改变颜色。如果遇到白色的物体，反射回来的是同样的光线；如果遇到黑色的物体，所有的光，不管最初是什么颜色，都会被物体吸收而不会产生反射。所以当看到一个全黑的物体时，所看到的黑颜色只是因为没有光从那个方向进入人的眼睛。为验证这个理论，闭眼一秒钟，你看到的是什么颜色？

2. 反射与折射

完全反射只有在反射物绝对光滑时才能实现，如图 3.3 所示。

图 3.3

现实中，不是所有的入射光线都按同一方向反射。它们中的一些以其他角度反射出去，这大大降低了反射光线的强度。

光折射时也是一样，入射光并不是按照同一方向弯曲，而是根据折射面的情况被分成几组，按不同角度折射，如图 3.4 所示。

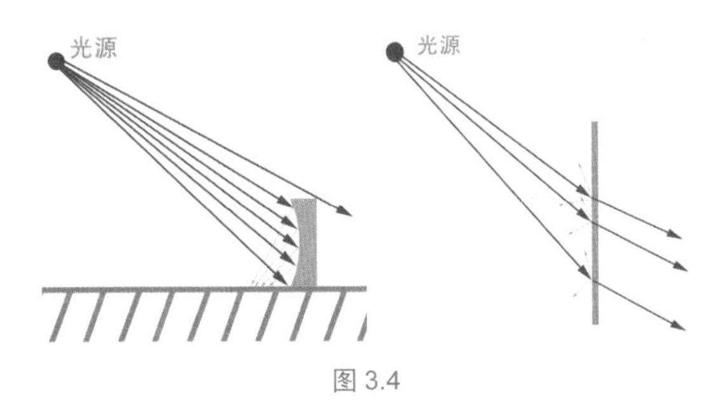

图 3.4

这种不规则的反射和折射产生出界限不清的反射光和折射光。这同样引出一个事实，即反射光源自一个点光源，而不是一个单一方向的光源。反射光的强度呈衰减趋势，最终将消失于环境色中。

现在的 3D 软件已经可以支持基本的反射。任何一个被定义了反射特性的物体都可以找到入射光线。光线被反弹的次数受光线递归限度的控制，这可以在 Cinema 4D 软件中进行设置。

3. 强度衰减

光线强度随着距离光源的距离和光照面积的大小而衰减。在 3D 软件中，光线的衰减大多按照线性刻度来计算，Cinema 4D 直接支持灯光衰减控制。

在实际制作之前，大家应该已经对光的特性有所了解了。下面来了解一下这些特性是如何影响自然光的。

3.2 自然光属性

自然光，即真实世界之光，有无数种。要研究每一种自然光可能会花费大量时间，但是在本节中，只介绍最基本的几种自然光。

在户外，阳光是最根本的光源。它的颜色微微偏黄，但近看周围的物体，就知道黄颜色不是影响周围的唯一颜色。虽然太阳光是最根本的光，有人会说，在户外能够发现无数种其他颜色的光。在描述上述光的特性时，提到了一种颜色的光在遇到和入射光线颜色不同的障碍物时是如何改变成另外一种颜色的，同样还提到了有些光在反射和折射时会分散。现在想象一下屋外的世界，大树是褐色和绿色的，小草是纯绿的，道路是灰色的……一个真实世界的光是由许许多多的颜色组成的，但是最活跃的颜色就是太阳光。即使周围没有太多这样的光线，也还有其他环境光。即使是在撒哈拉，沙子也不总是纯黑色的，就连大气中的灰尘粒子都在反射光。

每片树叶、每块砖头，甚至人类自己都在扮演二次光源。但是，这些二次光源都完全独立于他们所反射的光的颜色和强度。如果反射物体是黑色的，它就不会反射太多的光，大部分会被吸收，加上光逐渐减弱，反射光的范围就会减少更多。但是如果反射物的颜色较亮，如一堵白色的墙，那它就会在光的分布上对周围事物产生极大的影响。如图 3.5 所示，白色比橘色射出的光要多得多。

图 3.5

光在一天的不同时段也呈现出不同的颜色。黎明时，阳光是红色调的；日落时分，红色更加明显。在这两者之间，阳光主要都是黄色调的。

一天之中，阴影的位置和形状也在发生着变化。黎明时，没有基色源。人们在黎明时所看到的光都是经过大气反射的。假设有这样一个地方，那里有一些物体挡在你和太阳之间，在这种情况下，想找到一个清晰的阴影是很难的。整个天空就是一个基色源，其他物体当然也在反射光，但效果不大。

正午时分，阴影就十分明显。阴影投射物和阴影接收物之间的距离决定了阴影的清晰度。阴影清晰度的变化如图 3.6 所示（为了更好地说明问题，夸大了平面上随距离增大阴影柔和度的变化）。现实中，直射的阳光所造成的阴影逐渐变淡的比例要比阴影投射物和阴影接收物之间的距离增大的比例慢得多。阴影清晰度的变化比例受光源大小的影响，光源相对于物体越大，阴影柔和度的增加比例就越大。

图 3.6

日落时分，如果物体没有直接被阳光直射，它的阴影就非常柔和。黎明时分也是同样，整个天空作为一个大的光源，它发出的光遮盖了大多数的阴影。同样，在阴影里的物体只有在离地面非常近时，才能投射同样边缘柔和的阴影，如图 3.7 所示。

图 3.7

3.3 建立内置灯光

在 Cinema 4D 中，内置灯光有 8 种，包括灯光、聚光灯、目标聚光灯、区域光、IES 灯、远光灯、日光和 PBR 灯光，其中灯光、聚光灯和区域光是最常用的，它们相互配合能获得最佳的效果。灯光是具有穿透力的照明，也就是说在场景中泛光灯不受任何对象的阻挡。如果将泛光灯比作一个不受任何遮挡的灯，那么聚光灯则是带着灯罩的灯。在外观上，灯光是一个点光源，而目标聚光灯分为光源点与投射点。

以下是 8 种类型的内置灯光对象，如图 3.8 所示，本书由于篇幅原因，重点学习灯光、聚光灯和区域光。

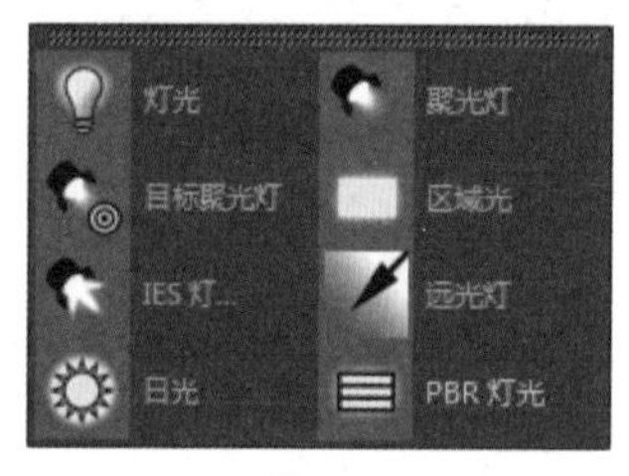

图 3.8

3.3.1 灯光

工程：03\灯光.c4d

灯光也称泛光灯，没有方向控制，均匀地向四周发散光线。它的主要作用是作为一个辅光，帮助照亮场景。优点是比较容易建立和控制，缺点是不能建立太多，否则场景对象将会显得平淡而无层次。

1 在顶视图中建立一个物体。

2 单击工具栏中的“灯光”按钮，在视图中建立一盏灯光。

3 将灯光移动到物体的右下方，产生斜射，如图 3.9 所示。

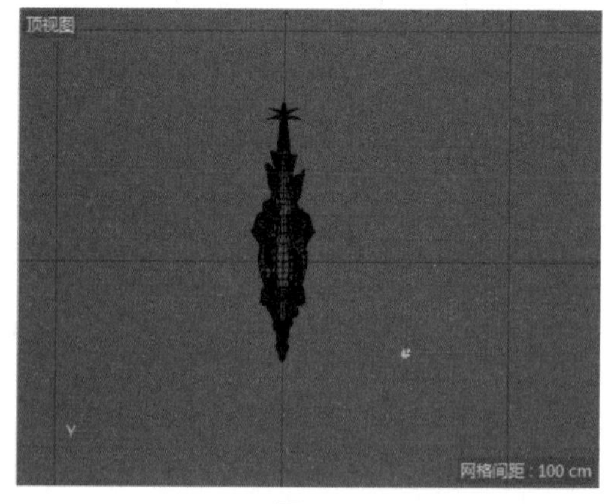

图 3.9

4 渲染透视视图，将得到一个有光照的渲染效果，如图 3.10 所示。

图 3.10

5 选择刚才建立的灯光，在参数面板中设置“投影”为“阴影贴图（软阴影）”，这是一种渲染速度最快的投影方式，如图 3.11 所示。

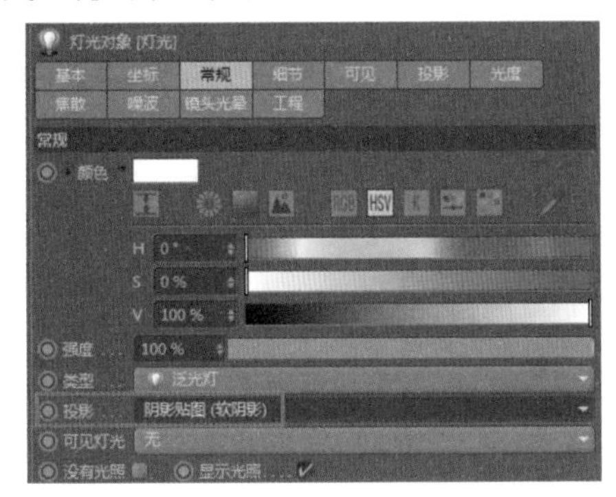

图 3.11

6 继续渲染视图，可以看到物体产生了投影效果，如图 3.12 所示。

图 3.12

7 在“投影”下拉列表框中有 3 种阴影类型，如图 3.13 所示，“阴影贴图（软阴影）”是一种渲染速度最快的投影方式；“光迹追踪”适合透明反射物体的渲染；“区域”类型是一种面积阴影，效果最真实，渲染速度也最慢。

图 3.13

8 将“投影”设置为“区域”，重新渲染视图，可以看到阴影比较真实，如图 3.14 所示。

图 3.14

9 在场景中还可以观察到，当将“投影”设置为“区域”后，灯光上方出现了一个方框，表示灯光的范围，如图 3.15 所示。

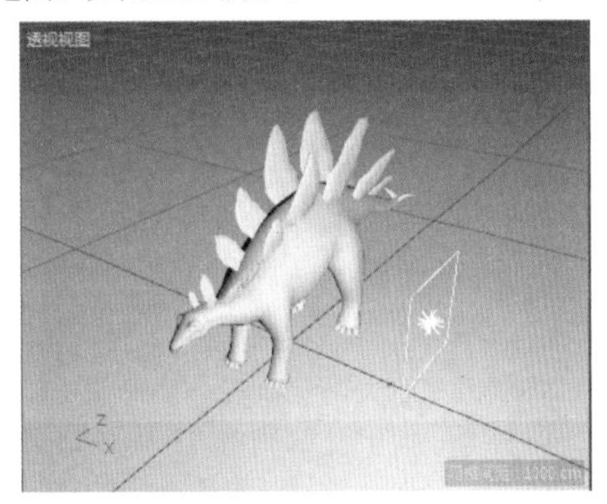

图 3.15

10 用缩放工具将这个范围框放大，如图 3.16 所示。

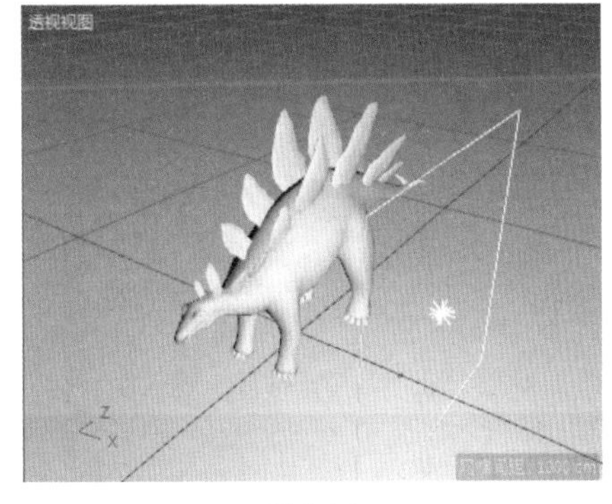

图 3.16

11 重新渲染视图，可以看到阴影产生了扩散效果，说明范围越大，照射的阴影越模糊，如图 3.17 所示。

图 3.17

12 单击工具栏中的“渲染设置”按钮，弹出“渲染设置”对话框，单击“效果”按钮，为渲染器添加“全局光照”属性，如图 3.18 所示。

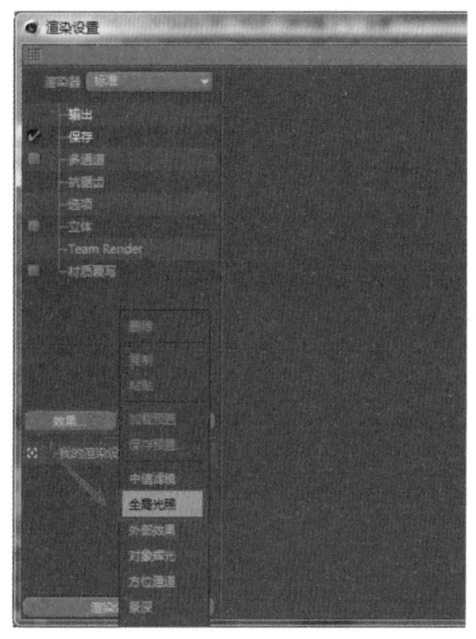

图 3.18

13 在“全局光照”页面中设置“预设”为“室内-高品质（小型光源）”，这是一个适合小场景渲染的预设，如图 3.19 所示。

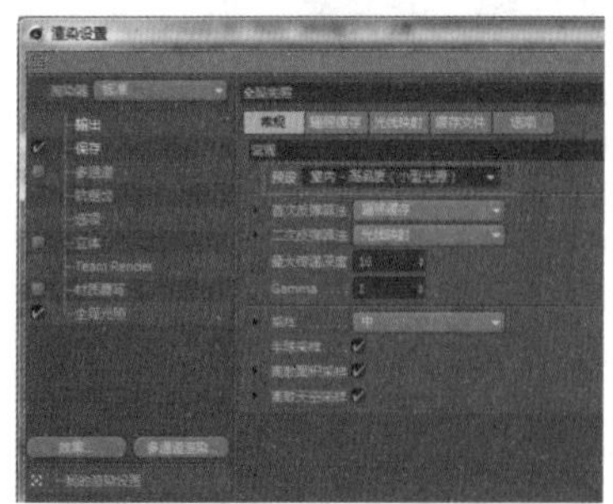

图 3.19

14 为了更加清楚地理解全局光照，在物体周围再建立几个红颜色的物体，如图 3.20 所示。

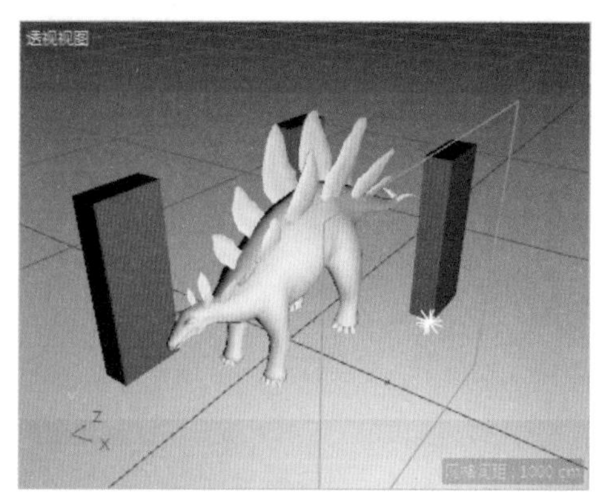

图 3.20

15 重新渲染场景，红色物体由于全局光照的原因，对其他物体产生了环境色影响，如图 3.21 所示。

图 3.21

16 在灯光的“参数”面板可以调节不同的灯光颜色❶，控制画面的整体光照❷，如图 3.22 所示。

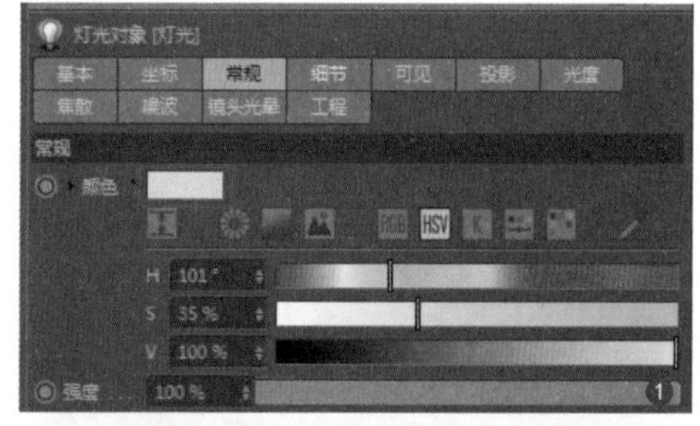

图 3.22

3.3.2 聚光灯

工程：03\聚光灯.c4d

聚光灯是一种可控制方向的灯光，类似于为灯光加装了一个灯罩。

1 在工具栏中单击“聚光灯”按钮❶，在视图中建立一盏聚光灯，通过移动工具和旋转工具让聚光灯的方向照向物体❷，如图 3.23 所示。

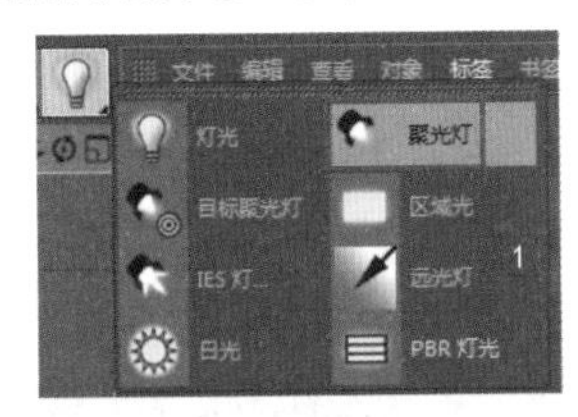

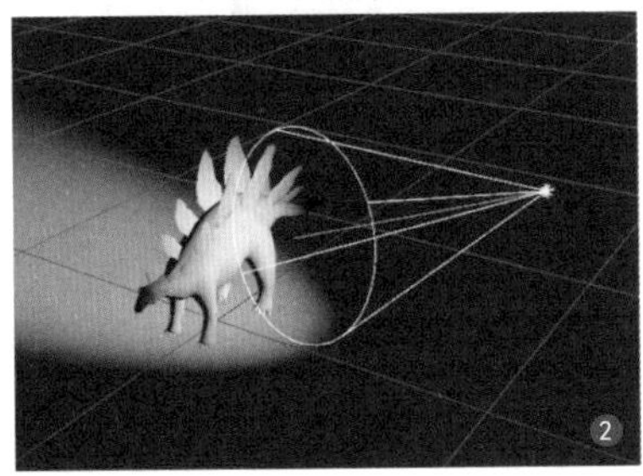

图 3.23

2 在“参数”面板中可以控制聚光灯的衰减范围，通过设置“内部角度”和“外部角度”参数来调节边缘的衰减范围，如图 3.24 所示。

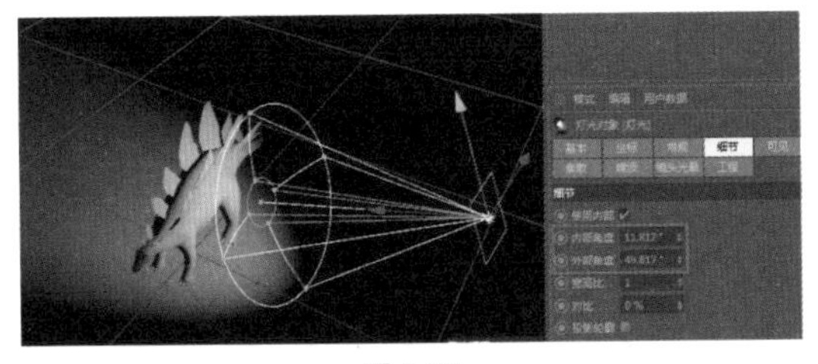

图 3.24

3 当“内部角度”和“外部角度”相等时，将产生锋利的边缘，如图 3.25 所示。

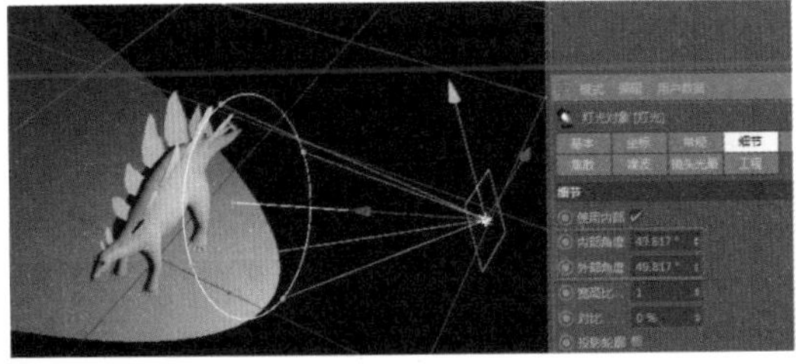

图 3.25

4 不同的灯光类型有很多相同的调节参数，如颜色、亮度、投影类型等。

3.3.3 目标聚光灯

工程：03\目标聚光灯.c4d

目标聚光灯和聚光灯一样，都是一种可控制方向的灯光，不同之处在于它自带一个目标控制点。

1 在工具栏中单击“目标聚光灯”按钮❶，在视图中建立一盏目标聚光灯❷，如图 3.26 所示。

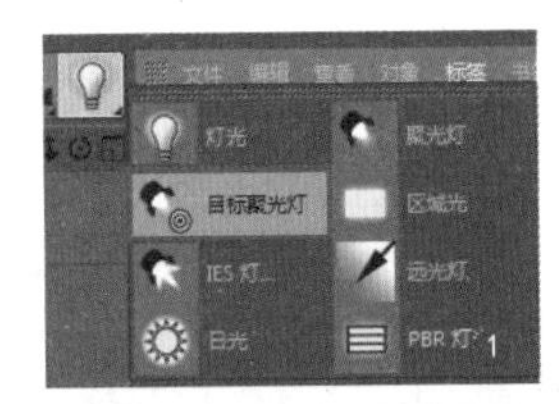

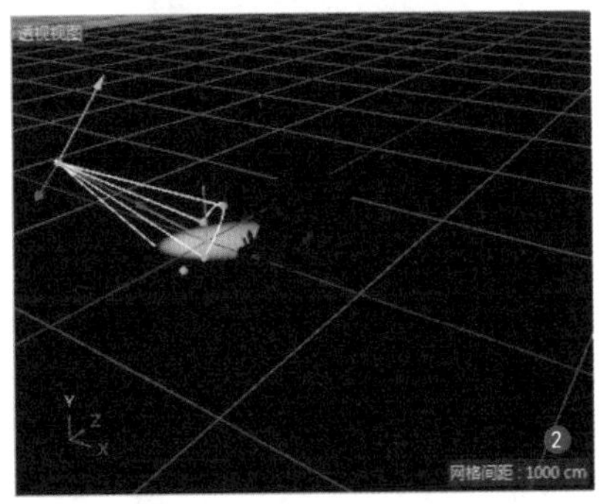

图 3.26

2 在“对象”面板中可以看到灯光后面自带一个目标标签，如图 3.27 所示。

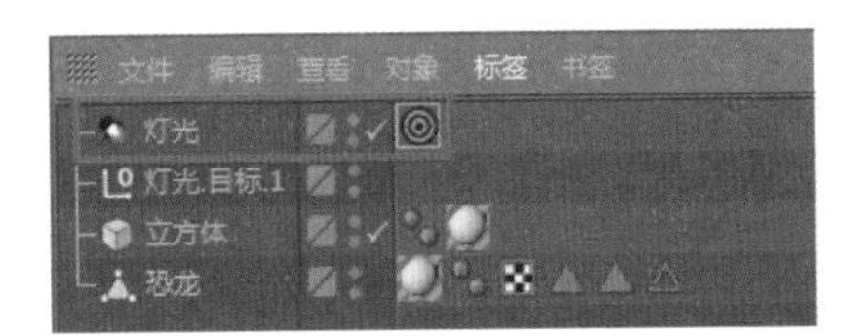

图 3.27

3 在“对象”面板中选择◎标签，将被照射物体（恐龙）拖曳至目标标签的“目标对象”处，如图 3.28 所示。

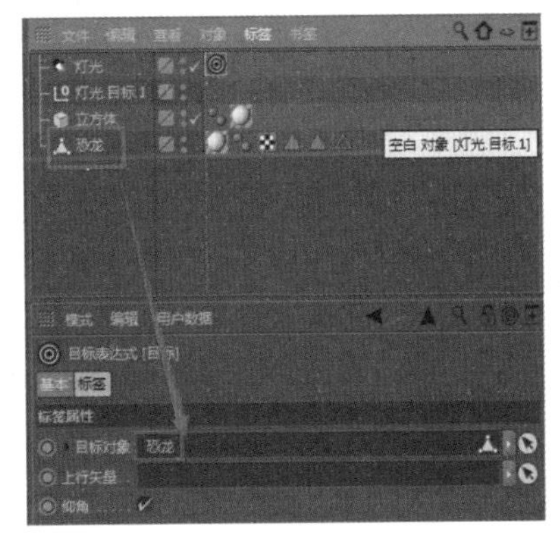

图 3.28

4 此时视图中的目标聚光灯的目标点方向移动到了恐龙的方向，照向了恐龙物体的坐标点上，如图 3.29 所示。

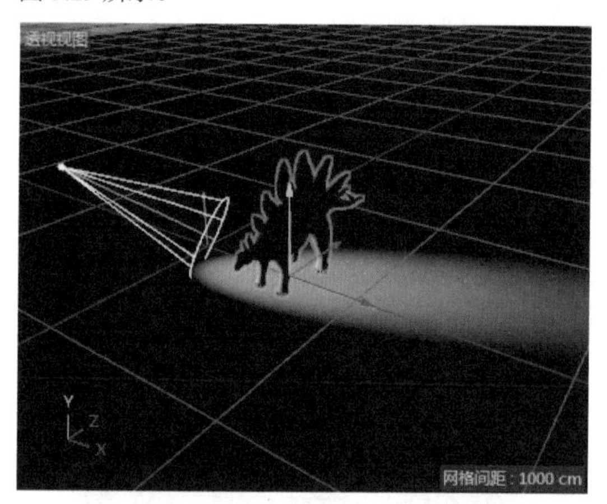

图 3.29

5 无论如何移动这个灯光，该灯光的目标点始终朝向恐龙物体，如图 3.30 所示。

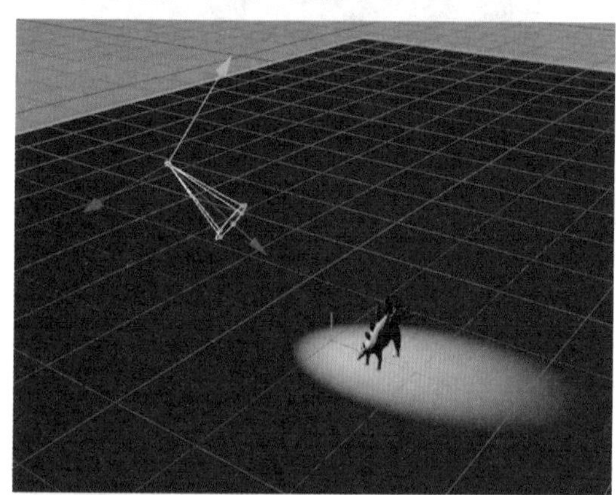

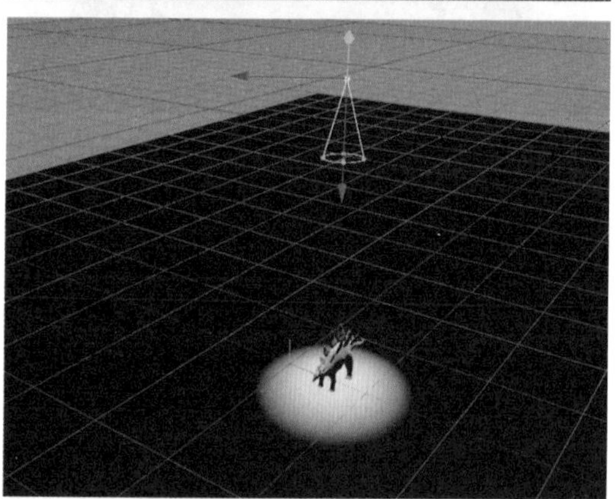

图 3.30

可以为灯光制作移动动画，让聚光灯的目标始终照向物体。目标聚光灯的其他参数与聚光灯相同。

3.3.4 区域光

工程：03\区域光.c4d

区域光是一种可控制长宽尺寸的灯光，类似于 VRay 的面积光源。

1 在工具栏中单击“区域光”按钮❶，在视图中建立一盏区域光，通过拖动它的节点可控制长宽尺寸❷，如图 3.31 所示。

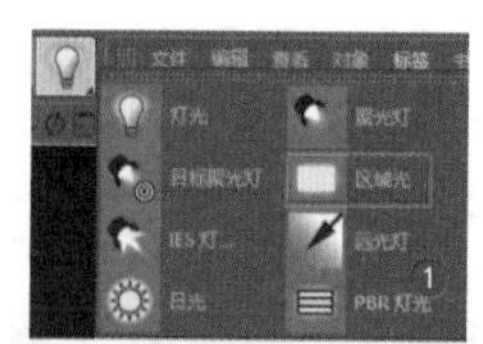

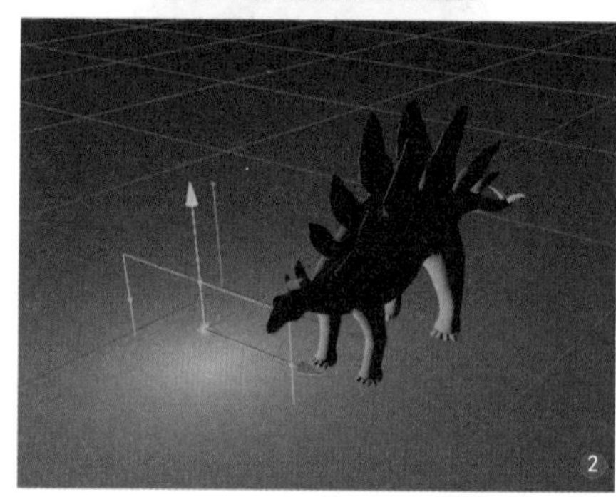

图 3.31

2 在“参数”面板中选择灯光的投影类型❶，渲染视图，默认情况下都能产生真实的光照效果❷，如图 3.32 所示。

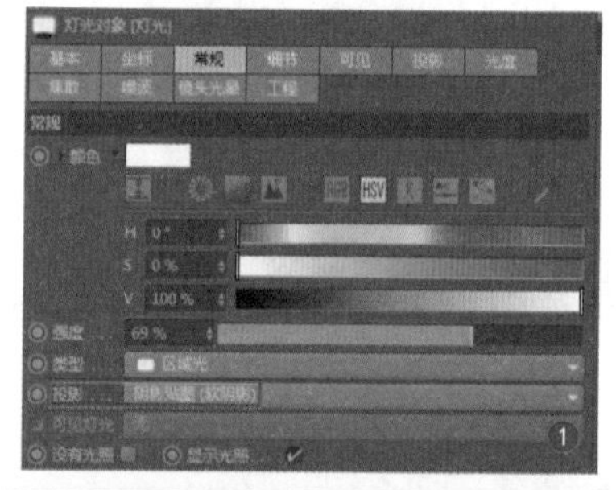

图 3.32

3.4 内置灯光练习

下面制作几个实例，通过实例练习可以帮助读者熟练掌握灯光的使用方法。

3.4.1 燃气灶火焰

工程：03\017.c4d

本例将利用聚光灯的衰减属性制作火焰，设置灯光的放射性克隆方式，制作燃气灶效果。

1 打开场景文件。在灯光建立面板中选择“聚光灯”，如图 3.33 所示，在视图中建立灯光。

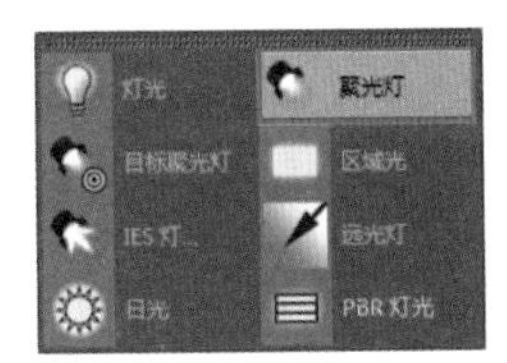

图 3.33

2 在“对象”面板中设置类型为“圆形平行聚光灯”，如图 3.34 所示。

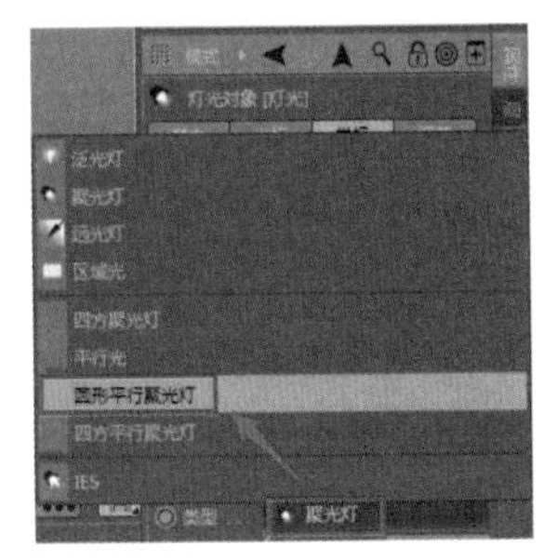

图 3.34

3 设置灯光为“可见”，设置灯光的其他参数，如图 3.35 所示。

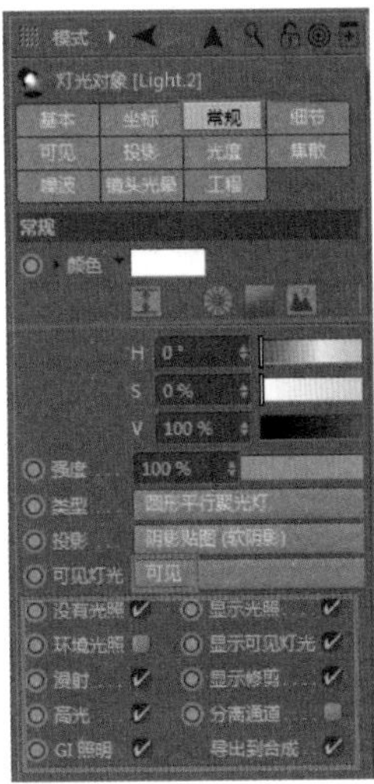

图 3.35

4 设置灯光的“内部半径”和“外部半径”参数，如图 3.36 所示。

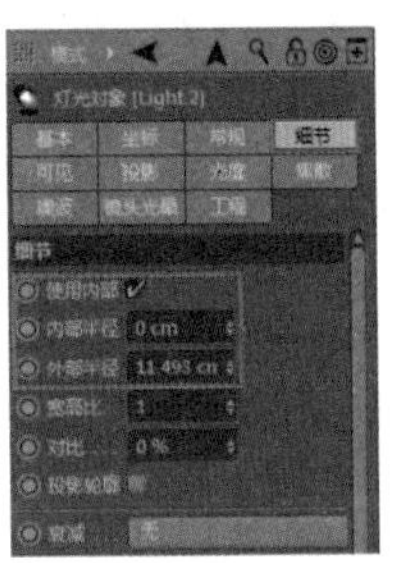

图 3.36

5 设置灯光的“衰减”参数❶，设置灯光的“颜色”为渐变色（蓝色火苗）❷，如图 3.37 所示。

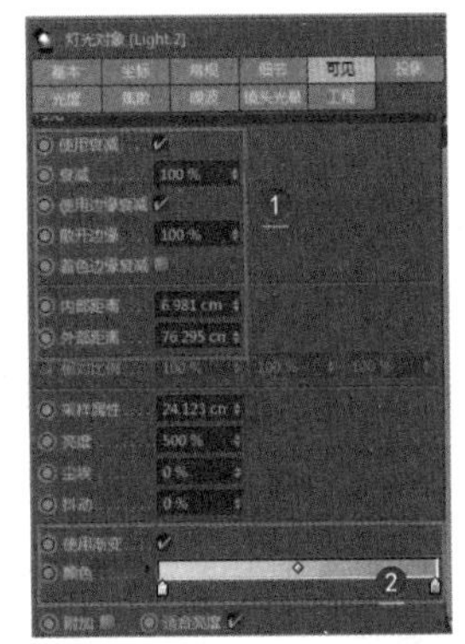

图 3.37

6 确认灯光为当前选中状态，按住【Ctrl】键的同时选择主菜单中的“运动图形”|“克隆”命令，为灯光添加克隆❶。设置克隆模式为“放射”❷。设置克隆“半径”和“数量”等参数（燃气灶的火苗数量、半径、坐标等参数）❸，如图 3.38 所示。

图 3.38

7 渲染视图，效果如图 3.39 所示。

图 3.39

3.4.2 焦散效果

工程：材质文件\L\013

本例将利用折射颜色来控制玻璃的透明度，通过渲染设置控制灯光的焦散。

1 打开场景文件。在灯光建立面板中选择“目标聚光灯”❶，在视图中建立灯光。将灯光目标点放到镯子上，让灯光照亮模型（镯子）❷，如图 3.40 所示。

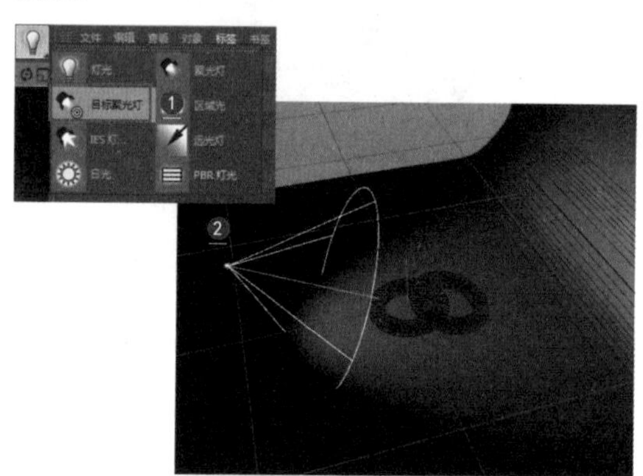

图 3.40

2 新建一个默认材质，设置“折射率”参数（水晶的折射率）❶；设置“吸收颜色”（玻璃的颜色）和“吸收距离”（通透度）参数❷，如图 3.41 所示。

图 3.41

3 设置反射类型，如图 3.42 所示。

图 3.42

4 设置层颜色为“菲涅耳（Fresnel）”贴图，如图 3.43 所示。

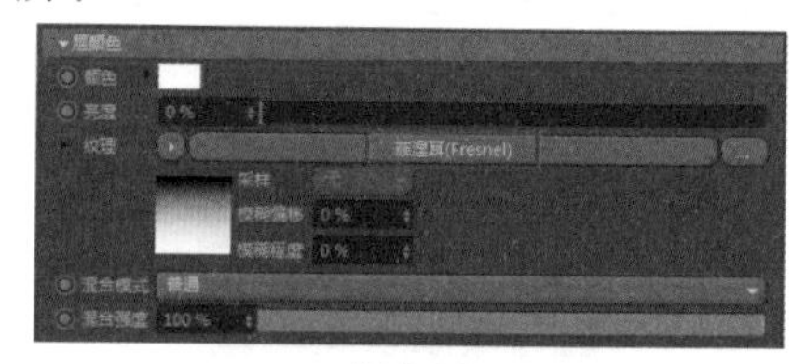

图 3.43

5 设置菲涅耳渐变（产生真实反射），如图 3.44 所示。

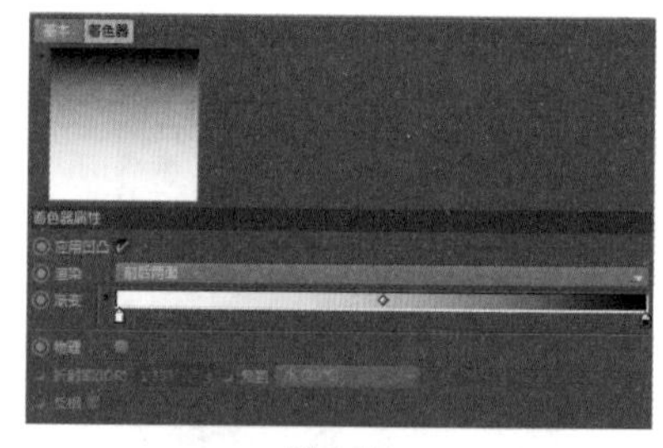

图 3.44

6 在“对象”面板中设置灯光的投影模式，如图 3.45 所示。

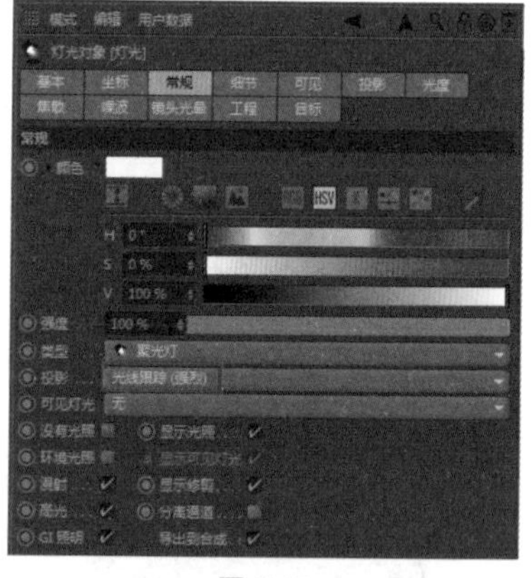

图 3.45

7 设置焦散的“能量”和“光子”参数（值越大焦散越强烈），如图 3.46 所示。

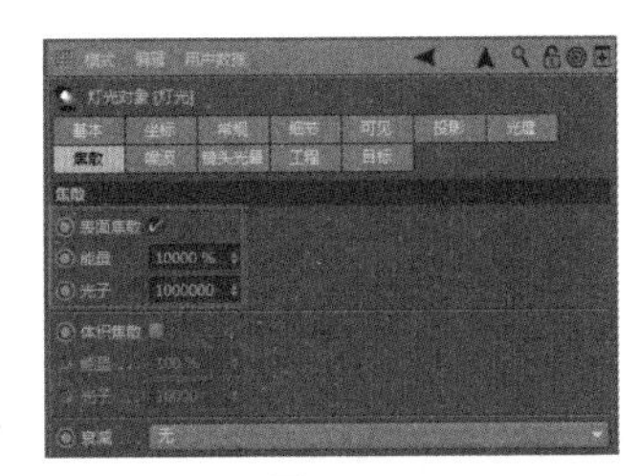

图 3.46

8 在“渲染设置”窗口添加“焦散属性”，设置焦散的“强度”参数，如图 3.47 所示。

图 3.47

9 渲染视图，可以看到手镯在桌面上产生了焦散效果，如图 3.48 所示。

图 3.48

3.5 环境

在 Cinema 4D 中，默认的环境工具有 12 个，常用的是地面、天空、环境和物理天空。地面可以产生无限远的平面；天空可以贴 HDRI 贴图，产生真实的环境效果；物理天空是用时区的方式模拟地球上的任意地点、任意时间的光照；环境则可以模拟简单的背景和雾效。下面通过案例来讲解这些常用工具的使用方法。

图 3.49 为软件内置的环境工具。

图 3.49

Octane 渲染器的环境工具在 Octane 面板的“对象”菜单中。

图 3.50 为 Octane 渲染器的环境工具，本章将内置的环境和 Octane 渲染器的环境放在一起讲解。

Octane 渲染器的环境工具有 5 个：“Octane 纹理环境”主要用于加载背景颜色和贴图；“Octane HDRI 环境”用 HDRI 贴图来模拟真实光照；“Octane 日光”可以模拟真实天空照明（类似内置环境的物理天空）；“Octane 雾体积”和“Octane VDB 体积”用于模拟烟雾云朵。

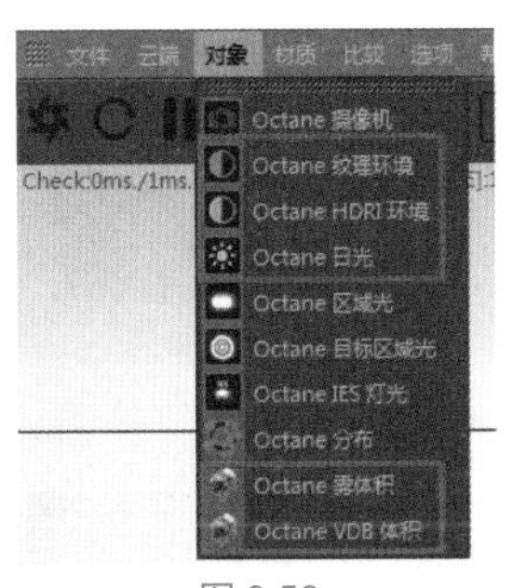

图 3.50

这里需要强调的是，Octane 渲染器的环境工具可以在场景中没有灯光的状态下产生照明效果，这也是 Octane 环境的一大特点。

3.5.1 内置 HDRI 环境布光

工程：03\005.c4d

本例将利用天空物体添加 HDRI 贴图产生真实光照效果，设置合成标签使背景消失；设置伽马值使整体画面亮度增强。

1 打开本例的场景文件（这是一个面包机模型）❶。默认的渲染效果没有任何光照❷，如图 3.51 所示。

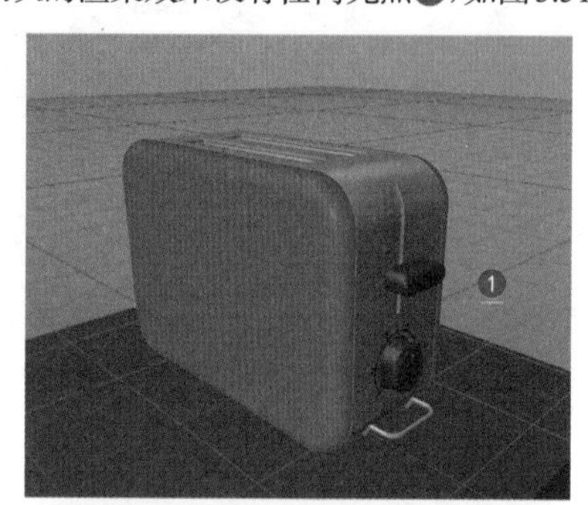

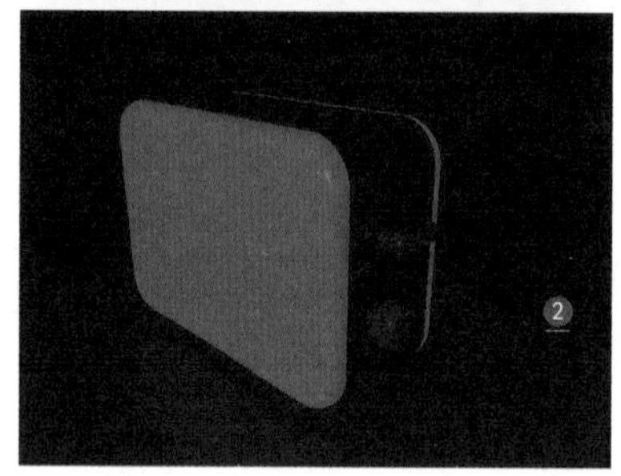

图 3.51

2 在工具栏中单击“天空”按钮，建立一个天空物体，如图 3.52 所示。

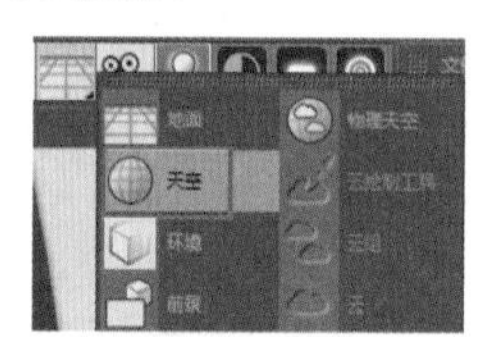

图 3.52

3 新建一个默认材质，如图 3.53 所示。

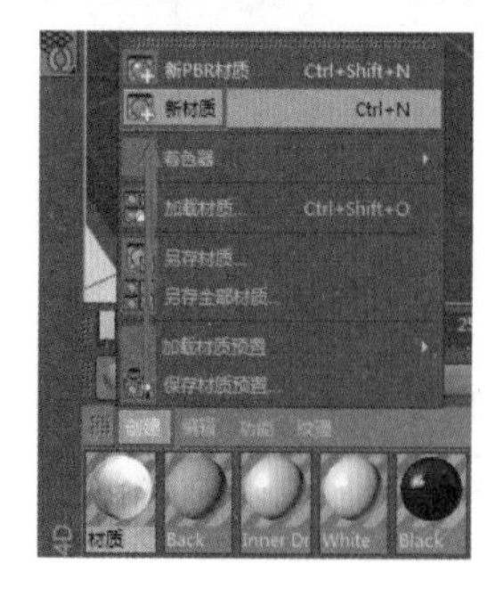

图 3.53

4 设置“发光”通道为 HDRI 贴图，如图 3.54 所示。

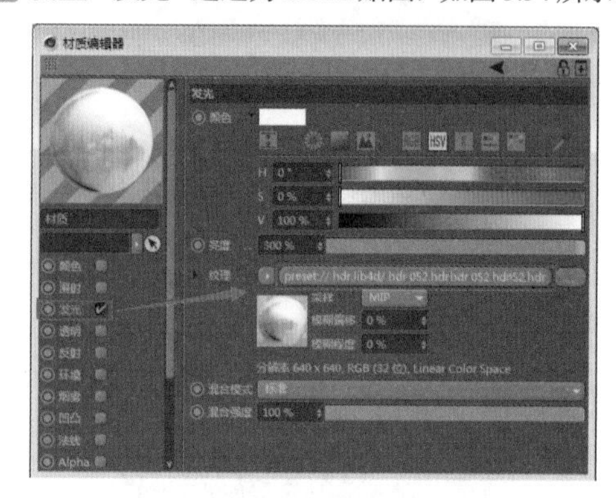

图 3.54

5 将材质赋给天空物体，如图 3.55 所示。

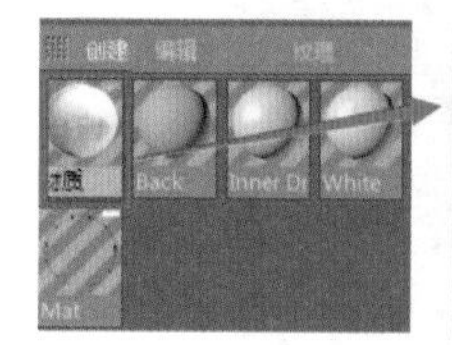

图 3.55

6 此时的渲染效果（产生了 HDRI 照明）如图 3.56 所示。

图 3.56

7 为天空物体设置一个“合成”标签，如图 3.57 所示。

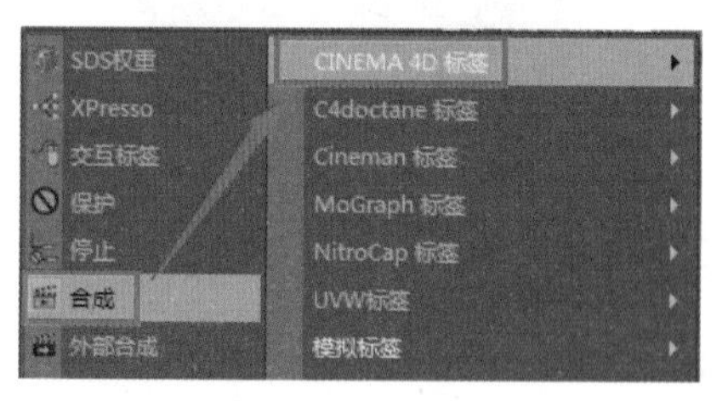

图 3.57

8 取消勾选“摄像机可见”复选框，如图 3.58 所示。

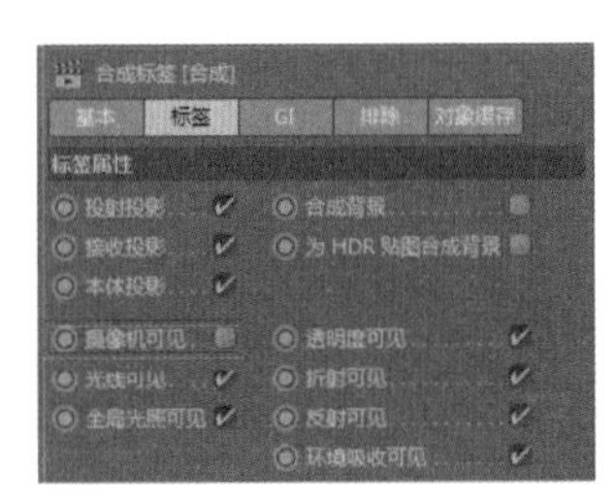

图 3.58

9 此时的 HDRI 照明渲染中去掉了背景，如图 3.59 所示。

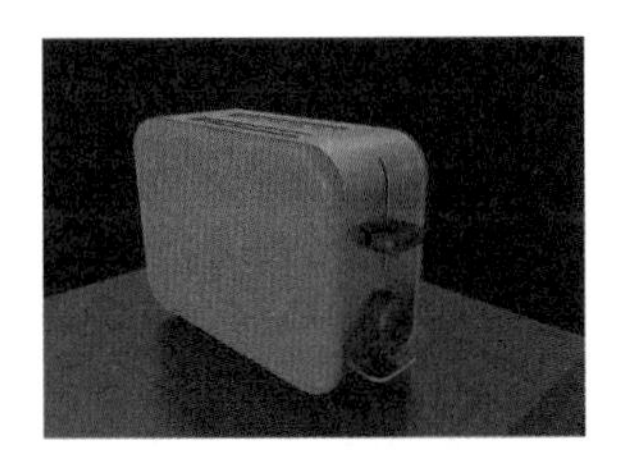

图 3.59

10 打开“渲染设置”窗口，设置“渲染器”为“物理”❶，添加“全局光照”和“环境吸收”参数，设置渲染预设为“室内 - 高品质”❷，如图 3.60 所示。

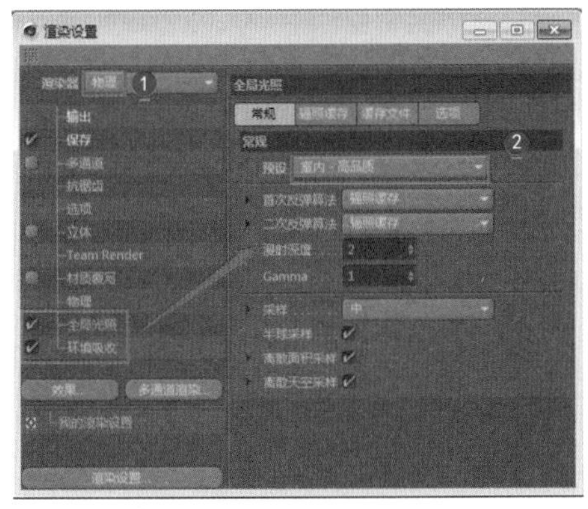

图 3.60

11 此时的渲染效果（材质效果更加逼真，画面更加细腻）如图 3.61 所示。

图 3.61

12 提高 Gamma（伽马）值（增强画面整体亮度），如图 3.62 所示。

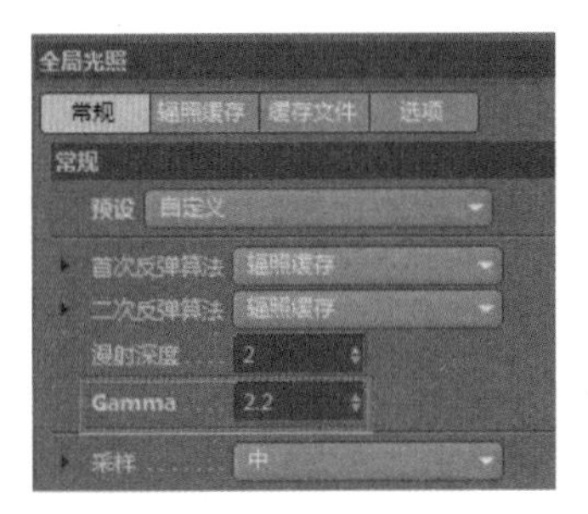

图 3.62

13 此时的渲染效果中，获得了背景 HDRI 贴图产生的照明效果，如图 3.63 所示。

图 3.63

3.5.2 夜景环境布光

工程：03\007.c4d

本例将利用天空预置设置夜色，设置自发光材质制作月色，利用灯光的衰减制作亭子和船舱内的光晕。

1 打开场景文件（一个低多边形场景），如图 3.64 所示。

图 3.64

2 建立一个“物理天空”❶，设置物理天空的元素（产生天空、太阳、大气等）❷，如图 3.65 所示。

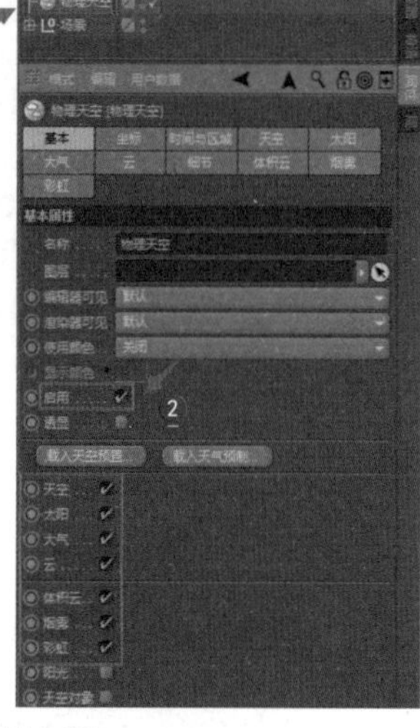

图 3.65

3 载入天空预置（夜晚）❶，新建一个默认材质，设置“发光”通道的颜色（月色）❷，如图 3.66 所示。

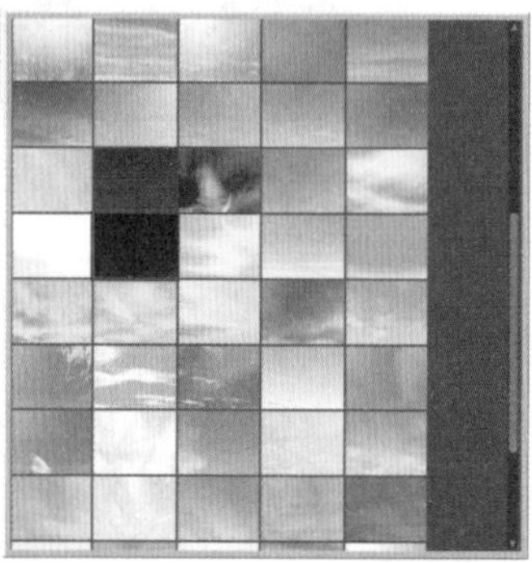
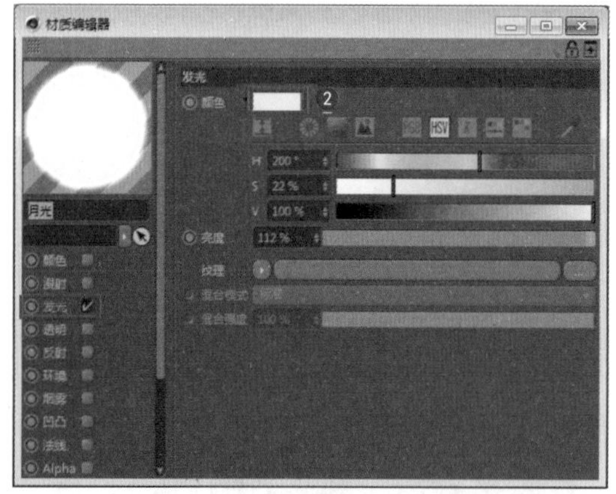

图 3.66

4 设置“亮度”参数❶，将该材质赋给月亮物体（产生自发光月色）❷，如图 3.67 所示。

图 3.67

5 在亭子内新建一盏泛光灯，如图 3.68 所示。

图 3.68

6 设置灯光颜色（暖色）❶，设置灯光强度和可见灯光属性（可见到光晕）❷，如图 3.69 所示。

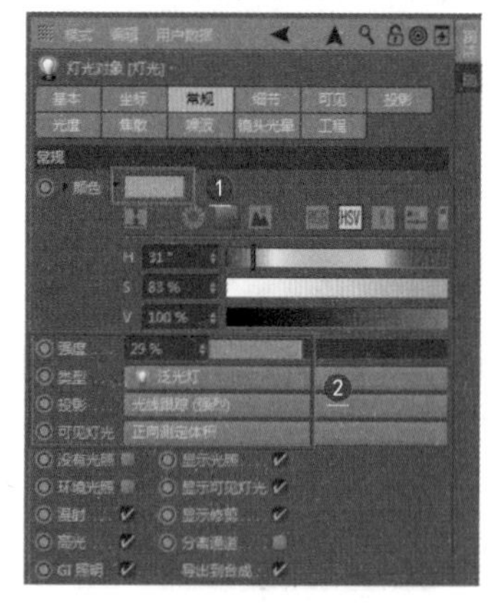

图 3.69

7 设置“衰减”属性，使灯光照射在亭子范围即可，如图 3.70 所示。

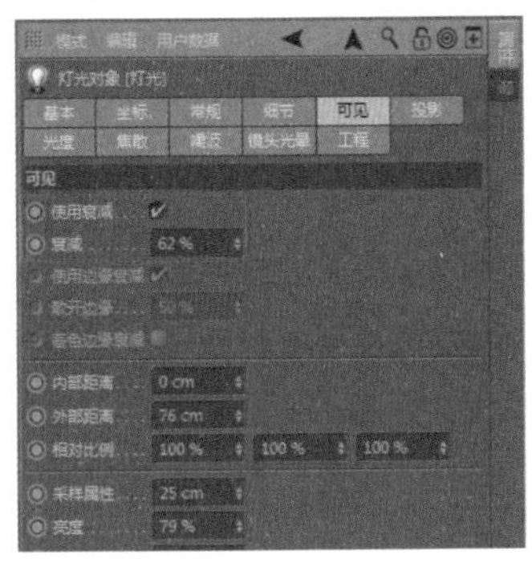

图 3.70

8 在船舱内新建一盏泛光灯，如图 3.71 所示。

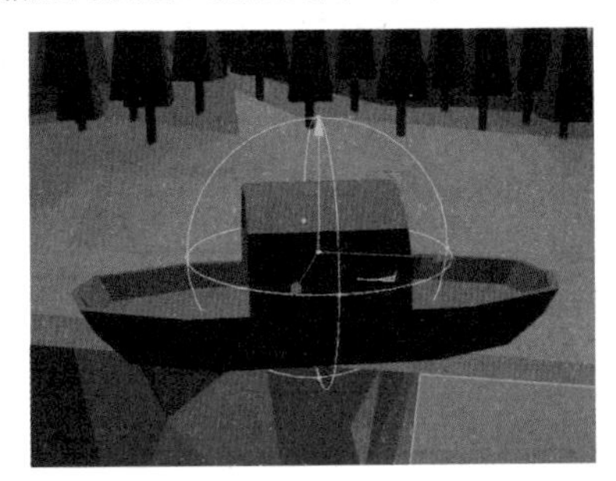

图 3.71

9 设置灯光颜色（暖色）❶，设置灯光强度和可见灯光属性（可见到光晕）❷，设置“衰减”属性❸，使灯光照射在船舱范围即可，如图 3.72 所示。

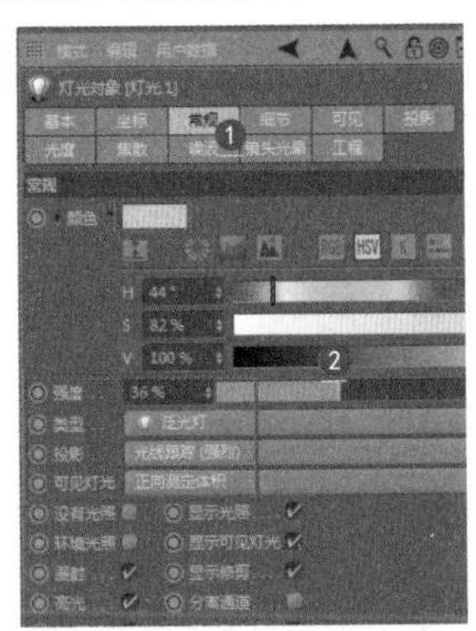

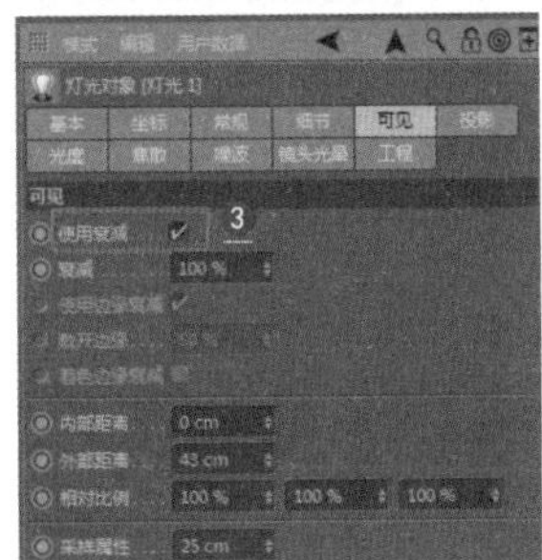

图 3.72

10 渲染视图，产生了夜晚照明效果，如图 3.73 所示。

图 3.73

11 改变天空预置可产生不同的天光照明，如图 3.74 所示。

图 3.74

3.5.3 迷雾效果

工程：03\014.c4d

本例将利用物理天空制作环境，通过设置物理天空的元素产生太阳和大气层效果。

1 打开场景文件（一个山地场景）❶，建立一个“物理天空”❷，如图 3.75 所示。

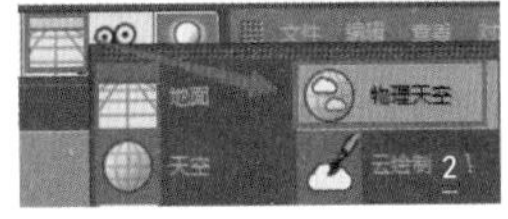

图 3.75

2 设置物理天空的元素❶（产生天空和大气层效果），设置天空属性❷，如图 3.76 所示。

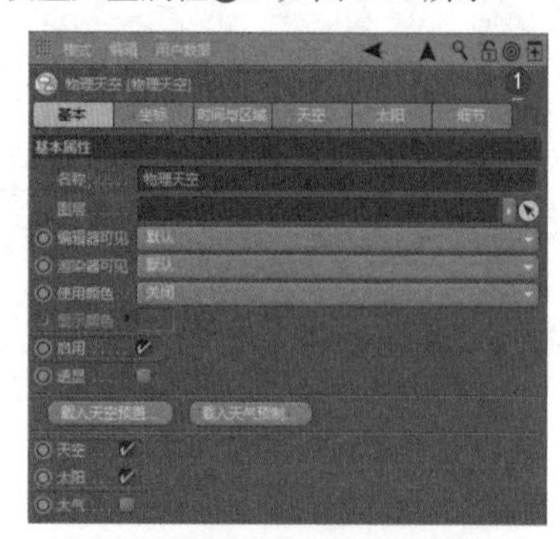

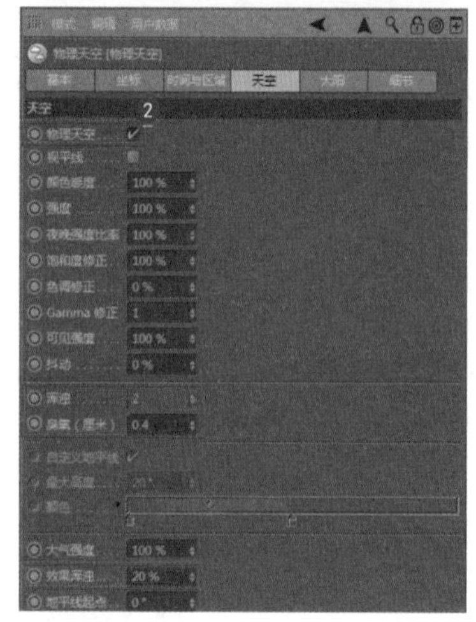

图 3.76

3 设置太阳属性❶，最终的渲染效果中产生了迷雾❷，如图 3.77 所示。

图 3.77

3.5.4 日落效果

工程：03\015.c4d

本例将利用物理天空制作环境，通过设置时间与时区自动产生天空光照，并产生太阳和大气层效果。

1 打开场景文件❶（一个山地场景），建立一个“物理天空”❷，如图 3.78 所示。

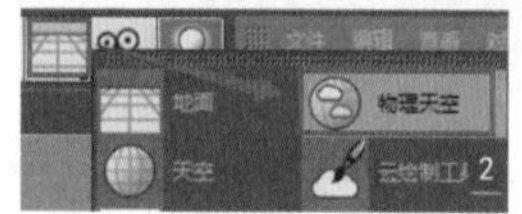

图 3.78

2 设置物理天空的元素❶（产生哪些效果），设置天空属性❷，如图 3.79 所示。

图 3.79

3 设置时间与时区（自动产生天空光照），如图 3.80 所示。

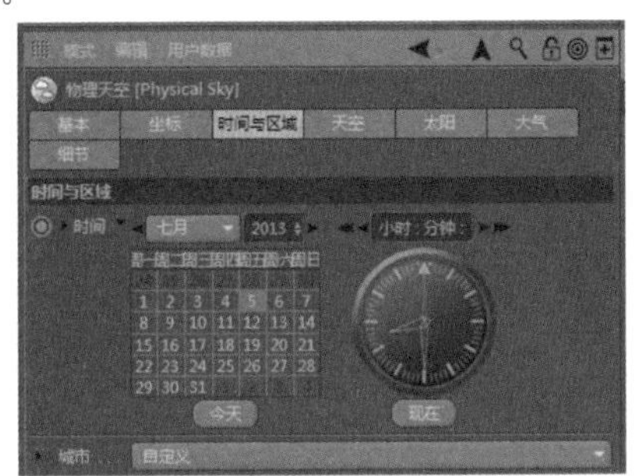

图 3.80

4 设置太阳属性❶，设置物理天空的大气❷，如图 3.81 所示。

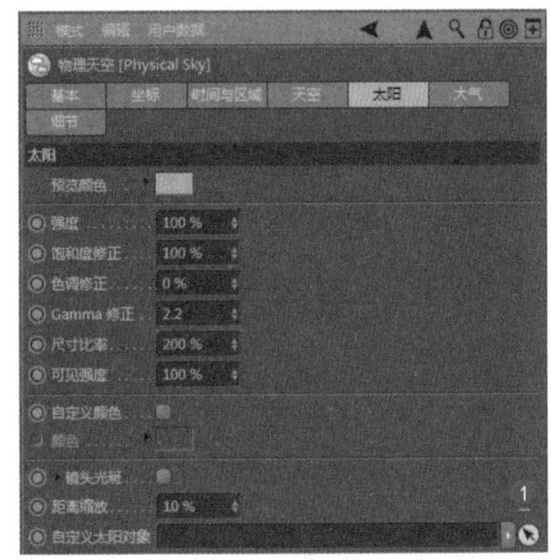

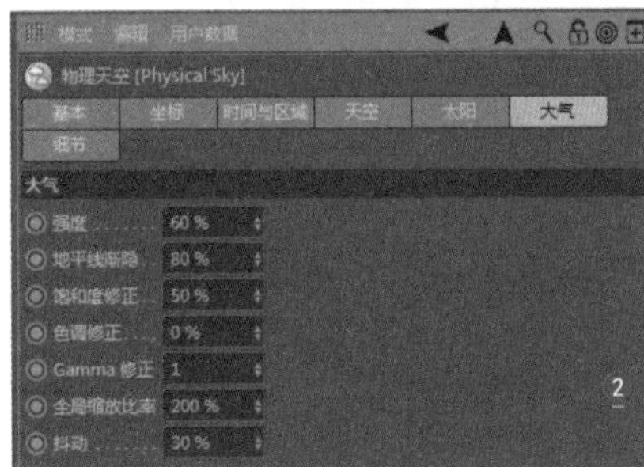

图 3.81

5 最终的渲染效果中产生了日落，如图 3.82 所示。

图 3.82

3.5.5 白天室外环境雾布光

工程：03\006.c4d

本例将利用天空贴图和全局照明制作天光照明，用远光灯制作阳光，用泛光灯进行补光，利用环境物体制作雾效，并设置雾的浓淡效果。

1 打开场景文件❶（一个汽车场景），建立一个“天空”物体❷，如图 3.83 所示。

图 3.83

2 新建一个默认材质，在“发光”通道中设置纹理为 Gradient 渐变贴图❶，设置渐变贴图为天空的渐变色❷，如图 3.84 所示。

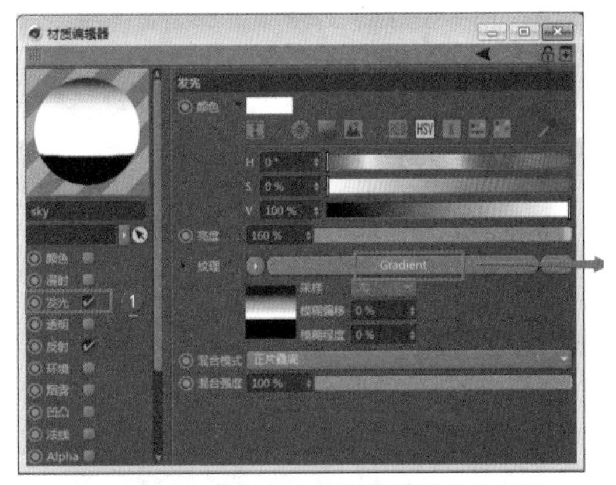

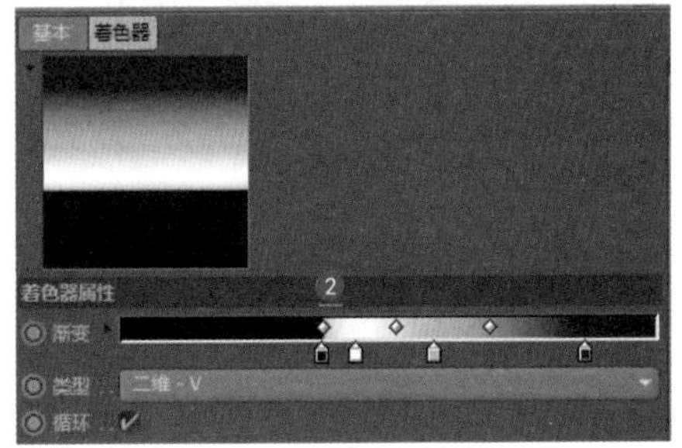

图 3.84

3 将贴图赋给天空物体，如图 3.85 所示，完成天空的制作。

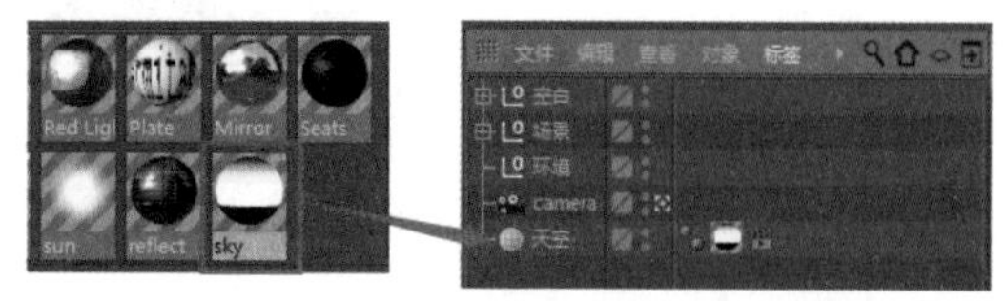

图 3.85

4 打开“渲染设置”对话框，设置渲染器为“物理”❶，添加“全局光照”属性（产生真实渲染）❷，设置“预设”为“室内 - 高品质”❸。此时天空产生了渐变效果❹，如图 3.86 所示。

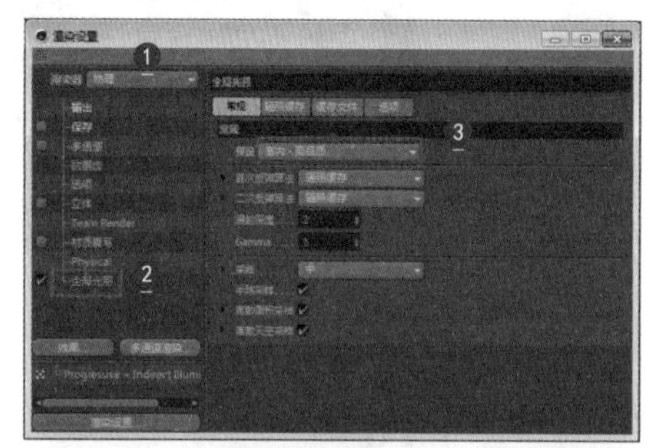

图 3.86

5 新建一盏远光灯❶，设置灯光的颜色（暖色阳光）❷，设置灯光的强度和阴影模式❸，如图 3.87 所示。

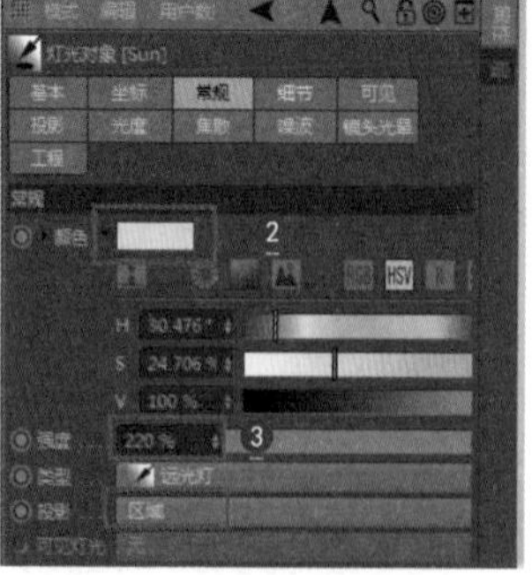
图 3.87

6 此时的渲染效果如图 3.88 所示（产生了阳光投影）。

图 3.88

7 继续新建一盏泛光灯，如图 3.89 所示（位于汽车前面，为汽车补光）。

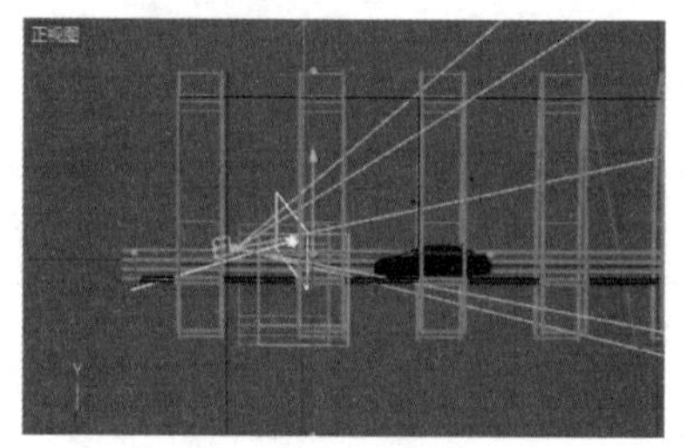
图 3.89

8 设置灯光的“颜色”为暖色，设置微弱的强度❶（补光不要太强），设置灯光衰减❷（让汽车车头部位产生照明），如图 3.90 所示。

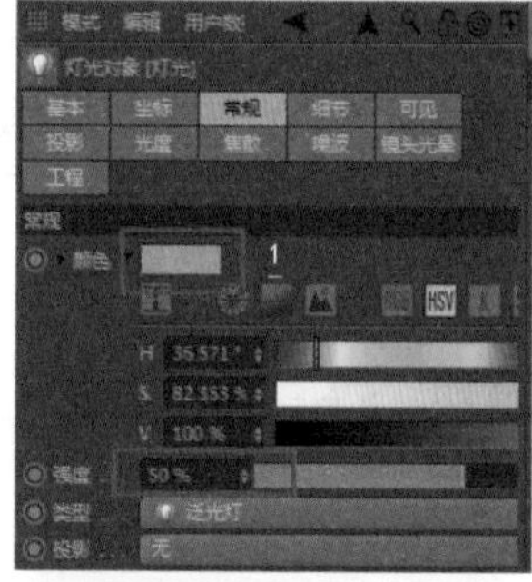
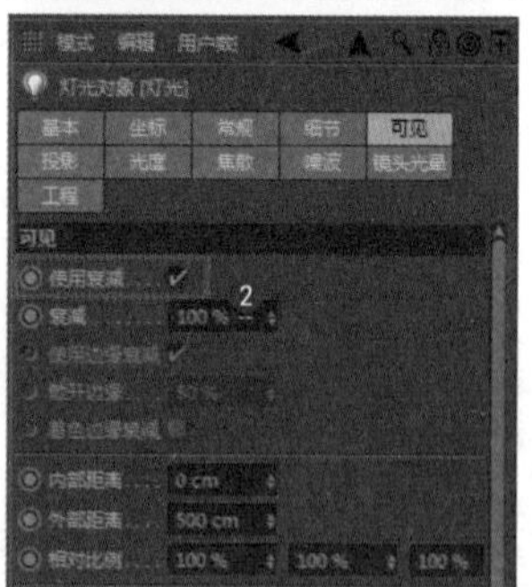
图 3.90

9 此时的渲染效果如图 3.91 所示(产生了暖色光)。

图 3.91

10 添加一个“环境”物体（产生环境雾）❶，设置环境色为乳白，选择“启用雾”复选框❷（设置雾为淡蓝色），如图 3.92 所示。

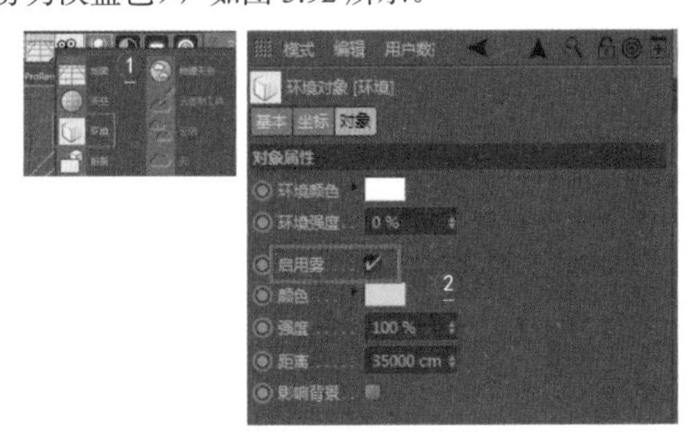

图 3.92

11 ❶此时的环境渲染效果（远处产生了薄雾）。设置雾的距离❷，如图 3.93 所示。

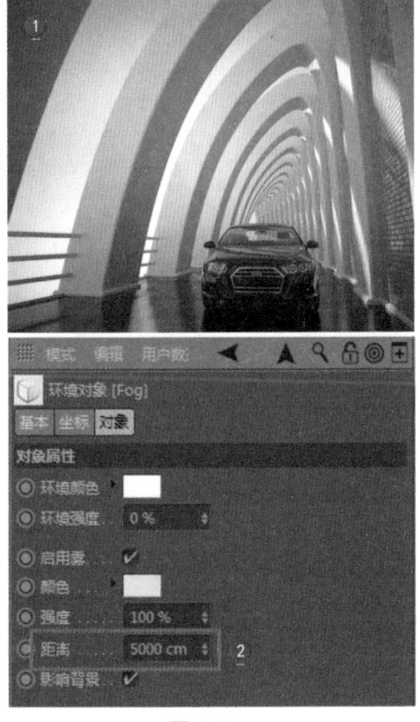

图 3.93

12 此时的渲染效果（产生了浓雾）如图 3.94 所示。

图 3.94

13 取消选择“影响背景”复选框，如图 3.95 所示。

图 3.95

14 此时背景不受雾的影响（默认选择该复选框），如图 3.96 所示。

图 3.96

第4章

Octane 渲染器基础

本章导读

Octane 渲染器是德国著名的 Maxon 公司开发的一款产品（该公司开发了 Phoenix 和 SimCloth 等插件），Octane 主要用于渲染一些特殊的效果，如次表面散射、光迹追踪、散焦、全局照明等。Octane 的特点在于快速设置而不是快速渲染，所以要合理地调节其参数。Octane 渲染器的控制参数并不复杂，完全内嵌在材质编辑器和渲染设置中，这与 VRay、Brazil 等渲染器很相似。

知识点 \ 学习目标	了解	理解	应用	实践
Octane 渲染器的特色	√			
设置 Octane 渲染器		√		
全局光照		√		
光线反弹次数		√		
Octane 灯光			√	√
Octane 日光			√	√
Octane HDRI 环境			√	√

4.1 Octane渲染器的特色

Octane 渲染器有独立版和 C4D 两种版本。C4D 版本的 Octane 拥有基础功能，价格较低，适合学生和业余艺术家使用。C4D 版本的 Octane 包含全局照明、软阴影、毛发、卡通、快速的金属和玻璃材质等特殊功能，适合专业制图人员使用。

本书范例将使用 C4D 版本的 Octane。

1. 真实的光迹追踪效果（反射折射效果）

Octane 的光迹追踪效果来自优秀的渲染计算引擎，如准蒙特卡罗、发光贴图、灯光贴图和光子贴图。图 4.1 所示为一款优秀的光迹追踪特效的作品。

图 4.1

2. 快速的半透明材质（次表面散射SSS）效果

Octane 的半透明效果非常真实，只需设置烟雾颜色即可，非常简单。图 4.2 所示为一些反映次表面散射 SSS 的作品。

图 4.2

3. 真实的阴影效果

Octane 的专用灯光阴影会自动产生真实且自然的阴影，Octane 还支持 Cinema 4D 默认的灯光，并提供了 OctaneShadow 专用阴影。图 4.3 和图 4.4 所示为一些反映真实的阴影效果的作品。

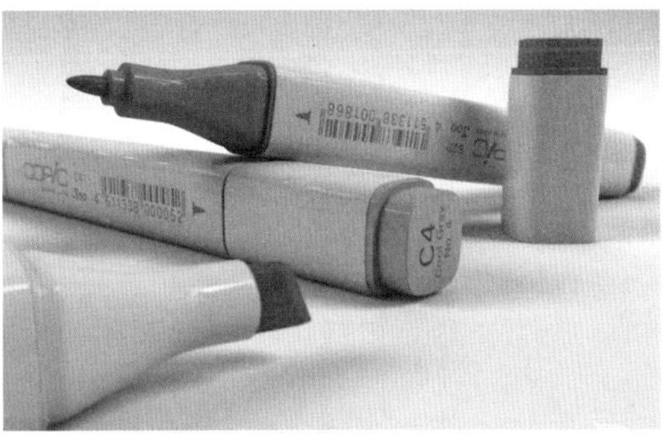

图 4.3

图 4.4

图 4.6

4．真实的光影效果（环境光和HDRI图像功能）

Octane 的环境光支持 HDRI 图像和纯色调，比如给出淡蓝色，就会产生蓝色的天光。HDRI 图像则会产生更加真实的光线色泽。Octane 还提供了类似 Octane- 环境光等用于控制真实效果的天光模拟工具。图 4.5 和图 4.6 所示为一些反映真实光影效果的作品。

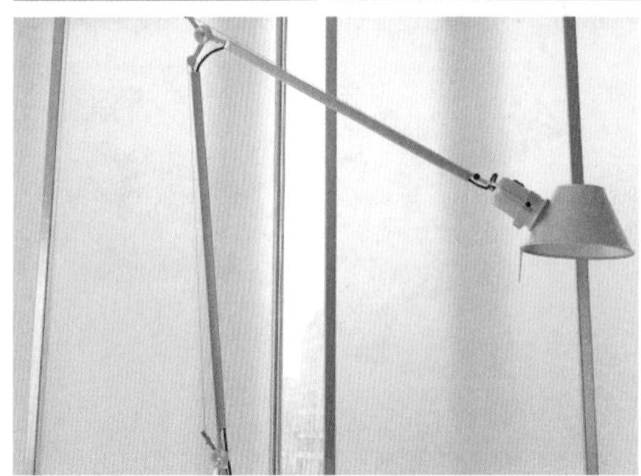

图 4.5

5．焦散特效

Octane 的焦散特效非常简单，只需激活焦散功能选项，再设置相应的光子数量，即可开始渲染焦散，前提是物体必须具有反射和折射。图 4.7 所示为一些反映焦散特效的作品。

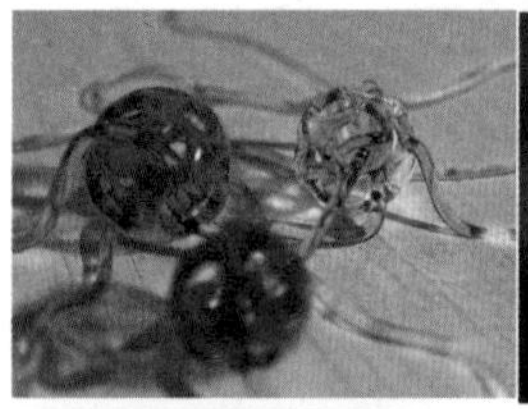

图 4.7

6．快速真实的全局照明效果

Octane 的全局照明效果是其核心部分，可以控制一次光照和二次间接照明，得到的将是无与伦比的光影漫射真实效果，而且渲染速度可控性很强。图 4.8 和图 4.9 所示为一些反映真实的全局照明效果的作品。

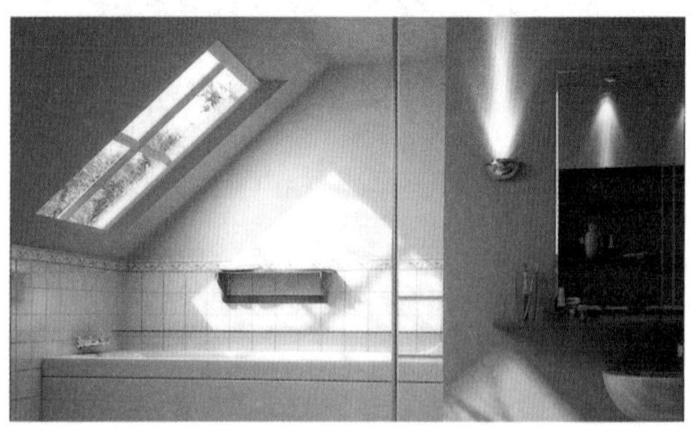

图 4.8

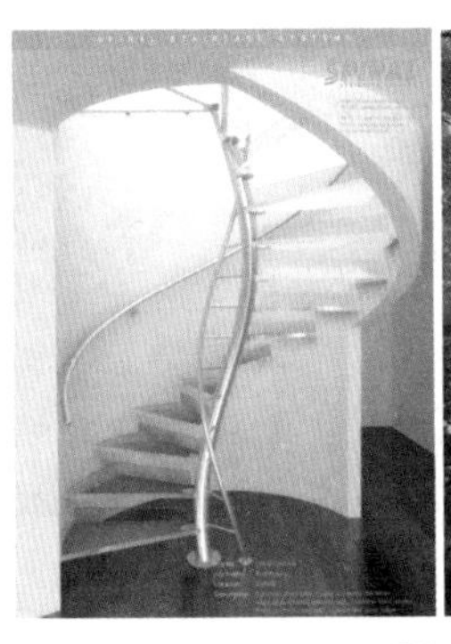

图 4.9

7. 运动模糊效果

Octane 的运动模糊效果可以让运动的物体和摄像机镜头达到影视级的真实度，图 4.10 所示为一些反映运动模糊效果的作品。

图 4.10

8. 景深效果

Octane 的景深效果虽然渲染起来比较慢，但精度非常高，它还提供了类似镜头颗粒的各种景深特效，如让模糊部分产生六菱形的镜头光斑等。图 4.11 所示为一些反映景深效果的作品。

图 4.11

图4.11（续）

9. 置换特效

Octane 的置换特效是一个亮点，它可以与贴图共同来完成建模达不到的物体表面细节。图 4.12 所示为一些反映置换特效的作品。

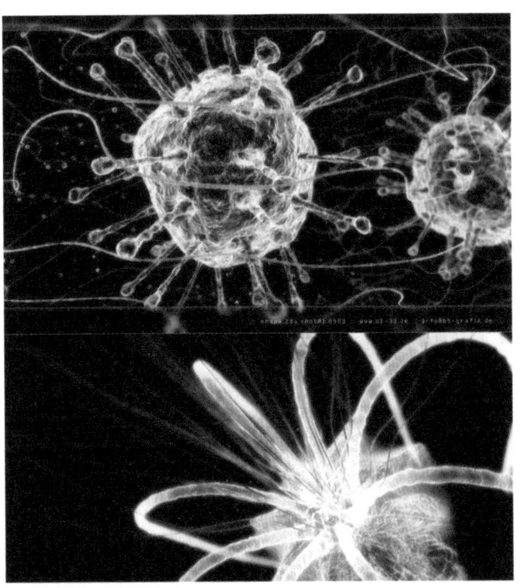
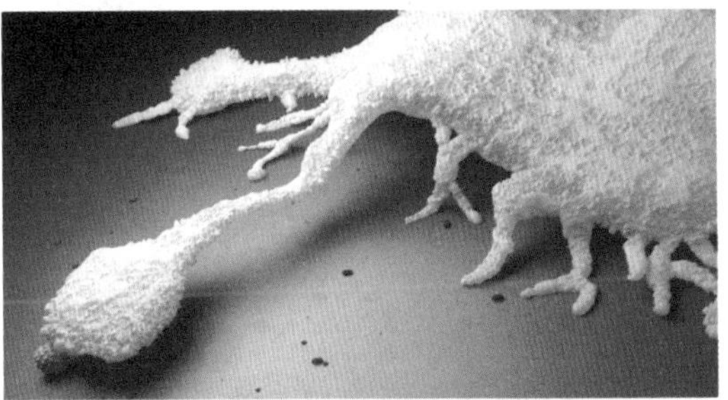

图 4.12

10. 真实的毛发特效

Octane 的毛发工具是高级特效，利用它可以制作出任何漂亮的毛发特效，如一个羊毛地毯、一片草地等。图 4.13 和图 4.14 所示为一些反映毛发特效的作品。

图 4.13

图 4.14

了解了 Octane 渲染器的诸多优点后，下面就来深入学习它的用法。

4.2 Octane渲染器通用流程

每种渲染器安装后都有自己的模块，安装 Octane 渲染器后，可以在 Cinema 4D 中使用 Octane 材质编辑器、节点编辑器、Octane 自己的渲染设置对话框和 Octane 摄像机等。在云雾效果和实时渲染方面，Octane 渲染器也有其独特之处。本节将学习渲染器的使用流程。

工程：04\OC.c4d

首先要确保已经正确安装了 Octane 渲染器，因为Cinema 4D在渲染时使用的是自身默认的渲染器，所以要手工设置 Octane 渲染器为当前渲染器。

1 打开 Cinema 4D 软件。

2 选择 Octane →“Octane 实时查看窗口”命令❶，打开 Octane 渲染器窗口❷，如图 4.15 所示。

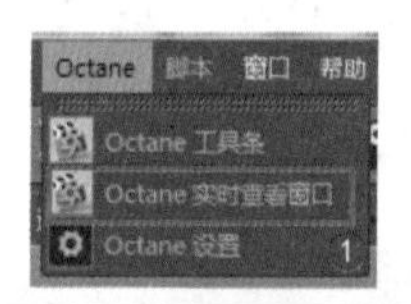

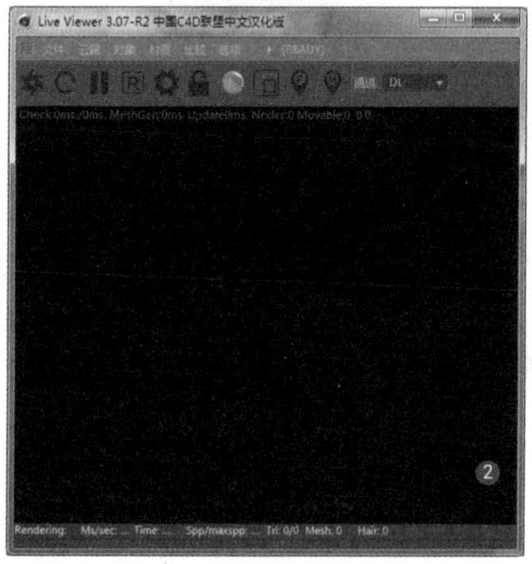

图 4.15

3 打开一个场景文件，如图 4.16 所示。

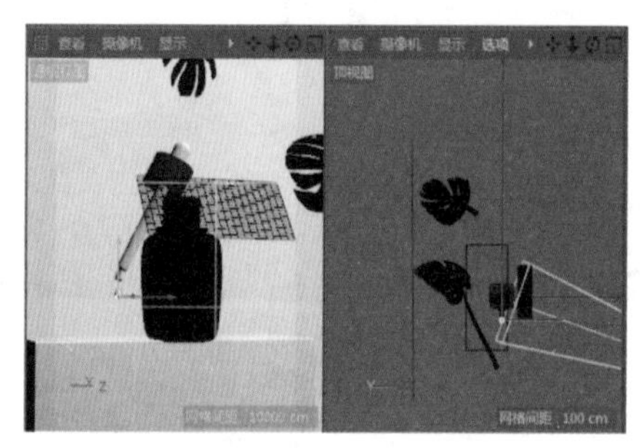

图 4.16

4 Octane 渲染器是实时渲染的，在视图中进行的所有操作，如替换材质、编辑灯光等，都会实时更新。在窗口上方有一排工具按钮，用于渲染器的基本控制。

重启 PGU 渲染：重启 PGU 进行实时渲染。

重新渲染：不重启 PGU 的情况下重新进行实时渲染。

暂停渲染：暂停实时渲染。

更新数据：更新渲染的数据记录。

Octane 设置：打开“Octane 设置”对话框，设置渲染参数。

锁定分辨率：按照设定好的比例进行渲染，否则将自动适配窗口。

黏土模式：选择渲染模式，可渲染单色或不显示反射。

局部模式：框选一个局部进行渲染。

景深模糊：在场景中单击，选择开始发生景深的点。

拾取材质：可通过在渲染窗口中单击画面来拾取材质。

通道：选择要渲染的通道模式，如线框等模式。

5 在Octane渲染器窗口的主菜单中可以建立材质、灯光和各种特效，如图4.17所示。

图 4.17

6 单击渲染器窗口中的按钮，进行实时渲染，如图4.18所示。

图 4.18

7 单击渲染器窗口中的按钮，观察黏土模式，如图4.19所示，就是用素体模型观察光照效果。

图 4.19

8 在渲染窗口中选择“对象”菜单，下方会出现灯光和摄像机等可供选择❶。选择“材质”菜单，下方有多种Octane专用材质球可供建立❷，如图4.20所示。

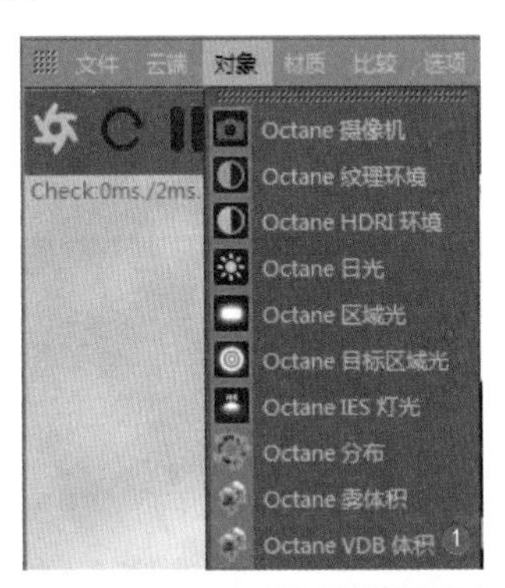

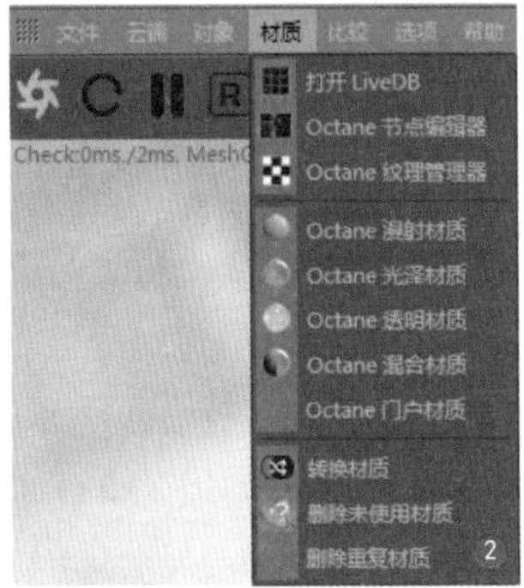

图 4.20

9 在渲染窗口中单击“设置”按钮，弹出“Octane设置”对话框，如图4.21所示，在其中设置渲染尺寸和精度，即可进行输出。

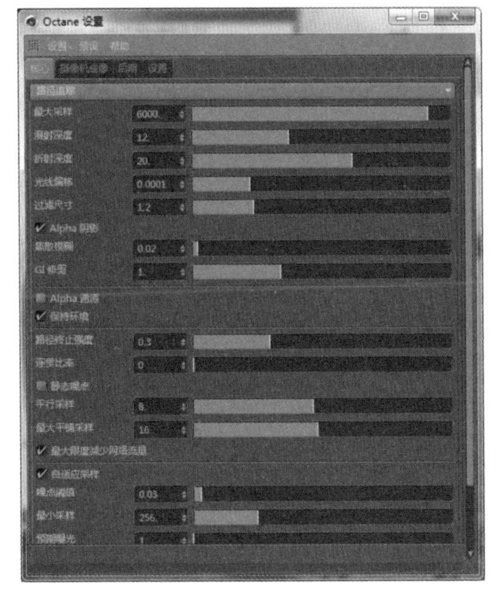

图 4.21

4.3 Octane自定义界面设置

在 Octane 设置窗口中，可以设置渲染精度和渲染尺寸，还可以针对渲染引擎进行选择。在摄像机成像页面中，可以设置最终画面的胶卷颜色、镜头景深模糊和辉光效果。

1 打开 Cinema 4D 软件，此时为系统默认界面布局，如图 4.22 所示。

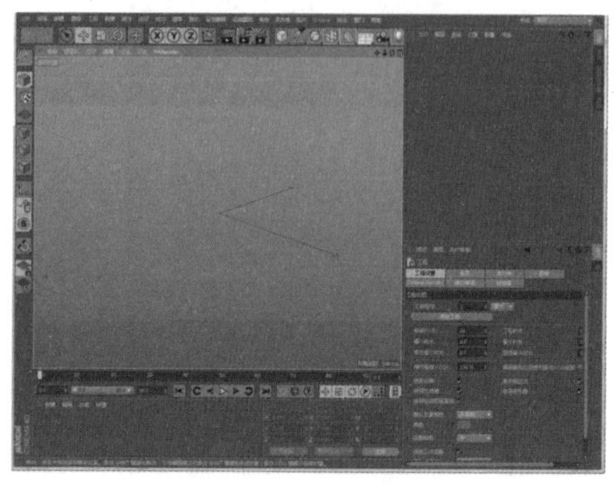

图 4.22

2 选择主菜单 Octane → “Octane 实时查看窗口”命令❶，打开 Octane 渲染器窗口❷，如图 4.23 所示。

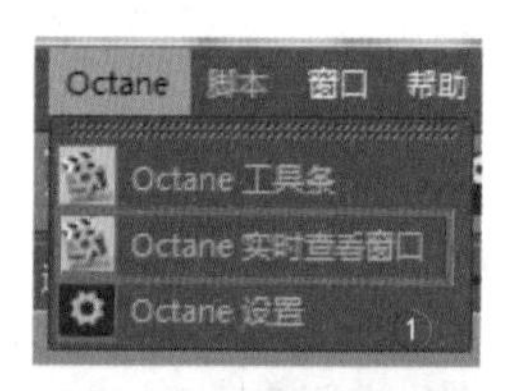

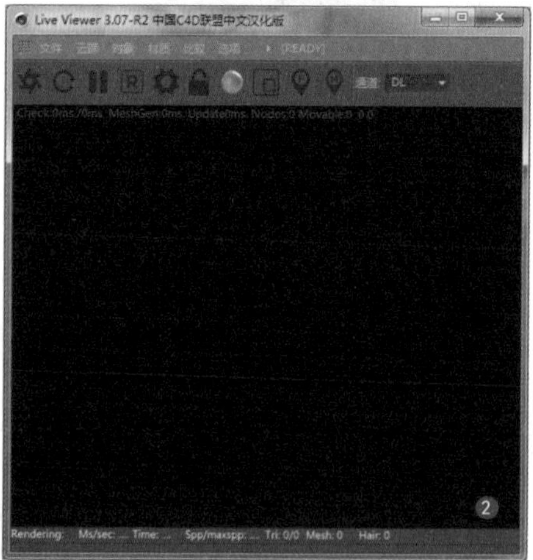

图 4.23

3 拖动 Octane 渲染器窗口左上角的▦按钮，将其放置到透视视图左侧，如图 4.24 所示。

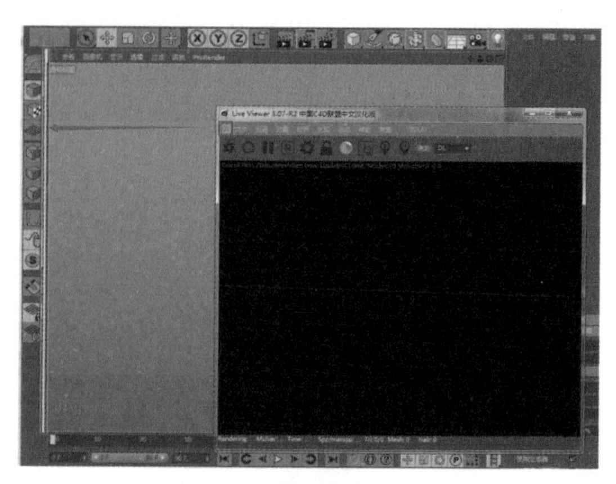

图 4.24

4 此时视图窗口嵌入了 Octane 渲染器窗口，如图 4.25 所示。

图 4.25

5 在 Octane 渲染器窗口中选择“对象”菜单下方的“分离条”，如图 4.26 所示。

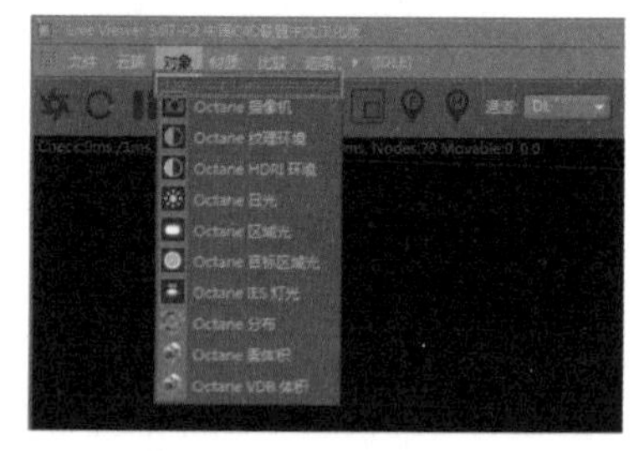

图 4.26

6 此时“对象”菜单的命令按钮悬浮在视图上，如图 4.27 所示。

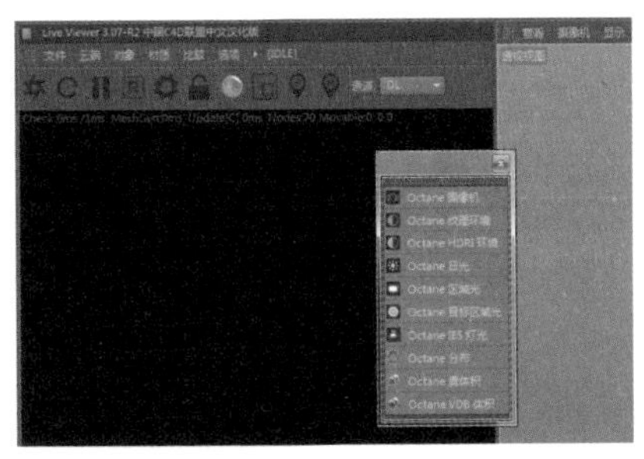

图 4.27

7 右击界面中命令按钮的空白区域，在弹出的快捷菜单中选择“自定义面板”命令，如图 4.28 所示。

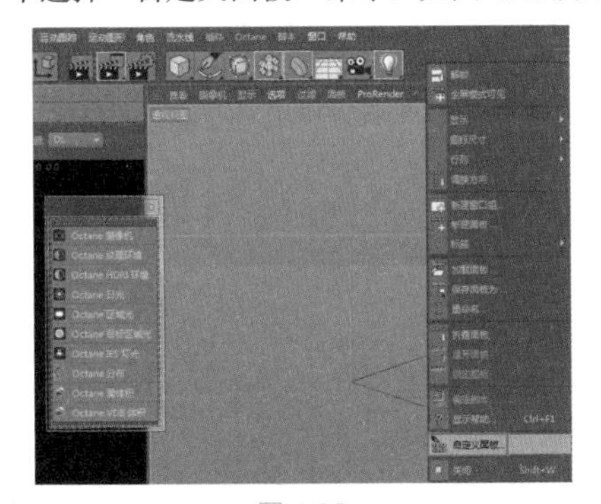

图 4.28

8 将常用的对象按钮拖放到命令按钮区域，如图 4.29 所示。

图 4.29

9 在弹出的“自定义命令”对话框的“名称过滤”文本框中输入 Octane，列表框中会自动查找出 Octane 的工具，如图 4.30 所示。

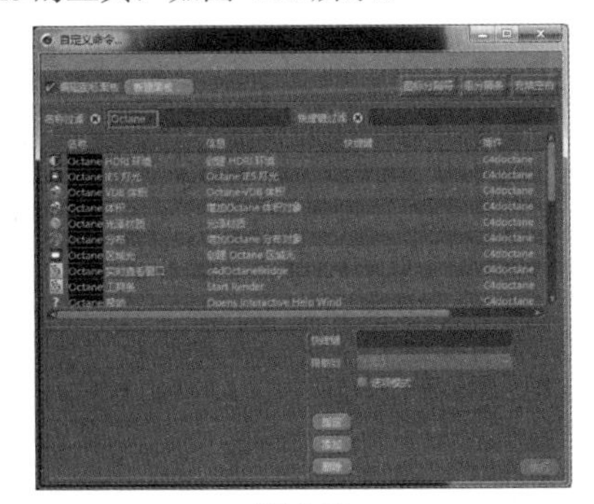

图 4.30

10 将常用的 Octane 材质按钮拖放到左侧工具按钮区域，如图 4.31 所示。

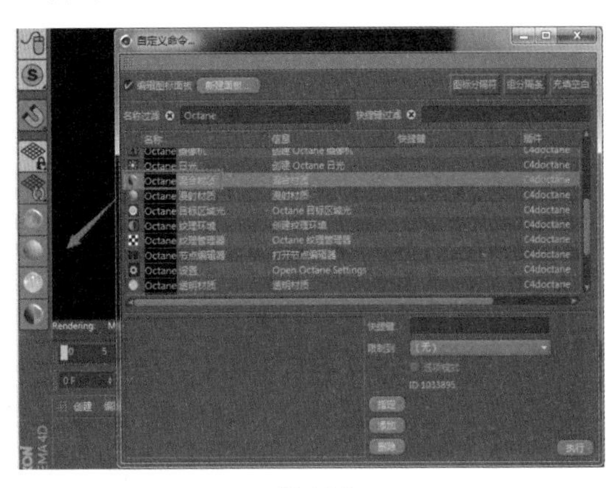

图 4.31

11 下面将这个界面布局进行保存，以方便日后调取，选择“窗口”→“自定义布局”→“另存布局为”命令，如图 4.32 所示。

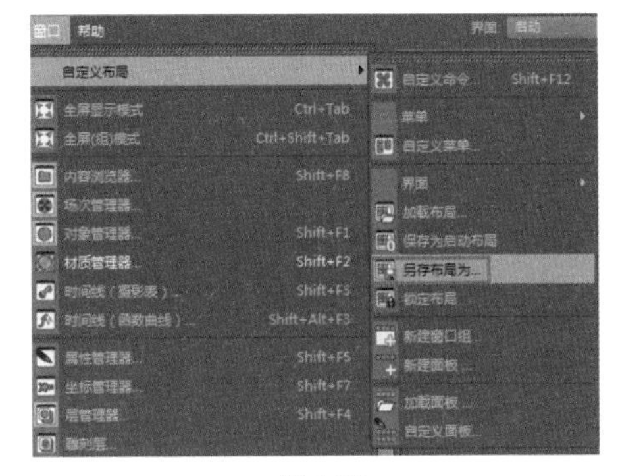

图 4.32

12 在弹出的对话框中设置自定义名称，保存后即可在界面右上角的“界面”下拉列表框中找到该名称，如图 4.33 所示。

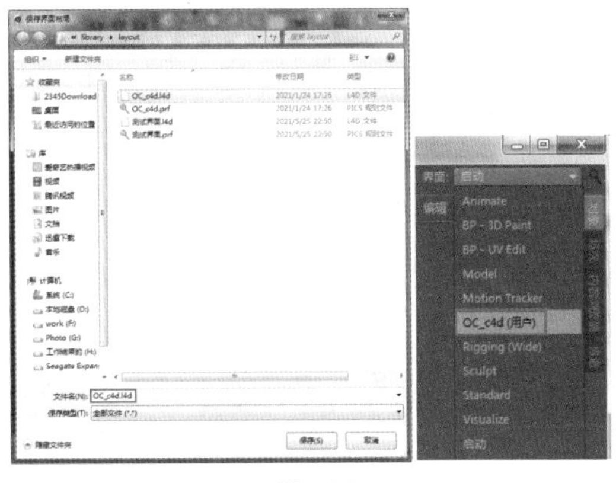

图 4.33

4.4 Octane渲染器渲染设置

本例将打开一个空白模型，对其进行渲染设置，目的是熟悉 Octane 的渲染设置和渲染流程。

工程：04\render.c4d

1 打开场景文件，如图 4.34 所示。

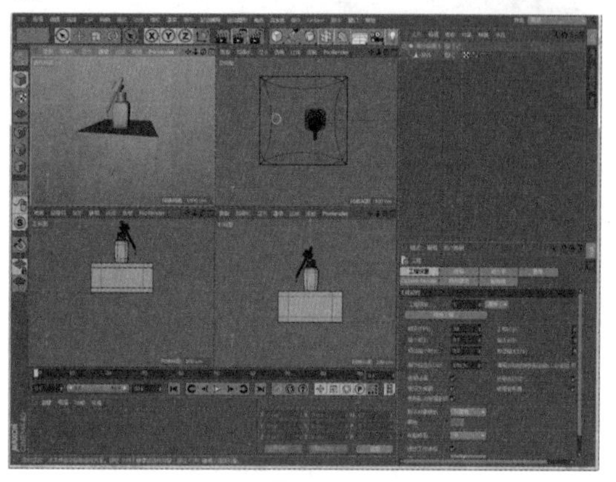

图 4.34

2 在界面右上角的“界面”下拉列表框中选择 4.3 节中保存的 Octane 渲染器专用界面布局，如图 4.35 所示。

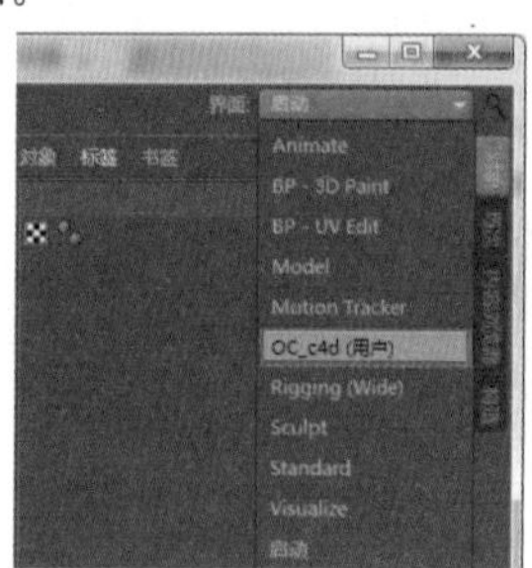

图 4.35

3 此时的界面布局如图 4.36 所示。

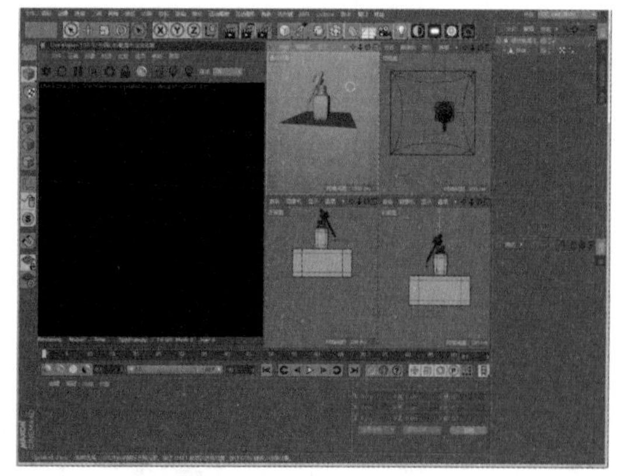

图 4.36

4 单击按钮，打开实时渲染模式，虽然没有建立灯光，系统会自动产生照明，如图 4.37 所示。

图 4.37

5 单击按钮，建立 Octane 专用摄像机，在“对象”面板中单击摄像机后面的标签（该标签的颜色由黑变白），激活摄像机，如图 4.38 所示。

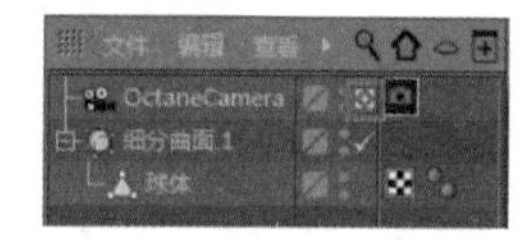

图 4.38

6 改变摄像机的角度，使摄像机视图更加舒服，在“对象”面板中选择 OctaneCamera 选项，在“对象”属性页面设置摄像机的“焦距”为 80，这个焦距适合表现静物，并且不会产生较大的透视变形，如图 4.39 所示。

图 4.39

7 建立灯光，选择场景中的模型（瓶子），单击按钮，系统会自动以选中的模型为目标点建立一盏“目标区域光”，移动光源可调整照射角度，如图 4.40 所示。

图 4.40

8 设置渲染参数，在“核心”页面中单击 Octane 渲染工具按钮，弹出“Octane 设置”对话框，首先设置核心渲染引擎为“路径追踪”，该引擎可让 NVIDIA 显卡工作效率更稳定。设置“最大采样”为 100，这是测试渲染的参数，可让渲染结果快速呈现，最终成品渲染可设置为 2000 ～ 5000。选择“自适应采样”复选框，可使玻璃透明材质的解算速度更快，如图 4.41 所示。

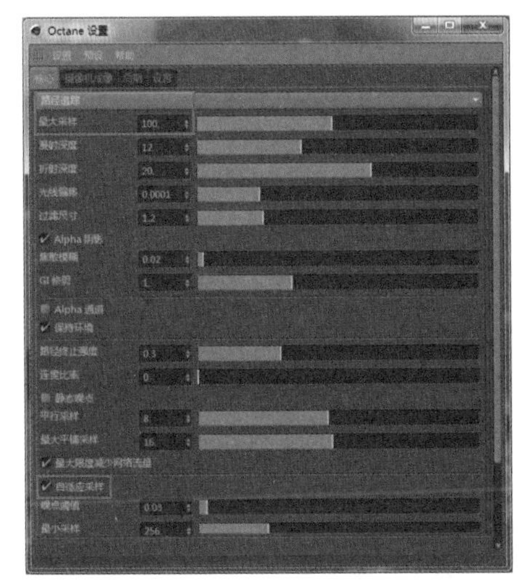

图 4.41

9 在“核心”页面设置“镜头”为 Liner（线性），可让光线不产生色差（其余选项均会模拟不同厂商的胶卷色差，如柯达、富士等品牌）。设置“伽马”为 2.2，该值是一个行业默认的固定值，可产生标准亮度的图片，如图 4.42 所示。

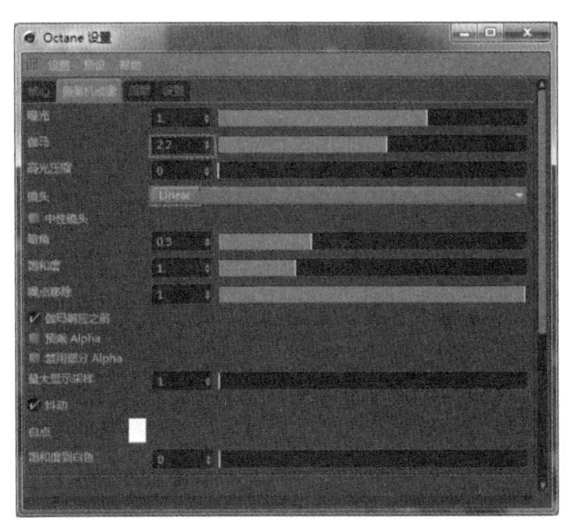

图 4.42

10 设置完成后，选择“预设”→“添加新预设”命令❶，在弹出的对话框中将该预设进行存储❷，以方便日后调取，如图 4.43 所示。

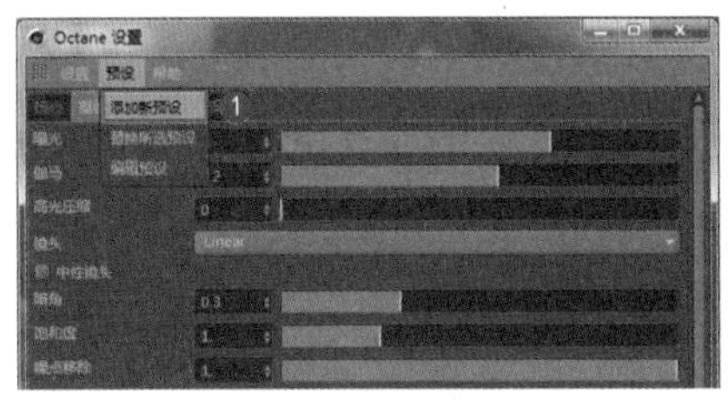

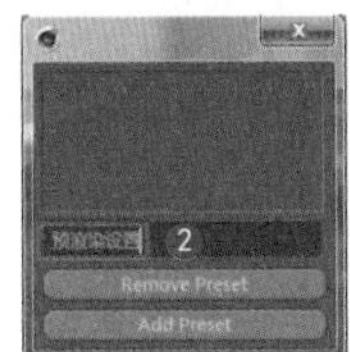

图 4.43

11 当移动摄像机视图时，画面会实时进行渲染，所调整的角度也会实时变化。有时不希望调整好的角度发生变化，可以将顶视图变成透视视图，这样在调整这个新透视视图的角度时，就不会影响摄像机视图的角度了，如图 4.44 所示。

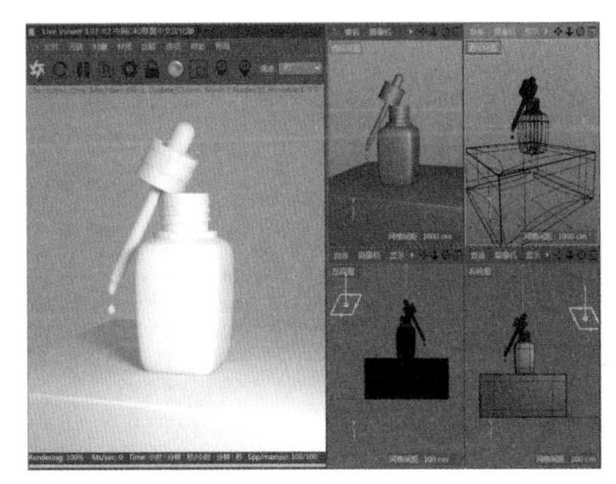

图 4.44

12 还有一种保护摄像机视角的方法，用鼠标右键单击摄像机名称，在弹出的快捷菜单中选择“C4D标签”→“保护”命令❶，摄像机名称后面会出现一个标签❷，这样就不会让摄像机视角产生误操作了，如图 4.45 所示。

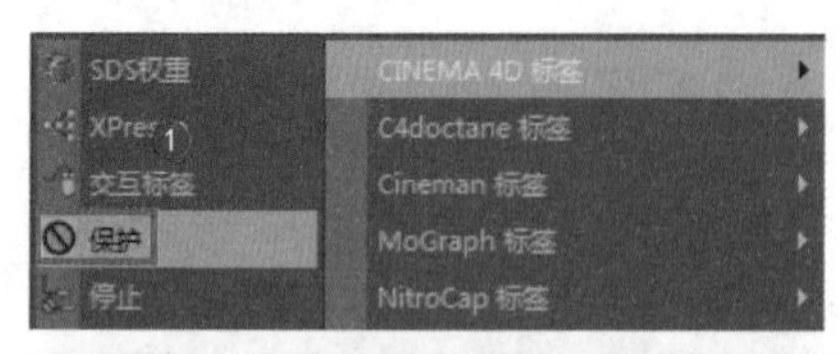

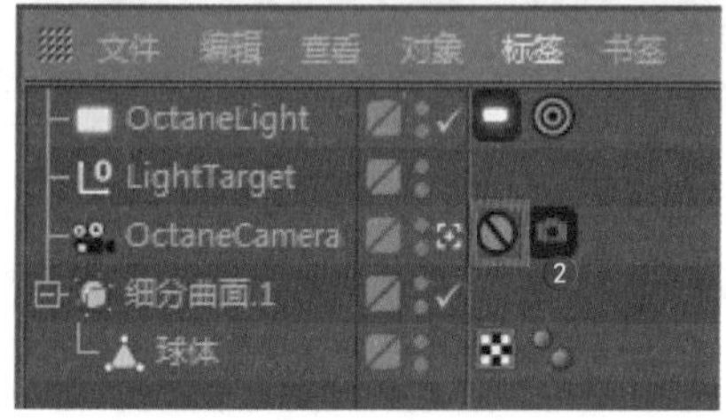

图 4.45

13 下面设置画面输出尺寸，单击工具栏中的按钮，弹出“渲染设置”对话框，为了便于理解渲染设置，这里设置一个比较特殊的尺寸 1600×3200，如图 4.46 所示。

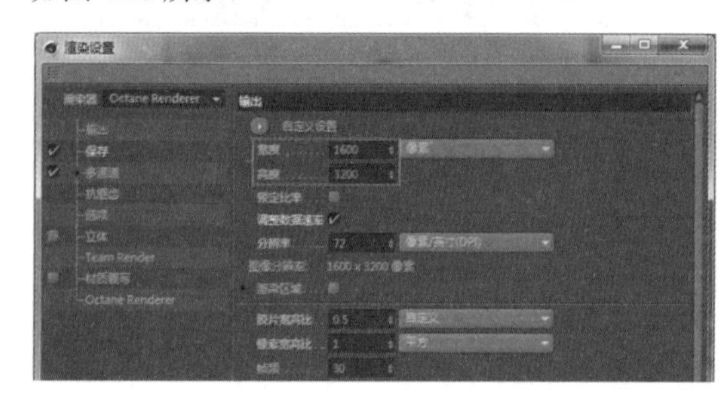

图 4.46

14 在“保存”页面中设置要保存的文件格式和文件名称，如图 4.47 所示。

图 4.47

15 设置完成后关闭“渲染设置”对话框，单击按钮进行渲染，系统会打开“图片查看器”窗口，显示渲染过程，如图 4.48 所示。

图 4.48

16 在 Octane 窗口中显示的实时渲染画面尺寸是自动适配窗口的，单击按钮可锁定分辨率，画面将以 1:1 的尺寸显示，如图 4.49 所示。

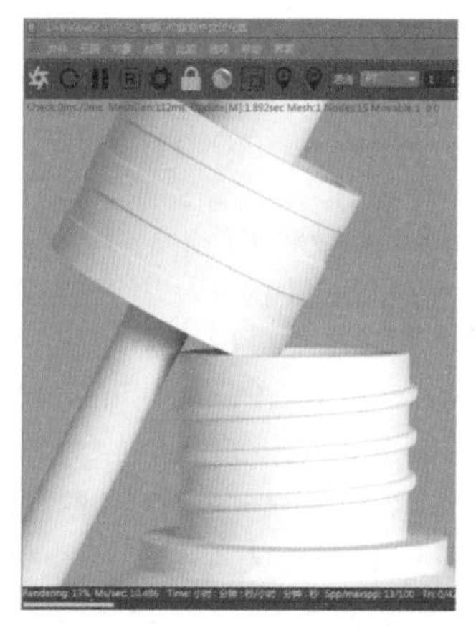

图 4.49

17 如果想观察画面的全局效果，可以缩小显示比例，如图 4.50 所示，这个功能比较方便。

图 4.50

18 单击“Octane 光泽材质”按钮，新建一个材质球，如图 4.51 所示。

图 4.51

19 双击该材质球，打开“材质编辑器”窗口，设置“颜色”为紫色，如图 4.52 所示。

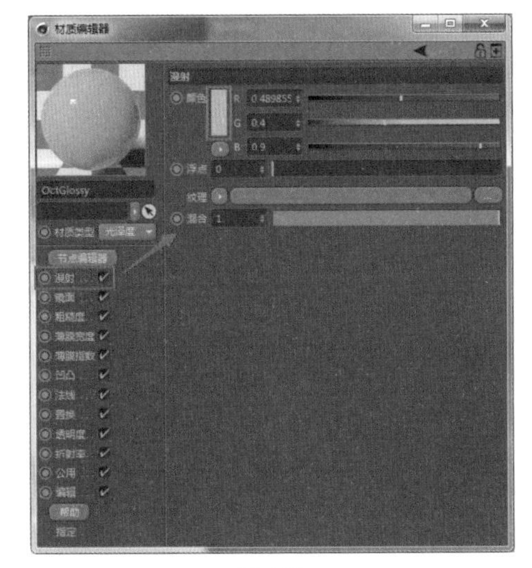

图 4.52

20 设置“折射率”参数，让材质产生反射属性，如图 4.53 所示。

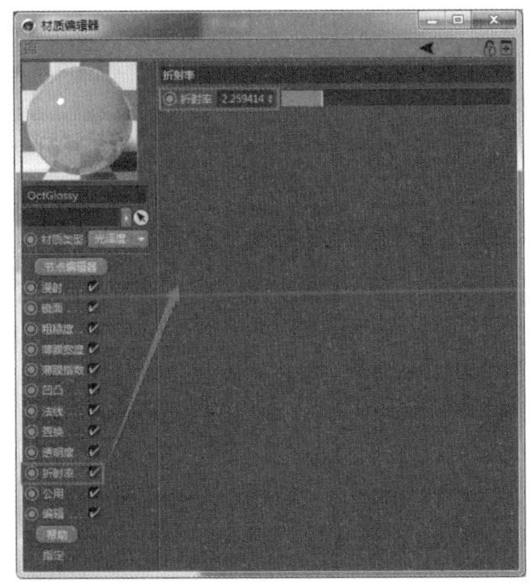

图 4.53

21 单击按钮，在实时渲染窗口中进行框选，设置局部渲染区域，系统会只渲染该区域，以节约内存。将材质球赋给场景中的物体，如图 4.54 所示。

图 4.54

22 设置环境。单击“Octane HDRI 环境”按钮，在场景中添加 Octane Sky 天空环境，如图 4.55 所示。

图 4.55

23 单击黑色方框❶，进入 HDRI 设置页面❷，如图 4.56 所示。

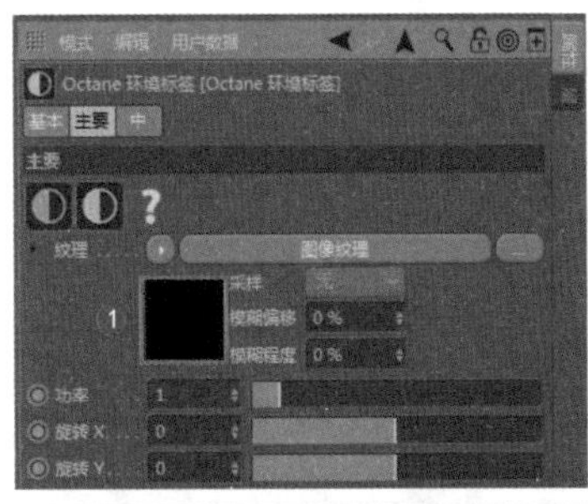

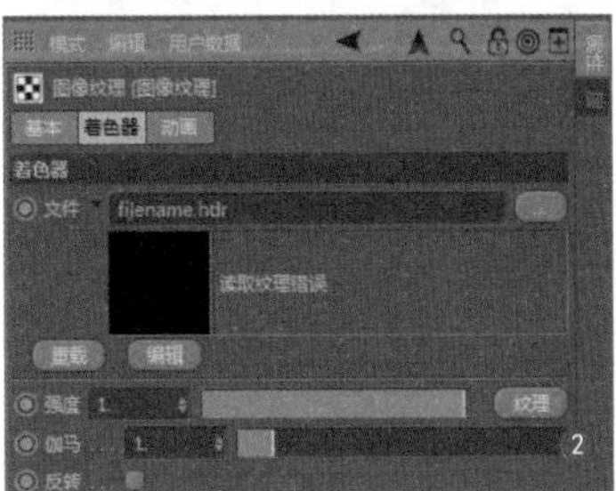

图 4.56

24 进入“内容浏览器”页面❶，选择一个 HDRI 文件❷，将其拖动到“文件”窗口中❸，如图 4.57 所示。

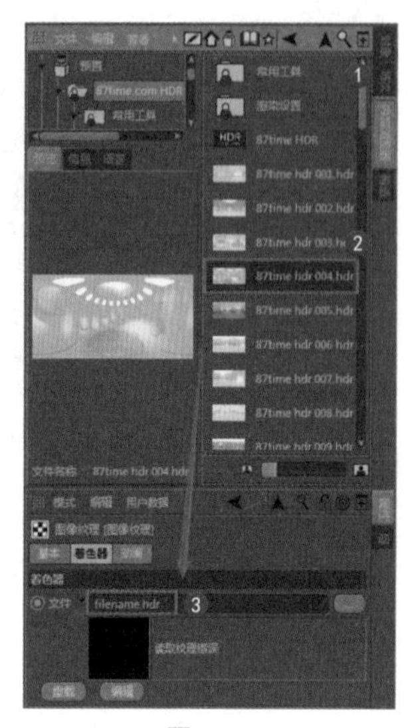

图 4.57

25 在 Octane 渲染窗口中将实时看到环境的改变，如图 4.58 所示。

图 4.58

26 单击■按钮，可在“正常模式”“黏土模式”❶和“非反射模式”❷之间切换查看，如图 4.59 所示。

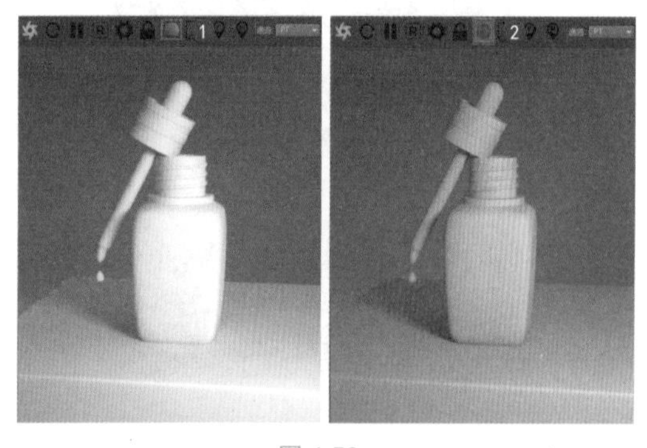

图 4.59

27 在“通道”下拉列表框中可以选择不同的观察模式，如线框、通道或颜色等模式，如图 4.60 所示。

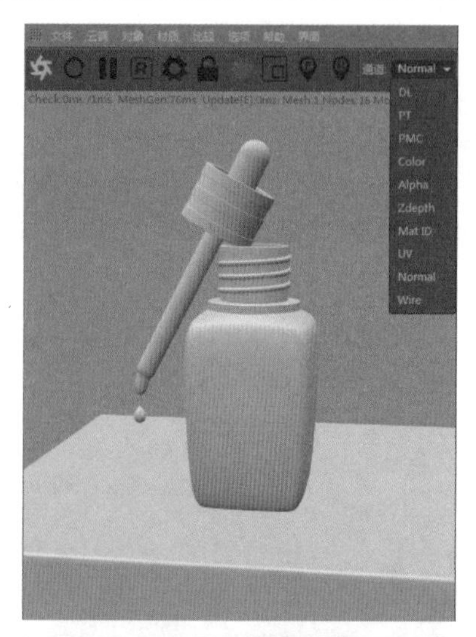

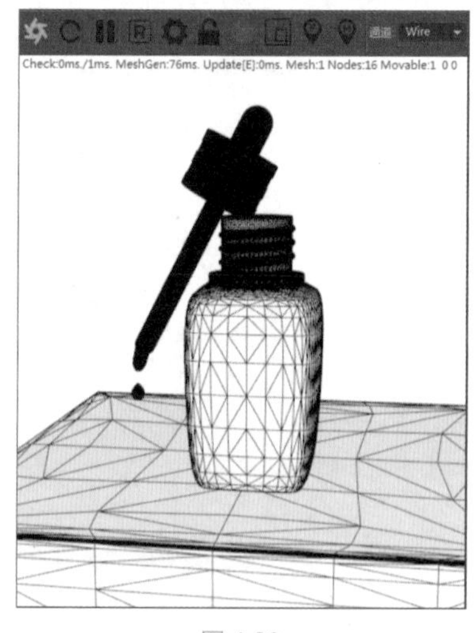

图 4.60

4.5 Octane渲染器灯光

在Cinema 4D中，如果安装了Octane渲染器，则系统会单独有一组Octane灯光，灯光种类有区域光、目标区域光和IES灯光3种，其中区域光类似于Cinema 4D内置灯光的区域光，目标区域光类似目标聚光灯，IES灯光是一种可添加IES文件的光斑灯光。

在Octane渲染器面板的“对象”菜单中选择Octane渲染器的灯光对象，如图4.61所示。

Octane渲染器的灯光建立方法与默认灯光一样，这里就不再赘述，具体用法参见本章的案例部分。

4.5.1 玻璃布光

本例将为玻璃场景建立真实的场景布光，这种布光方法在摄影棚内经常用到。制作方法是利用弧形面片产生无缝背景；设置灯光贴图为渐变，产生柔和的照明效果；在玻璃周围放置黑色反光板，产生玻璃的边缘变化，如图4.62所示。

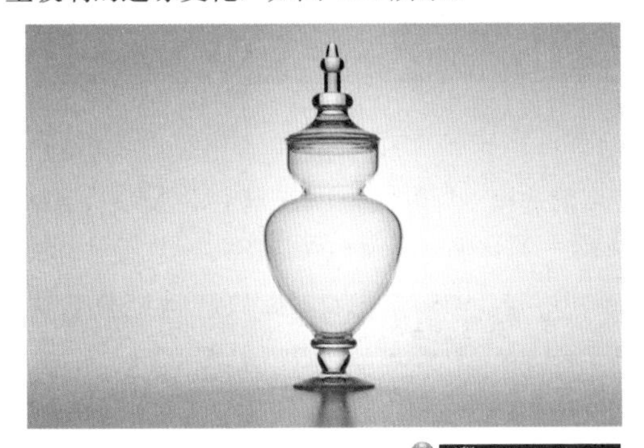

图 4.62

1 打开场景文件。在场景中事先为瓶子搭建了一个弧形背景，如图4.63所示。

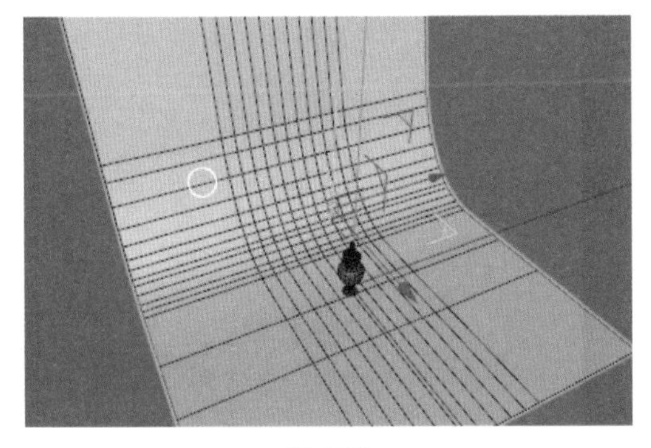

图 4.63

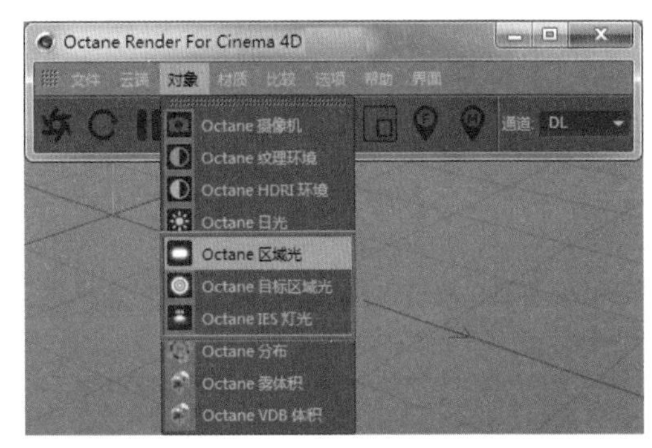

图 4.61

2 在瓶子两侧建立黑色面片（玻璃可反射黑色），如图4.64所示。

图 4.64

3 在瓶子顶部放置一个黑色面片（玻璃瓶顶部的反射），如图4.65所示。

图 4.65

4 建立一盏 Octane 区域光，照亮背景，如图 4.66 所示。

图 4.66

5 设置漫射可见（产生背光），设置灯光纹理贴图为渐变，如图 4.67 所示。

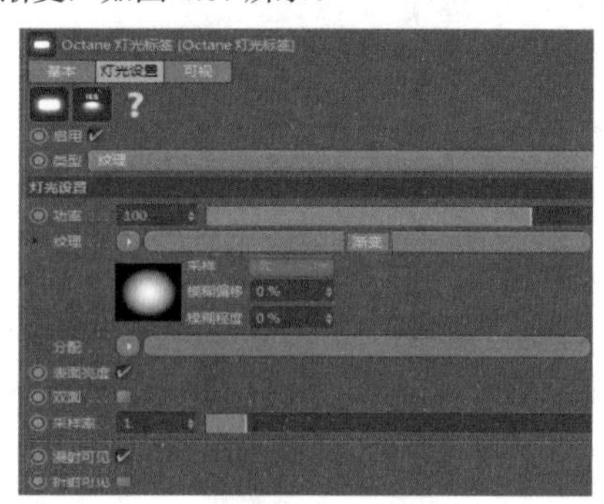

图 4.67

6 设置“渐变”模式为黑白❶，设置渐变“类型”为“二维 - 圆形”（背景产生圆形渐变）❷，如图 4.68 所示。

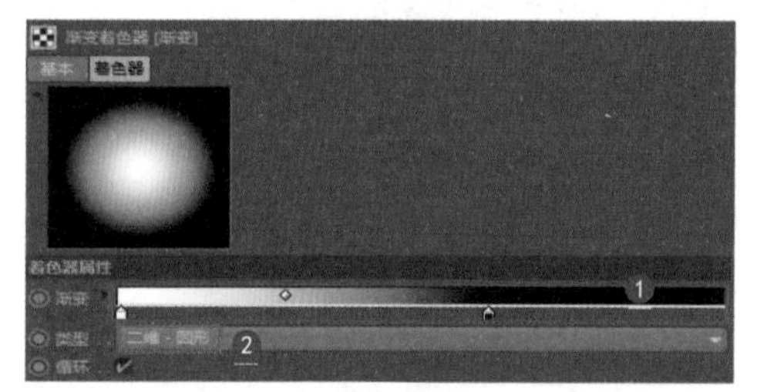

图 4.68

7 建立一盏 Octane 区域光，照亮玻璃瓶，如图 4.69 所示。

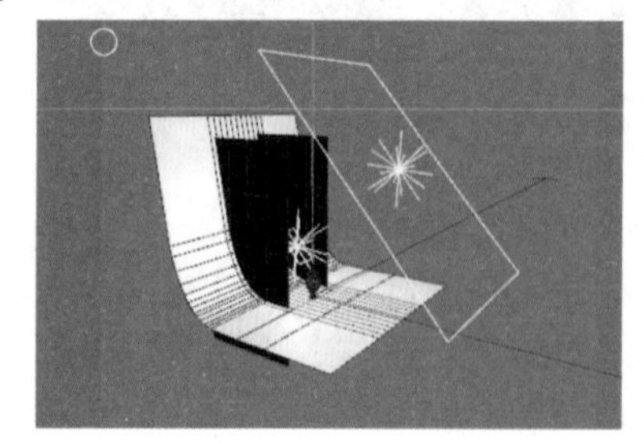

图 4.69

8 设置灯光“功率”❶，设置纹理贴图为“渐变”❷，如图 4.70 所示。

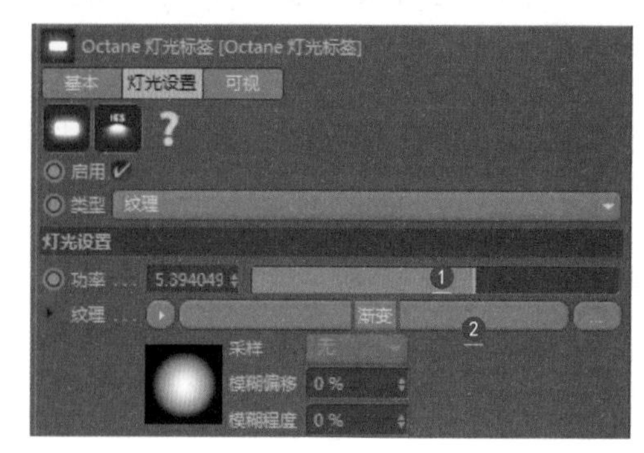

图 4.70

9 设置“渐变”模式为黑白❶，设置渐变“类型”为“二维 - 圆形”❷，如图 4.71 所示。

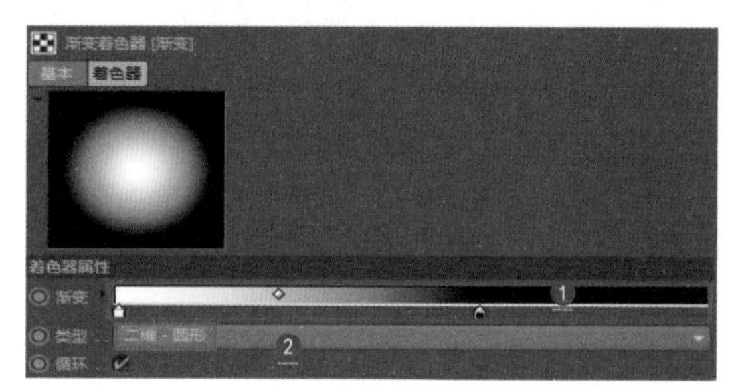

图 4.71

10 取消选择“折射可见”（玻璃上不会反射出灯光的影像）复选框，如图 4.72 所示。

图 4.72

11 渲染视图，可以看到玻璃的边缘产生了反射效果，如图 4.73 所示，这是一种标准的透明体布光方法，希望读者可以熟练掌握。

图 4.73

4.5.2 电子产品布光

工程：04\002.c4d

本例为电子产品进行场景布光，这种表面为塑料的布光方法属于“多点布光控制”，其制作方法为使用区域光产生灯光渐变。

1 打开本例场景文件。新建一个 Octane 天空❶，设置天空的 HDR 贴图❷，设置“强度”为 0 ❸（产生没有系统默认光的纯黑照明），如图 4.74 所示。

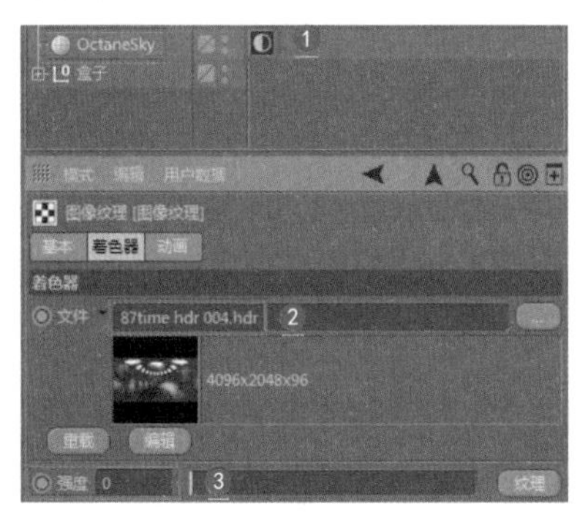

图 4.74

2 新建一盏 Octane 区域光，如图 4.75 所示。

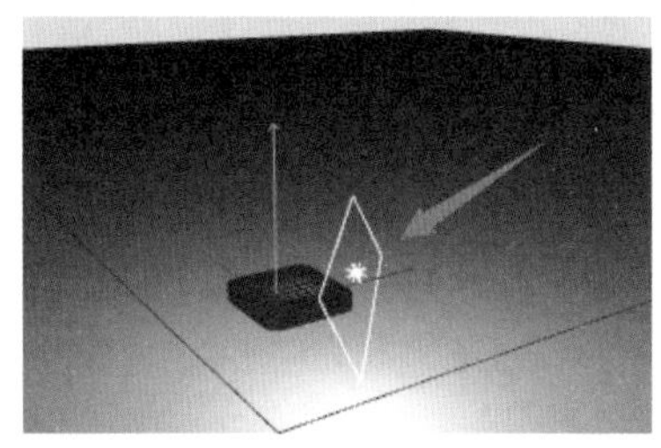

图 4.75

3 设置灯光“功率”（微弱一些）❶，选择“漫射可见”和“折射可见”复选框❷，设置“透明度”为 0（灯光自身在场景中不被渲染）❸，如图 4.76 所示。

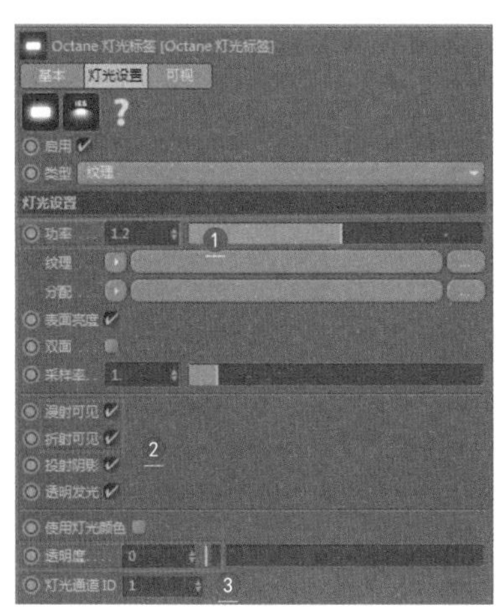

图 4.76

4 此时的光照效果（右上角产生渐变照明）如图 4.77 所示。

图 4.77

5 在产品左边新建一盏灯光，如图 4.78 所示。

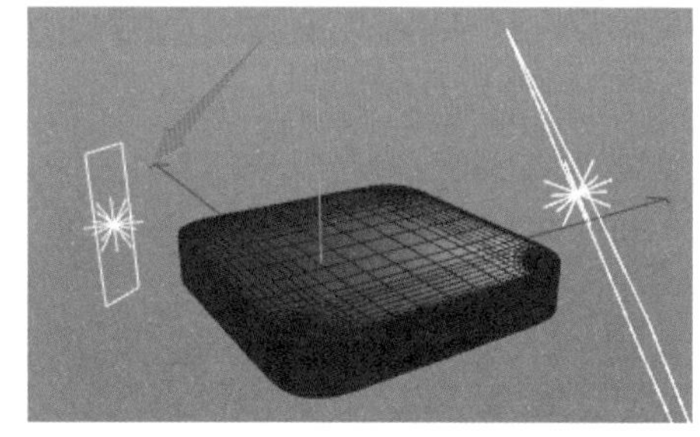

图 4.78

6 调整灯光功率，产生左边轮廓光效果，如图 4.79 所示。

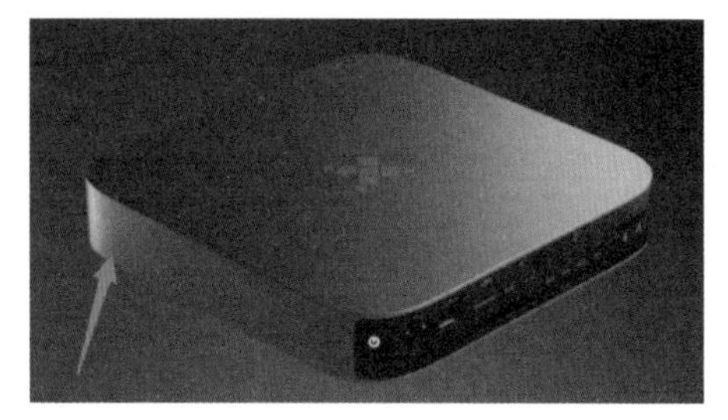

图 4.79

7 在产品左上方新建一盏灯光，如图 4.80 所示。

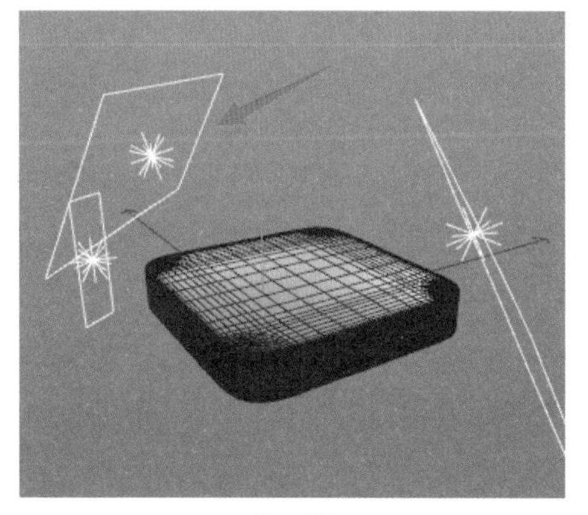

图 4.80

8 调整灯光功率，使左上角产生渐变光效果，如图 4.81 所示。

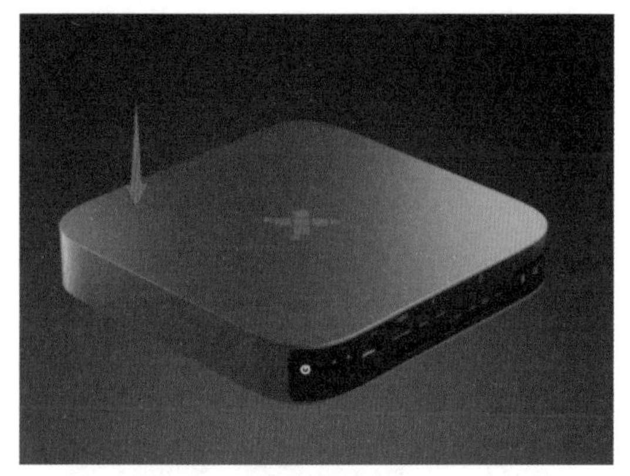

图 4.81

9 在产品前方新建一盏灯光，如图 4.82 所示。

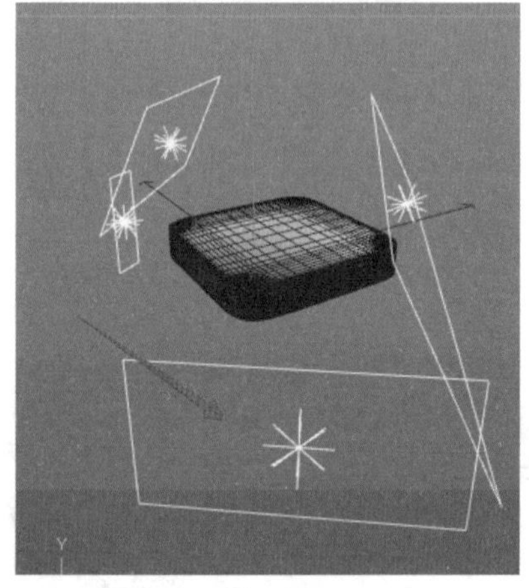

图 4.82

10 调整灯光功率，使前方产生结构光，如图 4.83 所示。

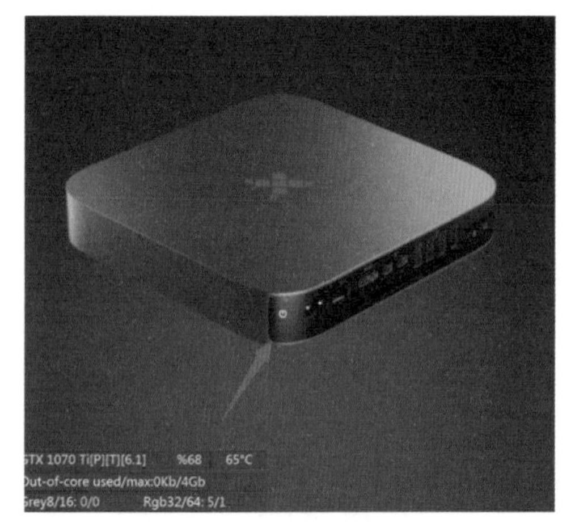

图 4.83

11 在产品棱角处分别新建 3 盏灯光，如图 4.84 所示。

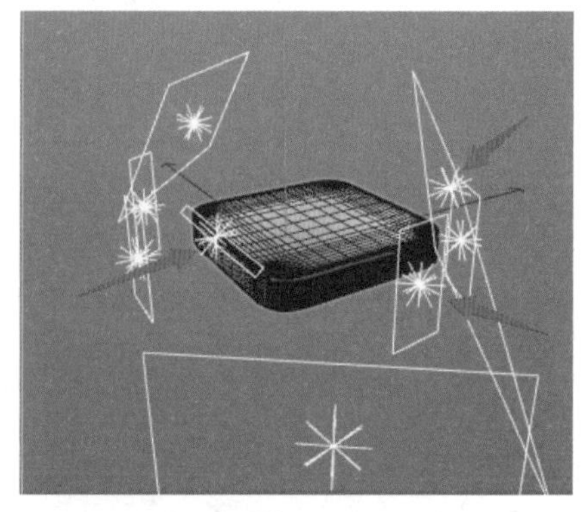

图 4.84

12 调整灯光功率，使棱角产生结构光，如图 4.85 所示。

图 4.85

4.5.3 Octane IES 筒灯布光

本例将利用 IES 文件制作灯光的造型，设置不同的色温，产生不同颜色的光效，如图 4.86 所示。

图 4.86

1 打开本例场景文件（墙面场景），如图 4.87 所示。

图 4.87

2 新建一盏 Octane IES 灯光，如图 4.88 所示。

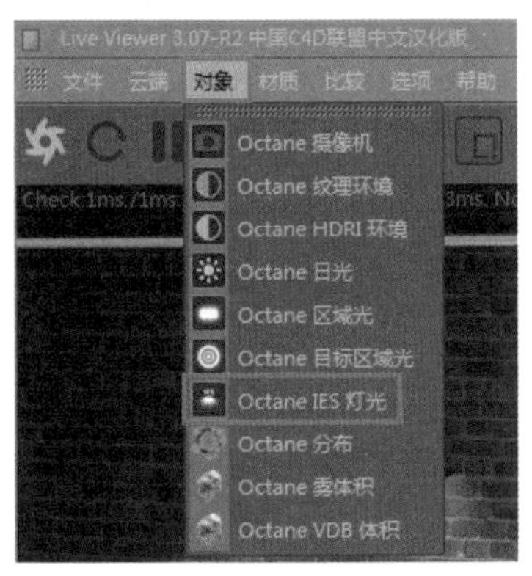

图 4.88

3 设置灯光“类型”为“黑体”❶，设置“色温”参数（值越高颜色越冷），设置“分配”通道为“图像纹理”❷，如图 4.89 所示。

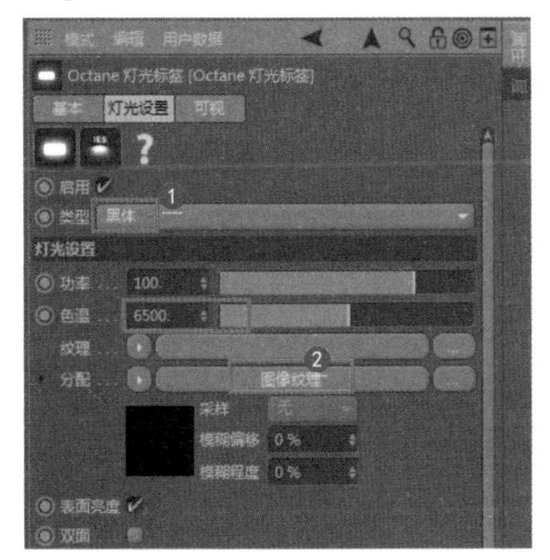

图 4.89

4 设置 IES 文件（灯光文件），如图 4.90 所示。

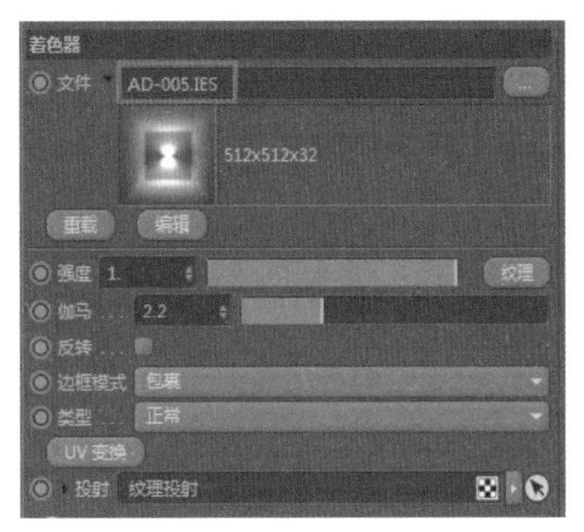

图 4.90

5 复制另外两盏灯光，设置不同的色温，如图 4.91 所示。

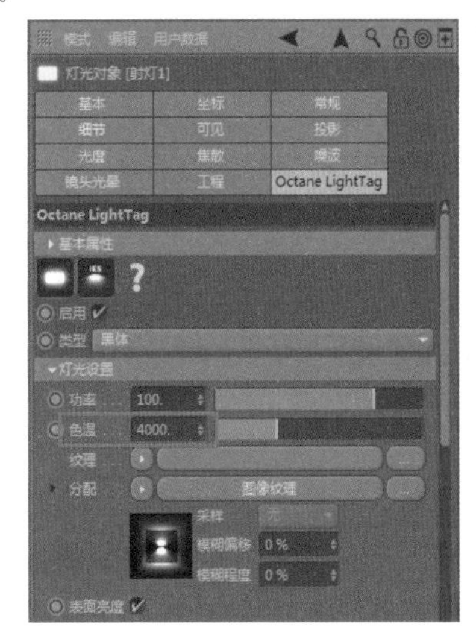

图 4.91

6 设置了 3 盏不同灯光后，渲染效果如图 4.92 所示（每盏灯的色温都不同）。

图 4.92

4.6 Octane环境

在 Octane 渲染器中，环境工具有 5 个，其中最常用的是"Octane HDRI 环境"；"Octane 纹理环境"实际上是"Octane HDRI 环境"的一个选项（可以忽略）；"Octane 日光"可通过设置时区的方式产生真实的环境效果，其原理是用经纬度模拟地球上的任意地点、任意时间的光照，可以模拟简单的背景和地面；"Octane 雾体积"和"Octane VDB 体积"用于模拟烟雾云朵。下面我们用案例的形式讲解这些常用工具的使用方法。

Octane 渲染器的环境工具位于 Octane 面板的"对象"菜单中。

图 4.93 所示为 Octane 渲染器的环境工具，本章将内置环境和 Octane 渲染器的环境放在一起讲解。

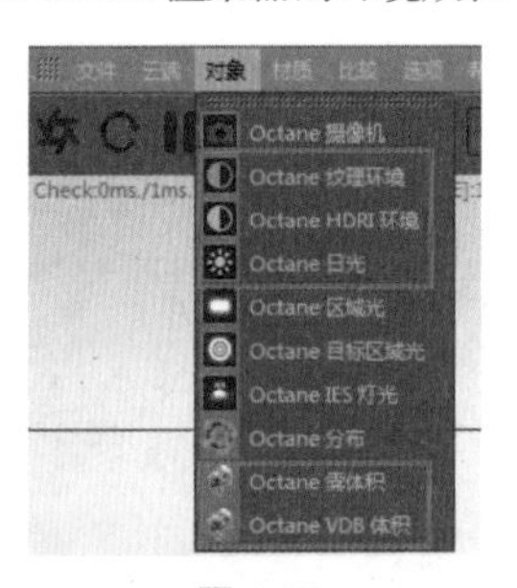

图 4.93

这里需要强调的是，Octane 渲染器的环境工具可以在场景中没有灯光的状态下产生照明效果，这也是 Octane 环境的一大特点。

4.6.1 Octane HDRI 环境布光 1

工程：04\right.c4d

本例将利用 Octane 日光产生真实照明和反射效果，通过设置经纬度和时间来改变日光的光照方向。

1 打开一个场景文件，这是一个雕塑场景，如图 4.94 所示。

图 4.94

2 在 Octane 菜单中选择"对象"→"Octane 日光"命令，建立一个日光，如图 4.95 所示。

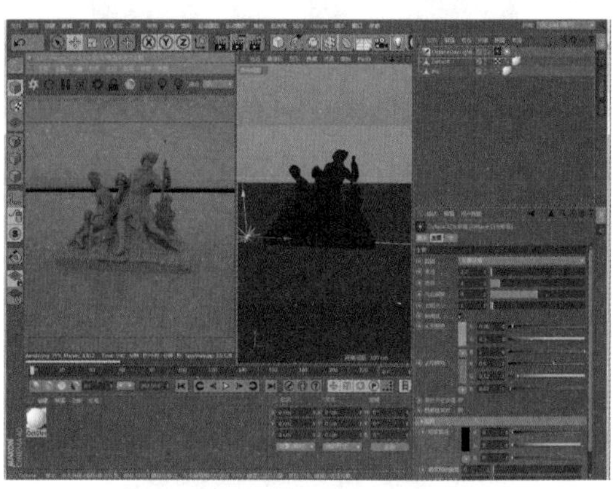

图 4.95

3 在属性面板中设置日光的颜色、大气的浑浊度及太阳功率等参数，如图 4.96 所示。

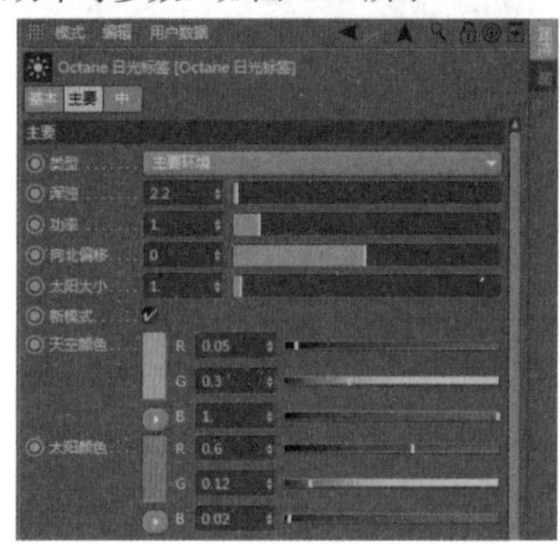

图 4.96

4 在"对象"面板中选择标签❶，在对应的属性面板中设置经纬度和时间❷，这样可以精确设置地球上某个时区和地点的阳光，如图 4.97 所示。

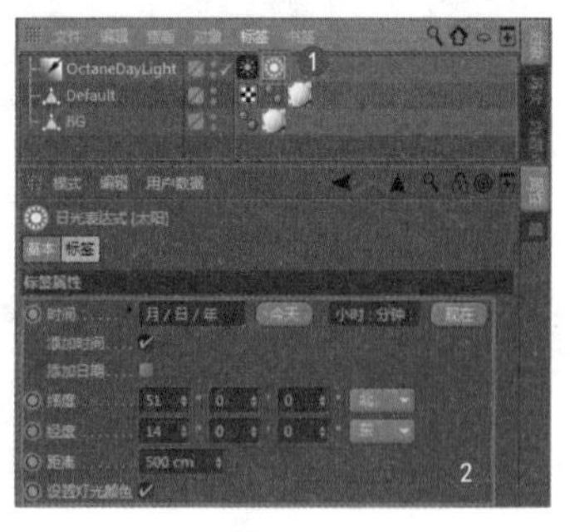

图 4.97

4.6.2 Octane HDRI 环境布光 2

工程：04\004.c4d

本例将利用 HDRI 贴图产生真实照明和反射，设置不同的贴图可以产生不一样的照明效果，设置功率和轴向来改变光照方向。

1 打开场景文件（一个桌面场景）❶，这是一个Octane 材质场景，用 Octane 渲染器渲染，此时没有光照效果❷，如图 4.98 所示。

图 4.98

2 设置一个 Octane HDRI 环境，如图 4.99 所示。

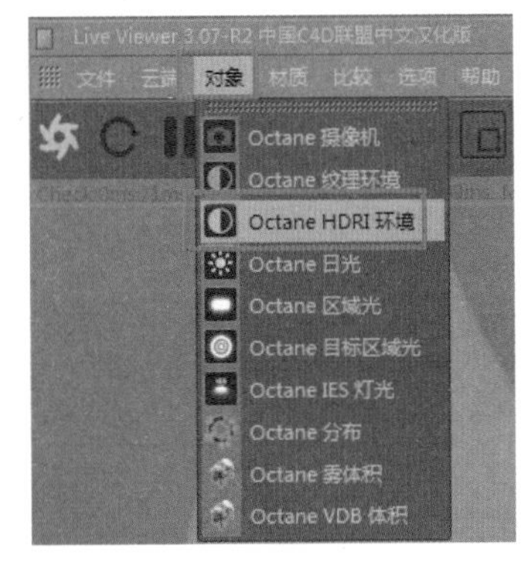

图 4.99

3 在“纹理”通道中设置图像纹理，如图 4.100 所示。

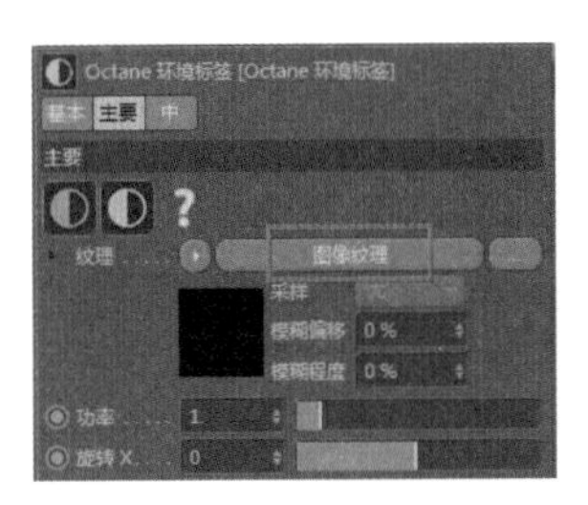

图 4.100

4 在“对象”面板中选择 HDRI 贴图标签❶，按【Shift+F8】组合键，打开“内容浏览器”窗口，将准备好的 HDRI 贴图拖曳到“文件”通道上❷，如图 4.101 所示。

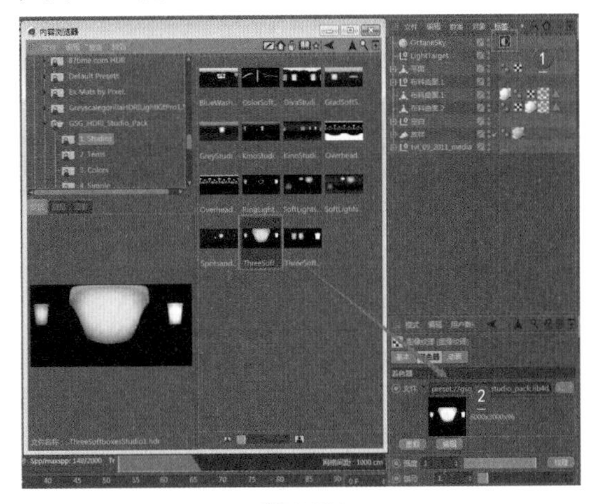

图 4.101

5 可以看到此时的渲染效果（产生了 HDRI 光照效果）❶。将功率设置成较高的值❷，如图 4.102 所示。

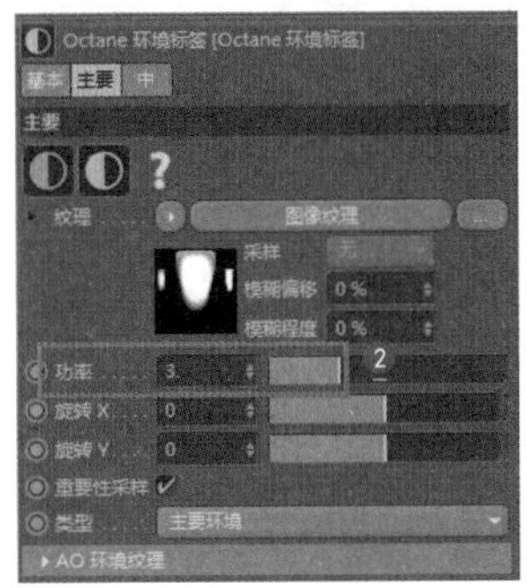

图 4.102

6 此时会产生高亮度照明效果，如图 4.103 所示。

图 4.103

7 重新添加另一种 HDRI 贴图，如图 4.104 所示。

图 4.104

8 此时会产生不同的色调（HDRI 会根据自身的贴图颜色产生不同色调的照明效果），如图 4.105 所示。

图 4.105

9 设置“旋转 X”的轴向（HDRI 的水平方向）❶，此时会产生不同方向的贴图反射和照明方向❷，如图 4.106 所示。

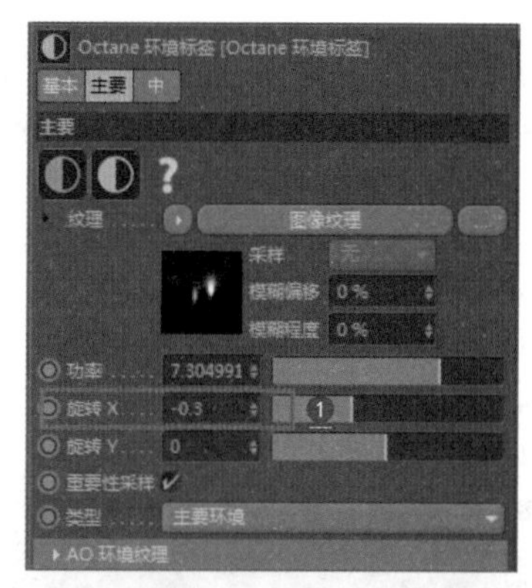

图 4.106

4.6.3 HDR Light 插件布光

工程：04\003.c4d

本例将利用 HDR Light 插件生成瓶子两侧的高光，将 HDRI 贴图进行存储，以备永久使用。HDR Light 是一款专门手工制作 HDRI 贴图的插件，需要额外安装。

1 打开场景文件，场景中有一个玻璃瓶❶，打开 HDR Light 插件❷，如图 4.107 所示。

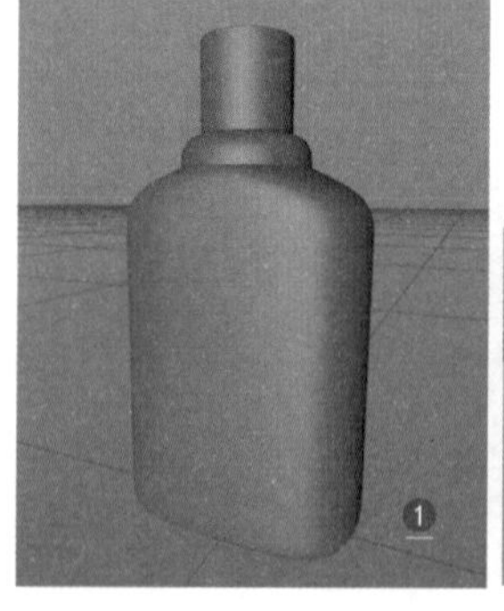

图 4.107

2 单击 Add Prebuilt Hook 按钮，添加场景。单击 Start 按钮❶，打开 HD RLight 插件。单击▶按钮，在弹出的对话框中确保 Generate and import geometry（产生和导入模型）处于选中状态，单击 Import（导入）按钮❷，如图 4.108 所示。

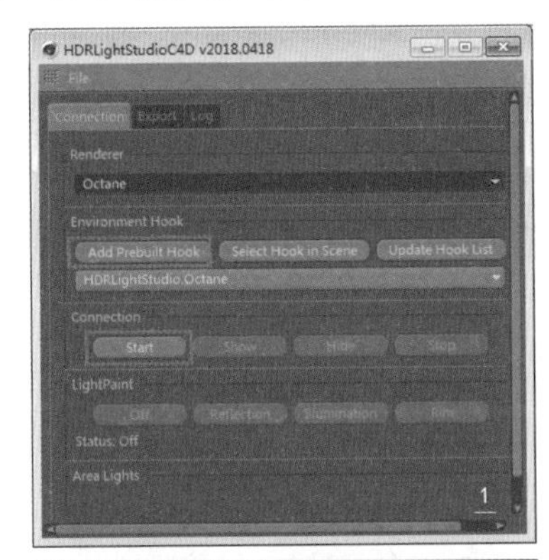

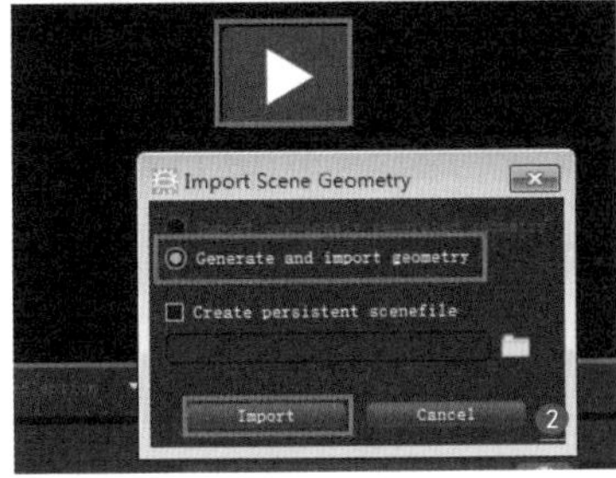

图 4.108

3 此时插件视图中出现了瓶子模型❶，单击“圆形灯光”按钮，单击“笔刷”按钮，在瓶子上单击，灯光就会照到被单击的区域（左边光源）❷，如图 4.109 所示。

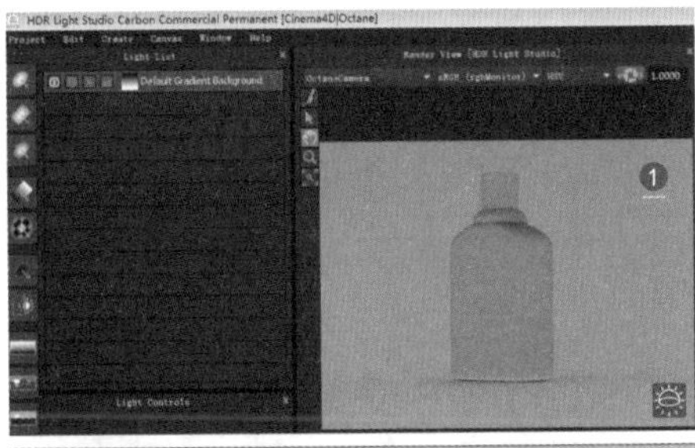

图 4.109

4 在参数区域设置灯光的 Width（宽度）参数❶（确保瓶子上的光效合适）。单击“方形灯光”按钮❷，单击“笔刷”按钮。在瓶子的另一侧单击，灯光就会照到被单击的区域（右边光源）❸，如图 4.110 所示。

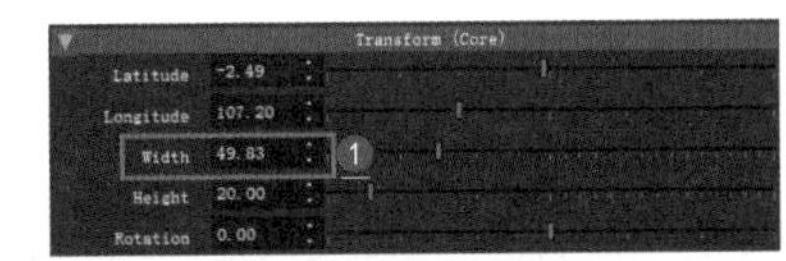

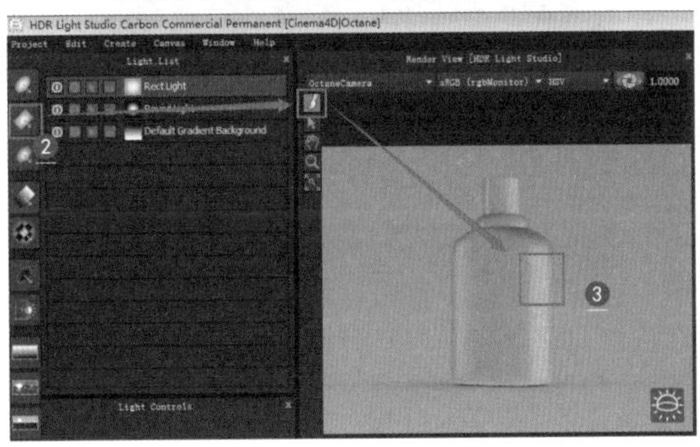

图 4.110

5 此时瓶子两侧都产生了光源（可调整光源的亮度大小等参数），如图 4.111 所示。

图 4.111

6 此时场景中自动生成了插件光源对象，如图 4.112 所示。

图 4.112

7 使用此插件时，不要关闭插件窗口，否则制作出的灯光将不再关联到 Cinema 4D 中。解决方法是生成 HDRI 贴图，作为永久使用，选择 Project → Render Production HDRI 命令，如图 4.113 所示，准备生成贴图。

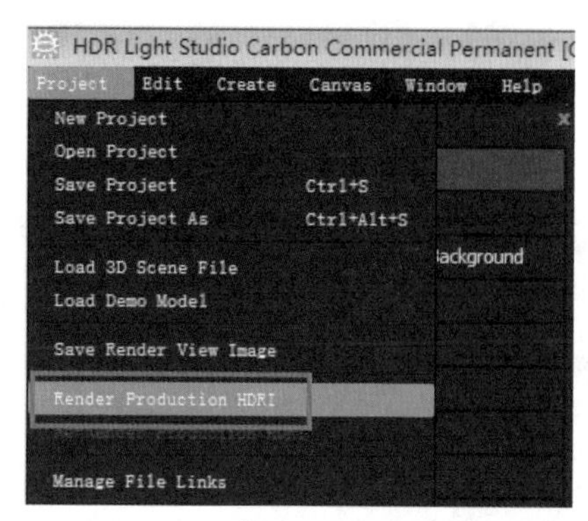

图 4.113

8 设置贴图的分辨率❶，值越高，灯光贴图效果越细腻。设置生成贴图的名称和路径（路径要为英文路径），单击 Apply 按钮，生成贴图❷，如图 4.114 所示。

9 渲染视图，观察最终的完成效果，如图 4.115 所示。

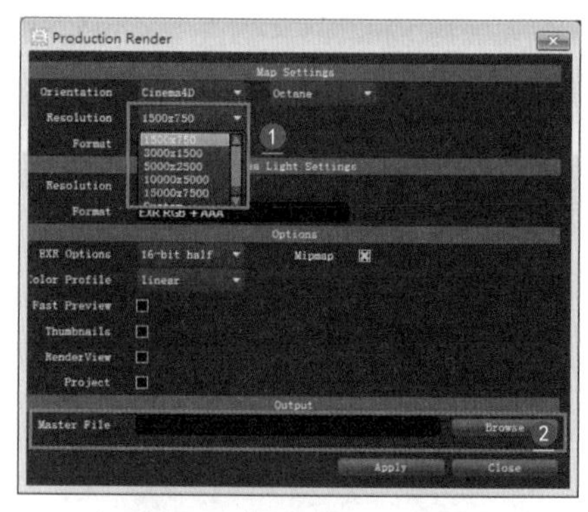

图 4.114

图 4.115

4.7 云雾效果

在 Cinema 4D 中，云雾效果有多种制作方案，如软件内置的云朵特效，物理天空中的天气云朵设置，以及 Octane 的云朵等，这里介绍两种笔者认为比较好用的方法。

4.7.1 内置粒子云朵

工程：04\058.c4d

本例将利用体积描绘器生成云朵，设置云朵材质，将粒子几何体与矩阵和模型联合使用，如图 4.116 所示。

图 4.116

1 新建一个环境物体❶。在材质编辑器中新建一个 PyroCluster 体积描绘器❷，如图 4.117 所示。

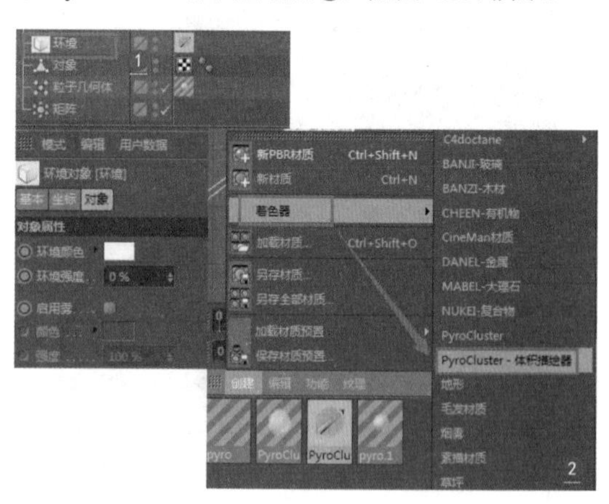

图 4.117

2 将 PyroCluster 体积描绘器赋给环境物体❶，设置云朵形状。新建一个粒子几何体❷，设置粒子几何体对象为“子集群组”❸，如图 4.118 所示。

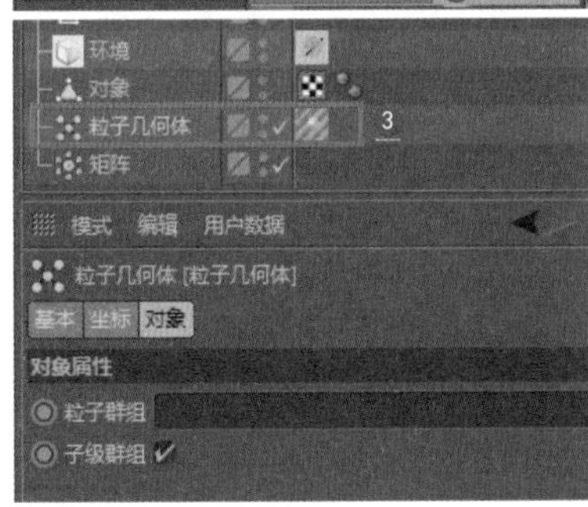

图 4.118

3 在材质球面板中选择“创建”→“着色器”→PyroCluster 命令，新建一个 PyroCluster 材质球，如图 4.119 所示。

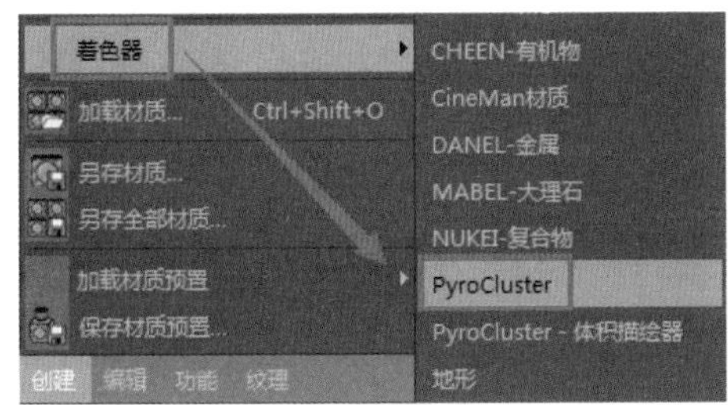

图 4.119

4 设置“全局”参数（云朵的大小）❶，设置“形状”参数（球体尺寸）❷设置“投影”参数（阴影颜色和其他效果）❸设置“光照”参数（产生体积质感）❹，如图 4.120 所示。

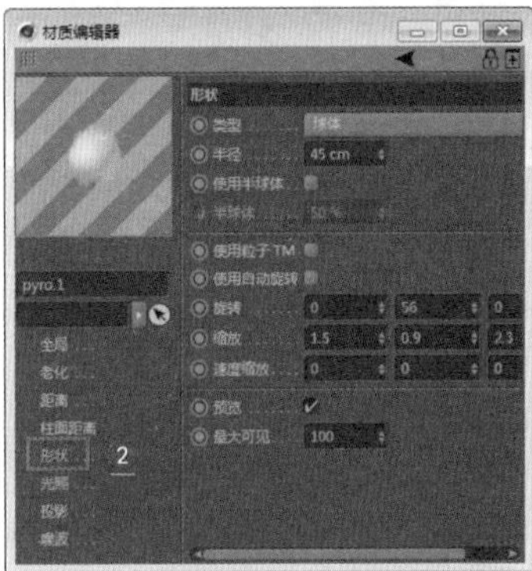

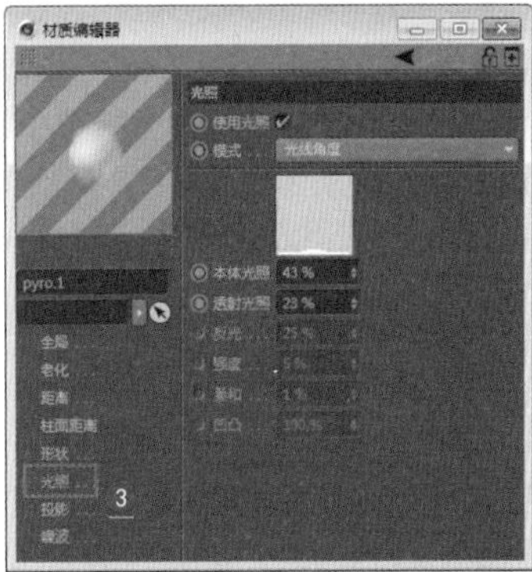

图 4.120

5 将该材质赋给粒子几何体，渲染测试效果，如图 4.121 所示。

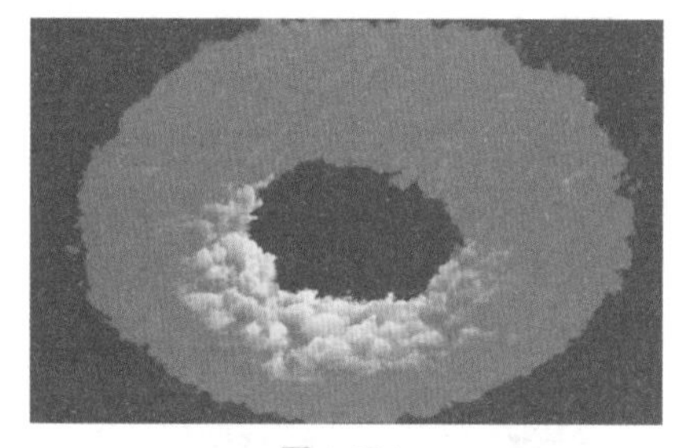

图 4.121

6 设置“噪波”参数（云朵的湍流效果），如图 4.122 所示。

图 4.122

7 新建一个矩阵物体❶，设置模式为“对象”，生成方式为 Thinking Particles（思想粒子）❷，将要生成云朵形状的模型（圆环模型）拖动到“对象”通道上❸，设置云朵产生的数量❹，如图 4.123 所示。

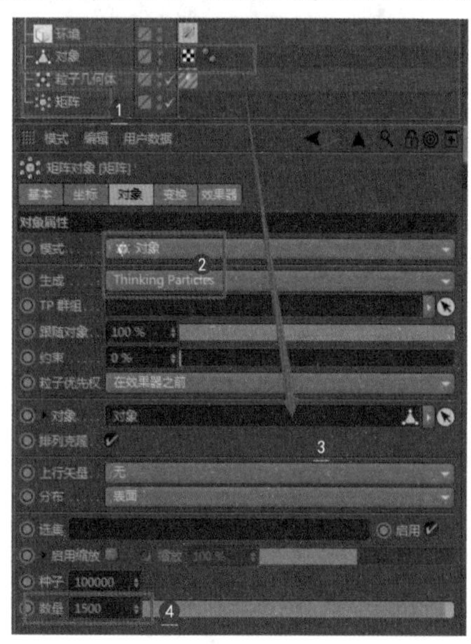

图 4.123

8 观察云朵的测试效果（云朵在圆环上产生）❶，云朵的测试效果（不同模型的生成效果）❷，云朵的测试效果（云朵数量和尺寸变化的效果）❸，如图 4.124 所示。

图 4.124

4.7.2 Octane 体积云

工程：04\059.c4d

本例将利用“Octane VDB 体积”制作云朵，设置云朵的材质，并设置不同的云朵效果。

1 打开场景文件（材质已经设置完成）❶，建立一个 Octane VDB 体积（云朵物体）❷，如图 4.125 所示。

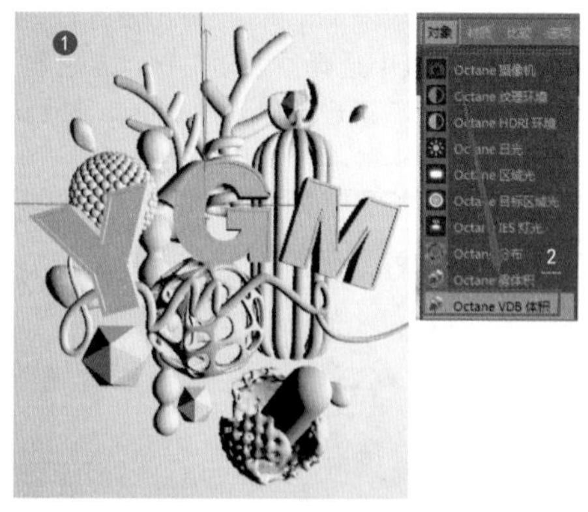

图 4.125

2 调整云朵的位置和大小❶，设置云朵“类型”❷，如图 4.126 所示。

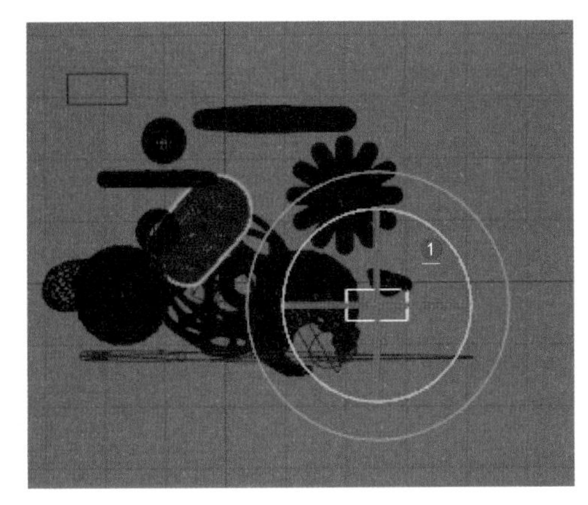

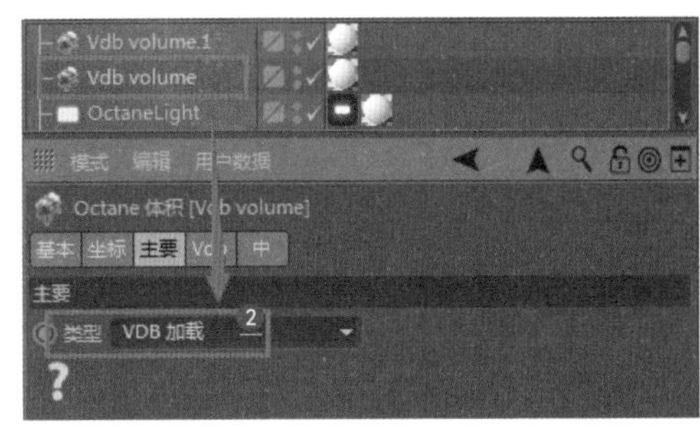

图 4.126

3 设置云朵的预置“文件”（不同预置产生不同云朵）和“导入单位”（弗隆）❶，设置云朵的材质为“体积介质”（产生体积云）❷，如图 4.127 所示。

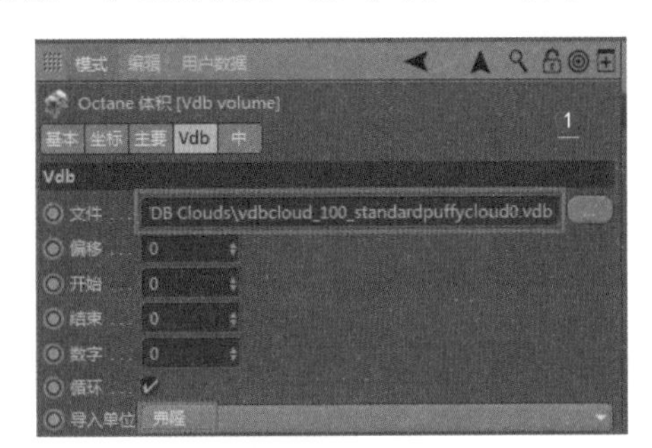

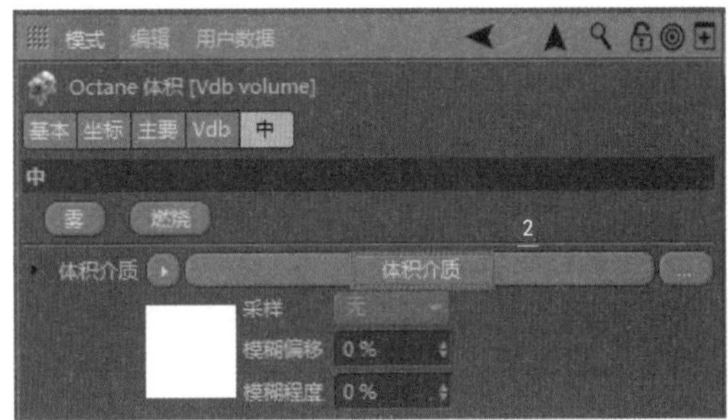

图 4.127

4 设置云朵的“密度”和“体积步长”（密度决定了透明度）❶，设置“吸收”为 RGB 颜色（乳白色）❷，设置“散射”为 RGB 颜色（粉色）❸，如图 4.128 所示。

图 4.128

5 此时的云朵渲染效果如图 4.129 所示。

图 4.129

6 复制一个云朵体积，重新设置颜色参数为紫色❶，观察此时的紫色云朵渲染测试效果❷，如图 4.130 所示。

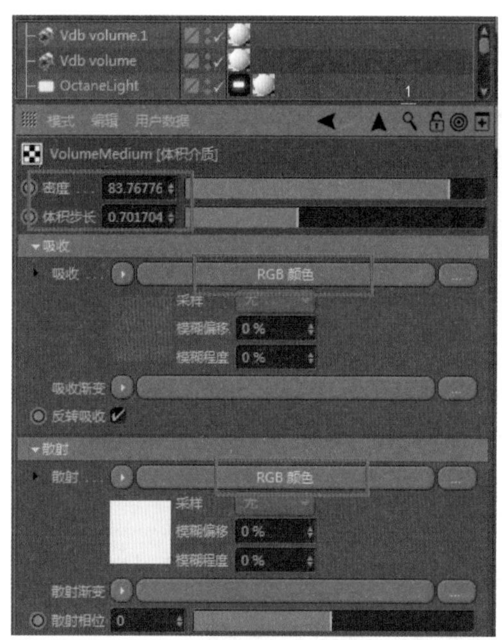

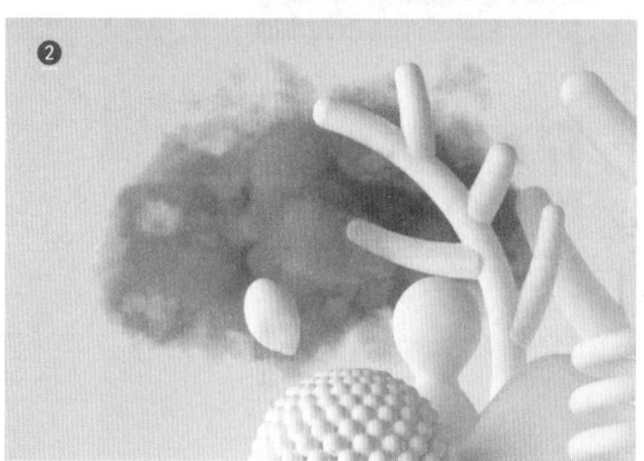

图 4.130

7 将两朵云放置在不同位置的渲染效果如图 4.131 所示。

图 4.131

8 重新设置“体积步长”参数（缩小则颗粒变小）❶，观察此时的云朵渲染效果❷，如图 4.132 所示。

图 4.132

第5章

Octane 材质编辑器

本章导读

Octane 渲染器有 4 种主要材质，分别是漫射、光泽度、镜面和混合材质类型。材质编辑器是调节各项参数的主要工具，通过设置颜色、反射、模糊、折射率、发光、凹凸、透明度、法线等一系列参数组合，来控制材质的内部和表面效果。本章着重讲解各项参数的用法。

知识点 \ 学习目标	了解	理解	应用	实践
Octane 材质编辑器	√	√		
漫射材质类型		√	√	√
光泽度材质类型		√	√	√
镜面材质类型		√	√	√
混合材质类型		√	√	√

5.1 Octane渲染器材质概述

Octane 渲染器的材质编辑方式有两种，一种是在材质编辑器中针对各项参数进行调节；另一种是通过节点编辑器进行节点编辑，然后通过各个节点的参数设置进行材质表现。本章先来熟悉材质编辑器。

1 打开 Octane 渲染器窗口，在“材质”菜单下方可以选择 4 种主要的材质类型，如图 5.1 所示。

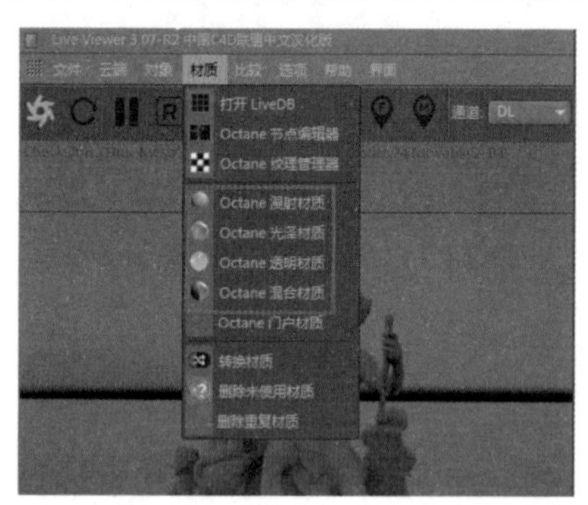

图 5.1

2 选择一种材质类型后（如“Octane 漫射材质”），在材质面板中可以看到新建的材质球，如图 5.2 所示。

图 5.2

3 双击该材质球，打开对应的“材质编辑器”窗口，在这里可以对该材质进行参数设置，如图 5.3 所示。

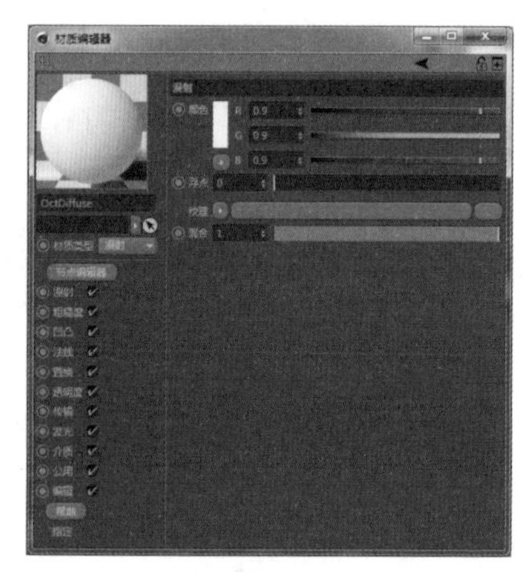

图 5.3

4 单击“材质编辑器”窗口中的“节点编辑器”按钮，可以打开“Octane 节点编辑器”窗口，如图 5.4 所示。

图 5.4

5 在“Octance 节点编辑器”窗口中，所有的功能都和材质编辑器相同，其用法是以节点拖动的形式来完成的，更加直观。比如要在“漫射”通道添加一个图像贴图，需要先拖动“图像纹理”到面板中❶，再将该节点拖动到“漫射”节点上❷，如图 5.5 所示。

图 5.5

6 选择图像纹理节点❶，在右侧的属性栏中添加贴图❷，如图 5.6 所示。

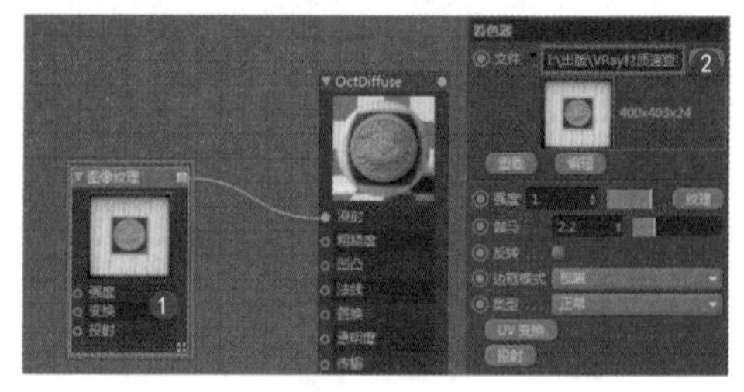

图 5.6

5.2 漫射材质类型

由于这种材质的反射光从物体表面以多个角度反射出来，所以称为漫射材质。如果物体表面是光滑的，反射光子的分布是半球形的，当光子碰到粗糙的表面时，就会随机散射。光子不会因为视角而改变，所以不管从哪个角度看，这些表面看起来都差不多，这种表面被称为“理想漫反射（磨砂）表面”或“漫反射”，如图 5.7 所示。

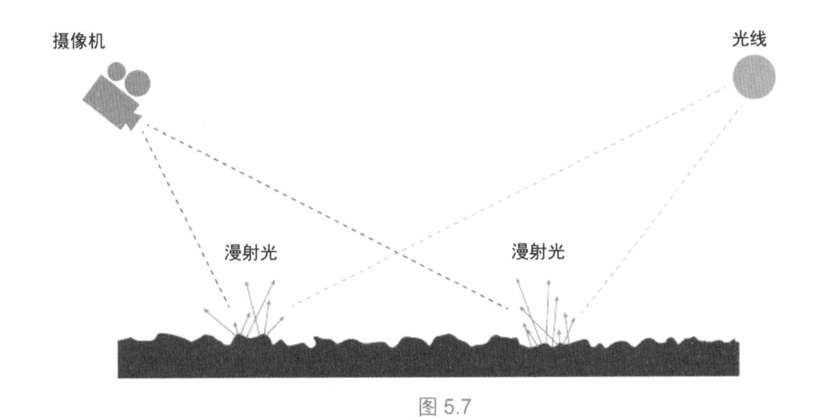

图 5.7

漫射材质的各个通道如图 5.8 所示。现实生活中，所有物体的表面材质都由漫射、反射和透射共同决定的（如地毯、磨砂纸、沥青或织物等）。大部分半透明物体都有反射、菲涅耳和次表面散射等属性。

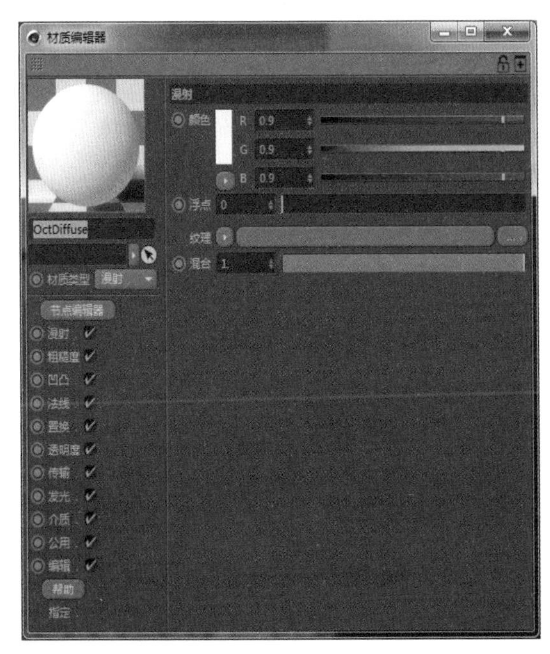

图 5.8

5.2.1 漫射通道

漫射参数能够提供材质基本的颜色和反射率。漫射颜色可以设置使用 RGB 节点、高斯节点、程序纹理或图像纹理，如图 5.9 所示。

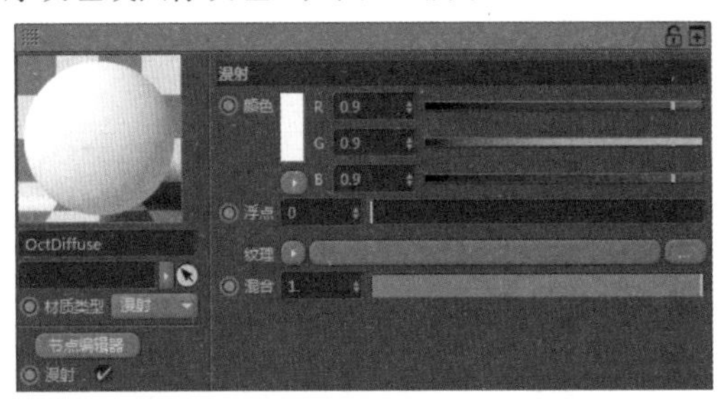

图 5.9

（1）颜色：通过 RGB 或 HSV 参数来设置颜色。如图 5.10 所示，将外星人身体颜色设置为 R=121，G=212，B=128 的效果。

图 5.10

（2）浮点：当将颜色设置为灰色时，该参数起作用，参数范围为 0 ～ 1。值为 0 时可产生黑色，为 1 时可产生白色。浮点参数在粗糙度、凹凸、正常、不透明度和传输通道中也有相同的作用。图 5.11 所示为外星人身体颜色为纯黑色时，将浮点设置为 0.9 和 0.1 时的对比效果。

图 5.11

（3）纹理：可以在这个选项中为“漫射”通道定义一个纹理贴图（如图像纹理或程序贴图）。当使用纹理贴图时，颜色和浮点值都将被禁用。如果需要纹理和颜色的混合效果，可使用下面的“混合”选项。

（4）混合：产生颜色与贴图的混合效果。该参数范围为 0 ～ 1。值为 1 时不产生混合效果，值为 0 ～ 1 时将产生颜色与贴图的混合效果。

5.2.2 粗糙度通道

粗糙度参数可控制表面反射（镜面高光）的分布。较高的数值会产生更清晰的反射，较低的数值则比较模糊，纹理也可以用来改变物体表面的粗糙度，如图 5.12 所示。

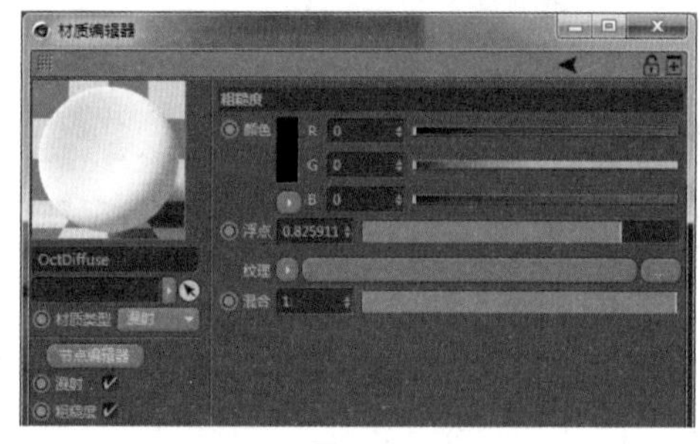

图 5.12

（1）颜色：通过设置灰度值来控制表面高光的粗糙度。如图 5.13 所示，从左到右为不同高光粗糙度的对比效果。

图 5.13

（2）浮点：当将颜色设置为黑色时，该参数才起作用，参数范围为 0 ～ 1。值为 0 时可产生高亮的高光，为 1 时可产生柔和的高光。

（3）纹理：可通过贴图的方式控制高光效果。

（4）混合：通过控制纹理和颜色的比例来控制高光效果，参数范围为 0 ～ 1。

5.2.3 凹凸通道

可以在凹凸通道中加载任何图像贴图或程序贴图，通过贴图的明暗度来控制材质表面的凹凸效果。这种凹凸效果是一种假凹凸，不会对物体轮廓产生影响，只会在物体的表面产生粗糙感和阴影，通过控制贴图的尺寸和坐标来影响凹凸细节。

纹理：可通过贴图的方式控制凹凸效果。图 5.14 所示为不同的凹凸效果。

图 5.14

5.2.4 法线通道

法线贴图比凹凸贴图更为先进，能在物体表面产生更逼真的凹凸效果。法线贴图是一种专业贴图，它通过红色、绿色和蓝色通道来控制材质表面上的凹凸参数。创建法线贴图的软件有很多，如 ZBrush、mudbox、bitmap2material 或 xnormal 等。与凹凸贴图类似，法线贴图不会改变物体的轮廓，而是利用位图在表面的高低参数来实现凹凸效果。法线贴图比凹凸贴图的解算效率更高，实际工作中，应该尽可能地使用法线贴图来制作场景。

纹理：可通过贴图的方式控制法线贴图效果。图 5.15 所示为使用法线贴图前后的对比效果。

图 5.15

5.2.5 置换通道

置换贴图可以使曲面的几何体产生表面位移。它的效果与使用置换修改器类似。与凹凸贴图不同，置换贴图实际上更改了曲面的几何体或面片细分。置换贴图应用贴图的灰度来生成位移。在 2D 图像中，较亮的颜色比较暗的颜色更多地向外突出，导致几何体的 3D 置换，如图 5.16 所示。

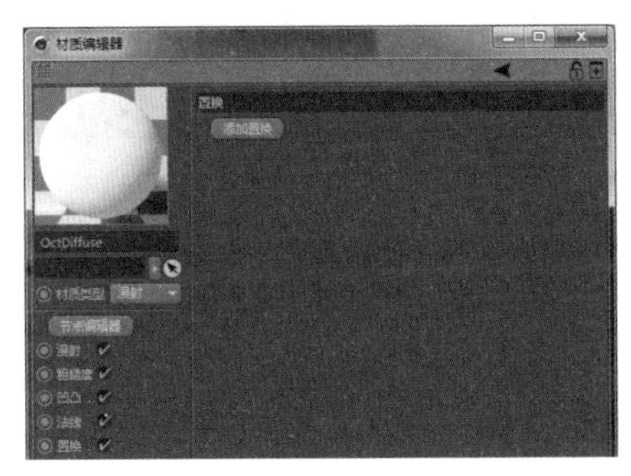

图 5.16

（1）添加置换：单击该按钮，为材质添加一个置换发生器，进入置换发生器以后，可以设置置换贴图和置换参数，如图 5.17 所示。

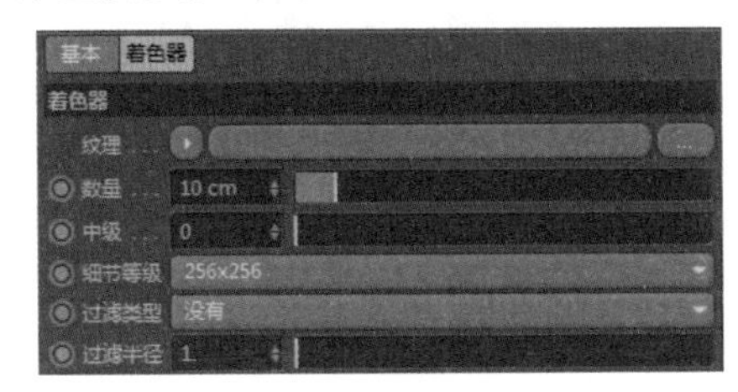

图 5.17

（2）纹理：可通过贴图的方式控制置换贴图效果。图 5.18 所示为使用置换贴图后的效果。

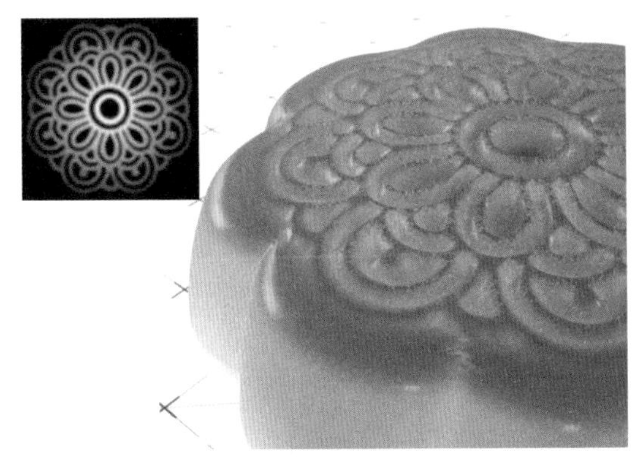

图 5.18

（3）数量：控制置换贴图的强度。要慎用该参数，过高的值会让系统产生崩溃。图 5.19 所示为“数量”分别为 5、15 和 35 时的置换效果。

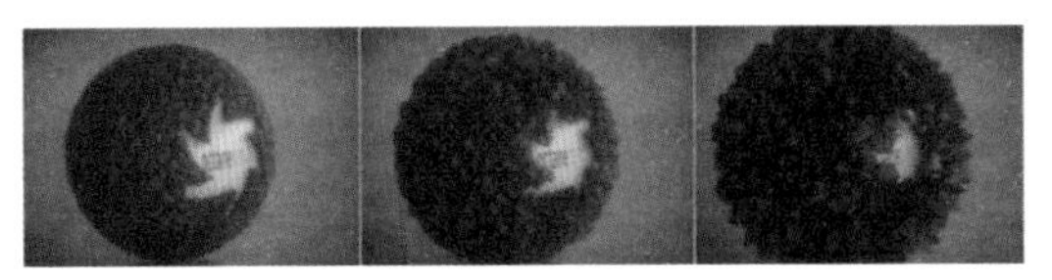

图 5.19

（4）中级：该参数可控制纹理在自身范围内的偏移。

（5）细节等级：下拉列表框中有 6 个不同等级的选项，值越大，细节越丰富。可以先评估一下所制作的场景的细节呈现，然后再适当选择相应的细节等级，过大的值会让系统崩溃。

（6）过滤类型：有时使用的置换贴图质量不是太好，需要用过滤器进行适当模糊，以避免产生较为尖锐的置换颗粒。下拉列表中有“盒子”和“高斯”两种模糊方式可选。

（7）过滤半径：通过设置过滤半径来控制模糊效果。

5.2.6 透明度通道

“透明度”通道的参数用于设置对象的透明度，在对应的面板中有颜色、浮点和纹理 3 种透明方式可用，如图 5.20 所示。

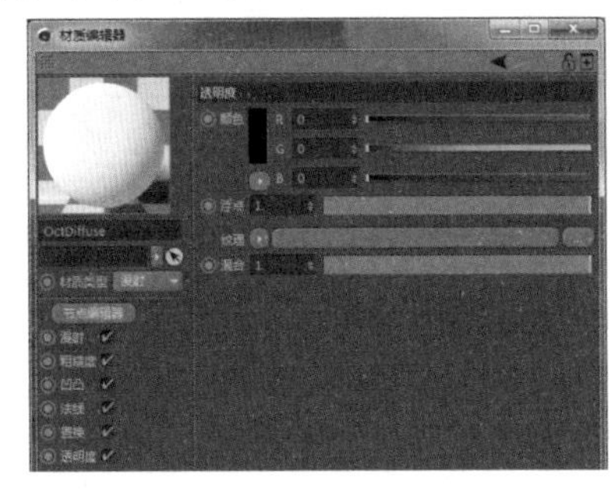

图 5.20

（1）颜色：通过颜色值来控制透明度。

（2）浮点：通过灰度值控制透明度，黑色使物体透明，白色使物体不透明。

（3）纹理：通过设置纹理图像和程序贴图控制透明度。图 5.21 所示为使用 Alpha 通道制作的透明贴图。

（4）混合：通过纹理图像和颜色的混合来控制透明度。

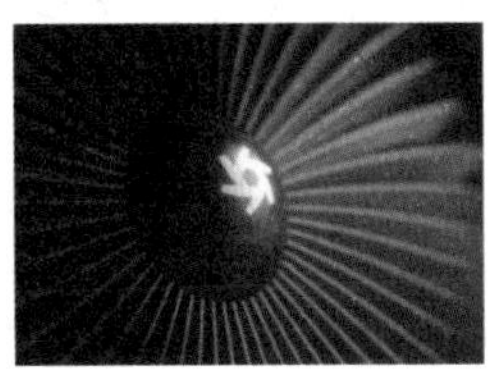

图 5.21

5.2.7 传输通道

“传输”通道的参数可以让光线从物体内部穿过，产生一种内部照明的效果，可产生类似次表面散射的效果。

（1）颜色：用于与漫射通道的颜色进行混合，产生光线照入物体内部的颜色。图 5.22 所示为将该颜色设置为红色时，与漫射为灰色产生的混合结果。

图 5.22

（2）浮点：控制颜色混合结果。

（3）纹理：通过纹理来控制混合结果，应用纹理后，颜色参数将不起作用。

5.2.8 发光通道

“发光”通道的参数用于将任何物体或其部分转换为光源，如图 5.23 所示。

图 5.23

（1）黑体发光：该功能可让物体变为发光体，像控制灯光一样控制物体照明，如图 5.24 所示。

图 5.24

（2）纹理发光：该功能可让贴图变为发光体，像控制灯光一样控制贴图照明，如图 5.25 所示。

图 5.25

5.2.9 介质通道

“介质”通道的参数用于创建复杂的半透明材料，如蜡、皮革、皮肤、牛奶或叶子等，如图 5.26 所示。

图 5.26

（1）吸收介质：当光照射到一个半透明的物体时，该物体的介质不同，会吸收一部分光线。该参数可控制介质的密度和吸收光线的强度，如玉石，如图 5.27 所示。

图 5.27

（2）散射介质：当光线被吸收到半透明物体内部时，光线会向不同的方向散射，然后再从表面的不同区域散射出来。这个过程是次表面散射的一部分，取决于表面特性、介质厚度和密度，可以用这种方法来制作蜡、皮肤、牛奶或叶子等半透明材质。图 5.28 所示为不同的散射效果。

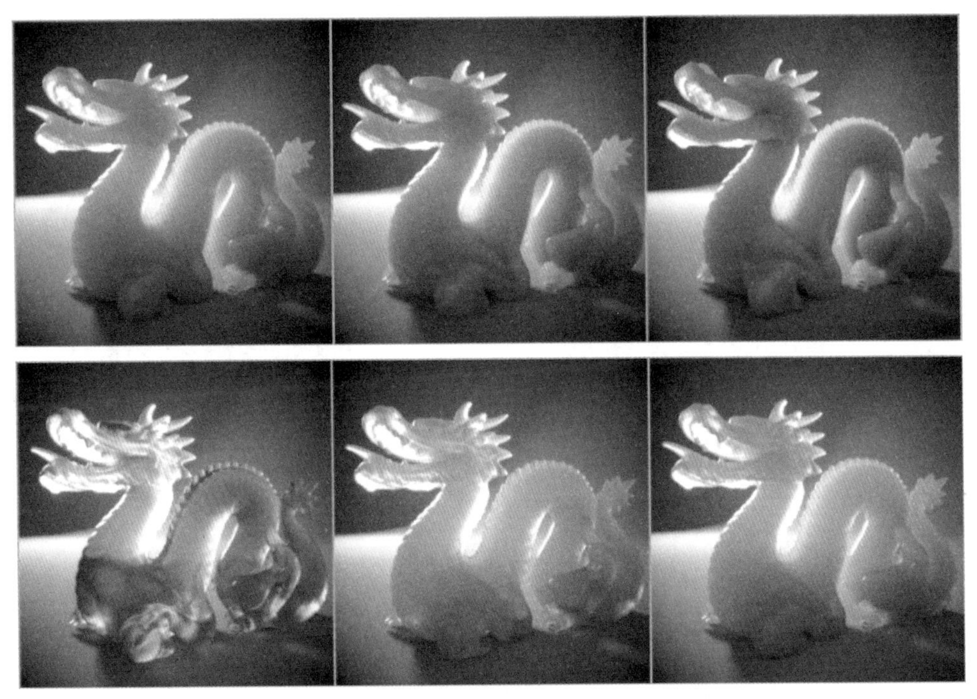

图 5.28

5.2.10 公用通道

“公用”通道的参数面板包含蒙版、平滑、影响 Alpha 等选项，如图 5.29 所示。

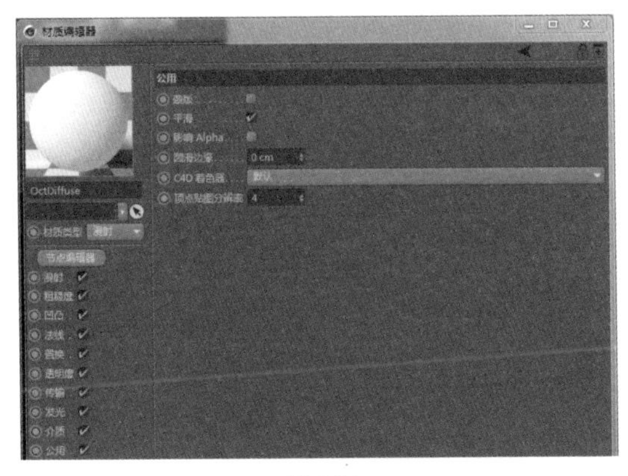

图 5.29

（1）蒙版：该功能可控制关闭或启用场景蒙版。

（2）平滑：该功能可控制平滑表面法线之间的转换，选择该复选框，可让多边形产生平滑效果。如图 5.30 所示，右边为平滑效果。

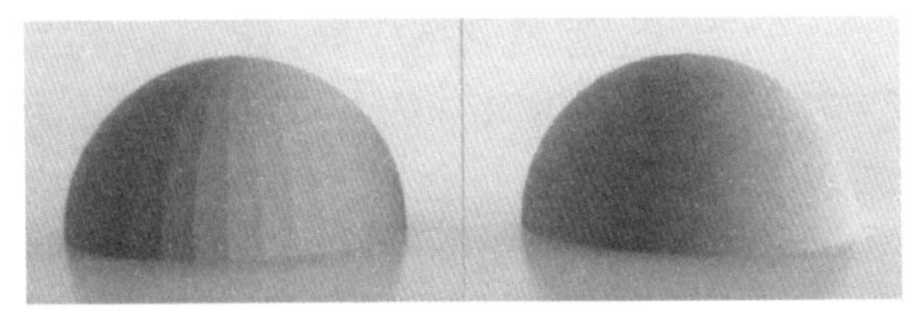

图 5.30

（3）影响 Alpha：当与镜面材质一起使用时，选择该复选框可让折射效果单独产生一个通道，以方便后期合成。如图 5.31 所示，左边为产生折射通道的效果。

图 5.31

5.2.11 制作玉石材质

本例将利用“密度”参数表现玉石的透明度，利用“吸收”和“散射”参数调整玉石的透光效果，利用发光功率调整玉石内部的亮度，如图 5.32 所示。

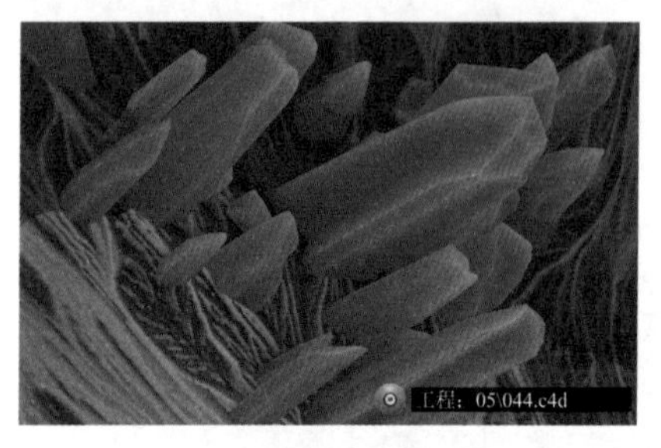

图 5.32

1 新建一个漫射材质❶，关闭“漫射”通道❷，设置“传输”通道的颜色为白色❸（玉石的颜色），如图 5.33 所示。

图 5.33

2 设置“介质”通道的“纹理”为“散射纹理”❶，设置“密度”和“体积步长”参数❷（表现玉石的透光性），设置“吸收”为“RGB 颜色”❸（让玉石透出红色），如图 5.34 所示。

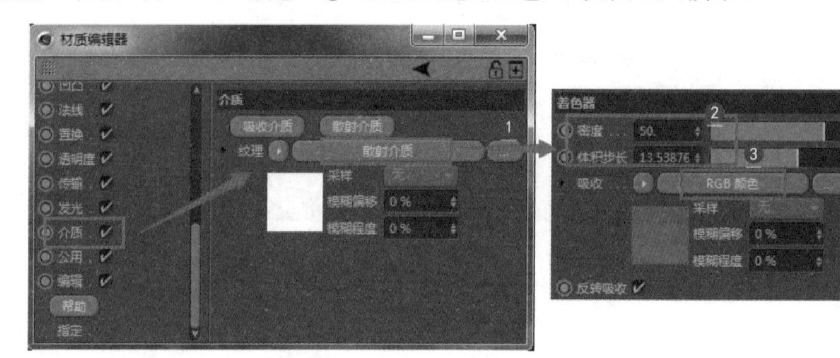

图 5.34

3 设置“密度”值为 10❶，产生玉石效果（红色从玉石内部发散得松散），设置“密度”值为 50❷，产生玉石效果（红色从玉石内部发散得紧密），如图 5.35 所示。

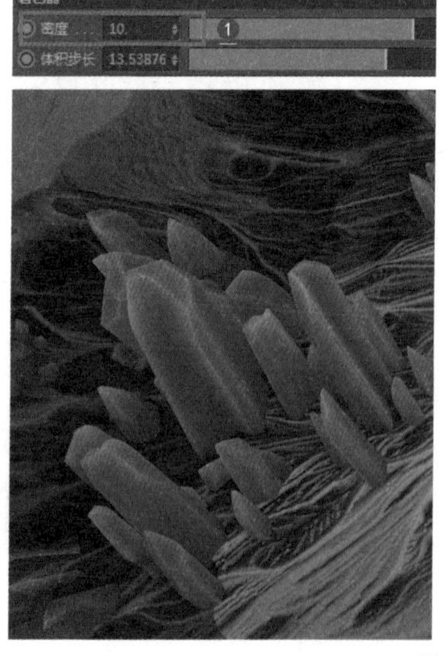

图 5.35

4 设置“介质”通道的“散射”为“浮点纹理”，如图5.36所示。全局照明通过物体和物体之间的光线漫射原理，不但可以扩散光线，还可以使物体的颜色互相影响，例如，黄色和红色的球体在一起，它们周围的地面上将相应地产生黄色和红色，而它们之间也会互相“传染”，这基本符合了现实生活中的景象。

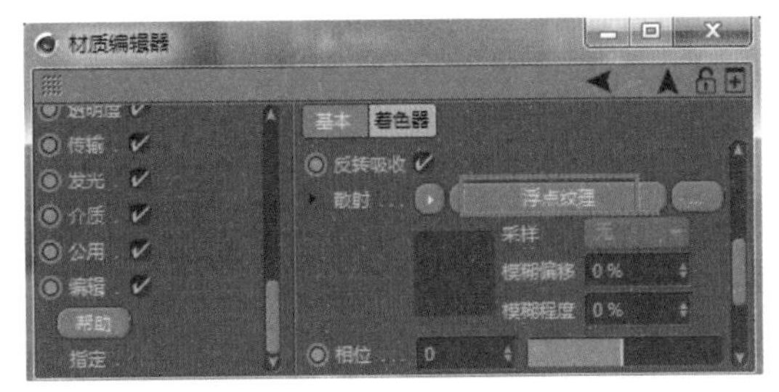

图 5.36

5 “浮点”为0.05时玉石的效果❶（红色更浓），“浮点”为0.5时玉石的效果❷（红色较淡），如图5.37所示。

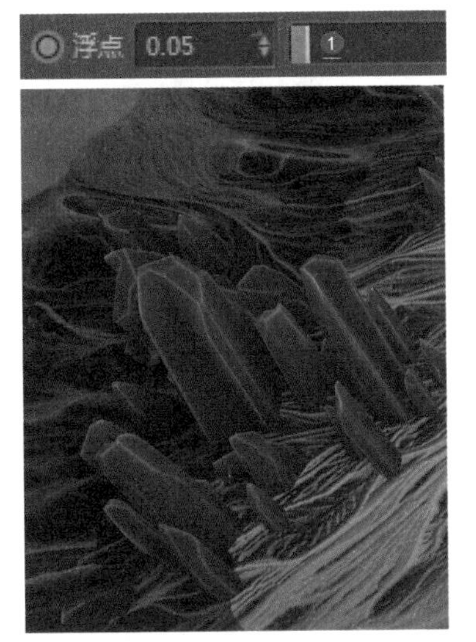

图 5.37

6 设置“发光”通道为“纹理发光”❶，“功率”为0.7时的玉石效果❷（较暗），“功率”为5时的玉石效果❸（更亮），如图5.38所示。

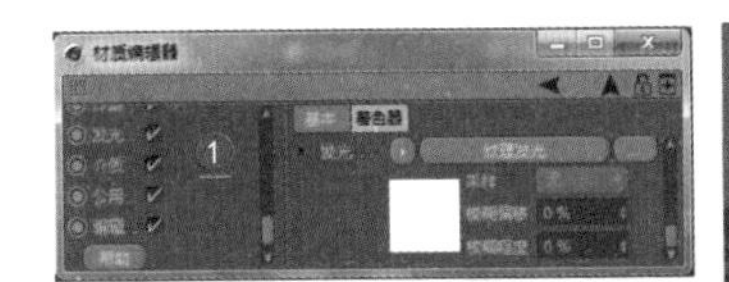

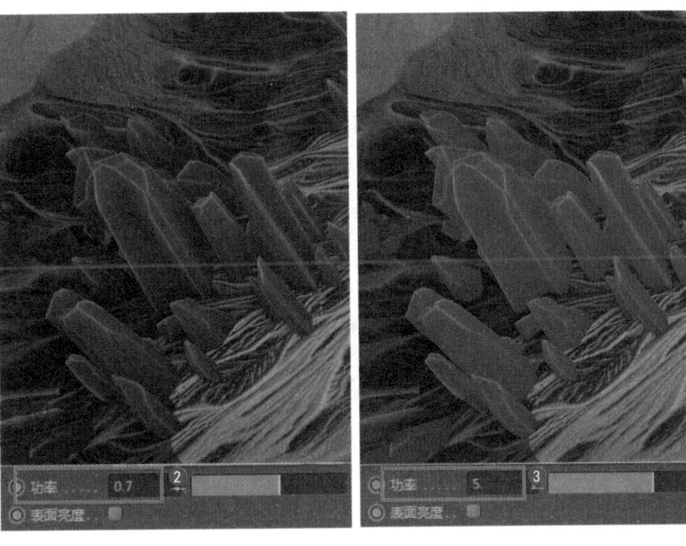

图 5.38

5.2.12 制作发光屏幕材质

本例将利用“漫射”和“发光”通道设置屏幕贴图，设置发光功率来表现手机屏幕的亮度，如图 5.39 所示。

图 5.39

1 新建一个漫射材质❶，设置“漫射”通道的“纹理”为“图像纹理”❷，设置手机屏幕贴图❸，如图 5.40 所示。

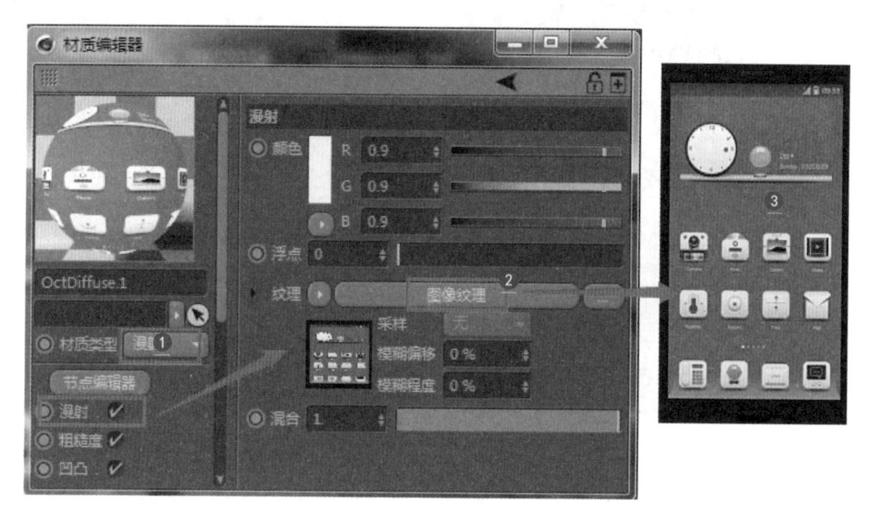

图 5.40

2 在“发光”通道中设置“纹理”为“纹理发光”❶，设置“纹理”通道为“图像纹理”❷，设置手机屏幕贴图❸，设置发光“功率”❹（屏幕亮度），如图 5.41 所示。

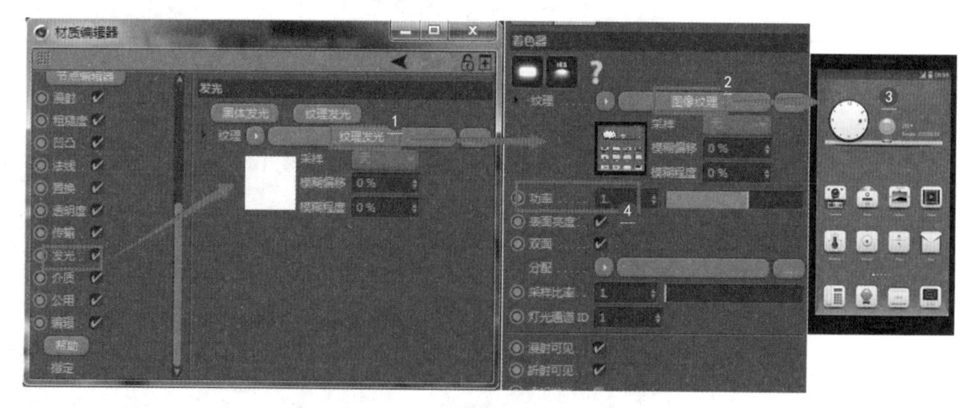

图 5.41

5.3 光泽度材质类型

光泽度材质可以模拟任何光滑的物体，如塑料、光滑的油漆表面和金属等。该材质类型可以精确地模拟金属的 Beckmann、GGX 或 Ward 反射物理特性，还可以通过菲涅耳贴图和各向异性贴图来控制高光效果，如图 5.42 所示。

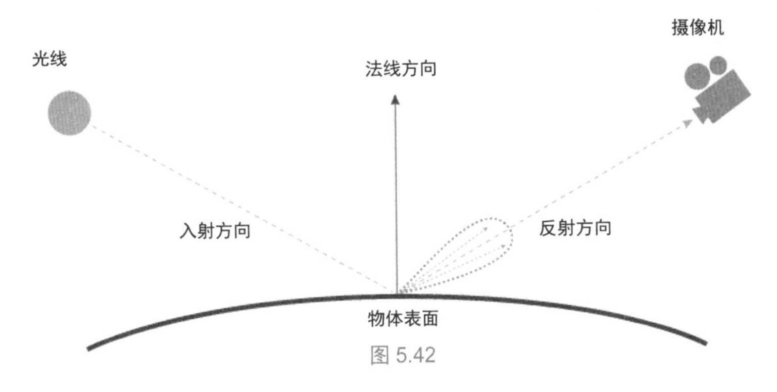

图 5.42

光泽度材质的参数有一部分与漫射材质类型相似，这里仅介绍几个不同的参数面板，如镜面、折射率等，如图 5.43 所示。

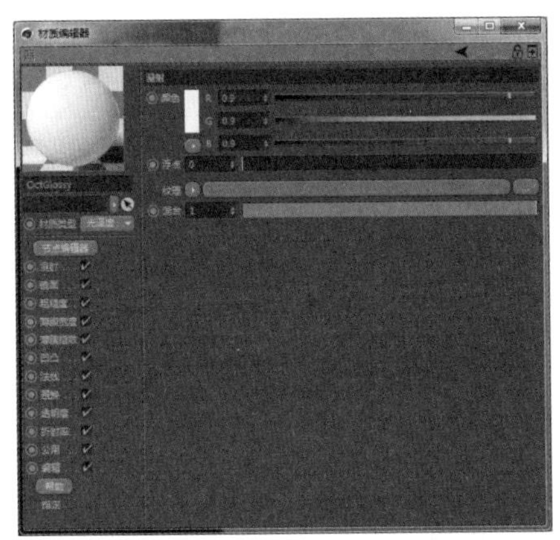
图 5.43

5.3.1 镜面通道

“镜面”通道的参数用于控制物体表面的反射量，如图 5.44 所示。

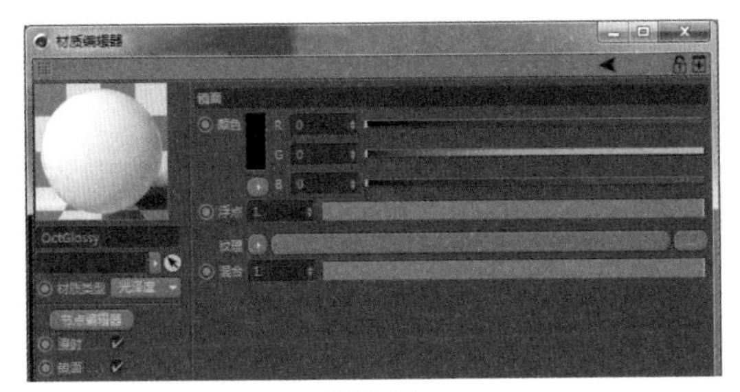
图 5.44

（1）颜色：通过颜色来控制镜面反射量，在使用 RGB 颜色时，“浮点”参数不起作用。

（2）浮点：参数范围为 0 ~ 1，用于控制镜面反射量。图 5.45 所示为不同的反射量的效果（左图为 0.5，右图为 1）。

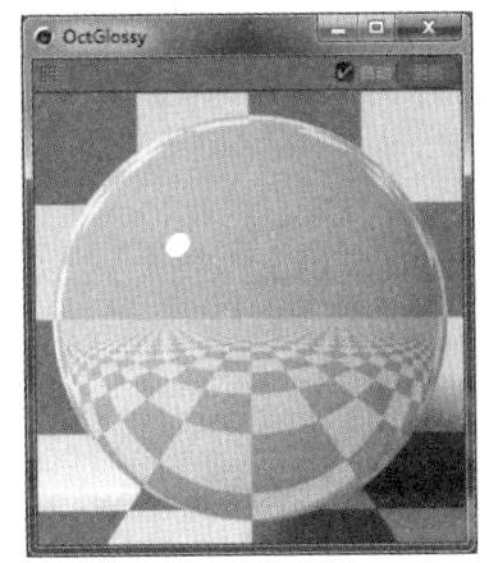
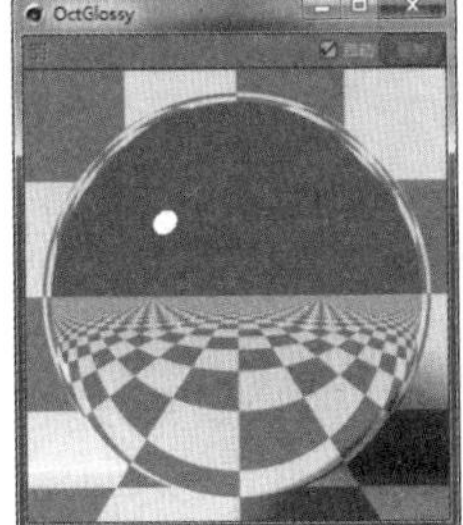
图 5.45

（3）纹理：通过确定一个纹理贴图来控制镜面反射效果。当使用纹理贴图时，颜色和浮点值都将被禁用。如果需要纹理和颜色的混合效果，可使用下面的“混合”选项。图 5.46 所示为使用了棋盘格贴图后的效果。

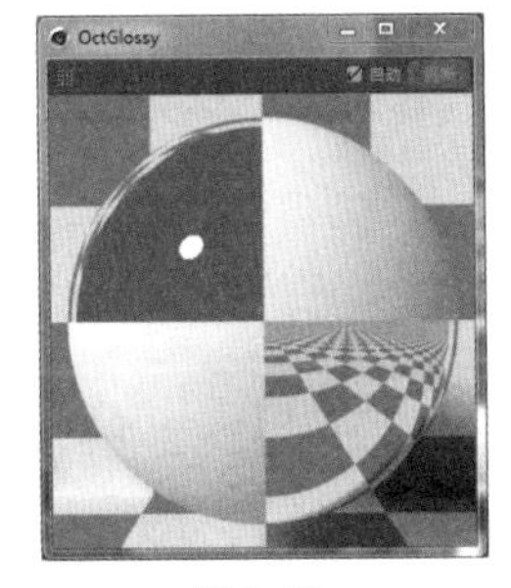
图 5.46

（4）混合：产生颜色与贴图的混合效果。该参数范围为 0 ~ 1。值为 1 时不产生混合效果，值为 0 ~ 1 时将产生颜色与贴图的混合效果。

5.3.2 粗糙度通道

“粗糙度”通道的参数用于控制物体表面的粗糙效果，可制作磨砂表面，如图 5.47 所示。

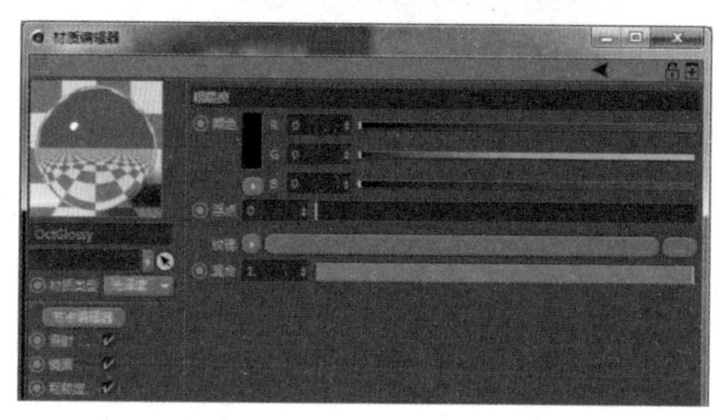

图 5.47

（1）颜色：通过不同的颜色亮度控制粗糙度。

（2）浮点：参数范围为 0 ~ 1，用于控制粗糙度。图 5.48 所示为不同的粗糙度效果。

图 5.48

（3）纹理：通过加载图像贴图来控制粗糙度。

（4）混合：通过纹理和颜色混合成控制粗糙度的混合贴图。

5.3.3 薄膜宽度通道

“薄膜宽度”通道可控制光滑表面的七彩光，如图 5.49 所示。

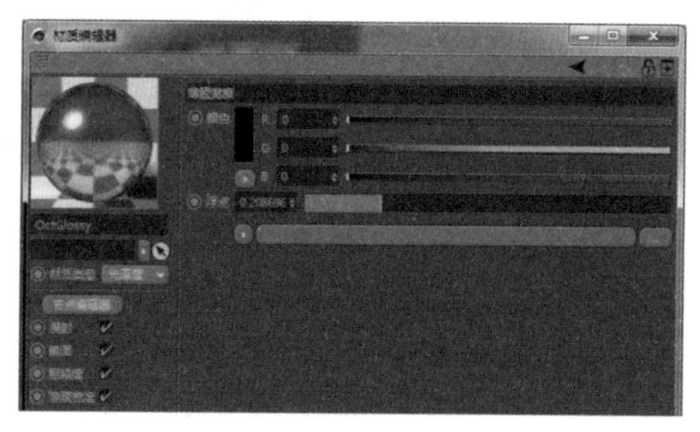

图 5.49

浮点：参数范围为 0 ~ 1，用以控制七彩光的过渡。图 5.50 所示为不同的薄膜宽度效果。

图 5.50

5.3.4 薄膜指数通道

“薄膜指数”通道可控制光滑表面的七彩光过滤，一般情况下与“薄膜宽度”通道一起使用，如图 5.51 所示。

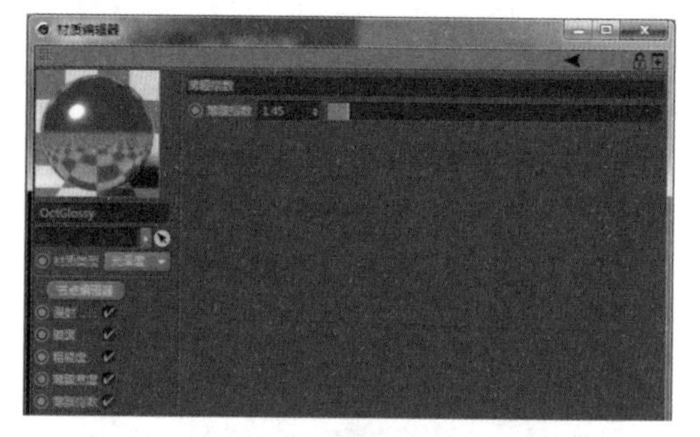

图 5.51

薄膜指数：参数范围为 1 ~ 8，用以控制七彩光的颜色数量。图 5.52 所示为不同的薄膜指数效果。

图 5.52

5.3.5 折射率通道

折射率（IOR）是根据菲涅耳反射定律确定的表面反射强度，折射率的大小取决于观测者的角度和物体表面的反射强度。每种物体的表面都有一个特殊的折射率，参数如图 5.53 所示。

图 5.53

● 折射率：参数范围为 1 ～ 8，用以控制折射率，当折射率为 1 时产生光滑表面。图 5.54 所示为不同的折射率效果。

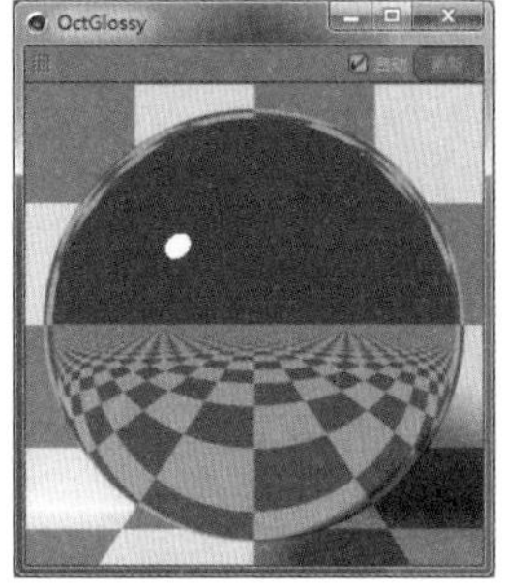
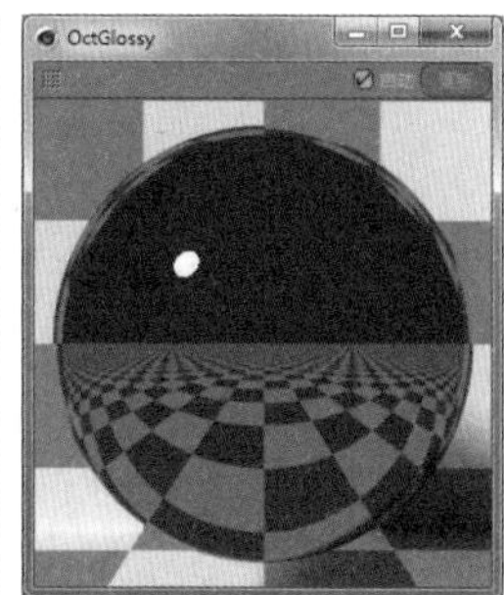

图 5.54

5.3.6 制作拉丝金属材质

本例将利用“凹凸”通道的“噪波”贴图设置拉丝纹理，设置纹理坐标改变拉丝金属的纹理方向，如图 5.55 所示。

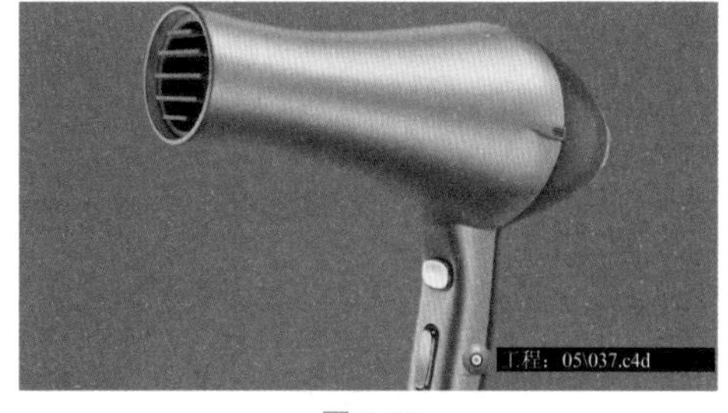

图 5.55

1 新建一个光泽度材质❶，设置“漫射”通道的颜色❷，设置“镜面”通道的颜色❸，如图 5.56 所示。

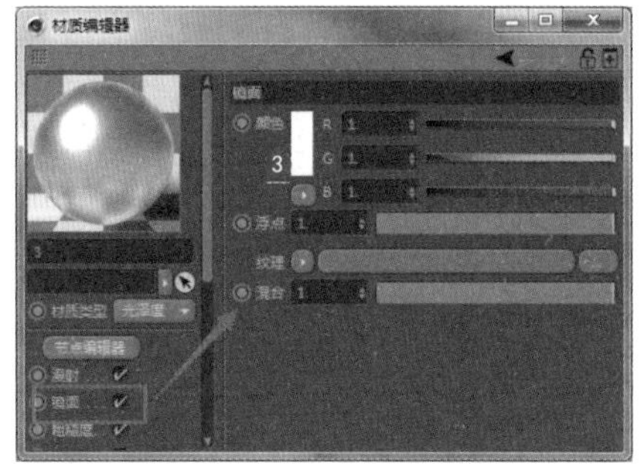

图 5.56

2 在“凹凸”通道中设置“纹理”为“梯度”❶（用于改变凹凸强度），设置梯度渐变色❷（颜色越暗，凹凸强度越低），设置纹理贴图为“噪波”❸，设置噪波类型❹，如图 5.57 所示。“梯度”贴图类型是用多种颜色或通道进行线性和发散性的混合效果。一般情况下，可以利用这个贴图来模拟背景渐变效果和一些类似信号灯的贴图，甚至可以和粒子系统结合使用来制作烟雾效果。

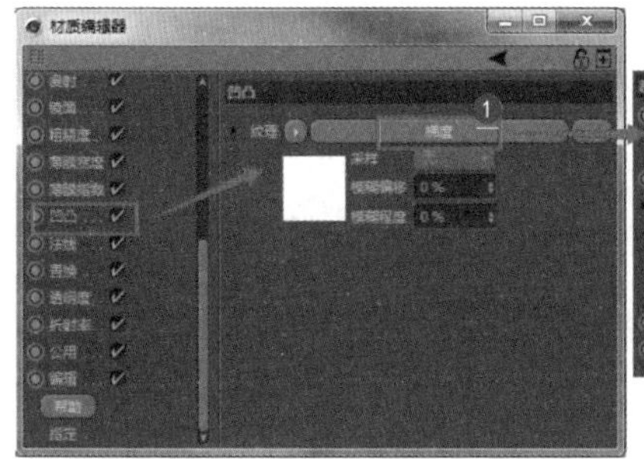
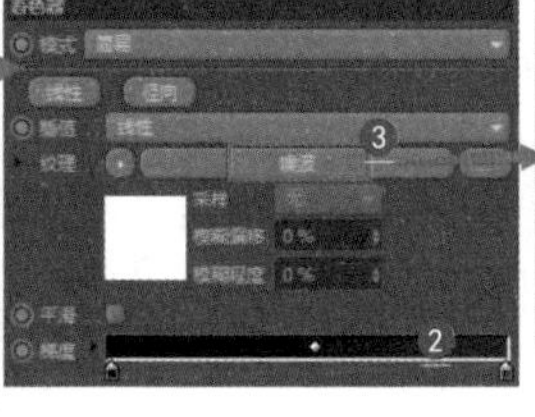
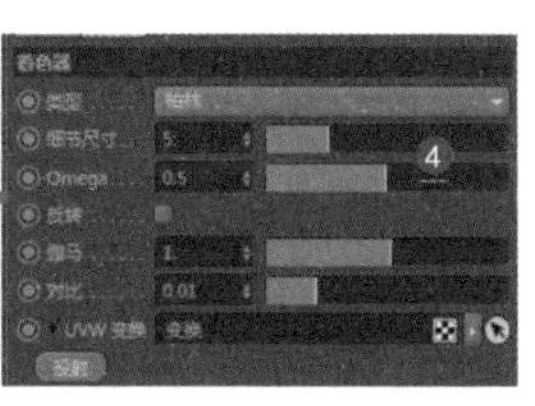

图 5.57

3 通过长宽比改变噪波比例❶，产生拉丝效果，设置“粗糙度”参数❷，如图 5.58 所示。噪波贴图比较常用，在精确度要求不高的地方表现纹理的一些变化还是非常方便、易用的。因为噪波贴图只有两个颜色，所以不能控制中间的灰色调。

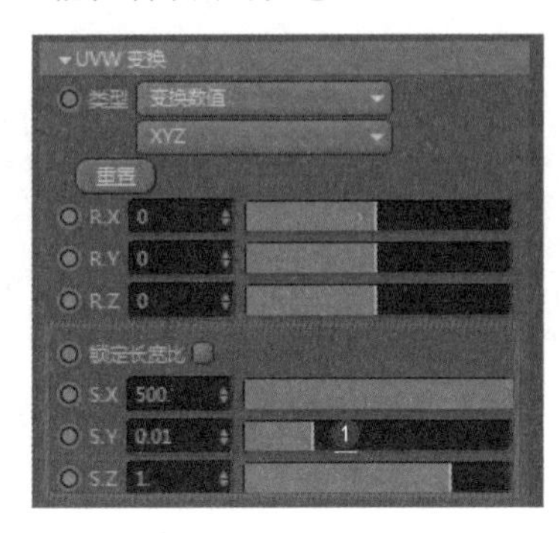

图 5.58

4 选择要赋拉丝效果材质的区域❶，将材质拖动到视图模型中被选择的区域，这样就将材质球赋给了该区域，默认贴图方向为横向❷，如图 5.59 所示。反射光泽度主要用于控制表面效果，这个拉丝贴图可以在材质表面产生模糊反射的效果，数值越高，材质表面的反射越光滑。

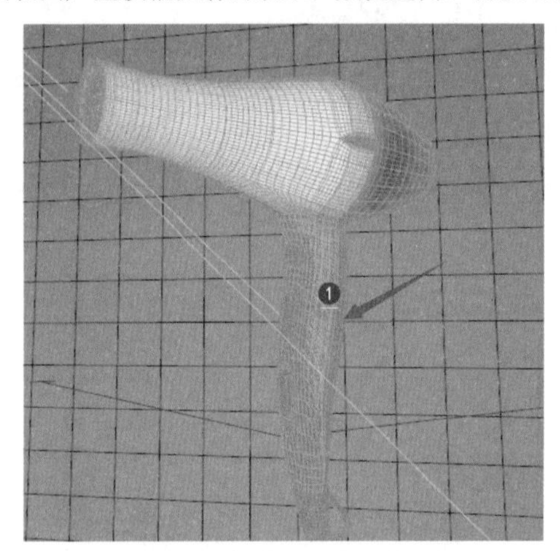

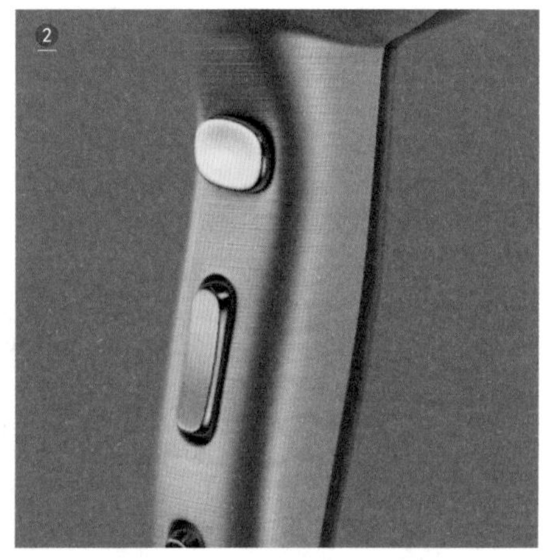

图 5.59

5 选择要粘贴拉丝效果的区域❶，将材质拖动到视图模型被选择区域，在“对象”面板中选择材质标签，设置“旋转”为 90° ❷，如图 5.60 所示。这种通过拖动赋材质的方法比较简单，如果遇到复杂的模型，最好在“对象”面板中进行操作。

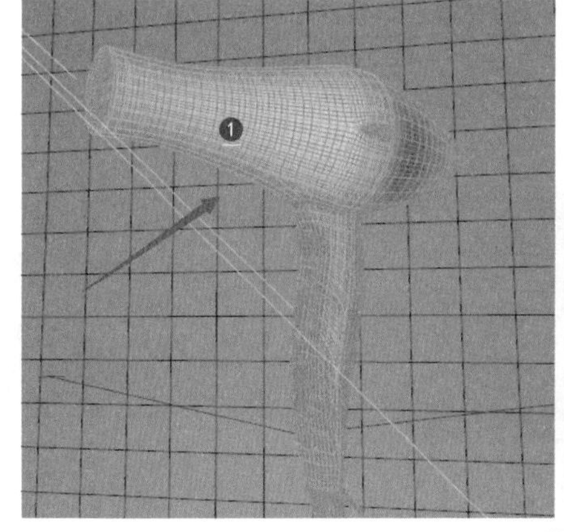

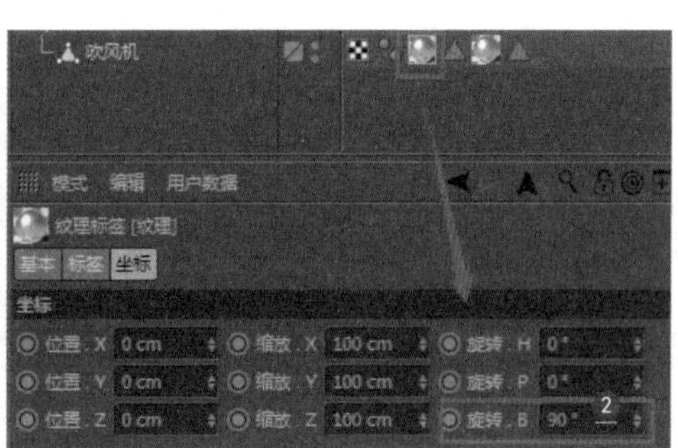

图 5.60

6 ❶为改变方向后的拉丝金属效果，❷为最终的整体渲染效果，如图 5.61 所示。

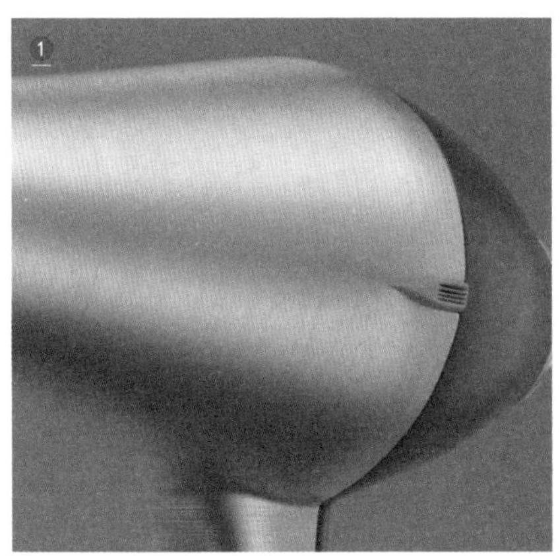

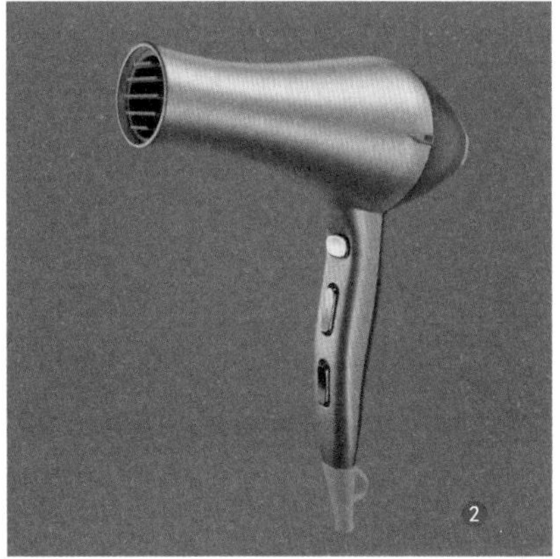

图 5.61

5.3.7 制作雕花口红材质

工程：05\023.c4d

本例将利用镜面颜色来控制口红的高光效果，设置置换贴图控制口红表面的雕花效果，如图 5.62 所示。

图 5.62

1 新建一个光泽度材质❶，设置口红的颜色❷，设置口红的高光色❸，如图 5.63 所示。

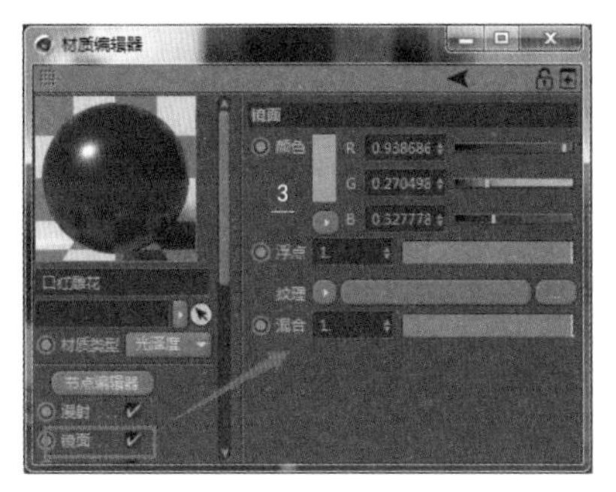

图 5.63

2 设置“置换”通道为“置换”贴图❶，设置“纹理”为“图像纹理”❷，置换贴图❸，设置置换的数量（强度）为 1.8cm ❹，如图 5.64 所示。置换通过贴图可以产生真实的物体凹凸。

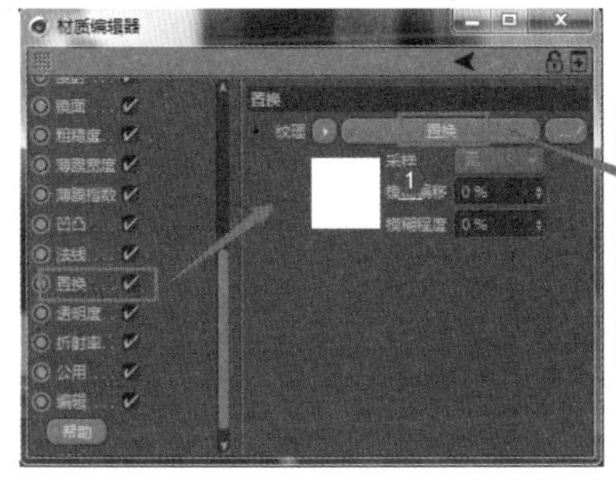

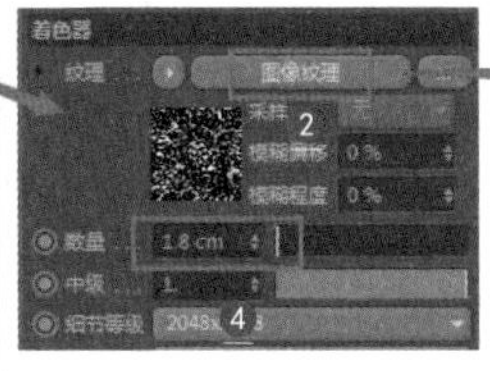

图 5.64

3 设置口红的反射模糊度❶，❷为最终渲染效果，如图 5.65 所示。

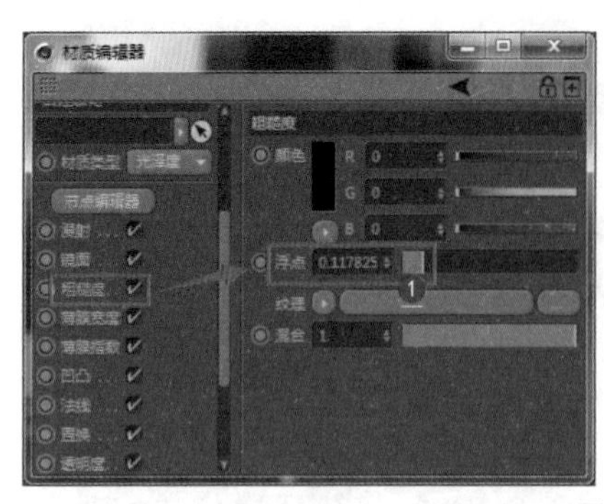

图 5.65

5.3.8 制作哑光金属材质

本例将利用菲涅耳粗糙度表现受光面，设置镜面的颗粒感贴图来表现哑光金属的质感，如图 5.66 所示。

图 5.66

1 新建一个光泽度材质❶，设置“粗糙度”参数❷，在“纹理”通道中设置贴图为“菲涅耳（Fresnel）”❸，设置菲涅耳参数❹，如图 5.67 所示。

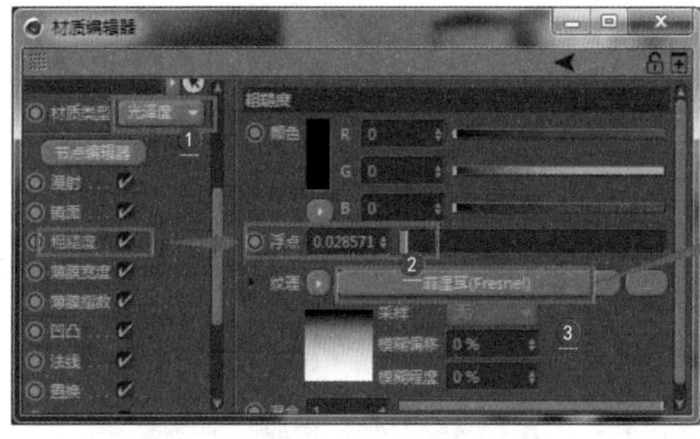

图 5.67

2 设置“镜面”通道为“图像纹理”（颗粒贴图），如图 5.68 所示。

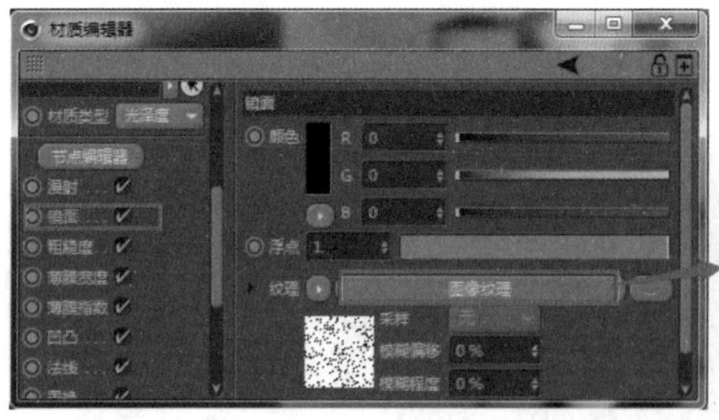

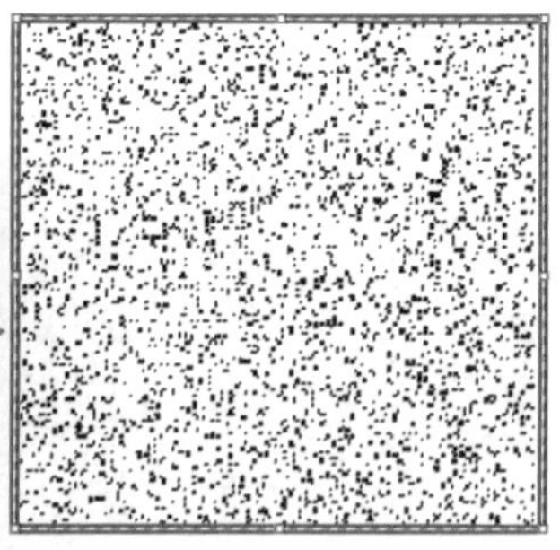

图 5.68

3 缩小颗粒贴图的贴图长宽比❶（金属表面产生细小颗粒），设置“折射率”为高反射❷（参数为 1），如图 5.69 所示。

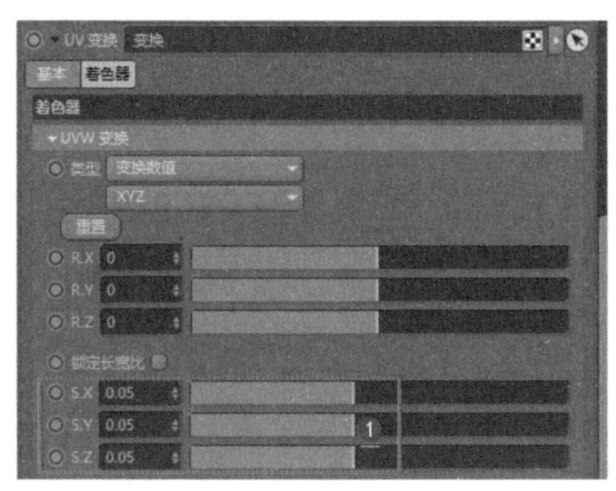
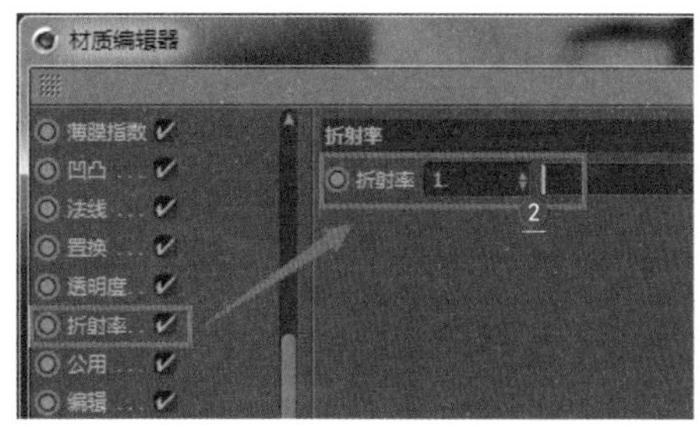

图 5.69

5.3.9 制作镂空网眼金属材质

本例将利用折射率来控制金属的光泽度，设置透明度贴图来表现镂空网眼的效果，如图5.70所示。

图 5.70

1 新建一个光泽度材质❶，设置“粗糙度”参数❷，设置“折射率”参数❸，如图 5.71 所示。

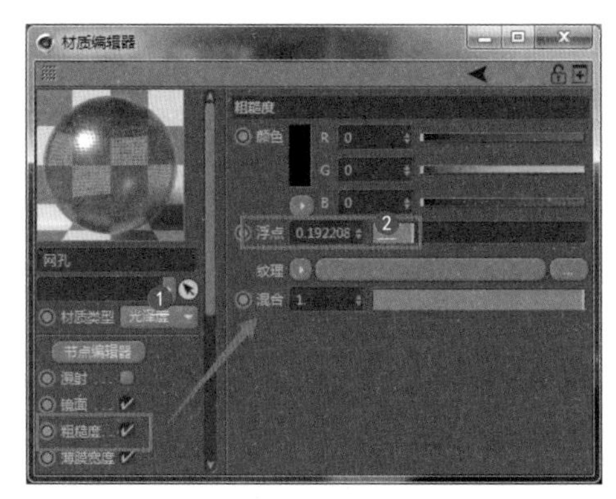
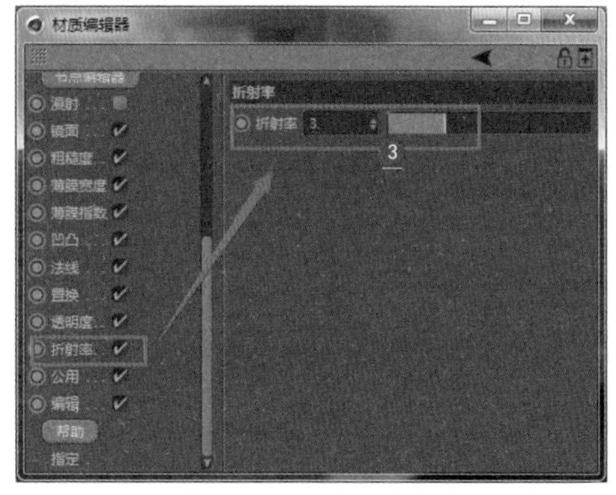

图 5.71

2 设置“凹凸”通道的“纹理”为“图像纹理”❶，设置凹凸贴图❷，设置凹凸“强度”❸，如图 5.72 所示。这个贴图是一个四方连续的图案，四方连续的图案在生活中很常见，如纺织品上的图案、地砖、砖墙等，沙地、草地、一望无际的群山等也都有四方连续的特点，在制作上述材质时不可能用一张足够大的贴图来完成，而是使用其中的一个单位图案，然后进行平铺。

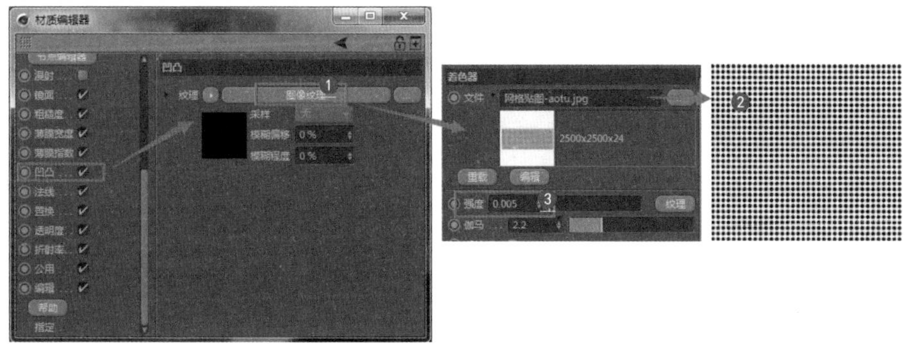

图 5.72

3 设置“透明度”通道的“纹理”为“图像纹理”❶，设置镂空网眼贴图❷，❸为最终渲染效果，如图 5.73 所示。

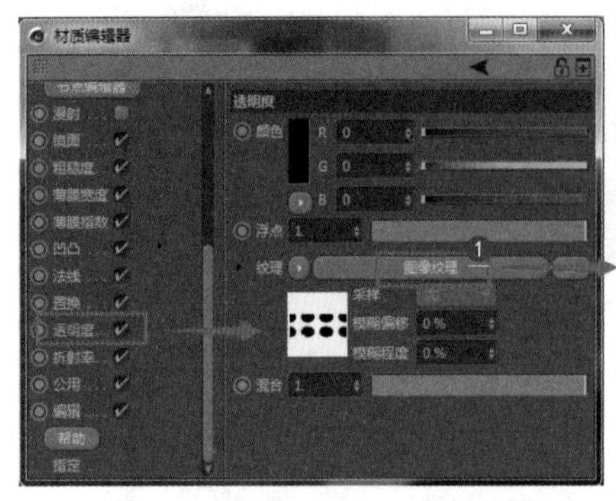

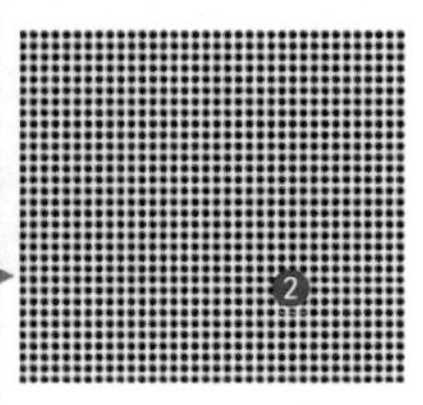

图 5.73

5.4 镜面材质类型

镜面材质通常用于表现透明材料，如水或玻璃。当光照射到一个表面时，光线会发生反射、吸收和折射 3 种情况。当光从一种介质（如空气）过渡到另一种介质（如玻璃）时，它的角度就会发生改变。这些变化取决于材质表面的光学性质。在镜面透射中，当光进入另一种介质时，会降低速度，改变方向。如图 5.74 所示，一道光线从空气进入水中后大部分光线继续传播，其中一部分被水反射。在水中，光会通过折射改变方向。

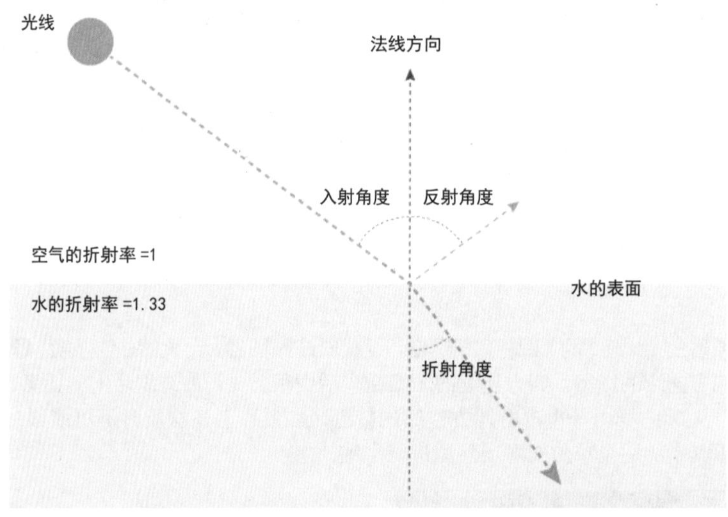

图 5.74

5.4.1 粗糙度通道

“粗糙度”通道的参数用于控制物体表面的粗糙效果，可制作磨砂表面，如图 5.75 所示。

（1）颜色：通过不同的颜色亮度控制粗糙度。

（2）浮点：参数范围为 0 ～ 1，用于控制粗糙度。图 5.76 所示为不同的粗糙度效果。

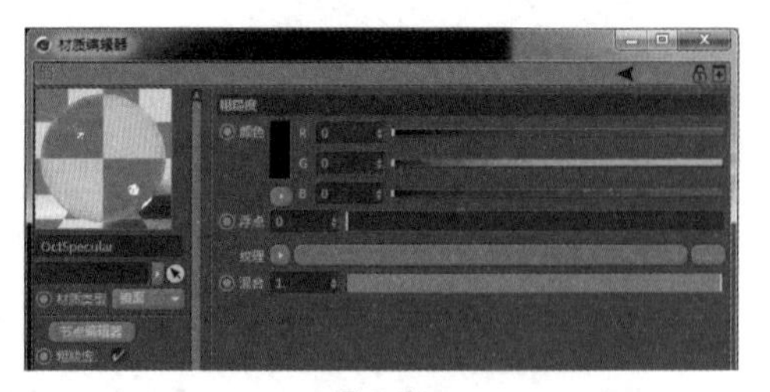

图 5.75

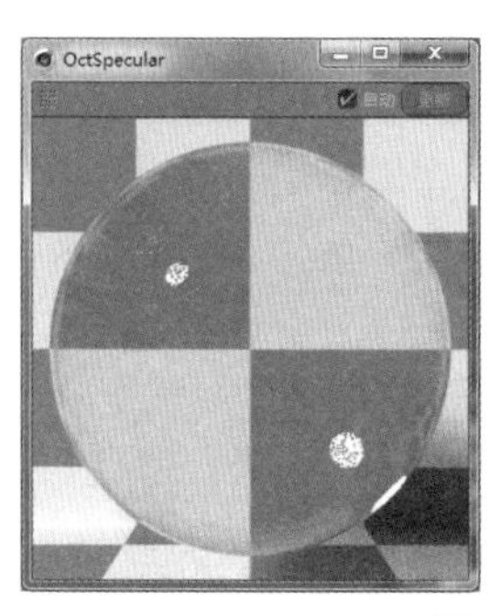

图 5.76

（3）纹理：通过加载图像贴图来控制粗糙度。

（4）混合：通过纹理和颜色混合成控制粗糙度的混合贴图。

5.4.2 反射通道

大多数镜面透明材质的表面都有反射属性，这取决于物体的表面属性。高反射值会导致光子碰到表面并反射回来，反射参数可以使用颜色、浮点和纹理来控制。参数面板如图 5.77 所示。

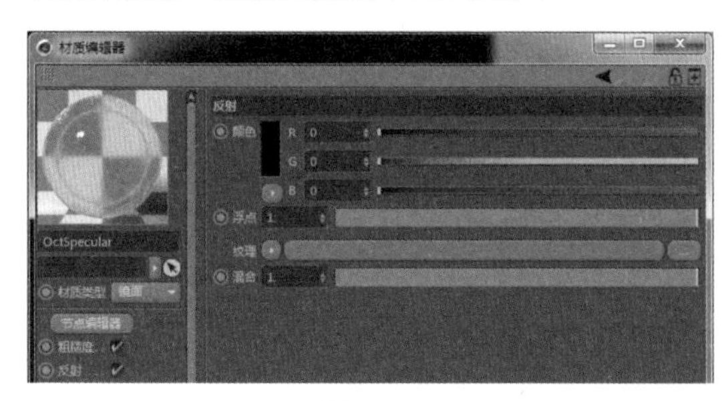

图 5.77

（1）颜色：通过不同的颜色亮度控制反射量。

（2）浮点：参数范围为 0 ～ 1，用以控制反射量。图 5.78 所示为不同的反射效果（环境使用了 HDRI 贴图）。

图 5.78

（3）纹理：通过加载图像贴图来控制反射量。

（4）混合：通过纹理和颜色混合成控制反射量的混合贴图。

5.4.3 色散通道

根据折射定律，当白光被分解成不同的组成色时，每个可见光波长都有一个略微不同的折射率，就会发生光的散射。参数面板如图 5.79 所示。

图 5.79

色散系数 B：参数范围为 0 ～ 1，用以控制色散系数。对于大多数材料来说，光的波长越小，折射率就越大，这就导致波长越小的光比波长越大的光弯曲得更多。图 5.80 所示的棱镜示意图显示了这种效果。

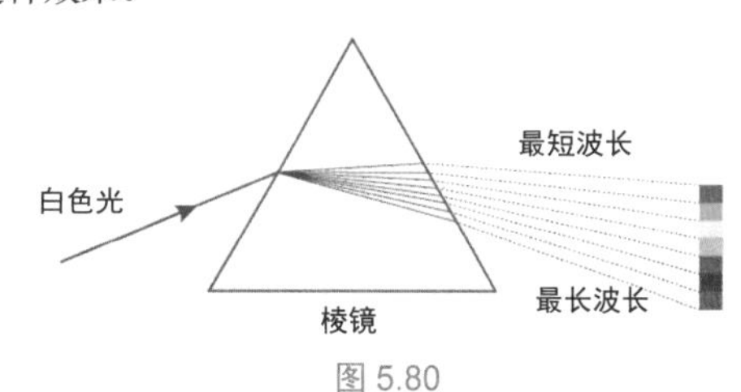

图 5.80

5.4.4 传输通道

传输和折射率两个参数要组合使用。当光进入透明介质时，它的移动速度比在空气中慢，“传输”通道的参数可以模拟这一变化，参数面板如图 5.81 所示。

图 5.81

（1）颜色：通过不同的颜色亮度控制传输速度。

（2）浮点：参数范围为 0 ～ 1，用以控制传输速度，如图 5.82 所示为不同的传输速度效果。

图 5.82

（3）纹理：通过加载图像贴图来控制传输速度。

（4）混合：通过纹理和颜色混合成控制传输速度的混合贴图。

5.4.5　伪阴影通道

通过选择“伪阴影”复选框，可以让阴影内部共享光线照明，让阴影更加透明，参数面板如图 5.83 所示。

图 5.83

5.5　混合材质类型

混合材质的原理是通过两个材质的混合，使材质更加复杂，混合方式可以使用各种程序贴图和纹理贴图，如图 5.84 所示。

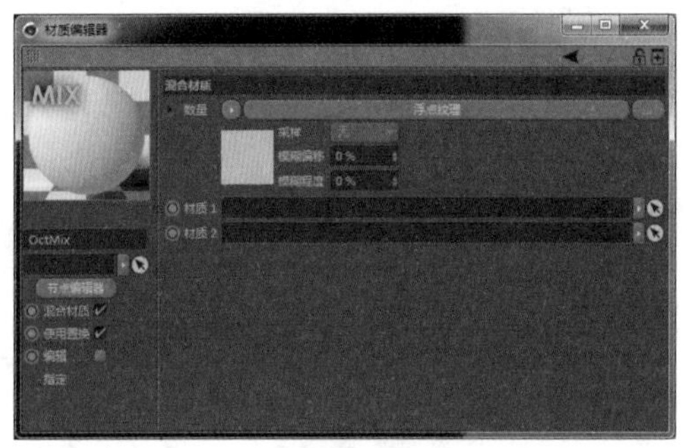

图 5.84

5.5.1　混合材质通道

可以在“混合材质”通道中使用两个不同的材质❶，用不同的混合方式来产生复杂效果❷，如图 5.85 所示。

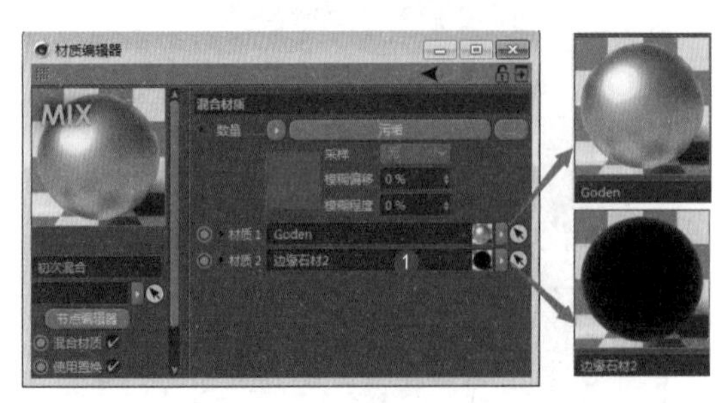

图 5.85

5.5.2 制作彩色渐变玻璃材质

本例制作彩色渐变玻璃材质，将利用折射率来控制玻璃的透明度，在“传输”页面设置渐变色来表现玻璃的渐变效果，如图 5.86 所示。

图 5.86

1 设置“材质类型”为“镜面”❶，设置玻璃的“折射率”参数❷，如图 5.87 所示。

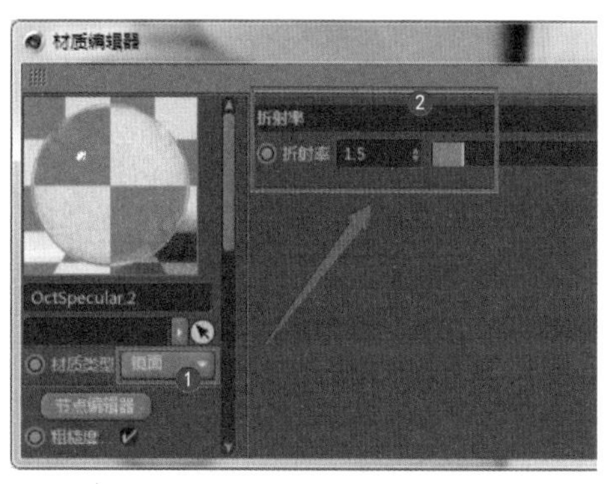

图 5.87

2 在“传输”通道中设置“纹理”为“渐变”❶，设置渐变的颜色❷，如图 5.88 所示。

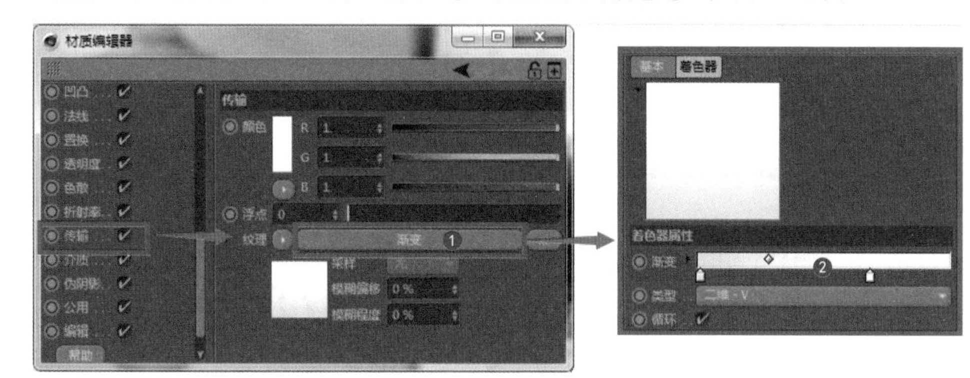

图 5.88

3 不同的渐变色展示如图 5.89 所示。

图 5.89

5.5.3 制作挡风玻璃材质

本例制作挡风玻璃材质，将利用反射参数控制玻璃的透明度，设置折射率和传输来表现玻璃表面的反光效果，如图 5.90 所示。

图 5.90

1 设置“材质类型”为“镜面”❶，设置“反射”通道参数❷，设置玻璃的“折射率”参数❸，如图 5.91 所示。

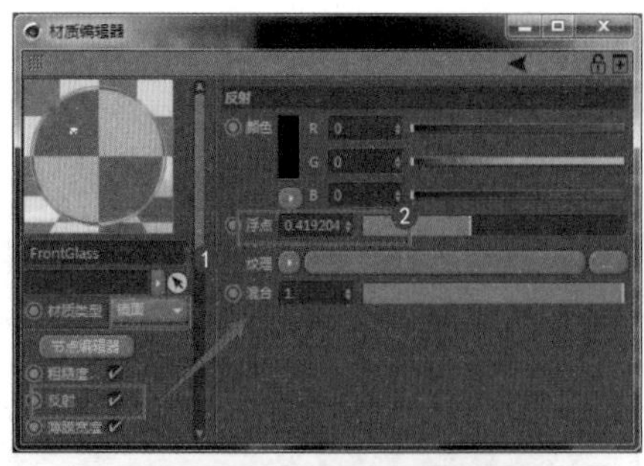

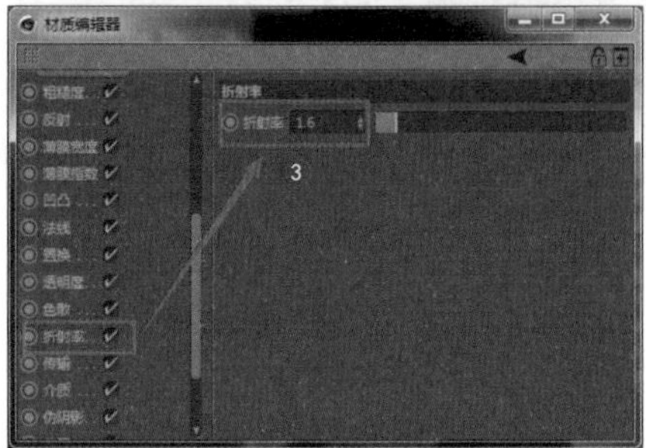

图 5.91

2 设置玻璃的颜色，如图 5.92 所示。

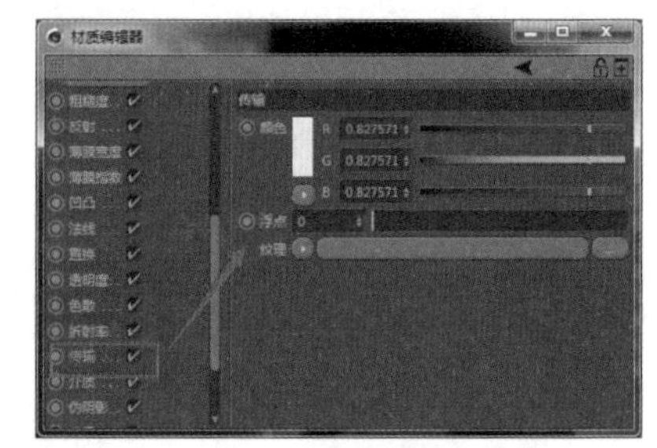

图 5.92

3 挡风玻璃的渲染效果如图 5.93 所示。

图 5.93

5.5.4 制作做旧黄金材质

本例将利用镜面色、粗糙度及折射率控制金色材质，设置黑色腐蚀材质，用污垢材质控制黄金的比例，如图 5.94 所示。

图 5.94

1 新建一个光泽度材质❶（黄金），设置“镜面”通道的“颜色”为黄色❷（产生金色光泽），设置“粗糙度”参数❸，如图 5.95 所示。

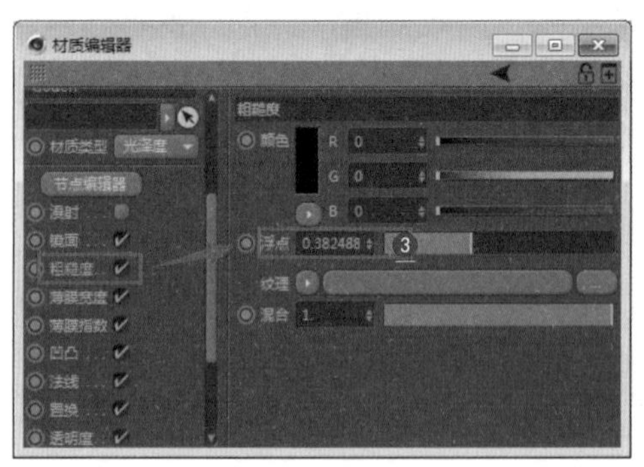

图 5.95

2 设置“折射率”参数❶，新建一个光泽度材质❷（做旧效果），设置“漫射”通道为“图像纹理”❸。指定做旧贴图❹，如图 5.96 所示。

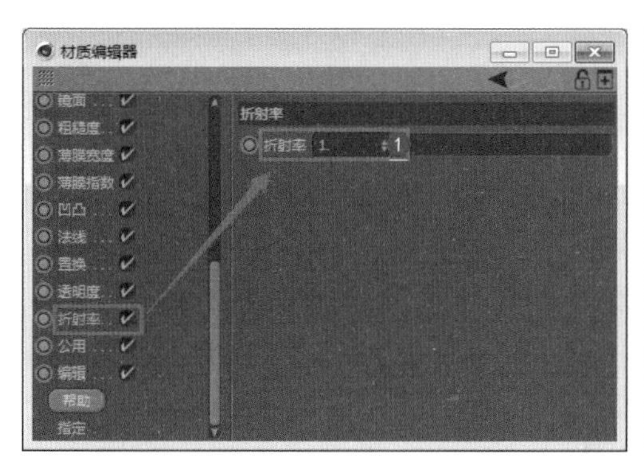

图 5.96

3 设置“粗糙度”参数❶，设置“折射率”参数❷，如图 5.97 所示。

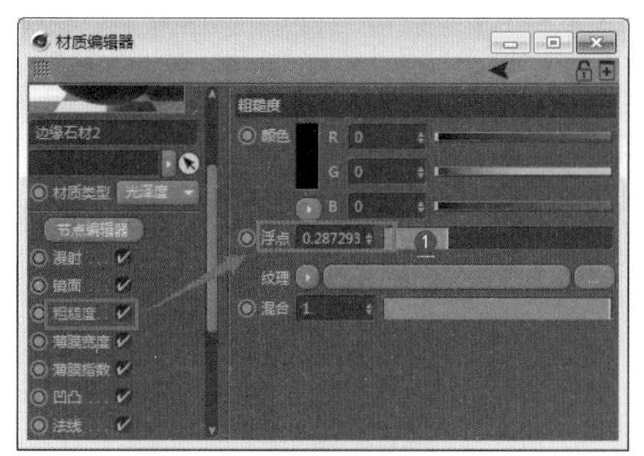

图 5.97

4 新建一个混合材质❶（用于混合黄金和黑色），设置“材质 1”为金色材质❷，设置“材质 2”为黑色材质❸，如图 5.98 所示。

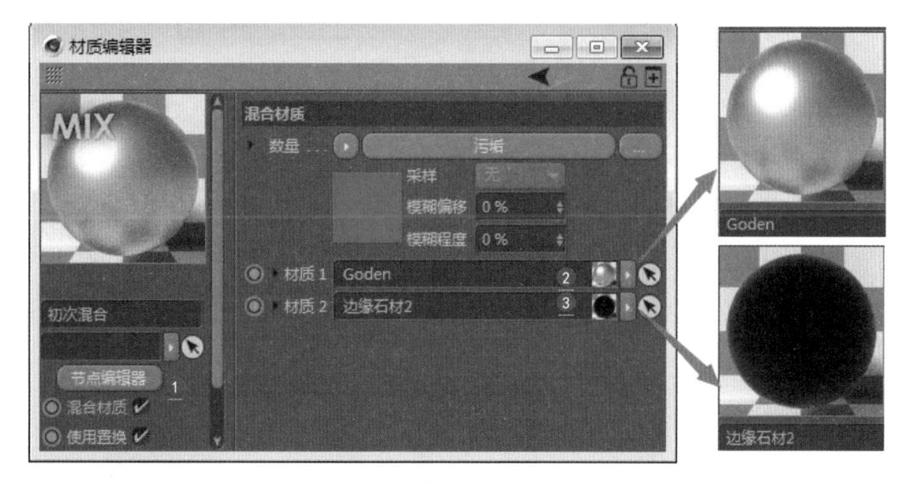

图 5.98

5 设置混合通道为“污垢”贴图❶，设置污垢参数❷（用于表现做旧效果），如图 5.99 所示。污垢相当于遮罩，可以在曲面上通过一种材质查看另一种材质。遮罩用于控制应用到曲面的第二个贴图的位置。默认情况下，浅色（白色）的遮罩区域为不透明，显示贴图；深色（黑色）的遮罩区域为透明，显示基本材质。可以激活“翻转法线”功能来反转遮罩的效果。

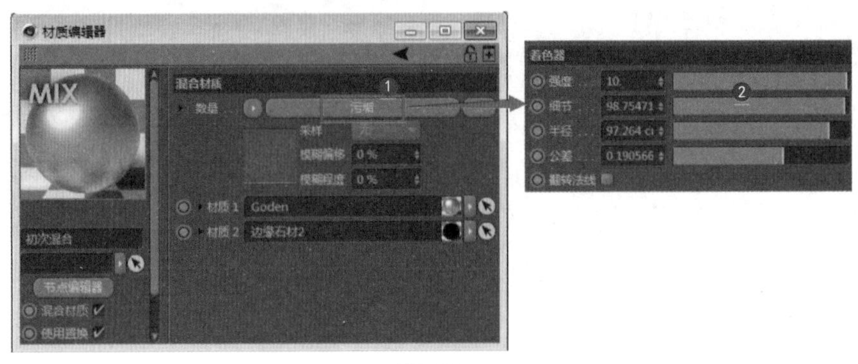

图 5.99

6 做旧比较严重的参数和对应效果❶，做旧比较轻微的参数和对应效果❷，如图 5.100 所示。在创作逼真的场景时，应当养成从实际照片和电影中取材的习惯，好的参考资料可以提供一些线索，让用户知道特定的物体和环境在特定的条件下看起来是怎样的。

图 5.100

5.5.5 制作彩虹玻璃瓶材质

本例将利用粗糙度设置玻璃材质，设置渐变混合贴图控制酒水的色泽，通过镂空贴图制作瓶子标签，如图 5.101 所示。

图 5.101

1 新建一个“镜面”材质❶（玻璃瓶），设置“粗糙度”参数❷，设置“折射率”参数❸（设置为 1.2 的目的是不让瓶子的折射影响里面酒水的造型，过高的折射率会让玻璃内部的造型变得扭曲过度），如图 5.102 所示。

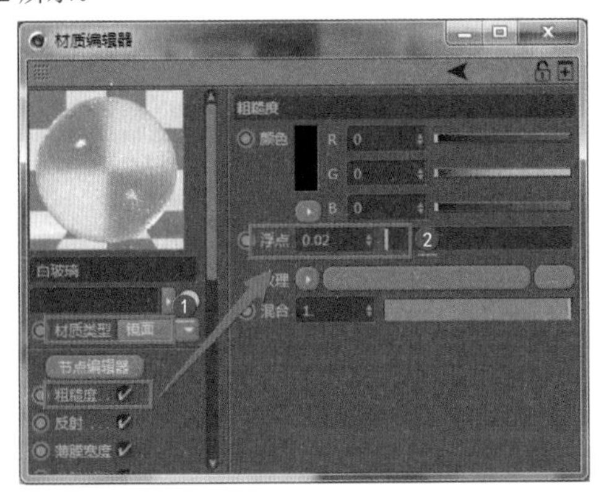

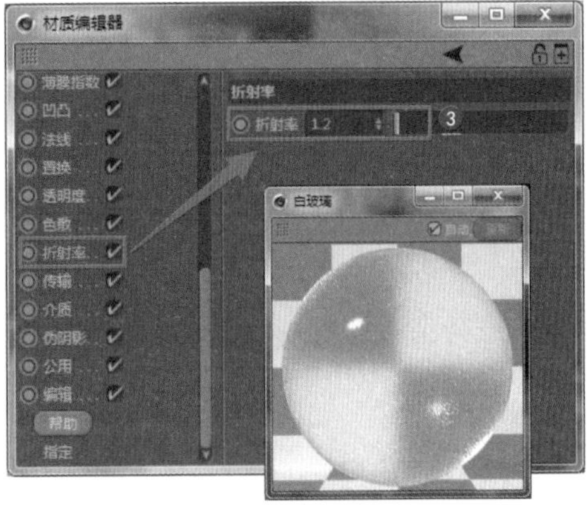

图 5.102

2 新建一个“镜面”材质❶（渐变酒水），设置“粗糙度”参数❷，设置“折射率”参数❸（这里的折射率可以控制得过大一些），如图 5.103 所示。

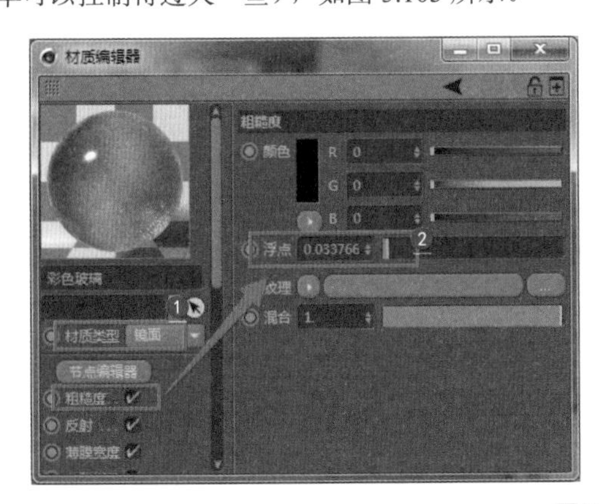

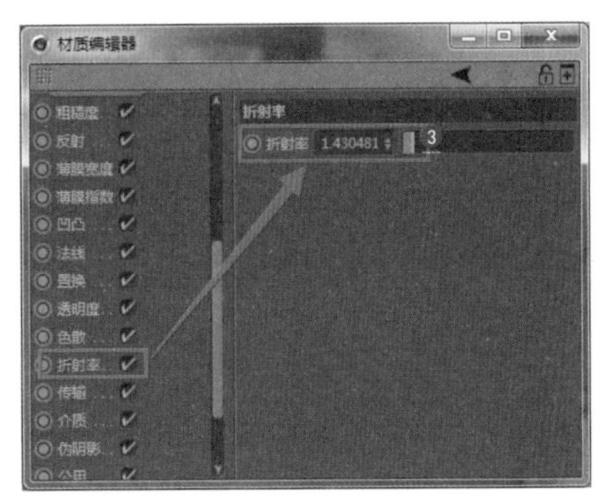

图 5.103

3 设置“传输”通道的“纹理”贴图为“渐变”，如图 5.104 所示。渐变贴图类型是一个看起来简单但却拥有神奇作用的贴图类型。简单来说，其功能就是一个颜色到另外一个颜色的过渡，但是如果运用好了，甚至可以用它制作出国画材质一样的复杂效果。

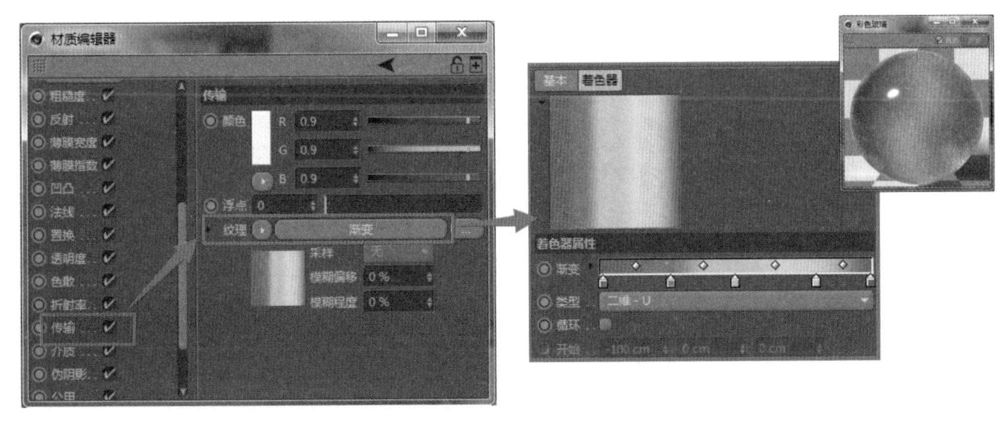

图 5.104

4 设置“介质”通道的“纹理”为“散射介质”❶，设置“密度”和“体积步长”参数❷（控制半透明酒水密度），设置“吸收”参数❸（控制酒体内部阴影），设置“散射”参数❹（控制酒体透光性），如图 5.105 所示。

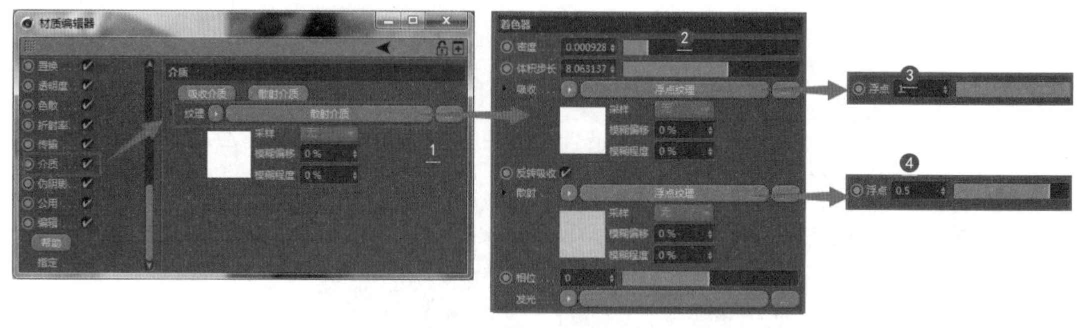

图 5.105

5 新建一个混合材质（混合玻璃和渐变酒水）❶，将玻璃和酒水材质分别放置到“材质 1”和“材质 2”通道中❷，这两个材质将被混合在一起，如图 5.106 所示。

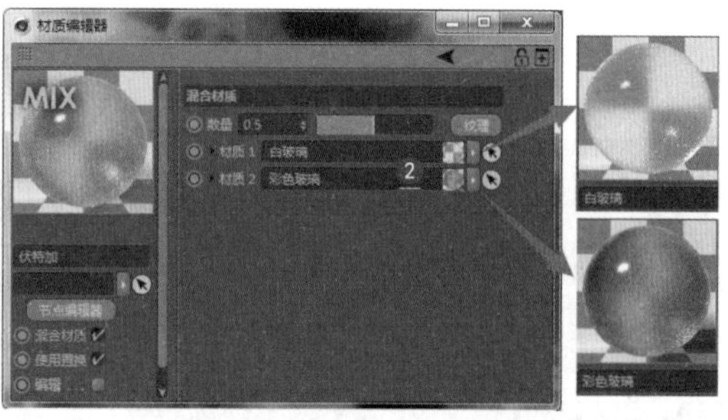

图 5.106

6 设置“数值”为“渐变”（这里数值的作用其实是一种混合贴图），如图 5.107 所示。混合贴图是一种可以将两个不同的材质混合到一起的材质类型。依据“数值”的遮罩功能决定某个区域是否使用。

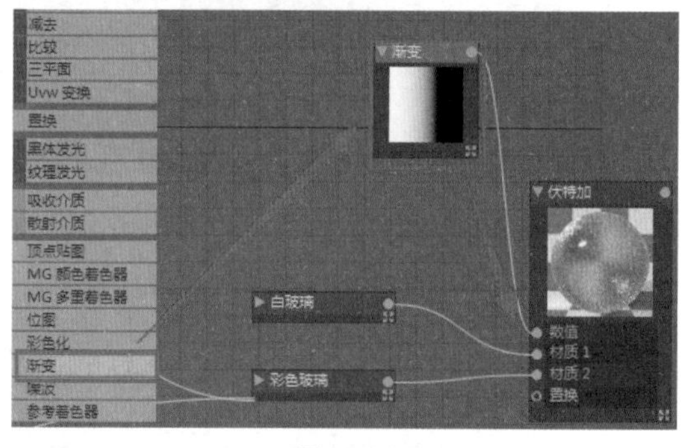

图 5.107

7 新建一个“光泽度”材质❶（镂空标签），设置“漫射”通道的“纹理”为“渐变”❷（蓝色渐变），如图 5.108 所示，按住【Ctrl】键并单击渐变条，可建立一个节点，默认产生柔和过渡色，如果想制作出本例的效果，将两个节点重叠在一起，就可以制作出截然不同的两种颜色。

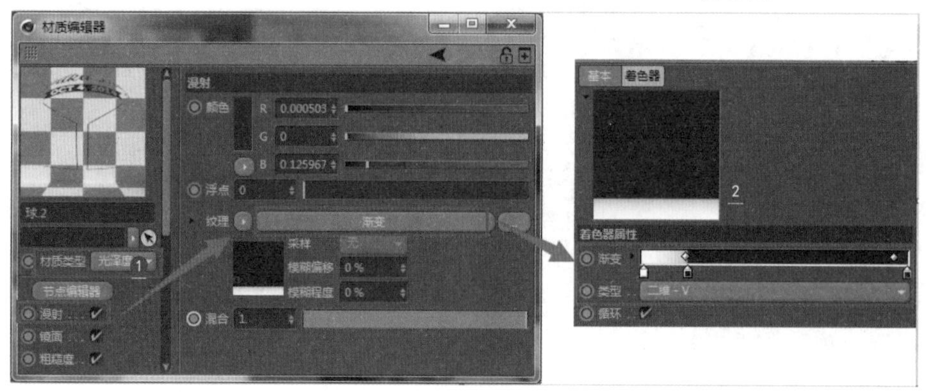

图 5.108

8 设置“透明度”通道的“纹理”为镂空贴图，如图 5.109 所示。镂空贴图很适合用来贴商标，可以先设置一个黑白图来决定哪个部分使用贴图，哪个部分使用原来的颜色。

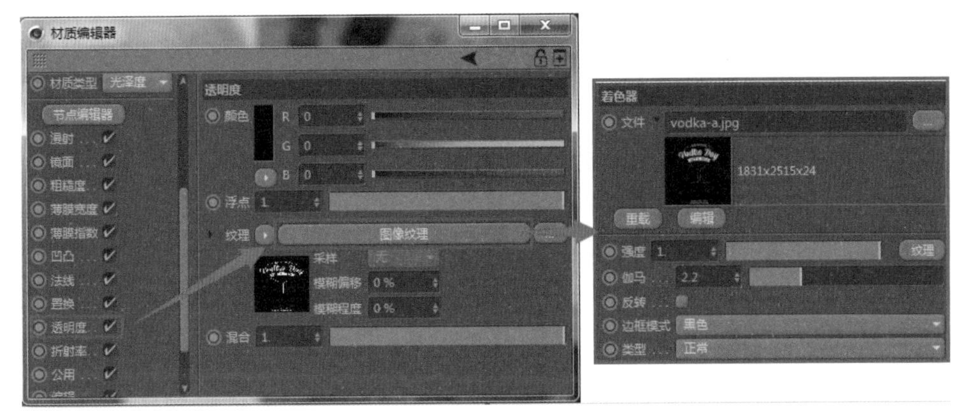

图 5.109

9 设置“折射率”参数❶，❷为酒瓶标签的渲染效果，如图 5.110 所示。

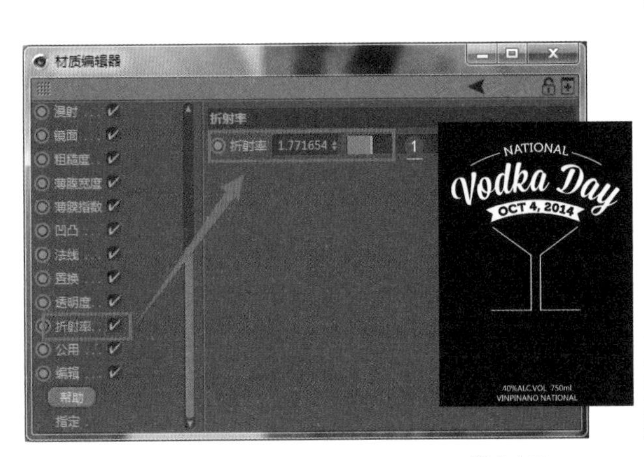

图 5.110

第6章

Octane组合材质应用

本章导读

从本章开始将进行一系列案例练习，用多种材质进行组合应用，最大程度地发挥 Octane 渲染器的实时计算优势。为了使技术与实践紧密结合，本章中的案例大部分来自实际工作中的场景，如教学三维动画、电商产品、广告特效和影视场景渲染。

知识点＼学习目标	了解	理解	应用	实践
Octane 材质编辑器	√	√		
漫射材质类型			√	√
光泽度材质类型			√	√
镜面材质类型			√	√

6.1 制作金字玻璃香水材质

本例将利用“传输”通道来控制香水的颜色，设置镂空金属色控制文字效果，选择要贴镂空字的网格体区域，单独给该区域赋金色材质，效果如图 6.1 所示。

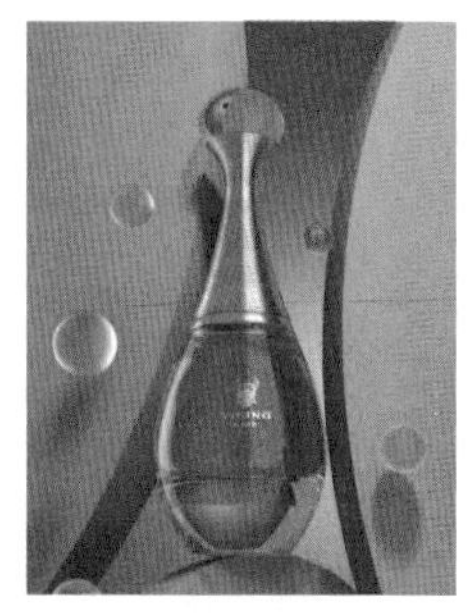

图 6.1

工程：06\024.c4d

1 新建一个“镜面”材质❶（瓶内液体），设置“粗糙度”参数❷，设置“折射率”参数❸，如图 6.2 所示。

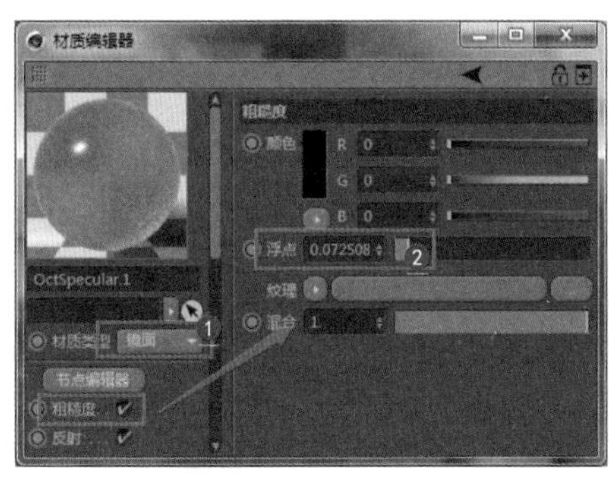

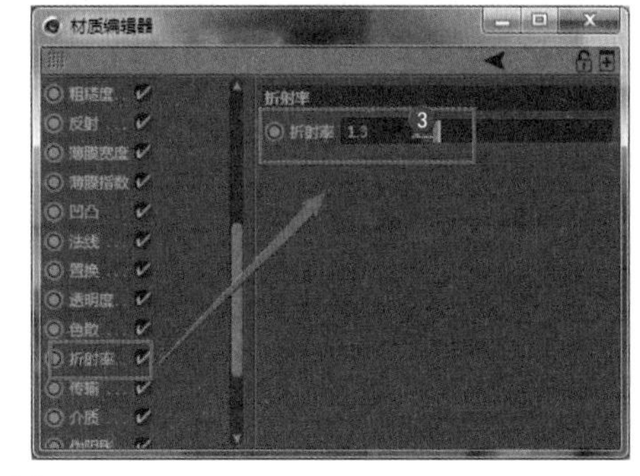

图 6.2

2 设置“传输”通道的“颜色”❶（液体的颜色），新建一个“镜面”材质❷（瓶身颜色），设置“折射率”参数❸，其余所有参数保持默认，如图 6.3 所示。

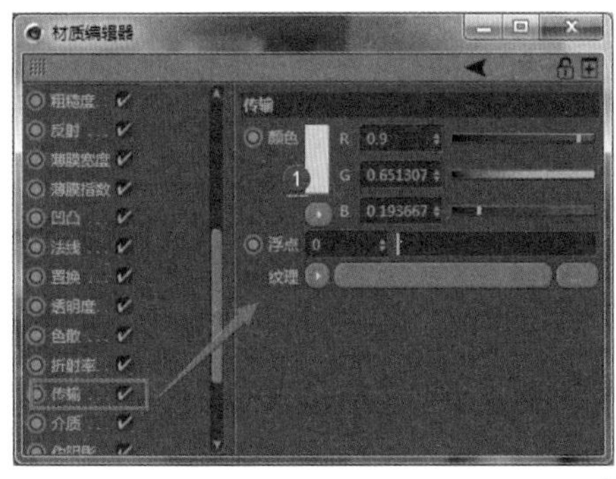

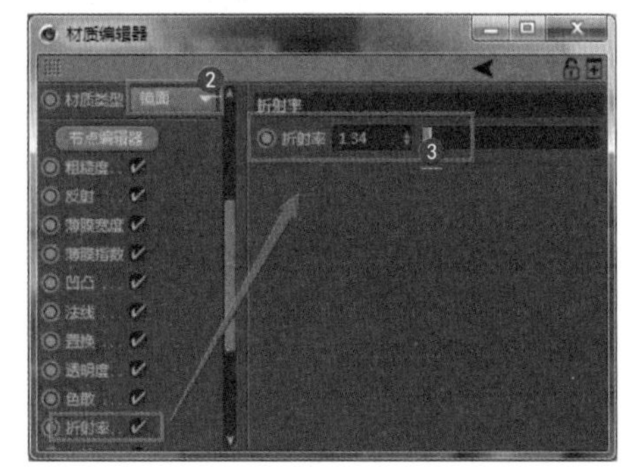

图 6.3

3 新建一个“光泽度”材质❶（金色字体材质），设置“镜面”通道的“颜色”为淡黄色❷。设置“粗糙度”参数❸，如图 6.4 所示。

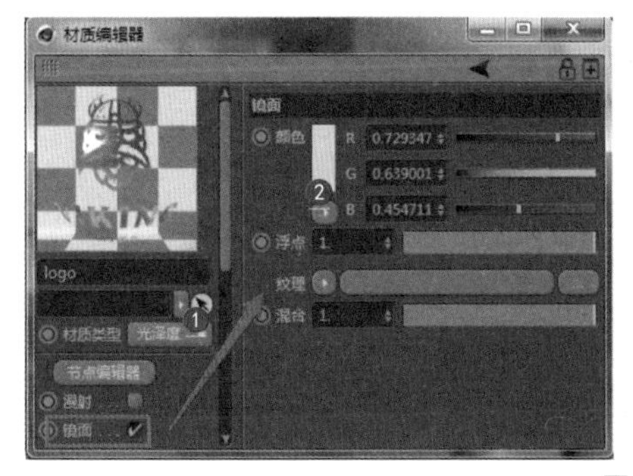

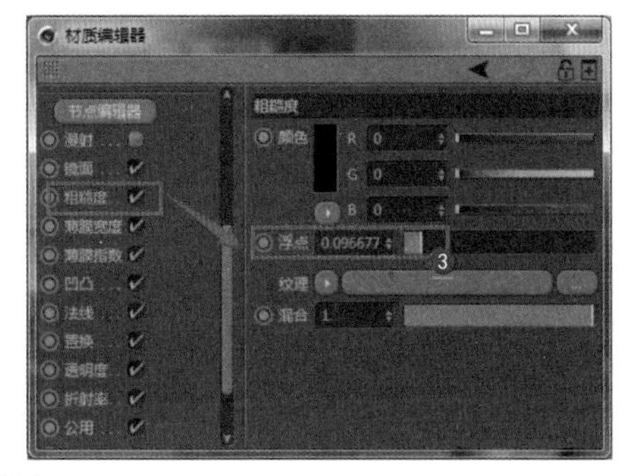

图 6.4

4 设置“透明度”通道为“图像纹理”❶，设置镂空贴图❷，如果没有产生镂空，则选择“反转”复选框❸（可将黑白反转），如图 6.5 所示。

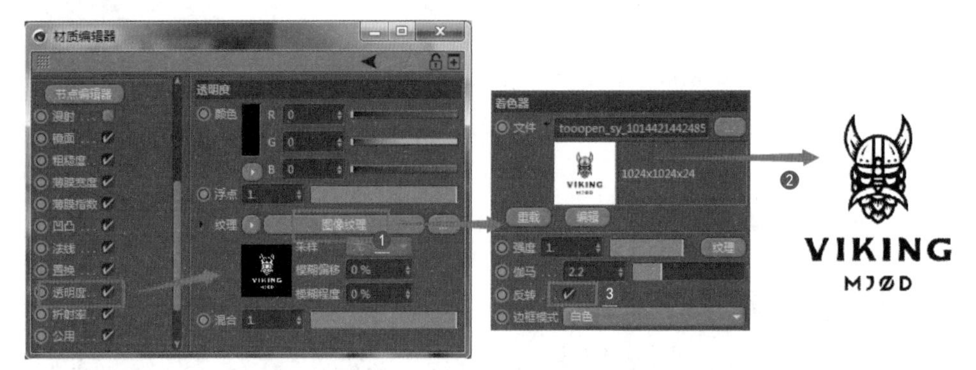

图 6.5

5 设置“折射率”为 1 ❶（1 可产生高亮度反射），选择要贴镂空字的区域，将金色材质赋给该区域❷，如图 6.6 所示。

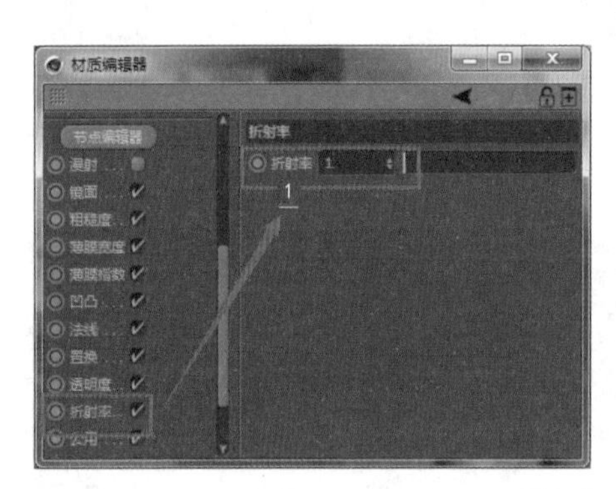
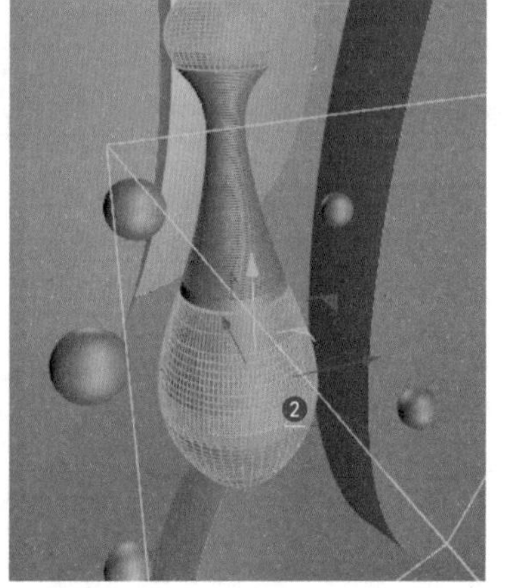

图 6.6

6 ❶为文字镂空效果，❷为最终渲染效果，如图 6.7 所示。

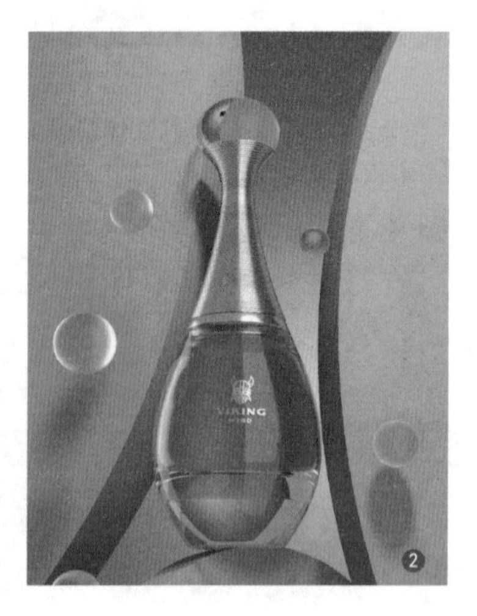

图 6.7

6.2 制作咖啡杯玻璃材质

本例制作咖啡杯玻璃材质，将利用凹凸贴图控制玻璃杯水汽痕迹，用混合材质配合贴图来区分咖啡液体和咖啡泡沫，效果如图 6.8 所示。

图 6.8

1 设置玻璃杯材质。设置材质类型为“镜面”❶，设置玻璃杯的“折射率”参数❷，在“凹凸”通道中添加“图像纹理”节点❸，设置凹凸贴图（表现水汽）❹，如图 6.9 所示。

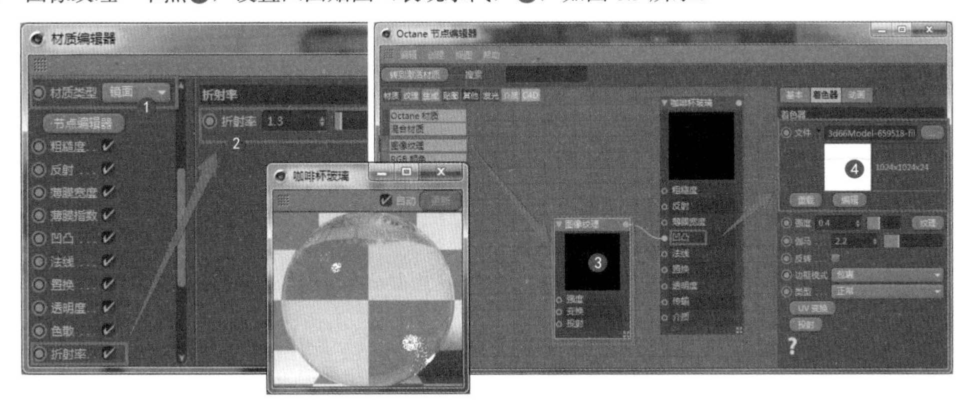

图 6.9

2 制作咖啡材质。新建一个“镜面”材质，在“漫射”通道中添加“图像纹理”节点❶，设置咖啡的泡沫贴图❷，如图 6.10 所示。

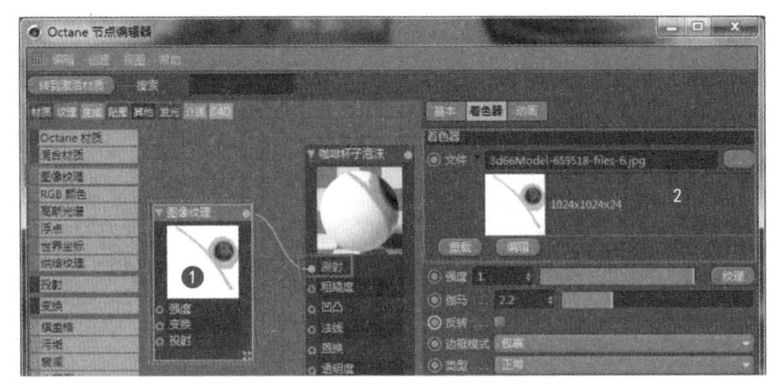

图 6.10

3 咖啡杯内的咖啡造型为❶，贴图展开后的效果为❷，然后绘制对应的咖啡贴图❸，如图 6.11 所示。

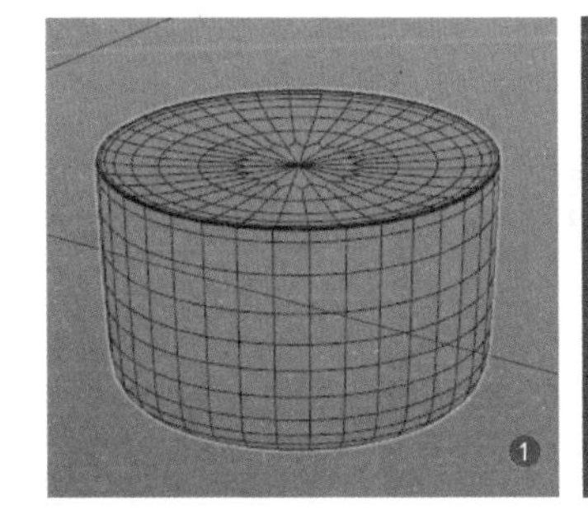

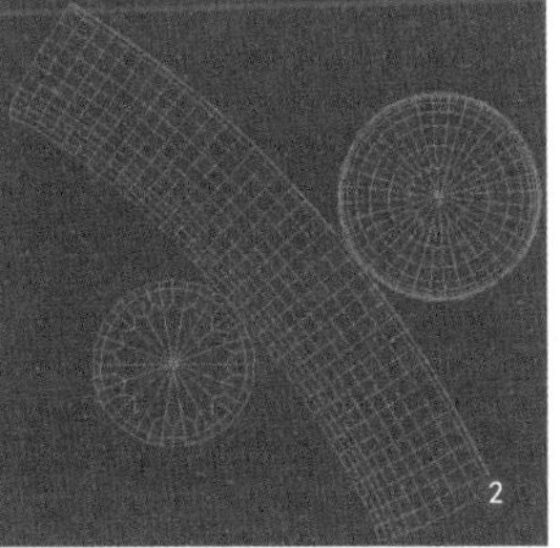

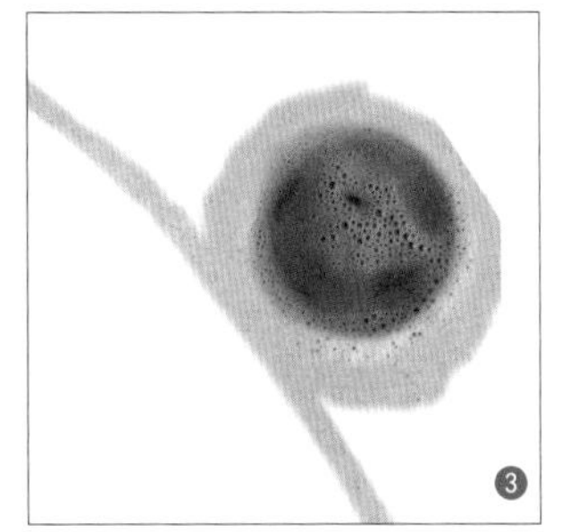

图 6.11

4 设置材质类型为“镜面”❶，设置“粗糙度”参数❷，设置“折射率”参数❸，如图 6.12 所示。

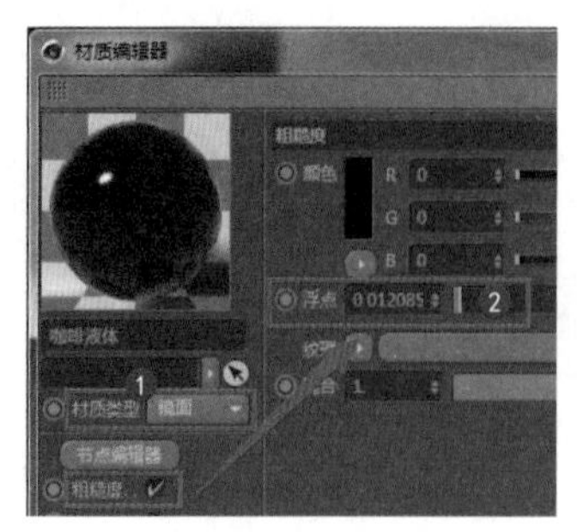
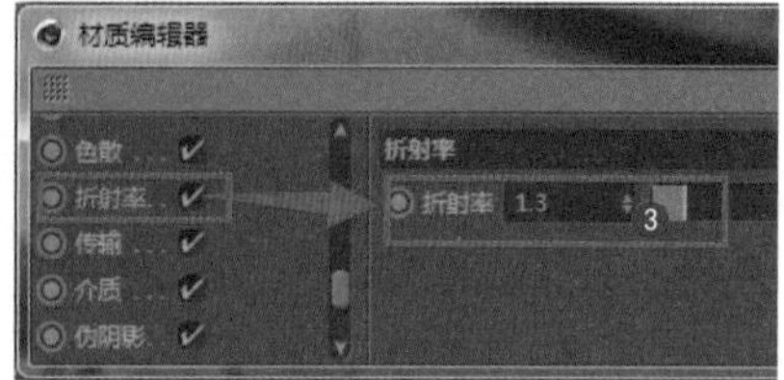

图 6.12

5 设置“传输”通道的“颜色”，如图 6.13 所示。

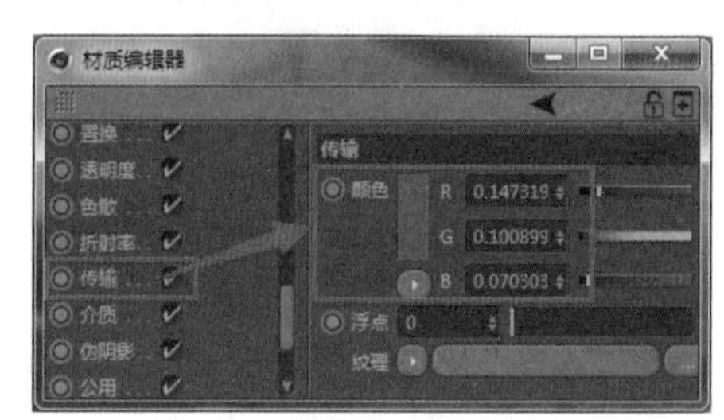

图 6.13

6 ❶为此时的咖啡渲染效果，新建一个混合材质❷，设置“材质 1”为咖啡液体材质，“材质 2”为咖啡杯子泡沫材质❸，设置混合贴图❹，如图 6.14 所示。

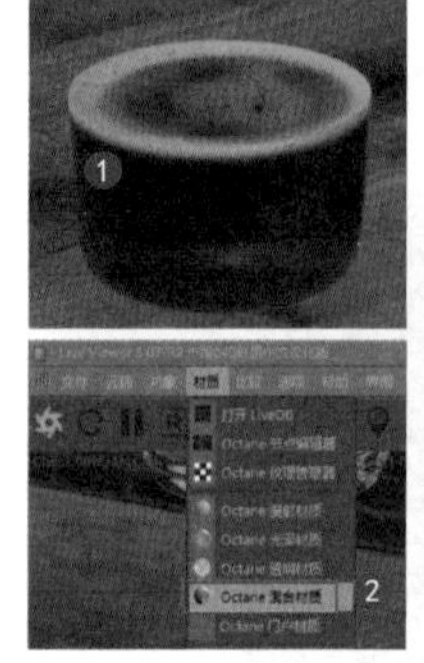
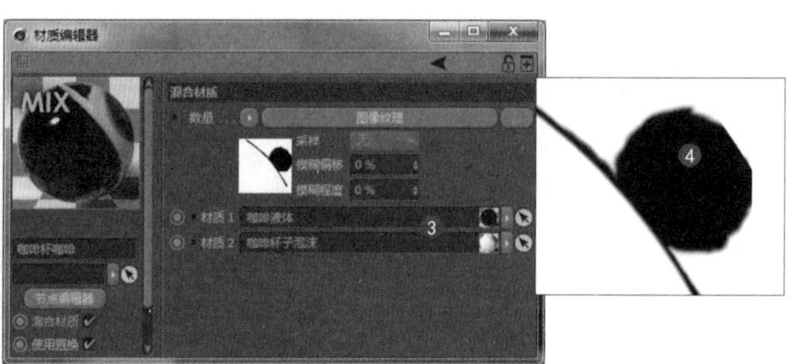

图 6.14

最终的渲染效果如图 6.15 所示。

图 6.15

6.3 制作绿色渐变玻璃瓶印花材质

本例制作绿色渐变玻璃瓶印花材质，将利用“传输”通道的渐变颜色来控制绿色玻璃的颜色，设置镂空金属色控制印花效果，选择要贴镂空贴图的网格体区域，单独给该区域赋印花材质，效果如图 6.16 所示。

图 6.16

工程：06\025.c4d

1 新建一个“镜面”材质（绿瓶材质）❶，设置“粗糙度”参数❷，设置“折射率”参数❸，如图 6.17 所示。

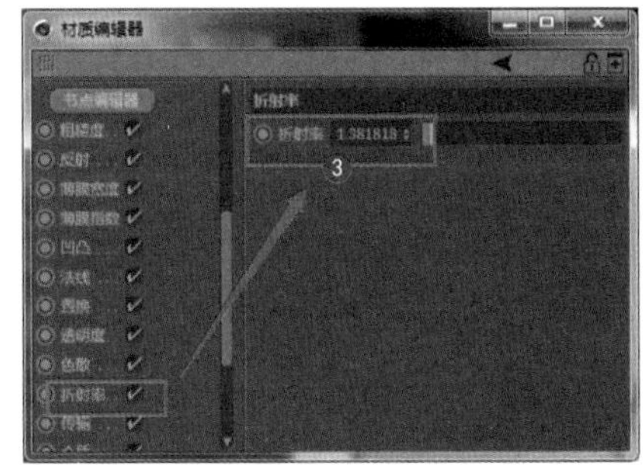

图 6.17

2 设置“传输”通道为“梯度”贴图（让玻璃产生渐变色）❶，设置梯度色为深绿到浅绿渐变❷，设置“纹理”为“衰减贴图”❸，设置衰减模式（产生法线到眼睛光线的衰减）❹，如图 6.18 所示。

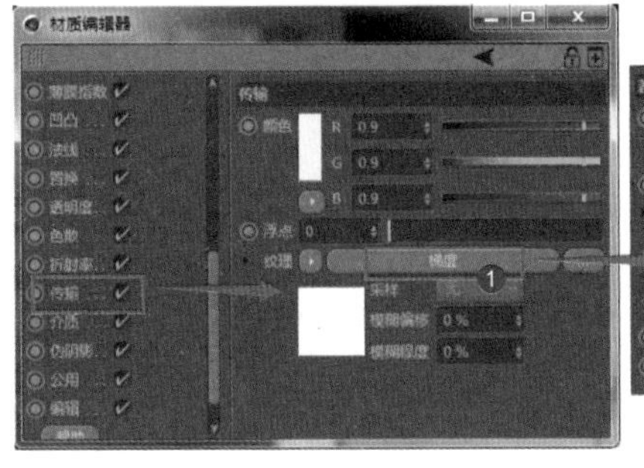

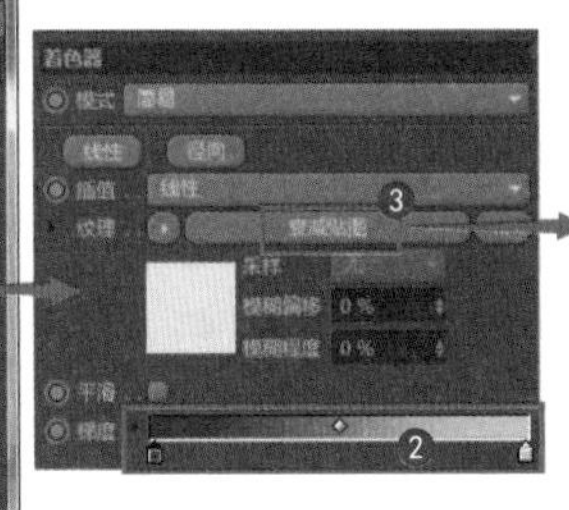

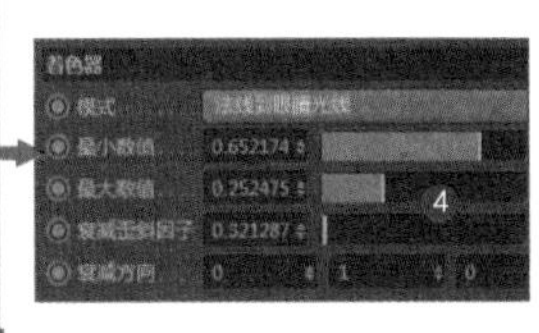

图 6.18

3 新建一个“光泽度”材质（瓶身上的金属贴图）❶，设置“镜面”反射❷，如图 6.19 所示。

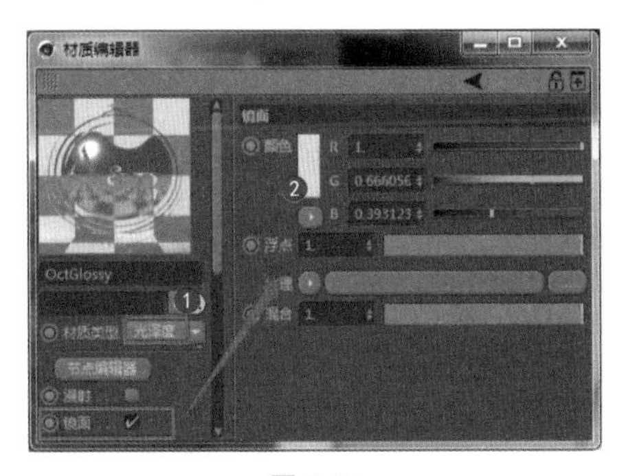

图 6.19

4 设置“粗糙度”参数，如图 6.20 所示。

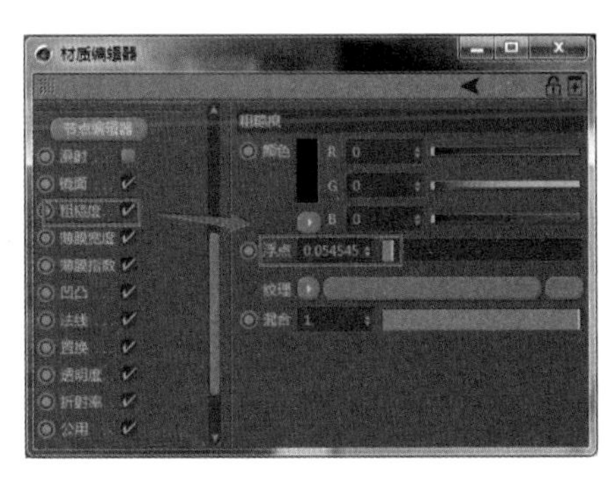

图 6.20

5 设置“透明度”通道为“图像纹理”❶，设置镂空贴图❷，如图 6.21 所示。

图 6.21

6 选择要贴镂空字的区域，将金属材质赋给该区域❶，❷为镂空花纹效果，如图 6.22 所示。

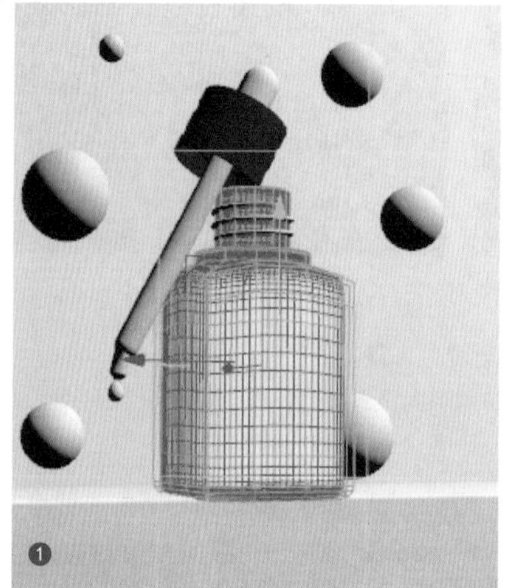

图 6.22

6.4 制作香水瓶磨砂材质

本例制作香水瓶磨砂材质，将利用粗糙度控制玻璃的表面，设置“传输”通道的香水颜色，用镂空贴图控制瓶身上的标志，效果如图 6.23 所示。

图 6.23

工程：06\026.c4d

1 新建一个“镜面”材质（白色玻璃瓶材质）❶，设置瓶身的表面“粗糙度”参数❷，设置瓶子玻璃的“折射率”参数❸，如图 6.24 所示。

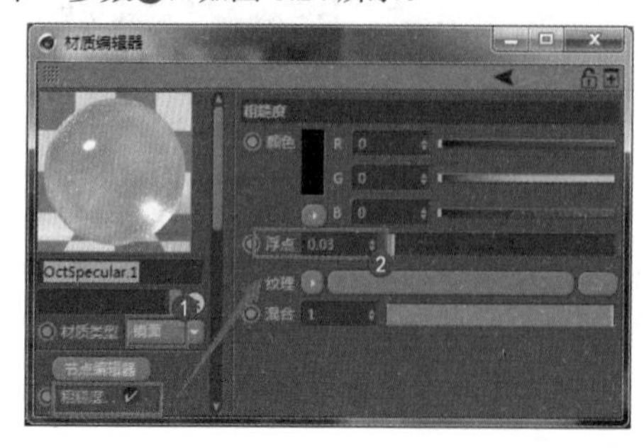

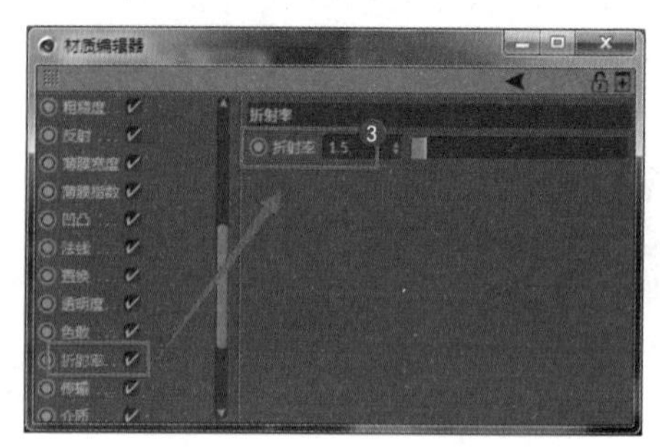

图 6.24

2 新建一个“镜面”材质（粉色液体材质）❶，设置香水的“粗糙度”参数❷，设置香水的“折射率”参数❸，如图 6.25 所示。

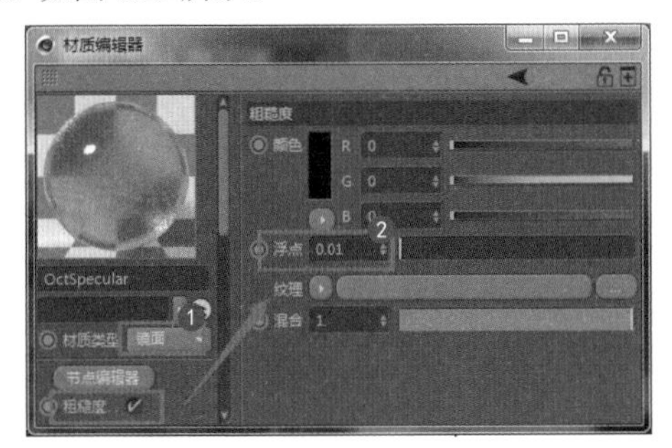

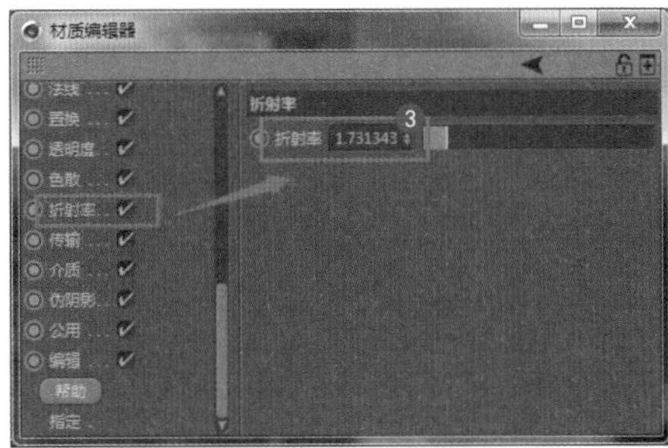

图 6.25

3 设置“传输”通道为粉色，如图 6.26 所示。

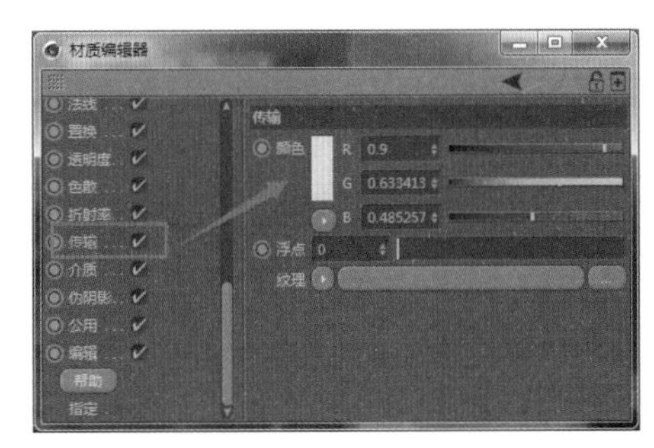

图 6.26

4 新建一个“光泽度”材质（瓶身上的 Logo 贴图）❶，设置“漫射”通道的“纹理”为“图像纹理”❷，设置纹理贴图❸，如图 6.27 所示。

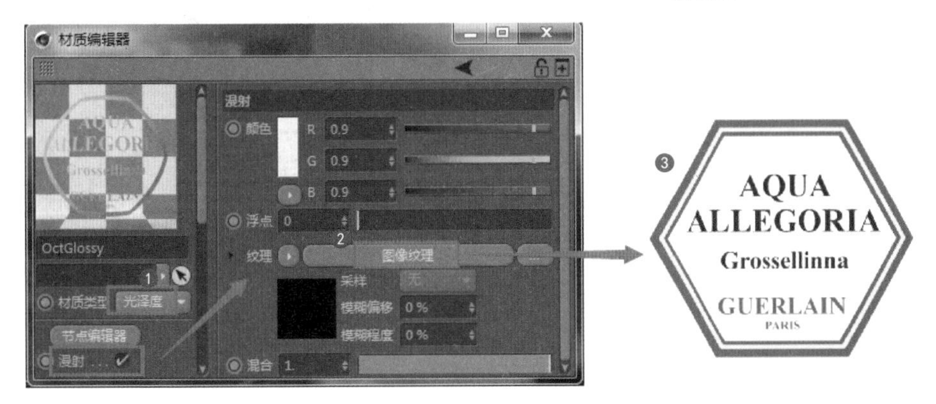

图 6.27

5 设置“透明度”通道的“纹理”为“图像纹理”❶，设置镂空贴图❷，设置贴图以外为黑色（目的是不产生连续贴图）❸，如图 6.28 所示。

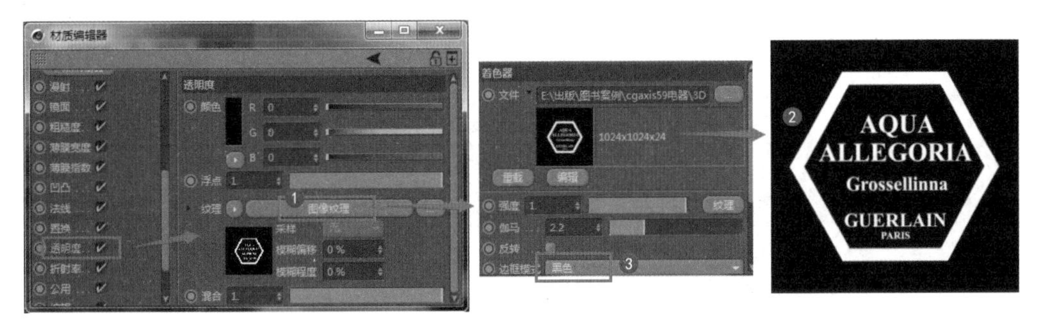

图 6.28

6 选择要贴镂空 Logo 的区域，将镂空材质赋给该区域❶，❷为镂空 Logo 效果，如图 6.29 所示。

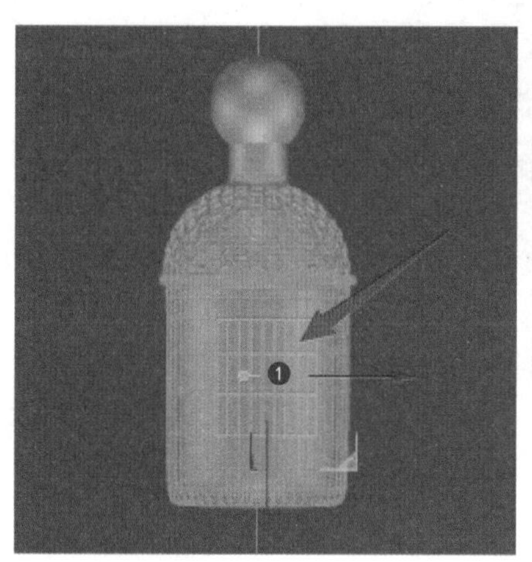

图 6.29

6.5 制作岩石材质

本例制作岩石材质，将利用“漫射”通道设置材质表面，设置置换贴图让材质表面产生凹凸效果，效果如图 6.30 所示。

图 6.30

1 新建一个“光泽度”材质❶，设置“漫射”通道的“纹理”为“相乘”❷，设置“纹理 1”为岩石表面贴图❸，设置“纹理 2”为岩石表面增强贴图❹，如图 6.31 所示。

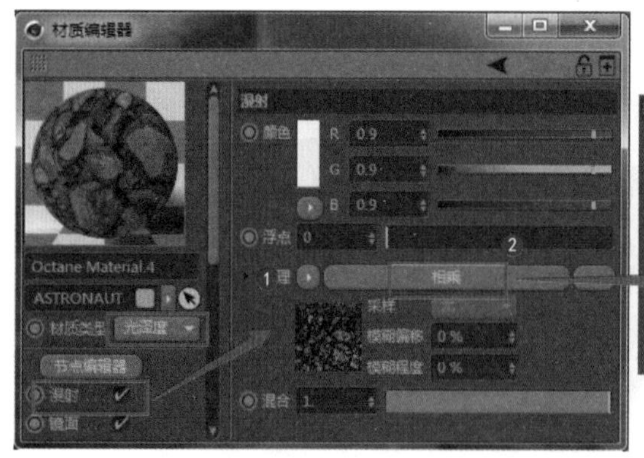

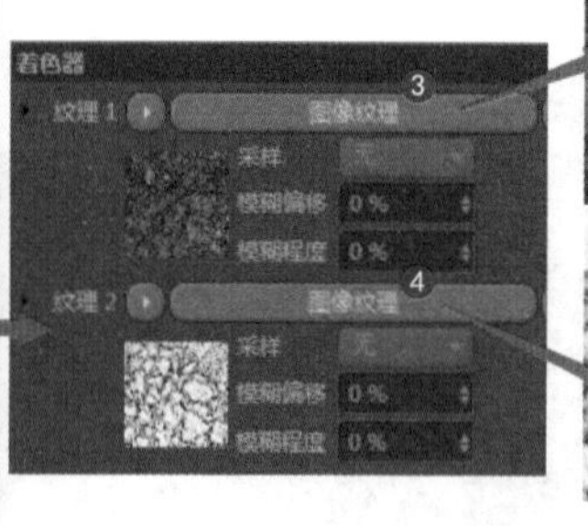

图 6.31

2 设置“镜面”通道的“纹理”为“图像纹理”❶，设置“镜面”纹理贴图❷，设置“伽马”值为2.2❸，如图6.32所示。

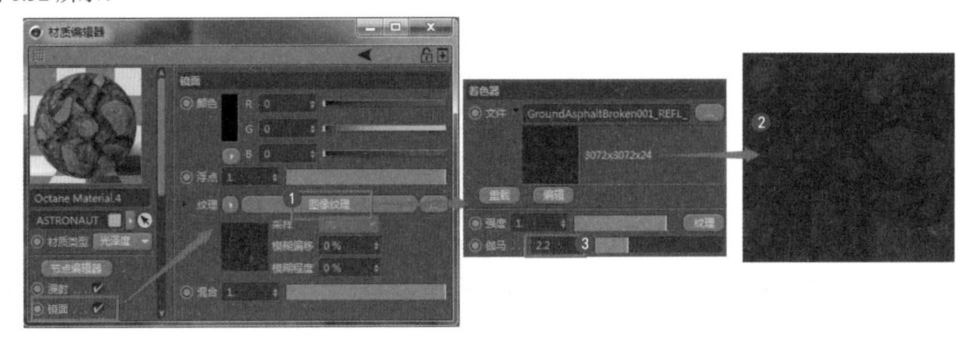

图 6.32

3 设置“粗糙度”通道的“纹理”为“图像纹理”❶，设置“粗糙度”通道纹理贴图❷，设置“伽马”值为2.2❸，如图6.33所示。

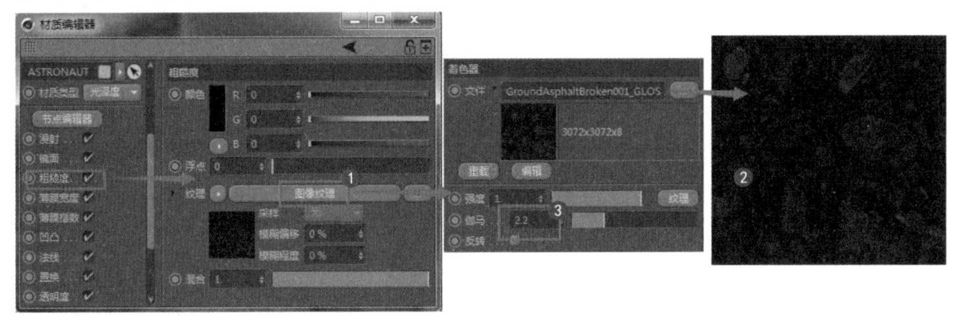

图 6.33

4 设置“法线”通道的“纹理”为“图像纹理”❶，设置法线贴图❷，如图6.34所示。

图 6.34

5 设置“置换”通道的“纹理”为“置换”❶，设置置换贴图❷，设置“数量”为50cm（产生强烈凹凸）❸，设置“细节等级”参数（产生细腻的纹理凹凸效果）❹，如图6.35所示。

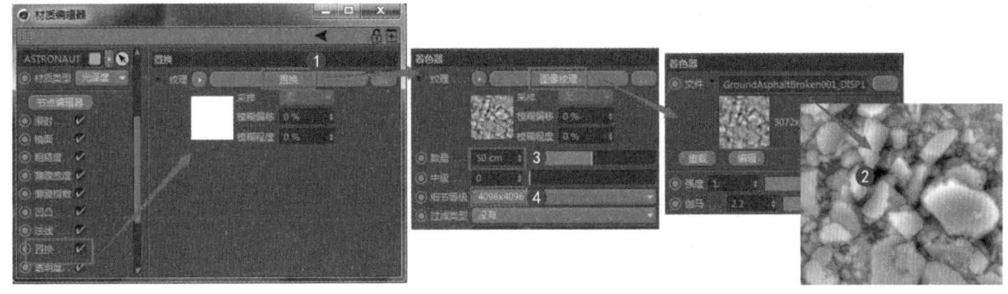

图 6.35

岩石的渲染效果如图 6.36 所示。

图 6.36

6.6 制作水曲柳材质

本例制作水曲柳材质，将利用漫射贴图和置换贴图制作木纹材质，设置镂空贴图制作 Logo 材质，效果如图 6.37 所示。

图 6.37

1 新建一个“光泽度”材质（木纹）❶，在“漫射”通道中设置“纹理”为“颜色校正”（控制木纹色调）❷，设置“纹理”为水曲柳贴图❸，设置木纹的“色相”和“饱和度”参数❹，如图 6.38 所示。

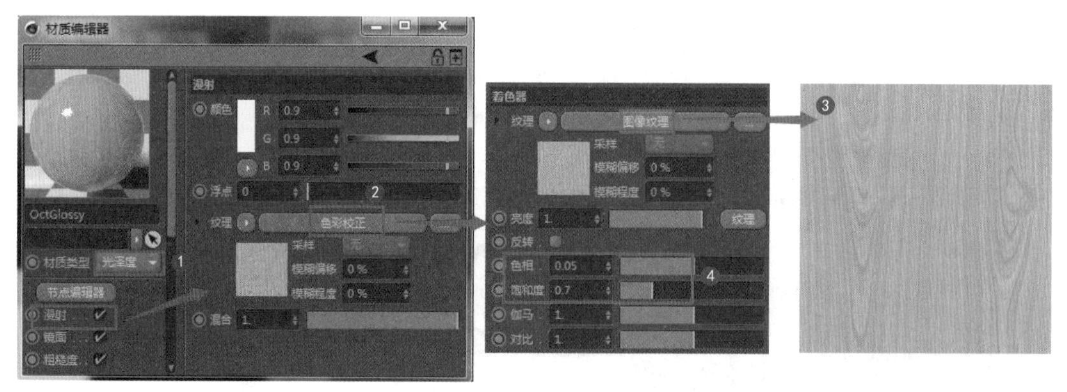

图 6.38

2 设置“置换”通道的“纹理”为“置换”❶，设置置换贴图（颜色越黑，凹凸强度越小）❷，设置置换的“数量”参数（高度）❸，设置“细节等级”参数（值越大细节越丰富，对内存要求越高）❹，如图 6.39 所示。

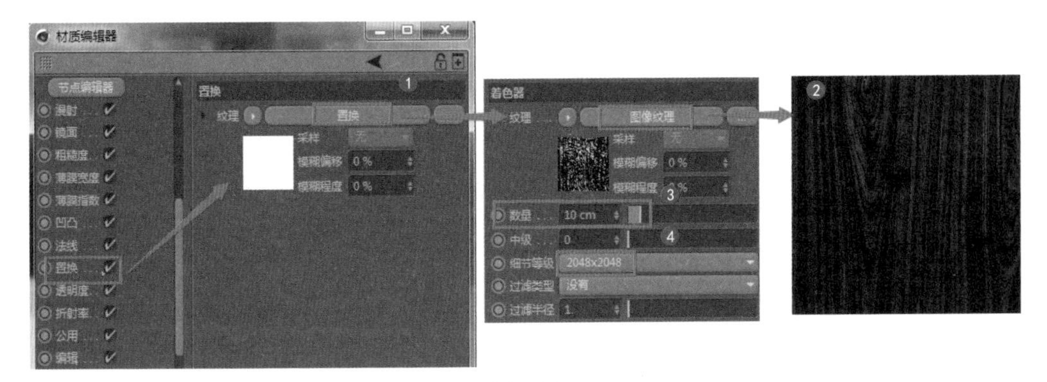

图 6.39

3 设置“折射率”参数❶，❷为木纹材质的渲染效果，如图 6.40 所示。

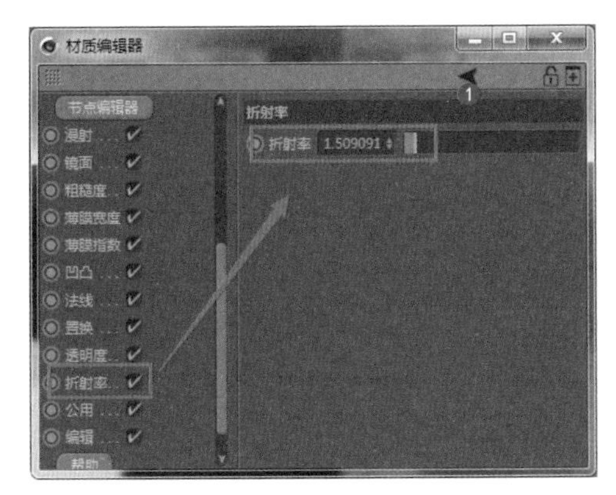

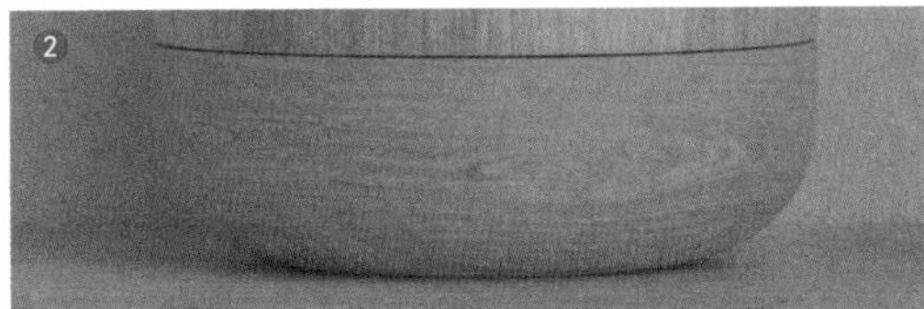

图 6.40

4 新建一个“光泽度”材质（镂空）❶，设置“粗糙度”参数❷，设置“折射率”参数（产生金属光泽）❸，如图 6.41 所示。

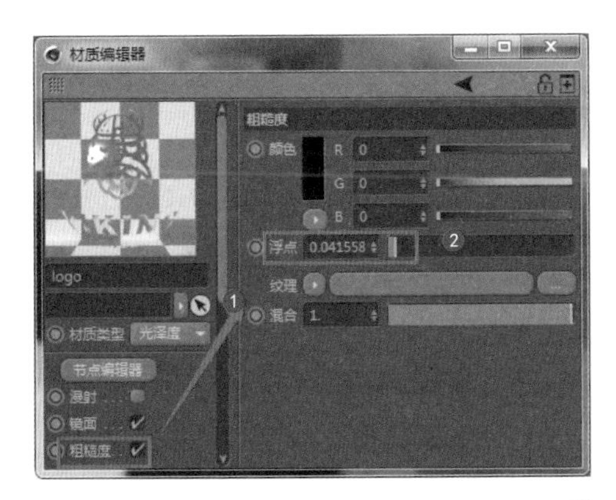

图 6.41

5 设置镂空贴图❶，设置贴图反转，黑色代表不透明，白色代表透明❷，如图 6.42 所示。

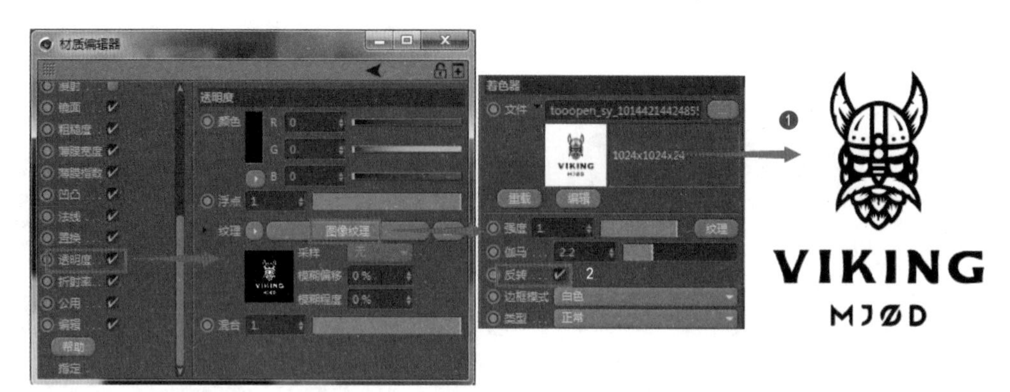

图 6.42

6 选择要贴 Logo 的区域，将材质赋给该区域❶，❷为最终渲染效果，如图 6.43 所示。

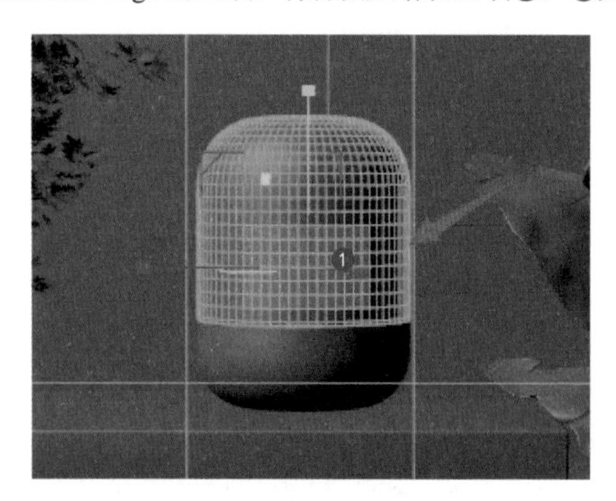

图 6.43

6.7 制作渐变玻璃材质

本例制作渐变玻璃材质，将利用粗糙度和折射率制作玻璃瓶材质，设置“传输”通道的渐变贴图制作香水材质，设置镂空贴图制作香水瓶上的标签，效果如图 6.44 所示。

图 6.44

1 新建一个“镜面”材质（玻璃瓶）❶，设置“粗糙度”参数❷，设置“折射率”参数❸，如图 6.45 所示。

图 6.45

2 新建一个镜面材质（香水）❶，设置“粗糙度”参数❷，如图 6.46 所示。

3 设置“传输”通道的“纹理”为“渐变”❶，设置香水的渐变色为粉色❷，如图 6.47 所示。

图 6.46

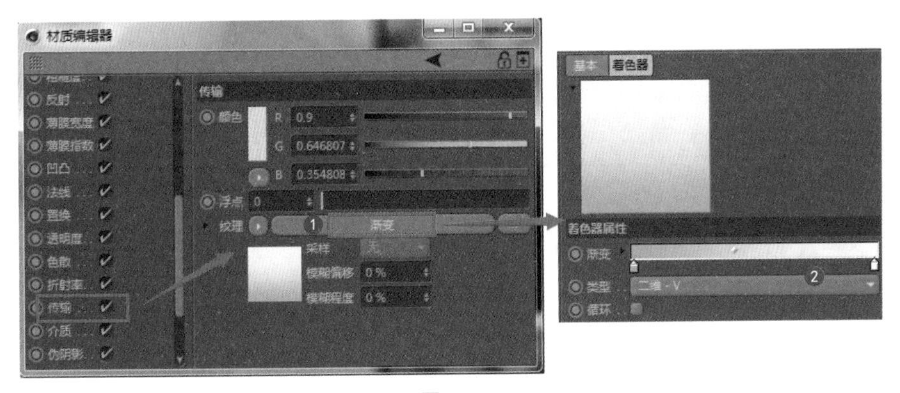

图 6.47

4 设置“折射率”参数，如图 6.48 所示。

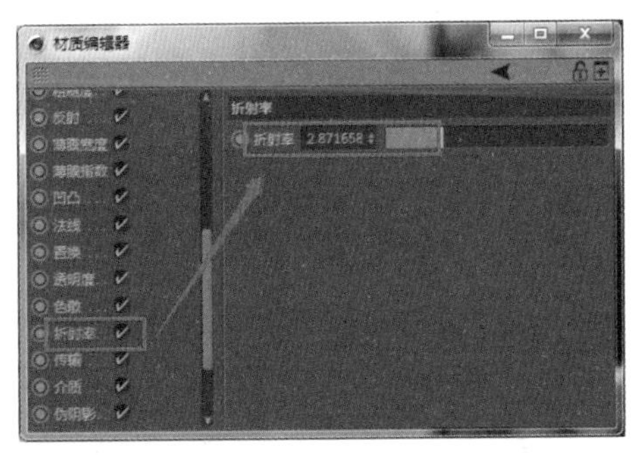

图 6.48

5 设置“介质”通道的“纹理”为“散射介质”❶，设置“密度”和“体积步长”参数（控制香水的透明效果）❷，设置“吸收”参数（控制香水的内部阴影）❸，设置“散射”参数（控制香水的透亮程度）❹，如图 6.49 所示。

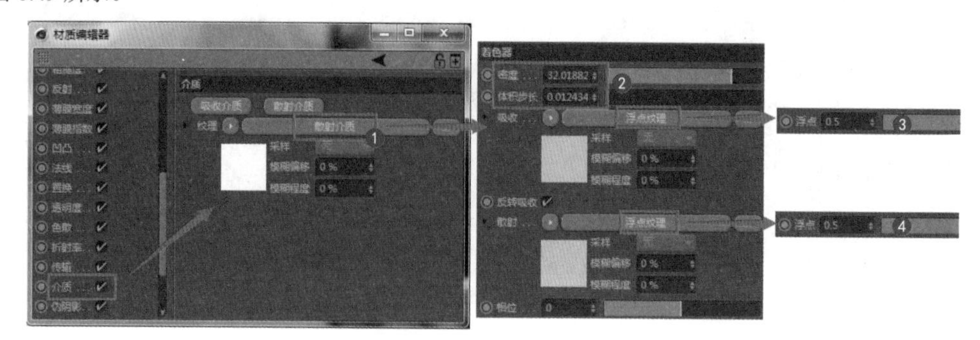

图 6.49

6 在“发光”通道中设置类型为“纹理发光”（让香水更透亮）❶，设置“纹理”为“渐变”贴图❷，如图 6.50 所示。

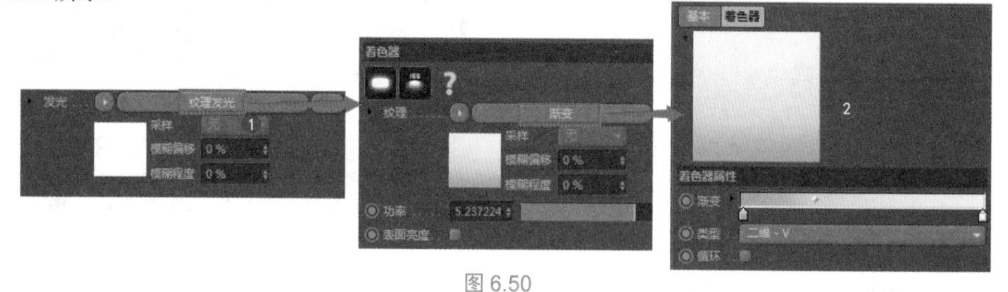

图 6.50

7 新建一个“镜面”材质（香水瓶的镂空贴图）❶，设置“镜面”通道为淡黄色（金色）❷，如图 6.51 所示。

图 6.51

8 在“透明度”通道中设置镂空贴图❶，选择“反转”复选框（白色部分透明，黑色部分不透明）❷，如图 6.52 所示。

图 6.52

9 设置“折射率”参数，如图 6.53 所示。

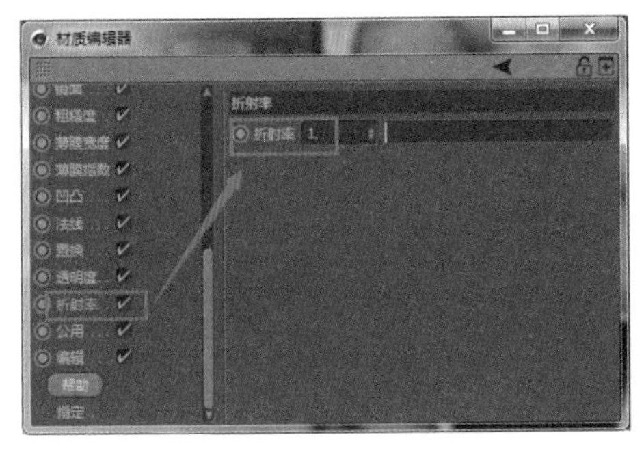

图 6.53

10 选择香水瓶要贴标签的多边形，将镂空材质赋给该区域❶，❷为最终的渲染效果，如图 6.54 所示。

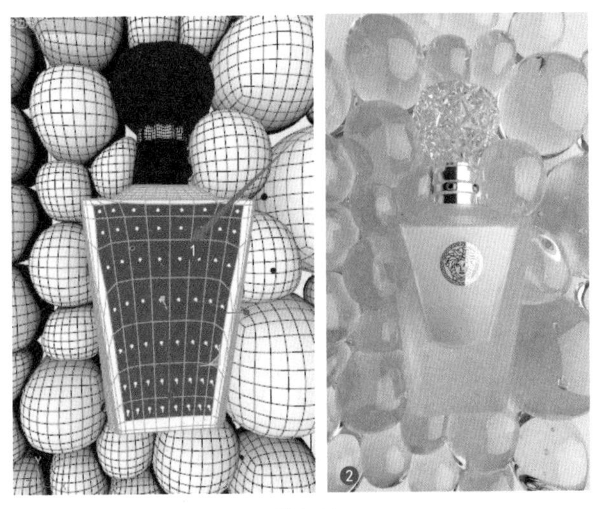

图 6.54

6.8 制作萤火虫发光材质

本例制作萤火虫发光材质，将利用镂空贴图制作瓶盖和瓶身 Logo，用发光贴图制作瓶内发光体，用克隆方式分布发光体，效果如图 6.55 所示。

图 6.55

1 新建一个“光泽度”材质（瓶盖）❶，设置“镜面”通道的“颜色”为玫瑰金❷，设置“粗糙度”参数❸，如图 6.56 所示。

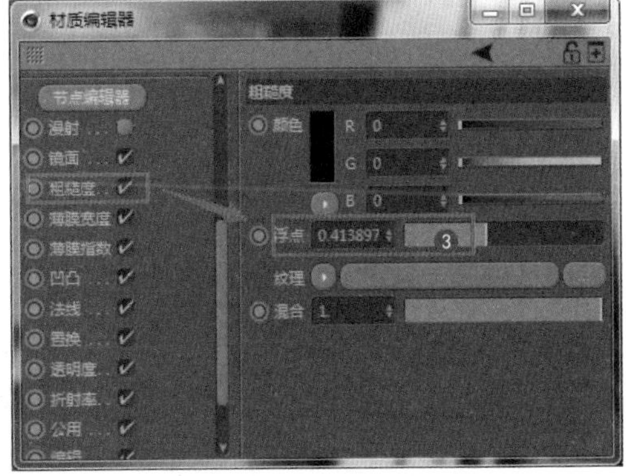

图 6.56

2 设置“折射率”参数，如图 6.57 所示。

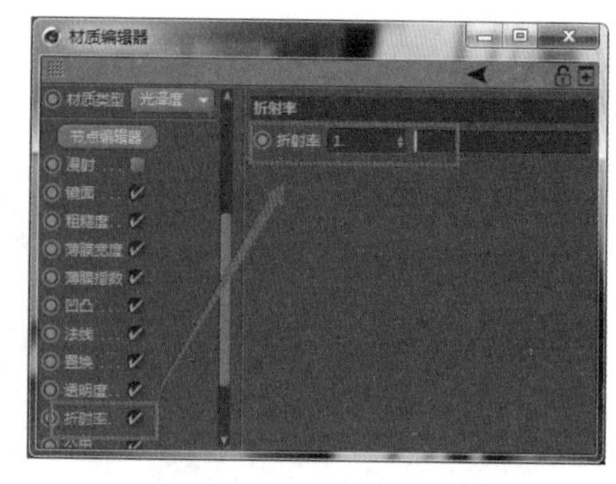

图 6.57

3 复制一个瓶盖材质，设置“透明度”通道的“纹理”为“图像纹理”❶，设置镂空贴图❷，如图 6.58 所示。

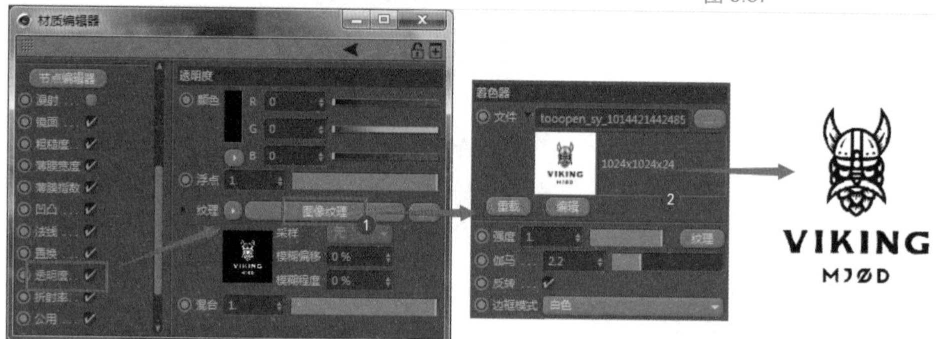

图 6.58

4 选中瓶盖 Logo 区域的面片，将镂空贴图赋给该区域❶，❷为瓶盖渲染效果，如图 6.59 所示。

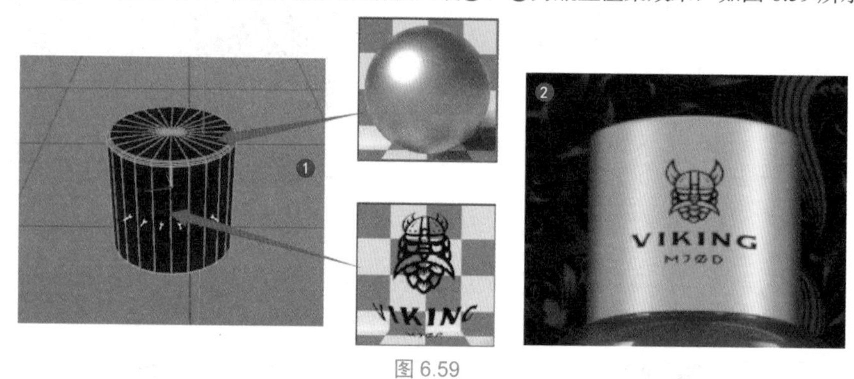

图 6.59

5 新建一个“镜面”材质（瓶身）❶，设置“薄膜宽度”参数（产生彩虹镀膜颜色）❷，设置“折射率”参数❸，如图 6.60 所示。

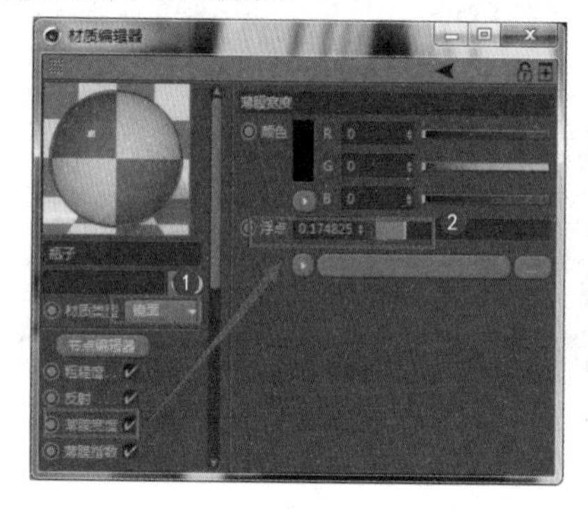

图 6.60

6 设置“传输”通道的“纹理”为“梯度”❶，设置梯度颜色为蓝色渐变，纹理为“衰减贴图”❷，如图 6.61 所示。

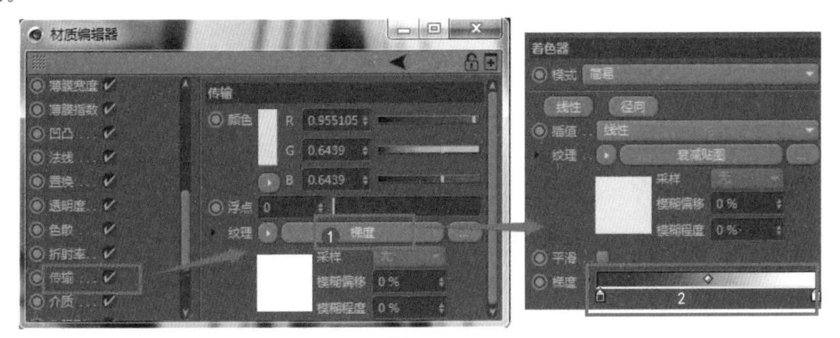

图 6.61

7 新建一个“光泽度”材质（瓶身 Logo）❶，设置“镜面”通道的颜色为淡黄色❷，设置“折射率”参数❸，如图 6.62 所示。

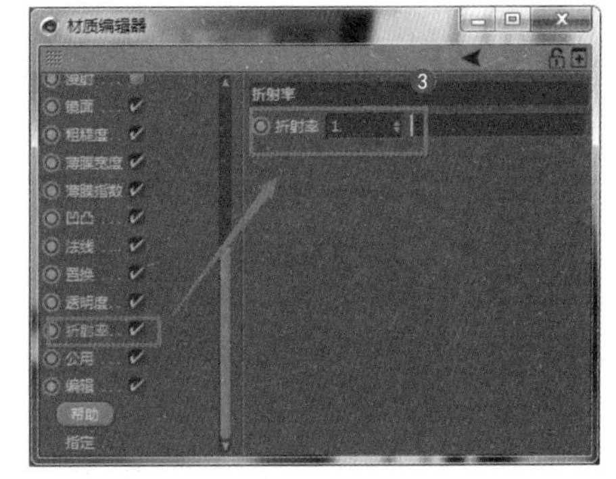

图 6.62

8 设置“粗糙度”参数，如图 6.63 所示。

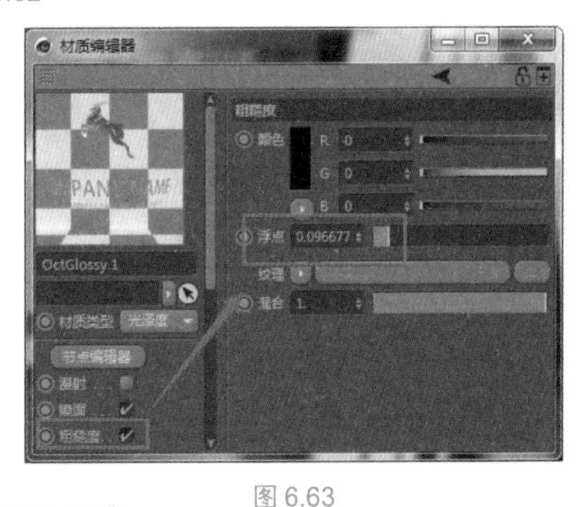

图 6.63

9 设置“透明度”通道的“纹理”为“图像纹理”❶，设置镂空贴图❷，如图 6.64 所示。

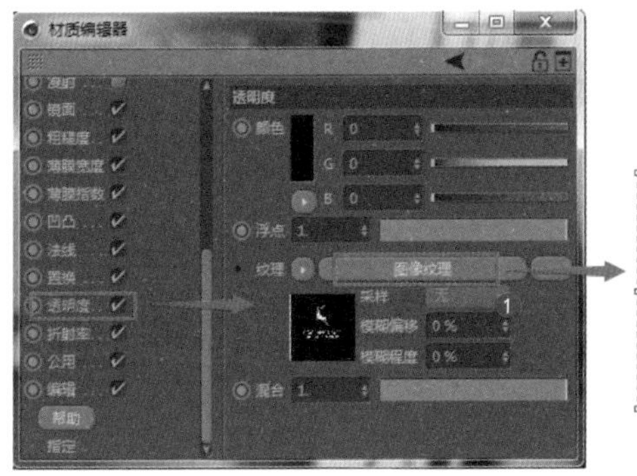

图 6.64

10 将玻璃材质赋给瓶身模型❶，选中标签区域，将 Logo 材质赋给该区域❷，❸为瓶身渲染效果，如图 6.65 所示。

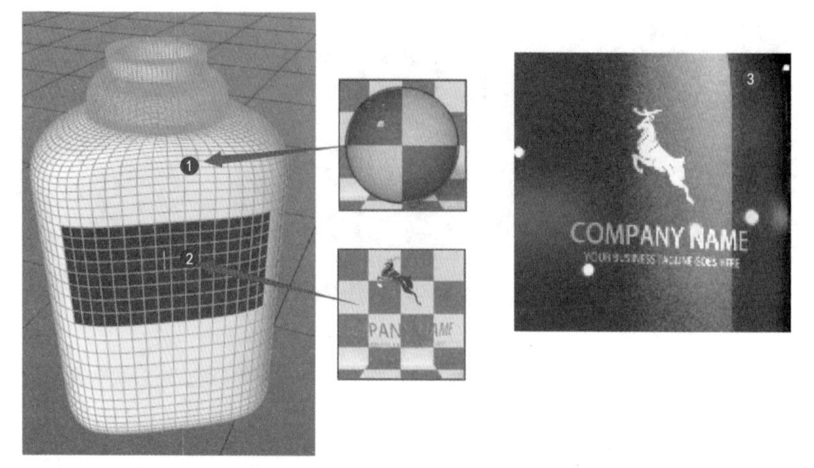

图 6.65

11 新建一个“镜面”材质（瓶内液体）❶，设置“粗糙度”参数❷，设置“传输”通道的“颜色”为橘色❸，如图 6.66 所示。

图 6.66

12 新建一个“漫射”材质（发光体）❶，在“发光”通道中设置“纹理”为“黑体发光”❷，设置“色温”参数（较低的值可产生暖色发光）❸，如图 6.67 所示。

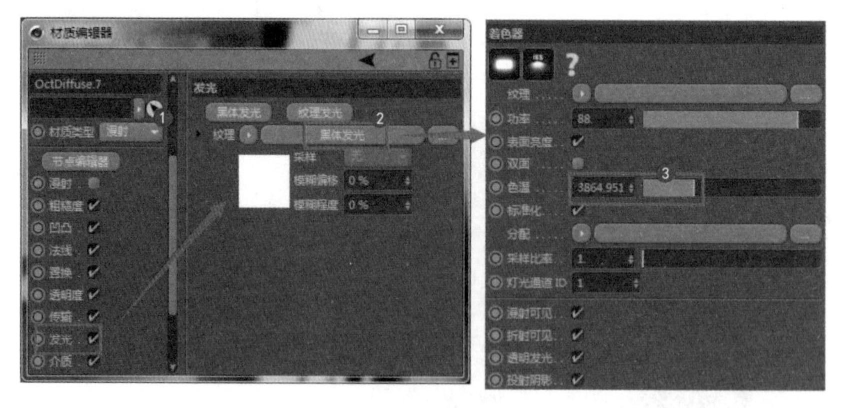

图 6.67

13 新建一个发光球体，选择球体，按住【Ctrl】键的同时选择“运动图形”→“克隆”命令❶，在“对象”面板中，将“模式”设置为“对象”❷，将液体模型拖到“对象”区域（在液体区域分布发光球体）❸，设置发光球体的“数量”❹，如图 6.68 所示。

图 6.68

6.9 制作瓶内发光体材质

本例制作瓶内发光体材质，将利用散射介质属性设置香水液体，设置瓶体镂空 Logo 效果，设置发光球体产生混合效果，效果如图 6.69 所示。

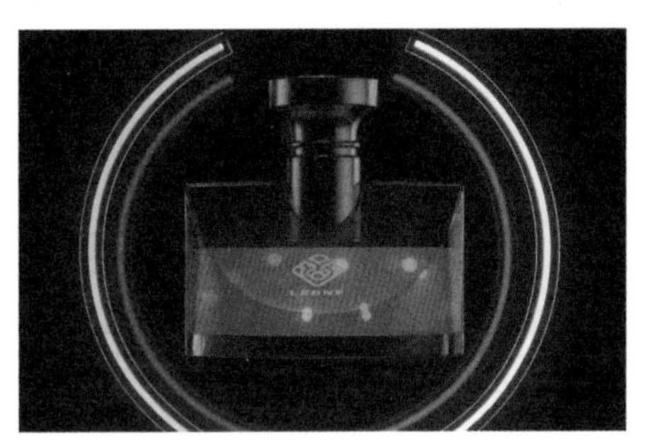

图 6.69

1 新建一个“镜面”材质（瓶内液体）❶，设置“粗糙度”参数❷，设置“折射率”参数❸，如图 6.70 所示。

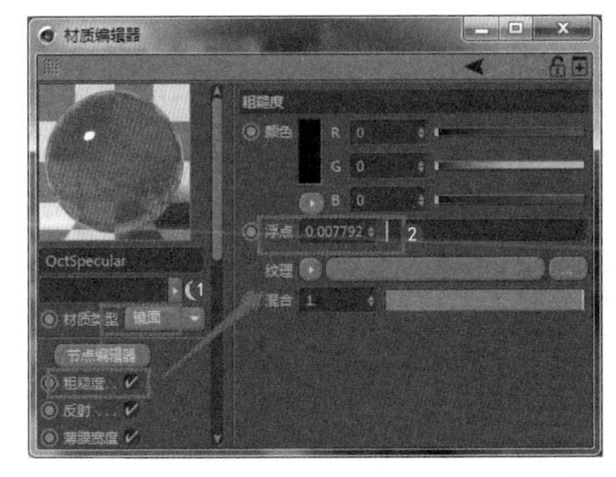

图 6.70

2 设置“传输”通道的“纹理”为“梯度”❶，设置“梯度”为红色渐变（香水渐变色）❷，设置梯度“纹理”为“衰减贴图”❸，设置衰减参数（让香水液体产生过渡色）❹，如图 6.71 所示。

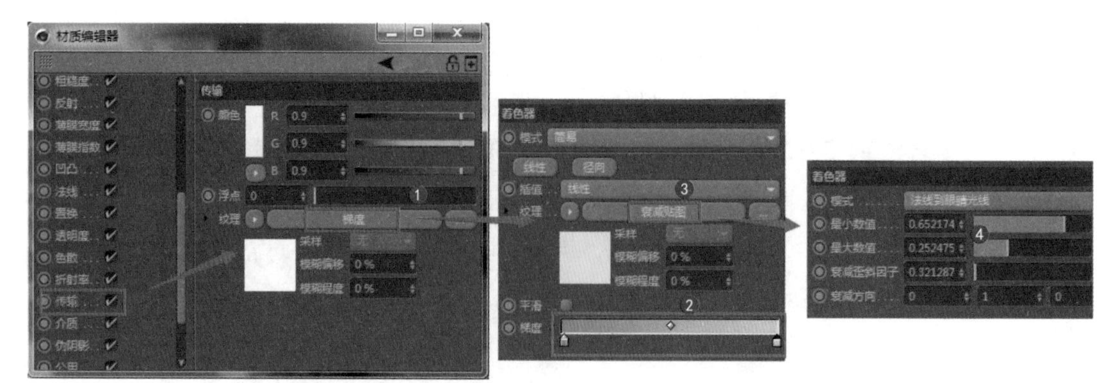

图 6.71

3 设置“介质”通道的“纹理”为“散射介质”❶，设置“密度”和“体积步长”参数（产生散射效果）❷，设置“吸收”参数（模拟浑浊液体的透色效果）❸，设置“散射”参数（模拟浑浊液体的透光效果）❹，如图 6.72 所示。

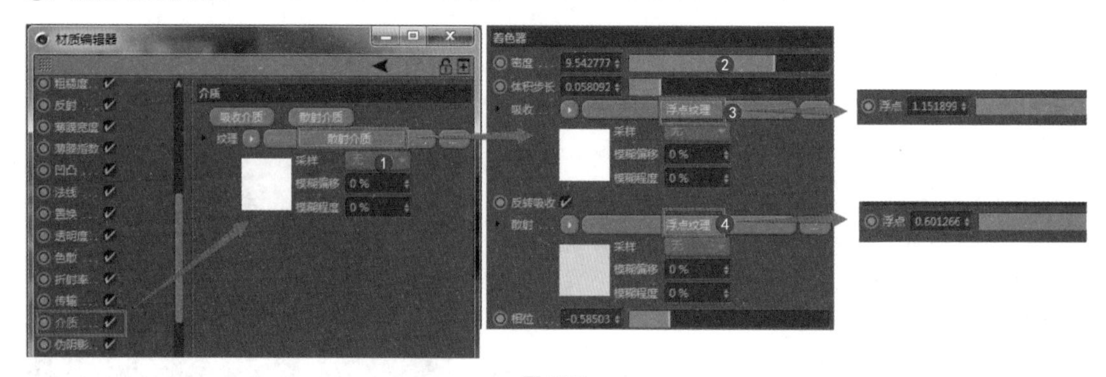

图 6.72

4 设置“发光”通道的贴图为“纹理发光”（让液体更透亮）❶，设置“纹理”为“RGB 颜色”（红色）❷，设置较低的“功率”值（让液体自发光不要太强）❸，如图 6.73 所示。

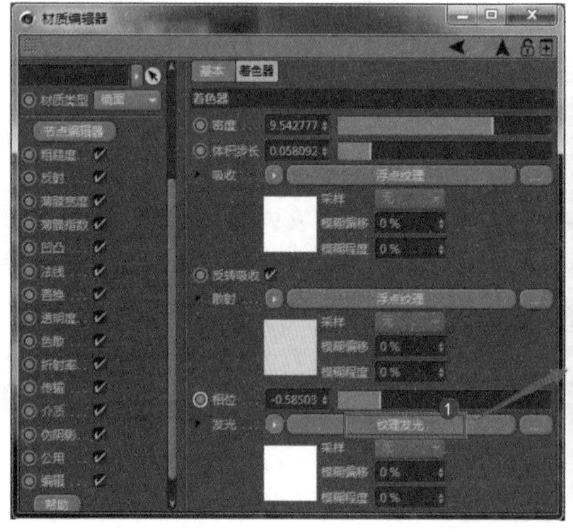

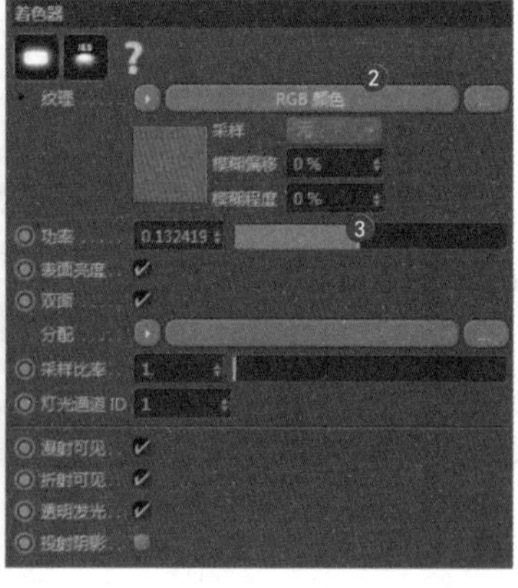

图 6.73

5 新建一个“镜面”材质（香水玻璃瓶）❶，设置“传输”通道的“纹理”为“梯度”（用梯度来控制颜色强度）❷，设置亮度较高的渐变色（白色代表强度较高）❸，设置“纹理”为“衰减贴图”❹，设置衰减参数❺，如图 6.74 所示。

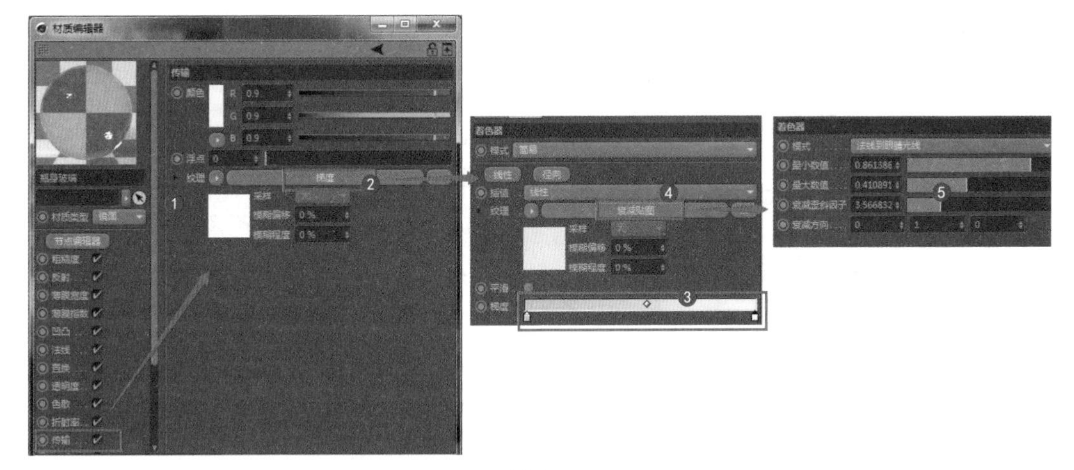

图 6.74

6 新建一个“光泽度”材质（镂空 Logo）❶，设置“镜面”通道的“颜色”为淡黄色（模拟金属）❷，如图 6.75 所示。

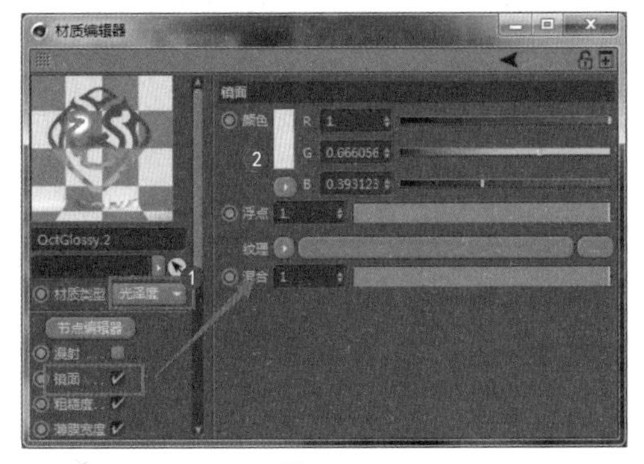

图 6.75

7 设置“粗糙度”参数，如图 6.76 所示。

图 6.76

8 设置“透明度”通道的“纹理”为“图像纹理”❶，设置镂空贴图❷，选择“反转”复选框设置 Logo 反向，可将图像黑白反转❸，如图 6.77 所示。

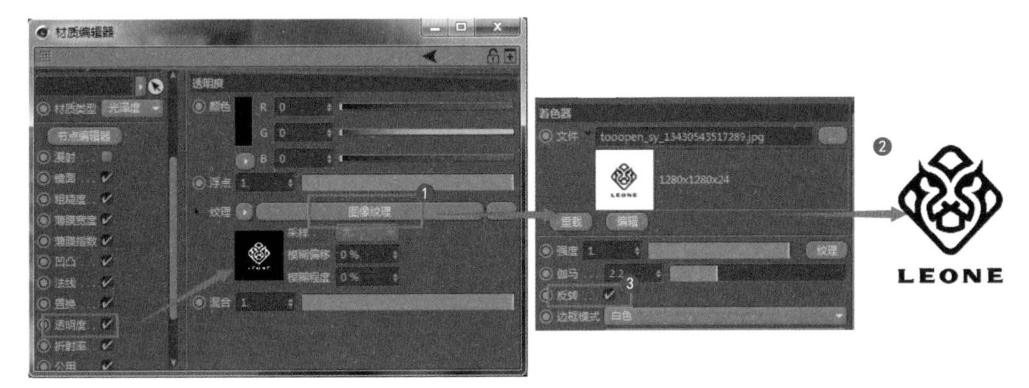

图 6.77

9 新建一个“漫射”材质（发光体），设置“发光”通道的“纹理”为“纹理发光”❶，设置“纹理”为“RGB 颜色”（黄色）❷，设置发光的“功率”参数❸，❹为最终的渲染效果，如图 6.78 所示。

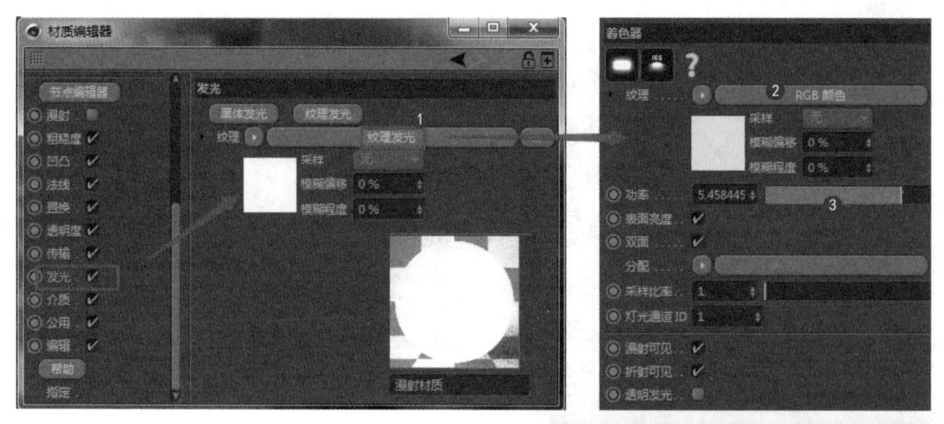

图 6.78

第7章

Octane 混合材质应用

本章导读

本章学习混合材质的应用，混合材质可以将两种材质以各种方式进行叠加，可以控制物体的混合贴图，该贴图既可以是图像纹理，也可以是程序纹理，如污垢贴图、菲涅耳贴图等。如果想让两种以上的贴图进行混合，可以将混合材质进行套用，这样可以产生无数种材质混合效果。

知识点 \ 学习目标	了解	理解	应用	实践
Octane 混合材质	√	√		
漫射材质混合类型			√	√
光泽度材质混合类型			√	√
镜面材质混合类型			√	√

7.1 制作高亮点反射金字材质

本例将利用镜面反射和磨砂点阵制作瓶子材质，用混合材质制作高反射亮点瓶身，并用混合材质再次混合瓶身和金字材质，如图 7.1 所示。

图 7.1

1 新建一个"光泽度"材质❶（红色瓶身镜面材质），设置瓶身镜面反射的颜色❷，设置高亮镜面的"折射率"参数❸，如图 7.2 所示。

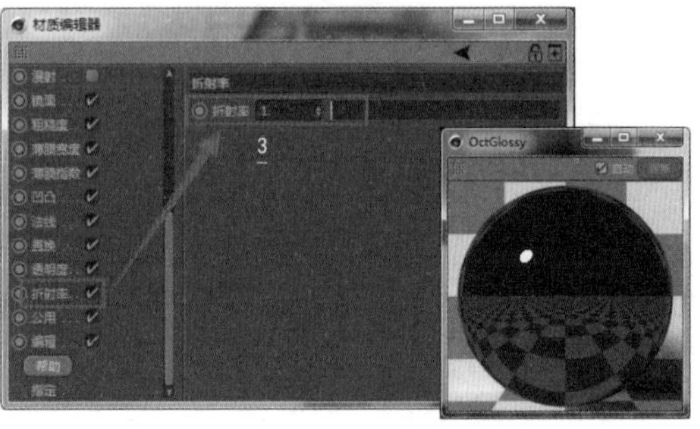

图 7.2

2 新建一个"光泽度"材质❶（瓶身表面的亮点材质），设置"镜面"通道为"图像纹理"❷，设置杂点贴图❸，将杂点贴图缩小，如图 7.3 所示。"镜面"通道的高光很特别，为了表现金属的质感，这里的高光设计得比较尖锐，反差比较强烈。但是与周围区域也存在快速过渡区，甚至可能发生高光内反现象，可以理解为高光产生了一种在最亮处变暗，反而次亮处成为最亮的效果。

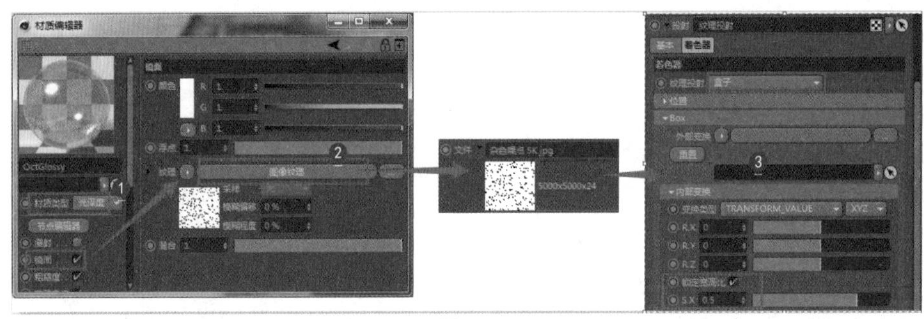

图 7.3

3 设置"粗糙度"参数❶，设置亮点的"透明度"参数❷，如图 7.4 所示。利用"透明度"属性可以制作玻璃或半透明的材质，同时可以利用贴图控制透明来表现一些结构非常复杂的模型和效果，如球网、纱窗、栏杆、烟雾、火焰等，这些效果是使用其他方法无法达到的。

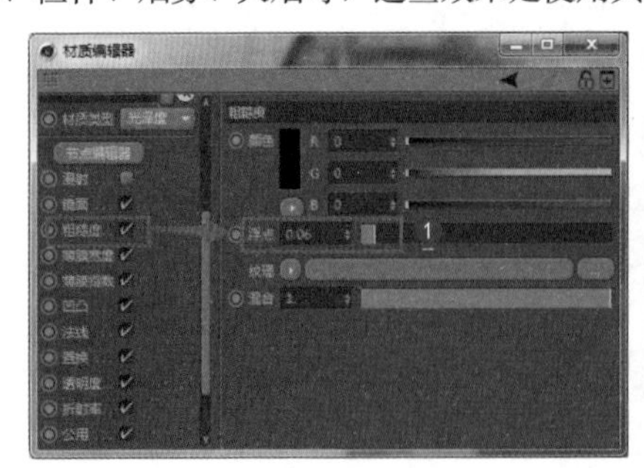

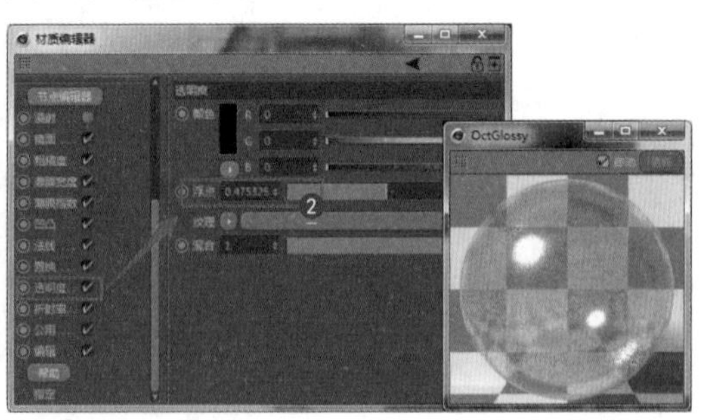

图 7.4

4 新建一个混合材质❶（用于混合红色镜面材质和亮点材质），设置“材质 1”为亮点材质❷，设置“材质 2”为红色瓶身镜面材质❸，如图 7.5 所示。

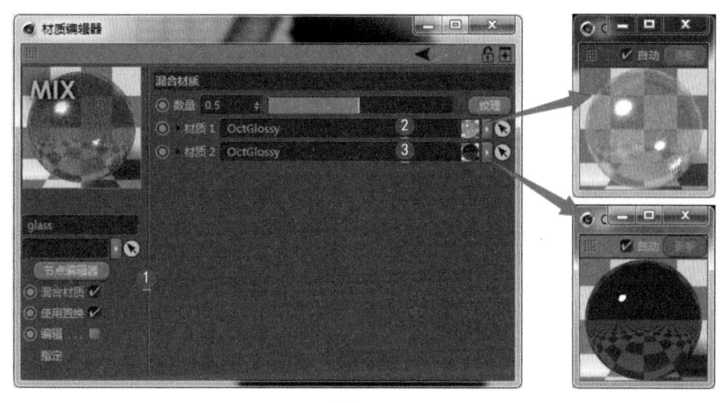

图 7.5

5 设置混合方式为“梯度”材质❶，设置梯度方式为“菲涅耳（Fresnel）”❷，混合后的材质效果为❸，如图 7.6 所示。菲涅耳基于折射率（IOR）的调整，在面向视图的曲面上产生暗淡反射，在有角的面上产生较明亮的反射，能够产生类似玻璃面上的高光的效果。

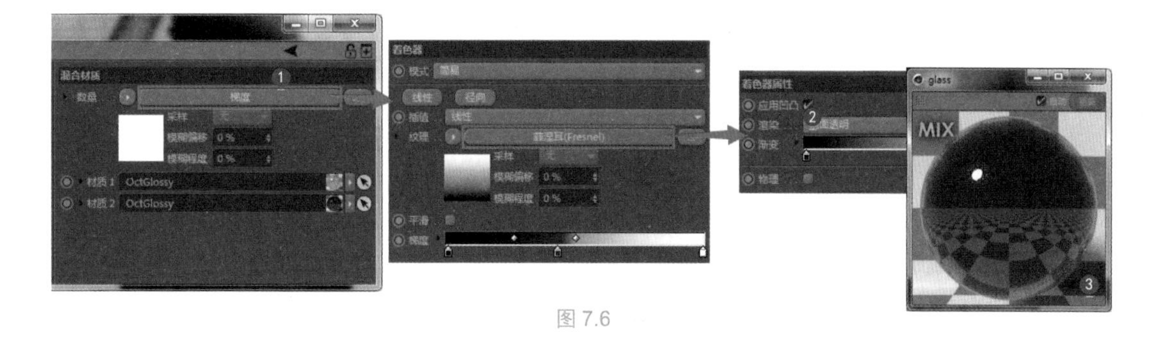

图 7.6

6 新建一个“光泽度”材质❶（金字的材质），设置镜面反射为暗黄色❷（模拟玫瑰金色），如图 7.7 所示。

图 7.7

7 设置“粗糙度”参数❶，设置“折射率”参数❷（值为 1 时可产生高亮度镜面效果），如图 7.8 所示。

图 7.8

8 新建一个混合材质❶，设置“材质 1”为刚才制作的混合材质❷，设置“材质 2”为玫瑰金材质❸，如图 7.9 所示。

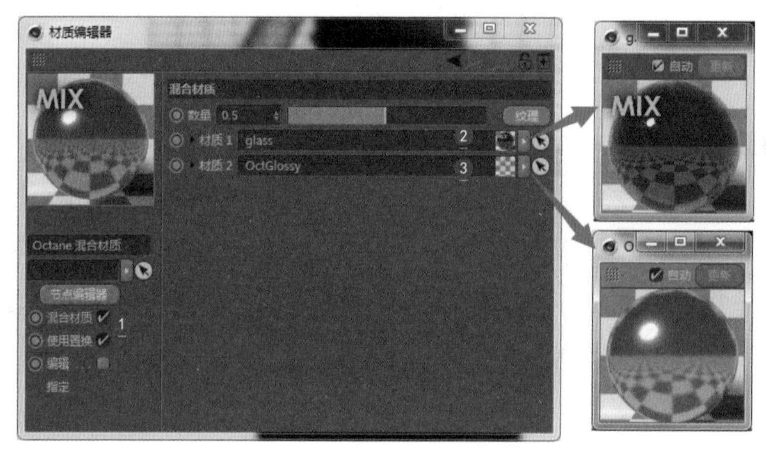

图 7.9

9 设置混合方式为“图像纹理”❶，图像纹理贴图为❷，反转贴图❸（利用黑白效果设置金字），如图 7.10 所示。

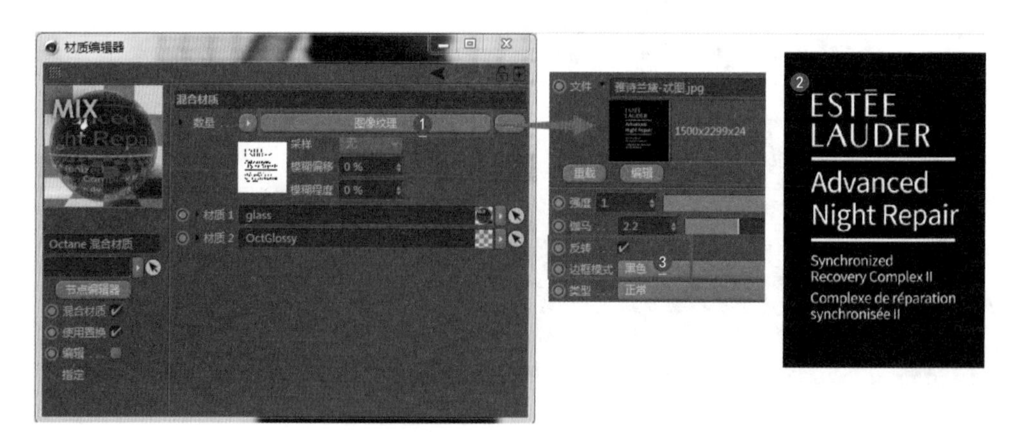

图 7.10

7.2 制作做旧金属材质

下面制作做旧金属材质。本例将制作生锈的斑驳金属，制作高亮的划痕金属，并用污垢贴图将两个材质进行混合，如图 7.11 所示。

工程：07\041.c4d

图 7.11

1 新建一个"光泽度"材质（这里制作深色锈痕金属）❶，设置"漫射"通道的"颜色"为褐色❷，设置"镜面"通道的贴图为"图像纹理"❸，设置划痕贴图❹，如图 7.12 所示。

图 7.12

2 设置金属的"粗糙度"参数❶，设置"凹凸"通道的贴图为"图像纹理"❷，设置划痕贴图❸，如图 7.13 所示。

图 7.13

3 设置金属的"折射率"参数，如图 7.14 所示。一般情况下参数值越高，反射越强，但是超过 10 则会产生不太真实的反射效果，反而类似塑料质感，所以金属的"折射率"不建议设置得太高。

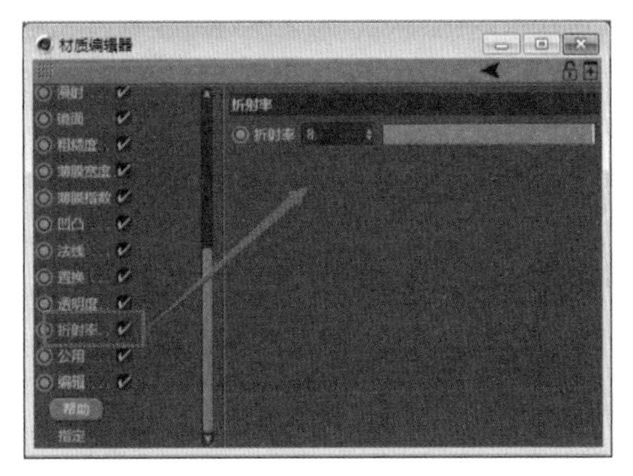

图 7.14

4 新建一个“光泽度”材质（白色划痕金属）❶，设置“镜面”通道的贴图为划痕贴图❷，设置金属的“粗糙度”参数❸，如图 7.15 所示。用这种划痕贴图可以模拟出真实折旧感，这是设计师经常使用的技法。

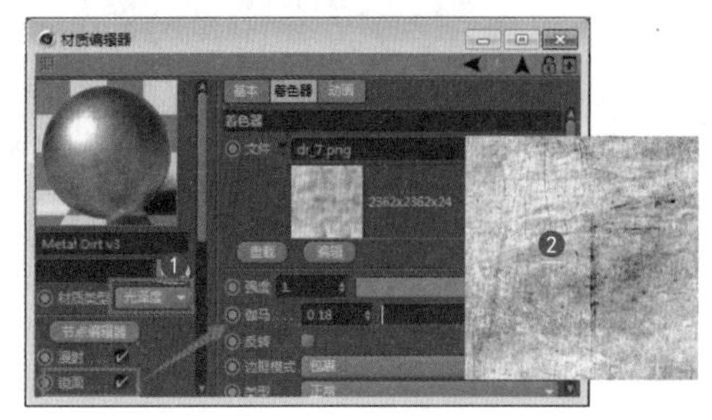
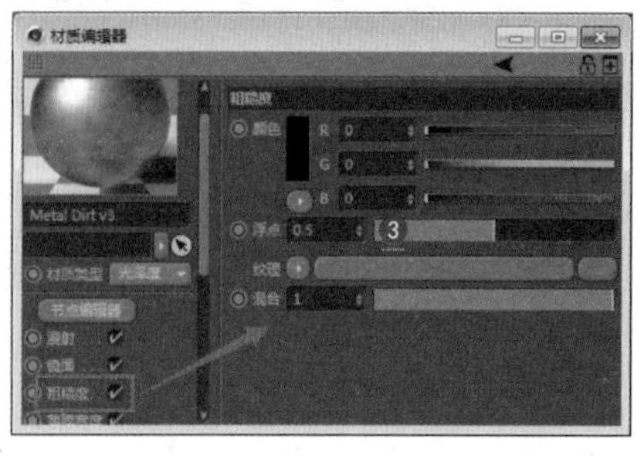

图 7.15

5 设置“凹凸”通道的贴图为划痕贴图❶，设置金属的“折射率”参数❷，如图 7.16 所示。光滑的金属和铁锈金属的折射率是不同的，可以仔细观察现实生活中的金属，其棱角处往往都已被磨光。

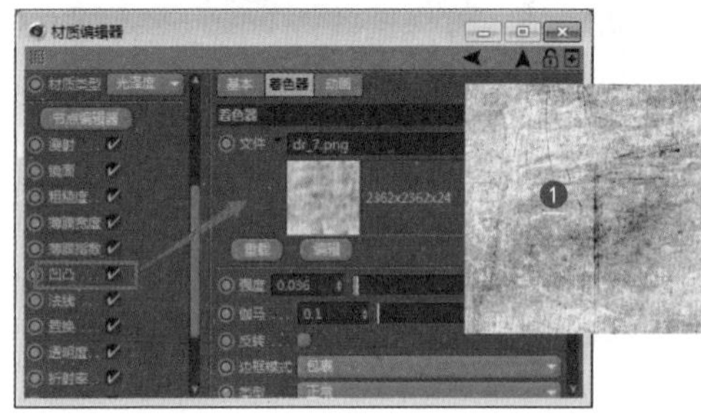
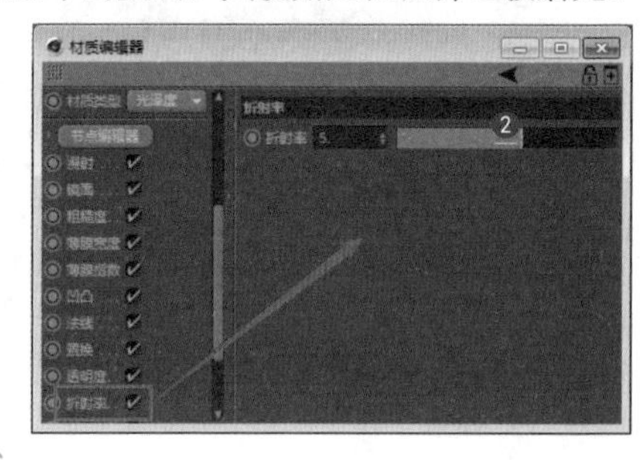

图 7.16

6 新建一个混合材质，用红色和白色漫射材质测试贴图效果❶，设置混合模式为“污垢”❷，❸为测试效果（产生白色边缘），如图 7.17 所示。污垢材质的好处是可以自动甄别物体的棱角和凹槽部分，这部分往往是磨损最突出的部分。

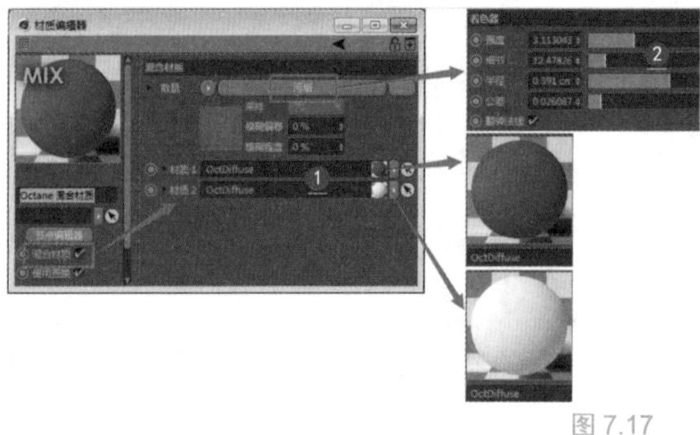

图 7.17

7 将褐色锈痕金属材质和白色划痕金属材质替换到测试材质中❶，❷为最终的渲染效果，如图 7.18 所示。

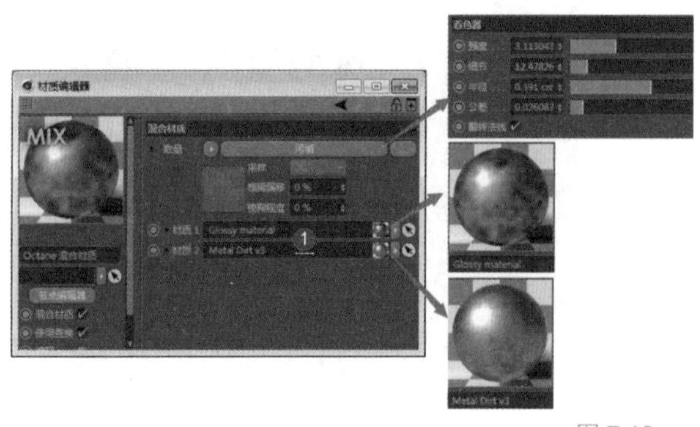

图 7.18

7.3 制作腐蚀白银材质

图 7.19

本例将利用镜面颜色、粗糙度及折射率控制银色材质，设置黑色腐蚀材质，用污垢材质控制银色的比例，如图 7.19 所示。

1 新建一个“光泽度”材质❶（银色），设置“镜面”通道的颜色为白色❷（产生银色光泽），设置“粗糙度”参数❸，如图 7.20 所示。

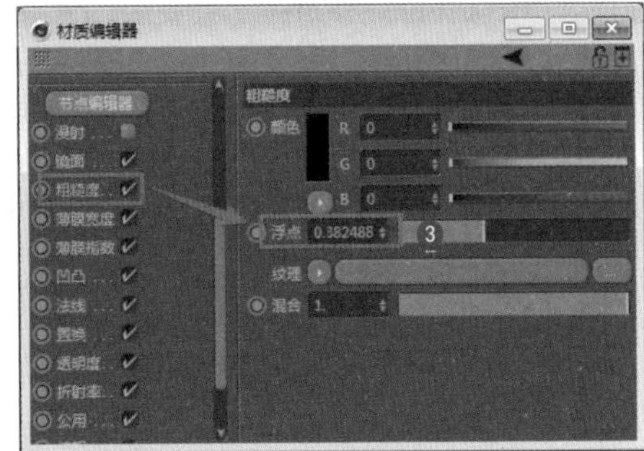

图 7.20

2 设置“折射率”参数❶，新建一个“光泽度”材质❷（银色的锈痕），设置“漫射”通道的“纹理”为“图像纹理”❸，指定锈痕贴图❹，如图 7.21 所示。

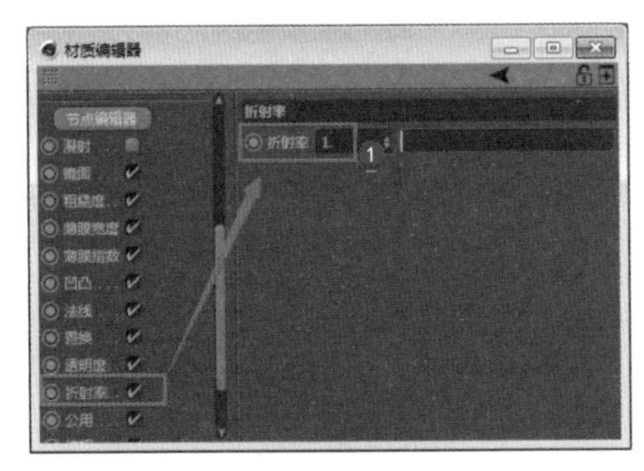

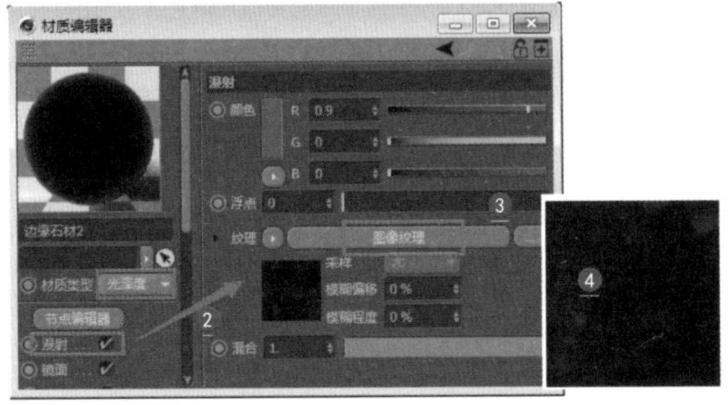

图 7.21

3 设置锈痕的“粗糙度”参数❶，设置“折射率”参数❷，如图 7.22 所示。

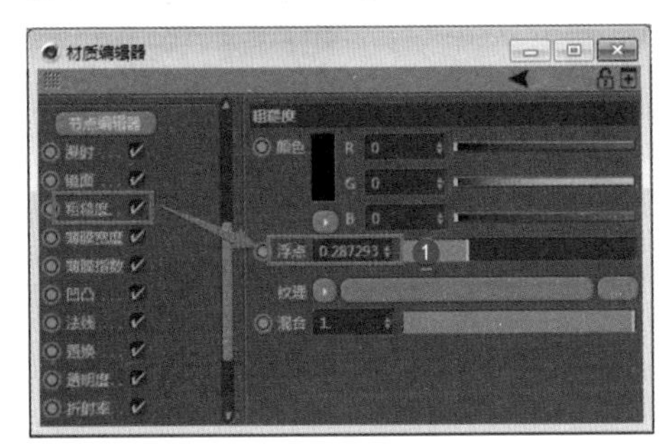

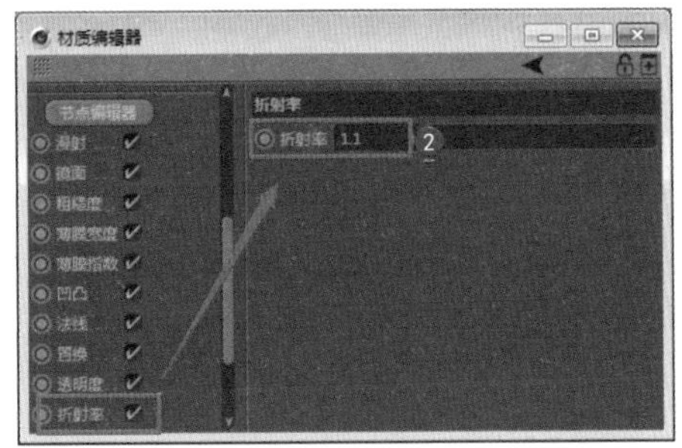

图 7.22

4 设置“法线”通道的“纹理”为“图像纹理”❶（产生凹凸效果），指定法线贴图❷。新建一个混合材质❸（用于混合银色和锈痕），设置“材质 1”为颜色材质❹，设置“材质 2”为锈痕材质❺，设置混合通道为“污垢”贴图❻，如图 7.23 所示。

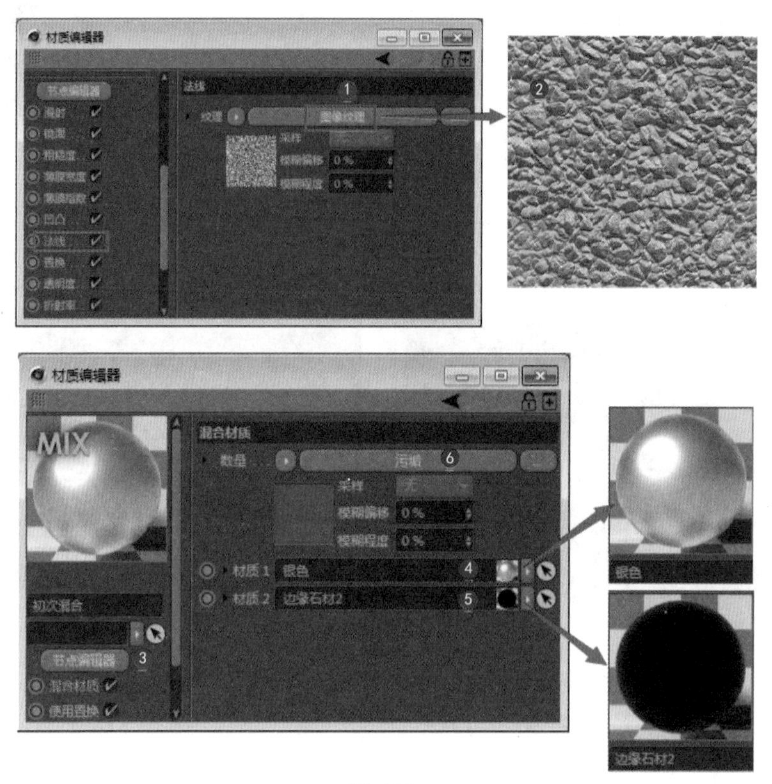

图 7.23

5 设置污垢贴图的参数，如图 7.24 所示。污垢贴图是一种程序贴图，可以基于模型表面生成复杂的侵蚀图案，也被称为肮脏贴图。

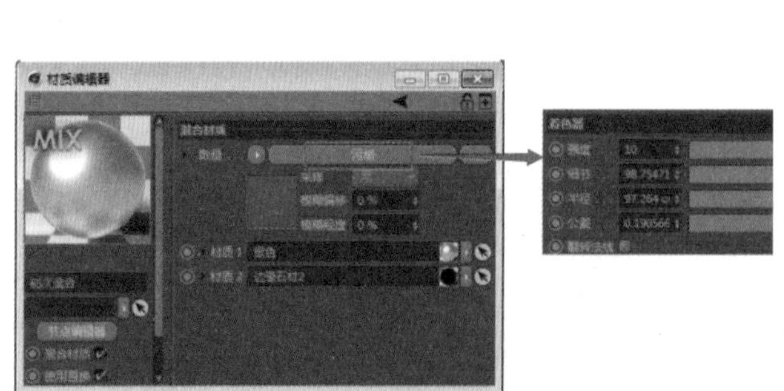

图 7.24

7.4 制作翡翠材质

本例将利用折射率来控制玻璃的透明度，设置散射介质制作翡翠绿色透光效果，利用混合材质，用污垢贴图将玻璃和翡翠进行混合，如图 7.25 所示。

工程：07\045.c4d

图 7.25

1 新建一个“镜面”材质❶（玻璃），设置“粗糙度”参数❷，设置“折射率”参数❸，新建一个“镜面”材质❹（绿色翡翠），设置“粗糙度”参数❺，设置粗糙度的纹理贴图❻，如图 7.26 所示。

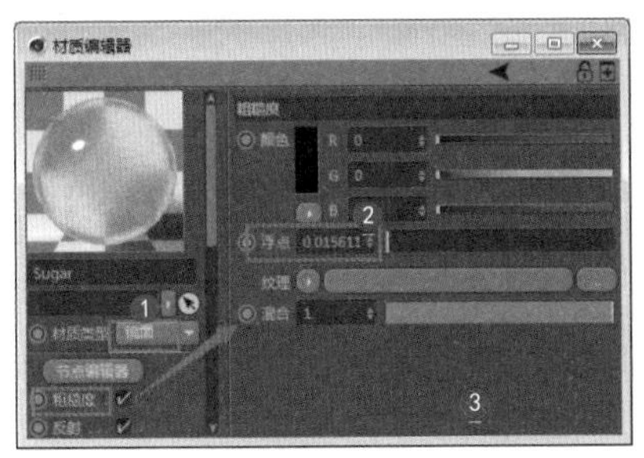

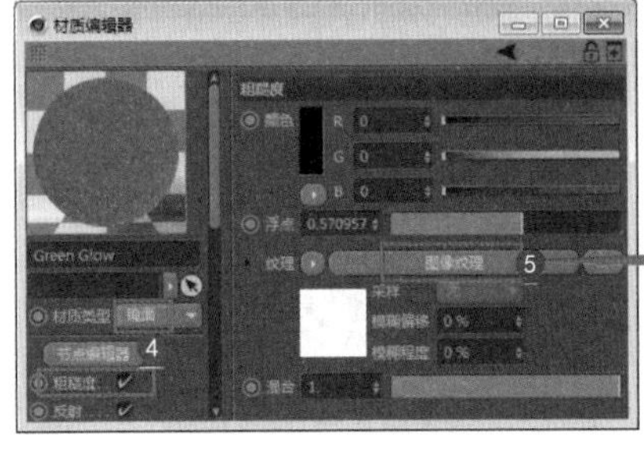

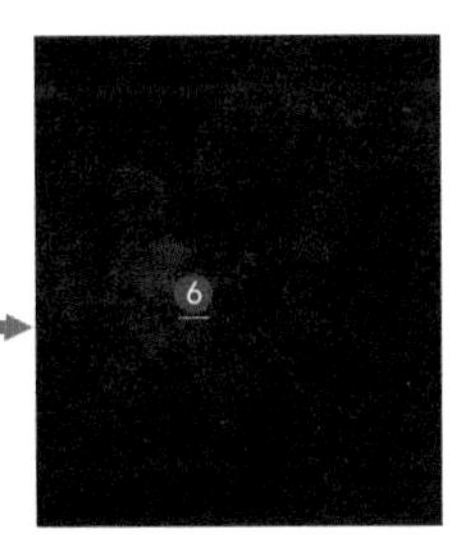

图 7.26

2 设置“反射”通道的“纹理”为“图像纹理”，如图 7.27 所示。

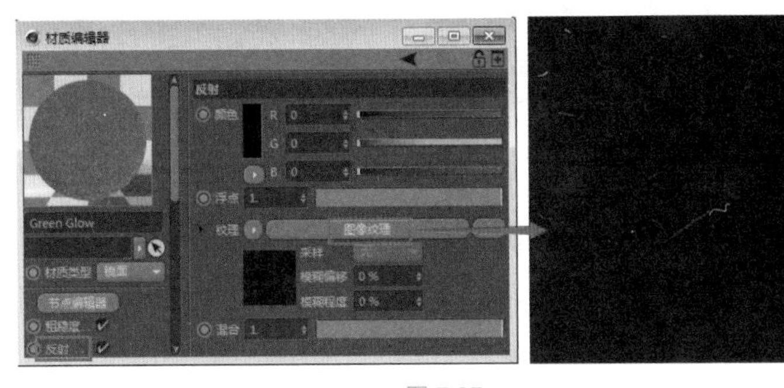

图 7.27

3 设置翡翠的“折射率”参数❶，设置“传输”通道的纹理为“RGB 颜色”❷，设置“颜色”为淡绿色❸（翡翠的颜色），如图 7.28 所示。

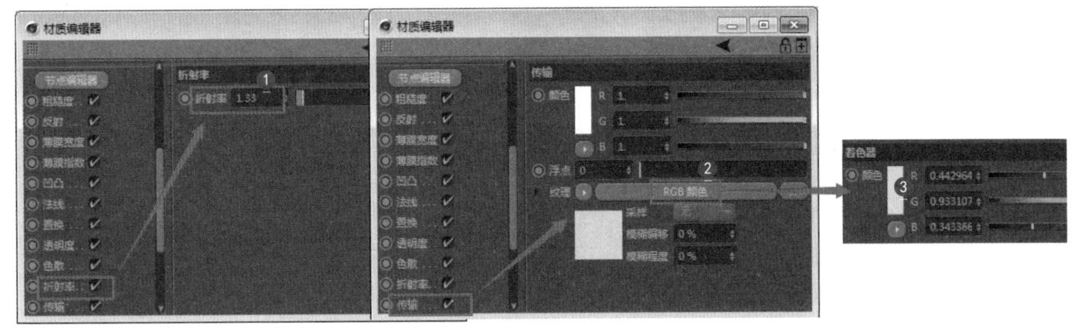

图 7.28

4 设置“介质”通道的“纹理”为“散射介质”❶，设置“密度”和“体积步长”参数❷（翡翠的密度），如图 7.29 所示。

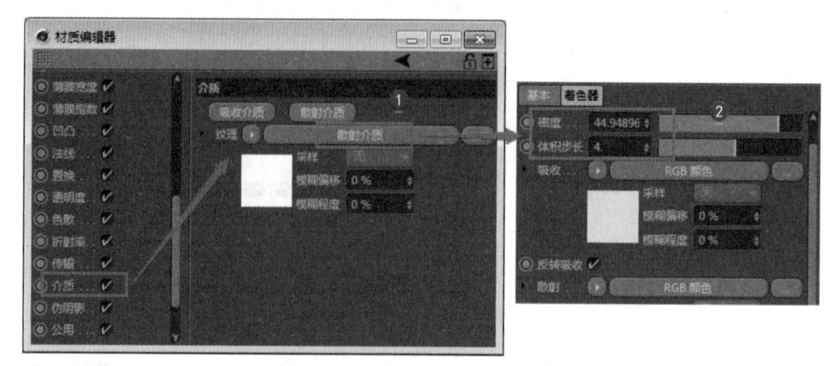

图 7.29

5 设置“吸收”为“RGB 颜色”❶（淡绿色），设置“散射”为“RGB 颜色”❷（淡绿色），如图 7.30 所示。

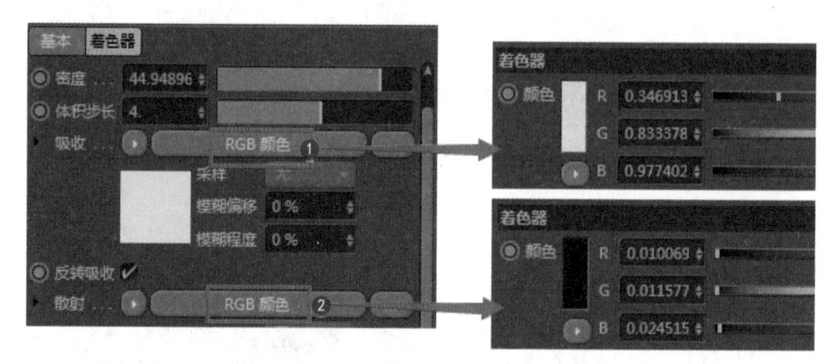

图 7.30

6 新建一个“混合”材质❶（用于混合玻璃和翡翠），设置“材质 1”为玻璃材质❷，设置“材质 2”为翡翠材质❸，设置污垢的参数❹（将翡翠和玻璃混合在一起），如图 7.31 所示。

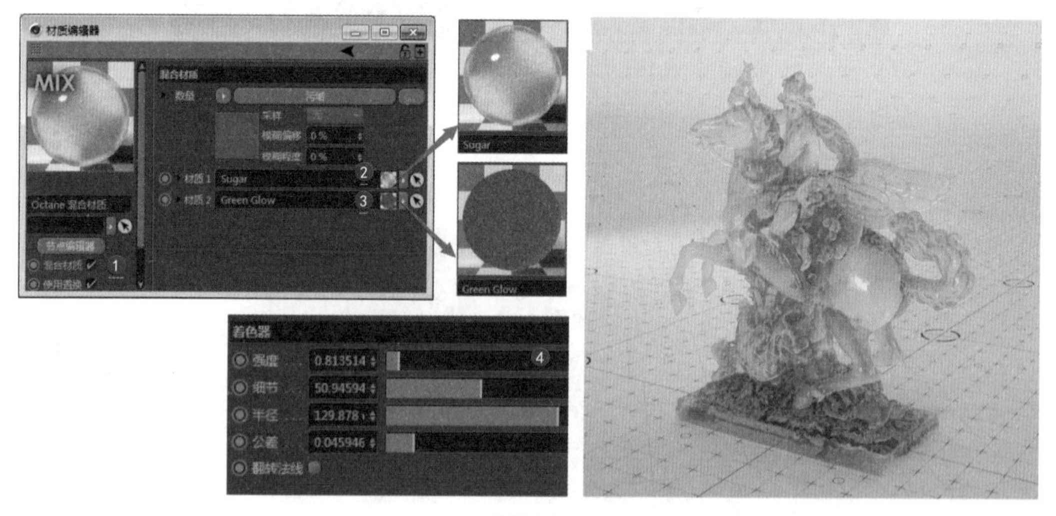

图 7.31

7.5 制作粉底液材质

本例制作粉底液材质，将设置基本粉底液材质，设置高亮度粉底液材质，用混合材质混合两种材质，产生粉底液效果，如图 7.32 所示。

工程：07\022.c4d

图 7.32

1 新建一个“漫射”材质（粉底液中的液体）❶，设置粉底霜颜色❷，如图 7.33 所示。

图 7.33

2 设置“发光”通道的“纹理”为“纹理发光”❶，设置发光颜色为“RGB 颜色”❷，设置发光颜色为棕色❸，如图 7.34 所示。

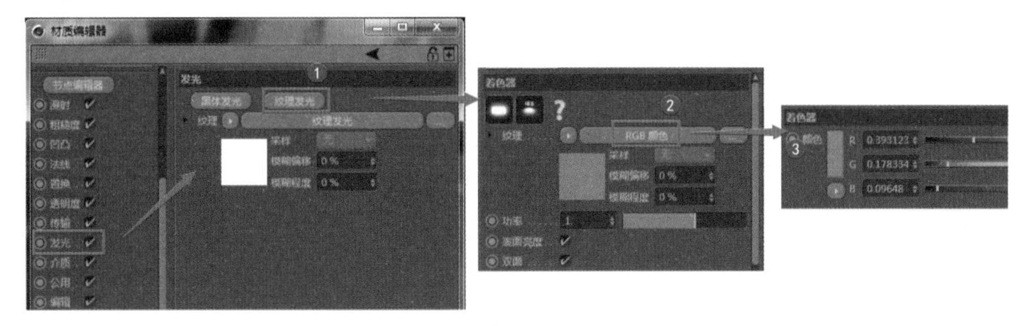

图 7.34

3 新建一个“漫射”材质（粉底液里面的高亮元素）❶，设置“漫射”的颜色❷，设置反射的“粗糙度”参数❸，如图 7.35 所示。

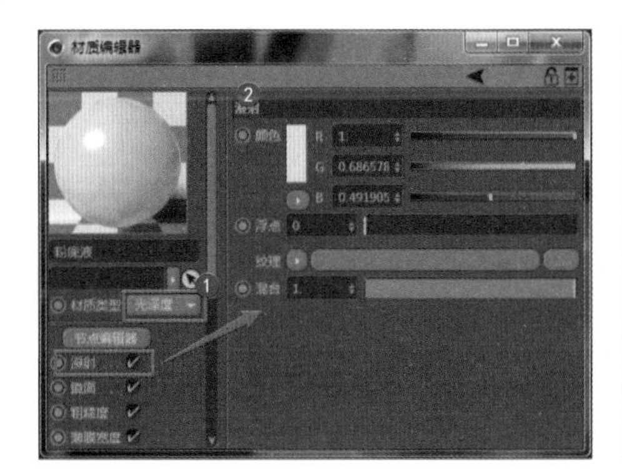

图 7.35

4 设置“折射率”参数（粉底液的反射强度），如图 7.36 所示。

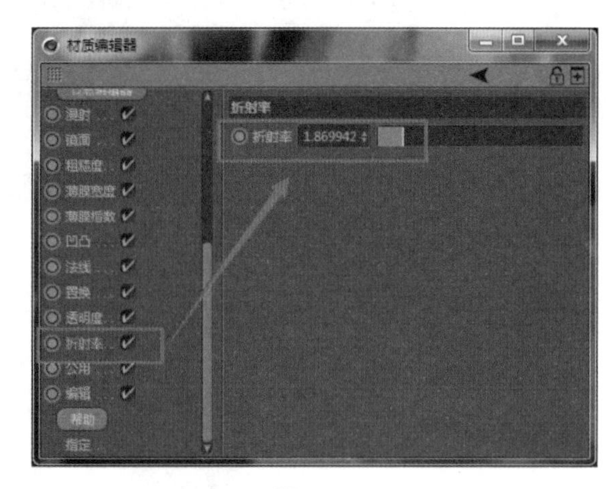

图 7.36

5 新建一个混合材质（用于混合刚才制作的两种材质）❶，设置“材质 1”为高亮度粉底液材质❷，设置“材质 2”为基本粉底液材质❸，设置混合模式为“浮点纹理”❹，设置“浮点”为 0.5（两个材质的占比相等）❺，❻为最终的渲染效果，如图 7.37 所示。

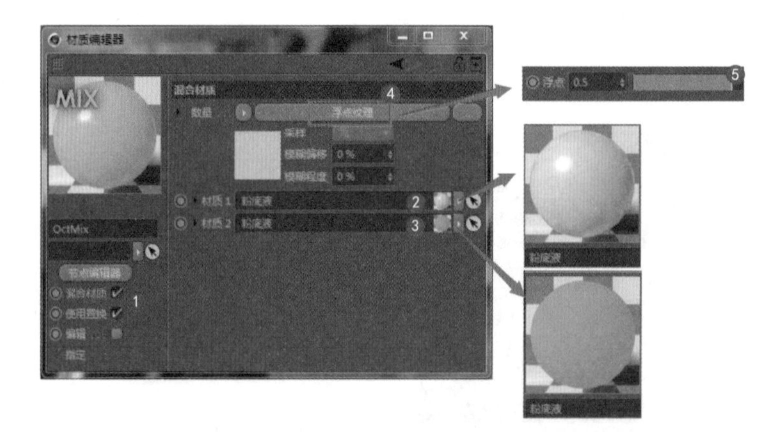

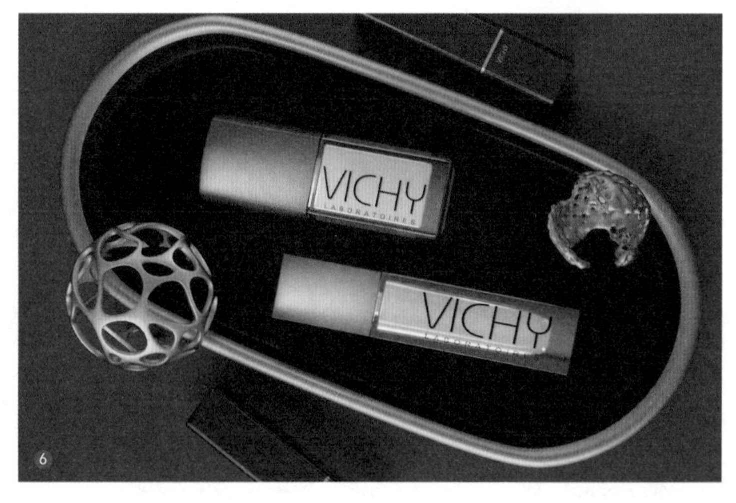

图 7.37

7.6 制作渐变反射面板材质

本例制作渐变反射面板材质，将利用镜面渐变贴图制作金属面板，制作透明蓝色高光材质，用混合材质将两个材质进行混合，如图 7.38 所示。

图 7.38

1 新建一个“光泽度”材质（渐变金属）❶，设置“镜面”通道为“渐变”贴图❷，设置渐变颜色❸，设置渐变方向❹，如图 7.39 所示。

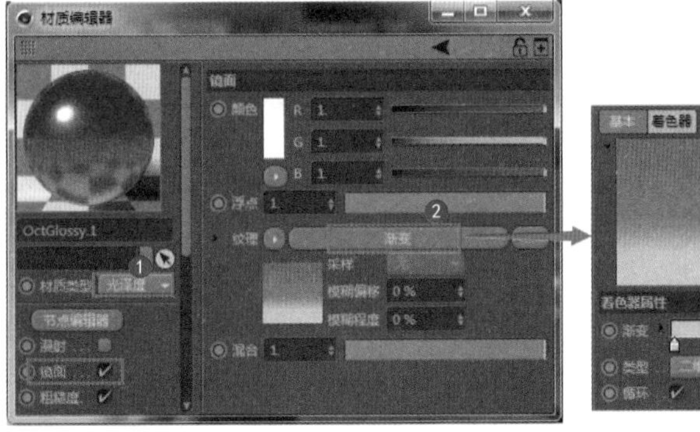

图 7.39

2 设置“折射率”参数（值为 1 时可产生最光滑表面）❶，设置“粗糙度”参数（较小的参数可产生微弱的模糊）❷，如图 7.40 所示。

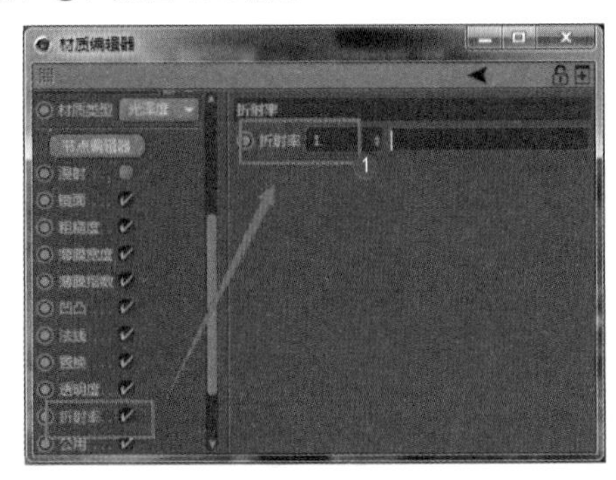

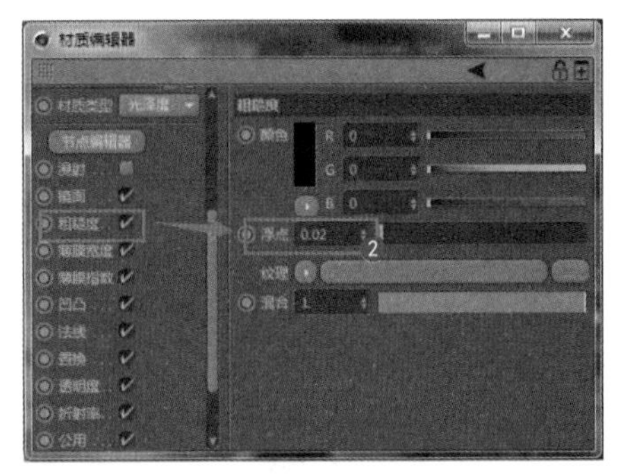

图 7.40

3 新建一个“镜面”材质❶，设置“粗糙度”参数（面板表面的发光颗粒）❷，如图 7.41 所示。

图 7.41

4 设置“反射”通道的颜色为蓝色（产生蓝色高光亮点）❶，新建一个“漫射”材质（用于和面板表面的发光颗粒材质进行混合）❷，设置“漫射”通道的颜色为蓝色❸，如图 7.42 所示。

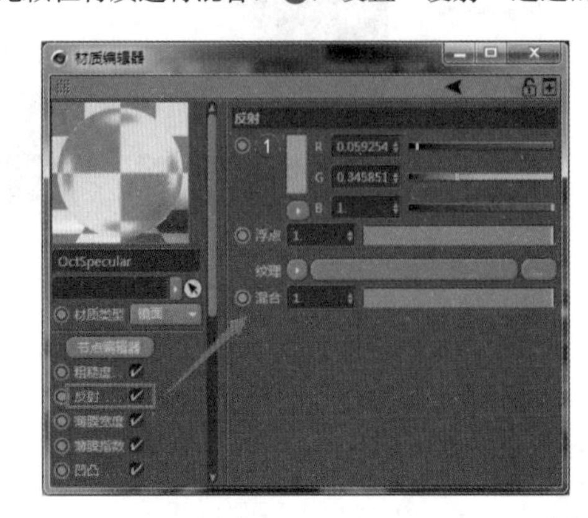

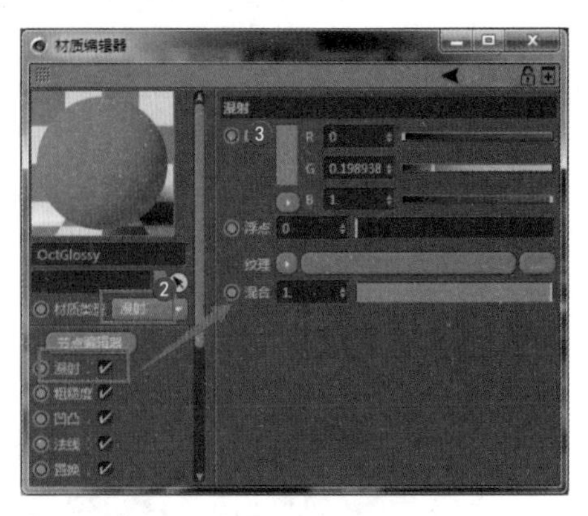

图 7.42

5 新建一个混合材质（用于将两个材质进行混合）❶，将刚才制作的两个材质分别放置于“材质 1”和“材质 2”通道中❷，设置混合模式为“污垢”❸，如图 7.43 所示。

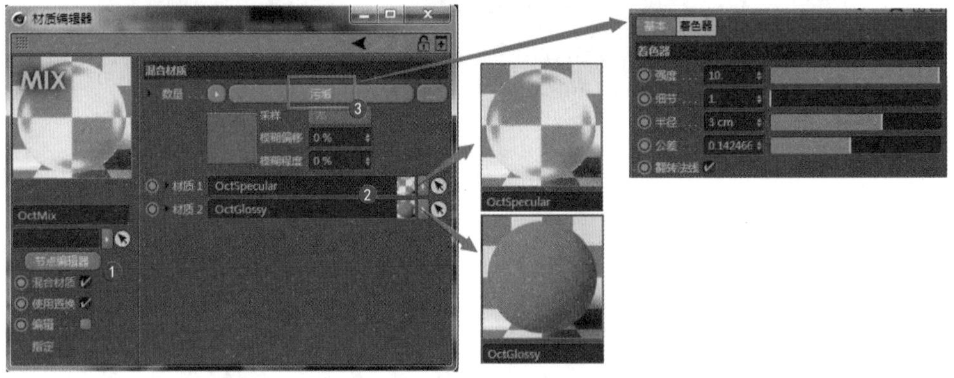

图 7.43

6 新建一个混合材质，将渐变材质和刚才制作的混合材质分别放置于“材质 1”和“材质 2”通道中❶，设置混合模式为“衰减贴图”❷，如图 7.44 所示。

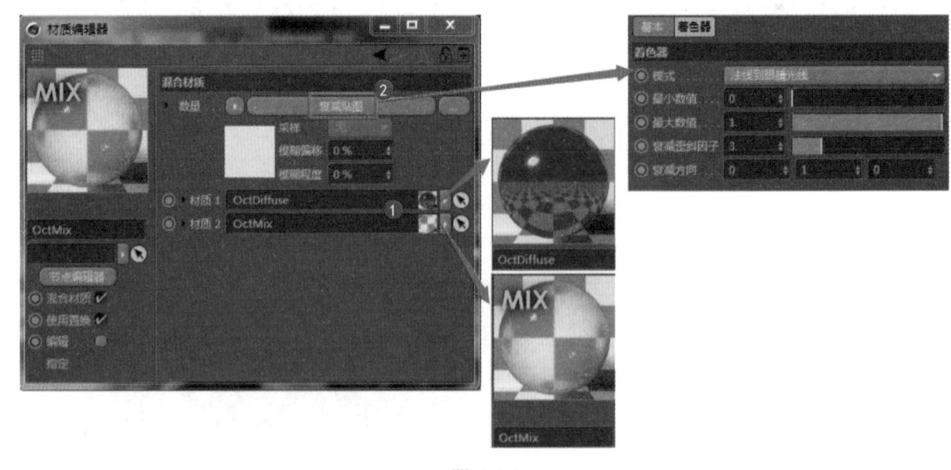

图 7.44

7.7 制作面霜和瓶体材质

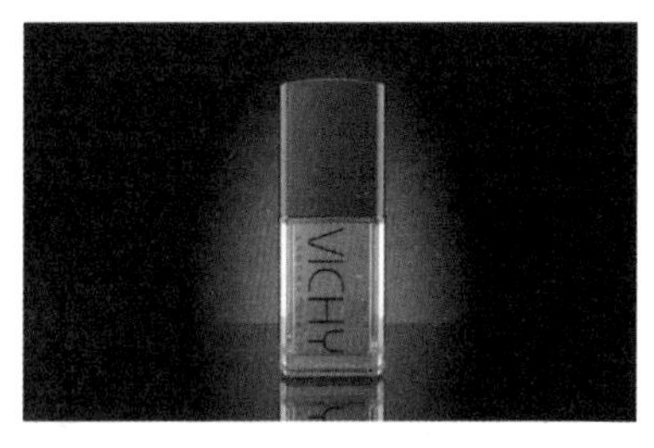

图 7.45

本例制作面霜和瓶体材质，将利用凹凸贴图制作颗粒感的塑料材质，设置两种紫色材质，用混合贴图混合两种紫色材质制作面霜，用镂空贴图给瓶身贴 Logo，如图 7.45 所示。

1 新建一个“镜面”材质（瓶身玻璃）❶，设置“折射率”参数（产生水晶玻璃效果）❷，选择“伪阴影”复选框，产生通透的玻璃效果❸，如图 7.46 所示。

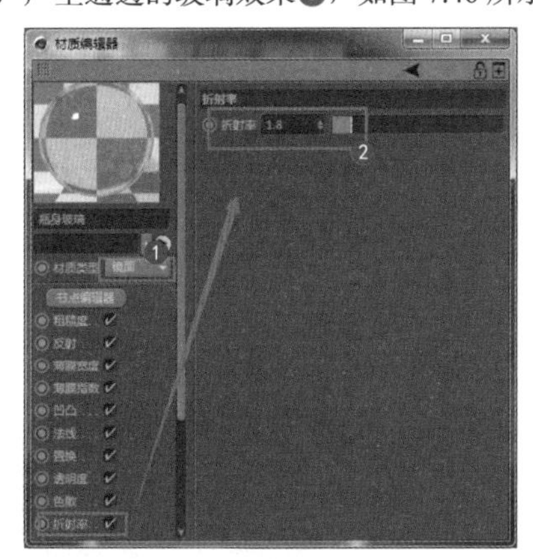

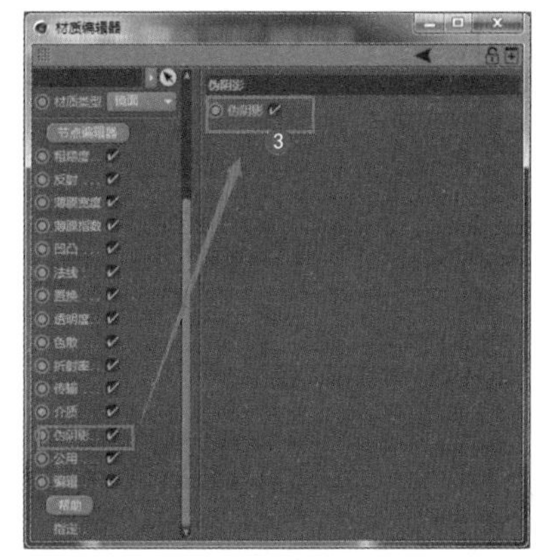

图 7.46

2 新建一个“光泽度”材质（塑料盖）❶，设置“凹凸”通道的“纹理”为“梯度”贴图（用于控制凹凸强度）❷，设置凹凸贴图为“噪波”，设置细小颗粒❸，塑料盖的颗粒效果为❹，如图 7.47 所示。

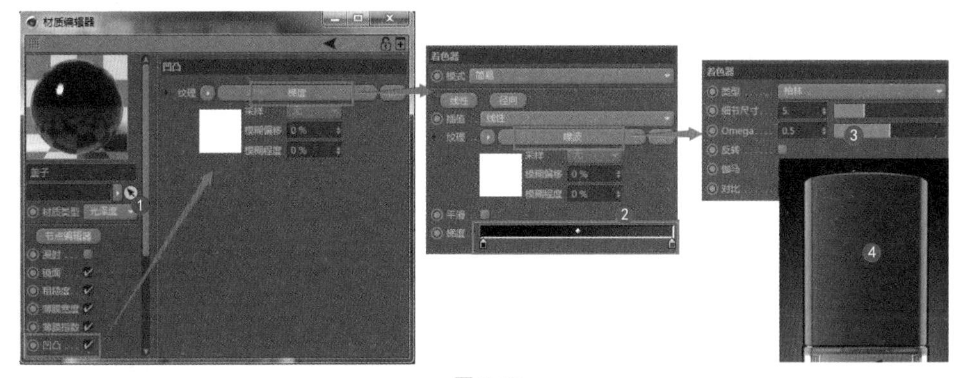

图 7.47

3 新建一个“漫射”材质（面霜材质），设置“颜色”为紫色，如图 7.48 所示。

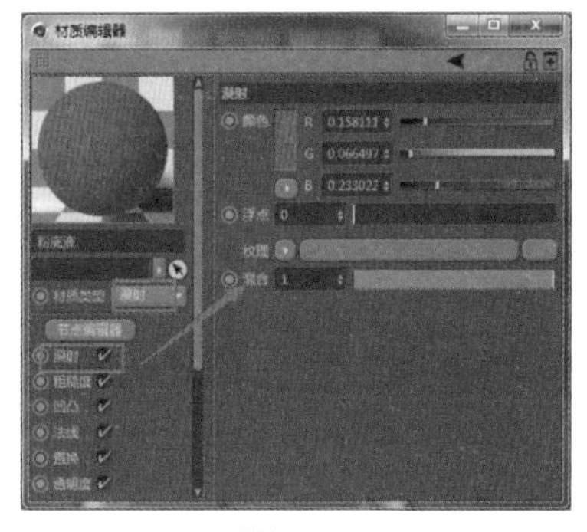

图 7.48

4 在“发光”通道中设置“纹理发光”贴图为“RGB 颜色”❶，设置发光色为深紫色❷，设置发光功率（微弱发光）❸，如图 7.49 所示。

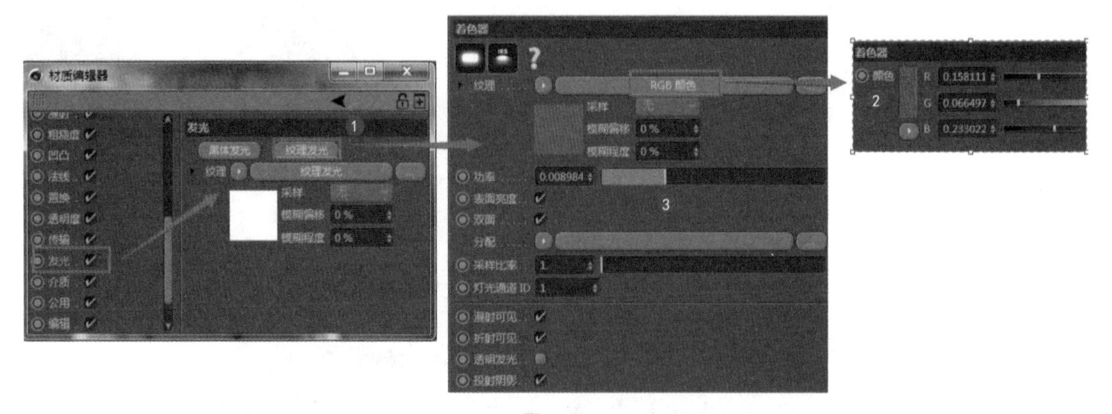

图 7.49

5 新建一个“光泽度”材质（面霜的反射效果）❶，设置“漫射”通道为淡紫色❷，设置“粗糙度”参数❸，如图 7.50 所示。

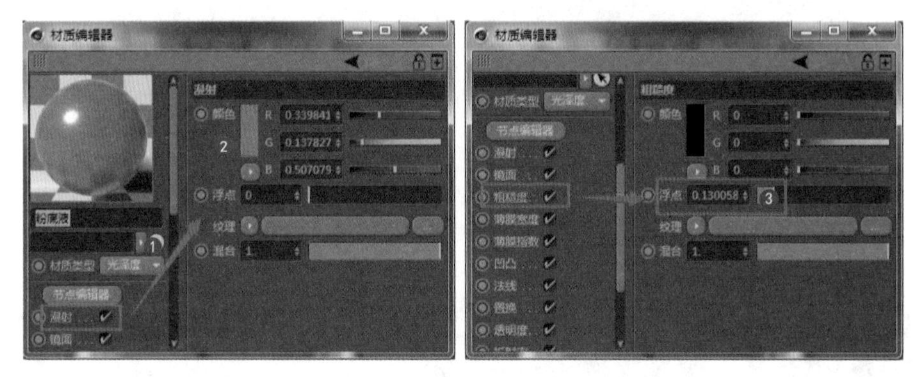

图 7.50

6 设置“折射率”参数，如图 7.51 所示。

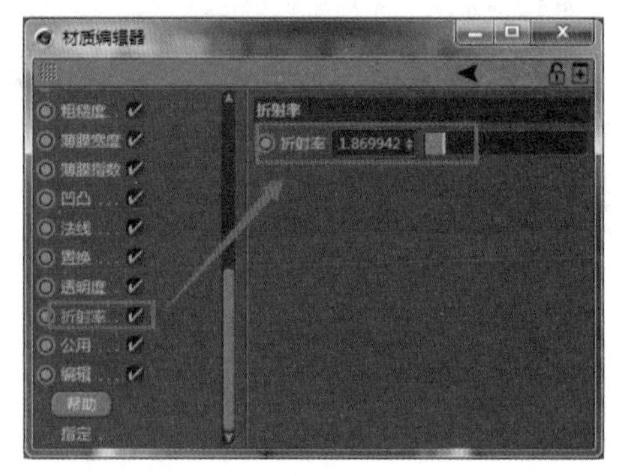

图 7.51

7 新建一个混合材质（面霜最终材质），设置混合方式为“浮点纹理”❶，设置“材质 1”为淡紫色材质，设置“材质 2”为深紫色材质❷，❸为材质效果，如图 7.52 所示。

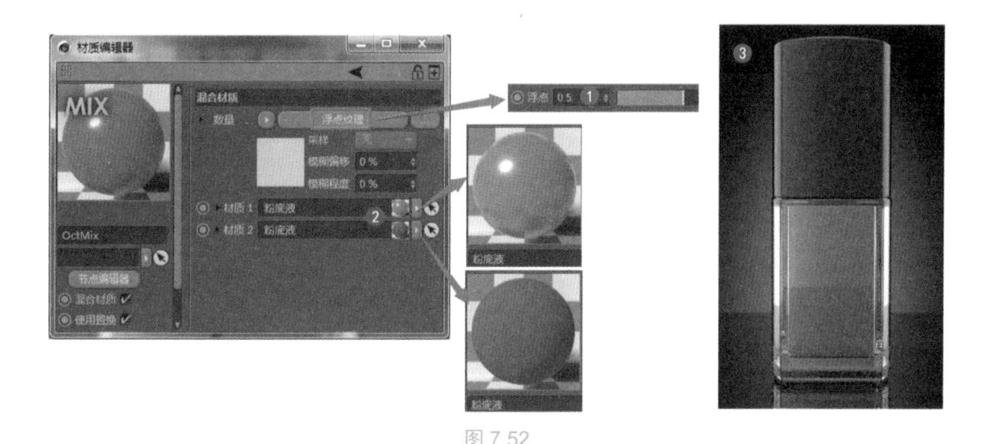

图 7.52

8 新建一个“漫射”材质（瓶身 Logo）❶，设置“透明度”通道的“纹理”为“图像纹理”❷，设置瓶子的 Logo 贴图❸，激活 Alpha 通道属性❹，如图 7.53 所示。

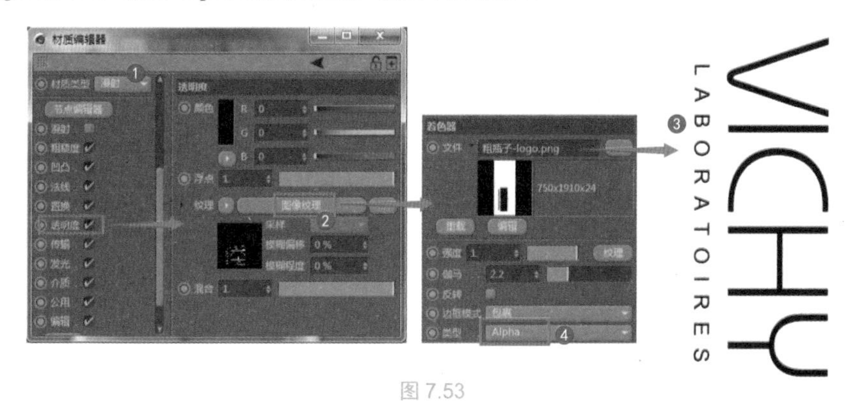

图 7.53

9 选择瓶身要贴镂空的区域，将镂空材质赋给该区域❶，瓶身 Logo 效果为❷，❸为最终的渲染效果，如图 7.54 所示。

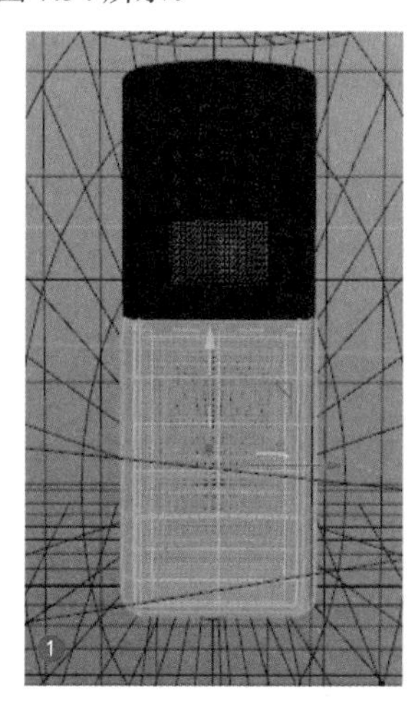

图 7.54

7.8 制作不同的膏体材质

本例制作不同的膏体材质，将利用散射介质产生膏体效果，用玻璃材质产生膏体表面效果，用混合材质将这两种材质进行调和，如图 7.55 所示。

工程：07\028.c4d

图 7.55

1 新建一个“镜面”材质（膏体内部）❶，设置“折射率”参数❷，设置“传输”通道的颜色（膏体内部色）❸，如图 7.56 所示。

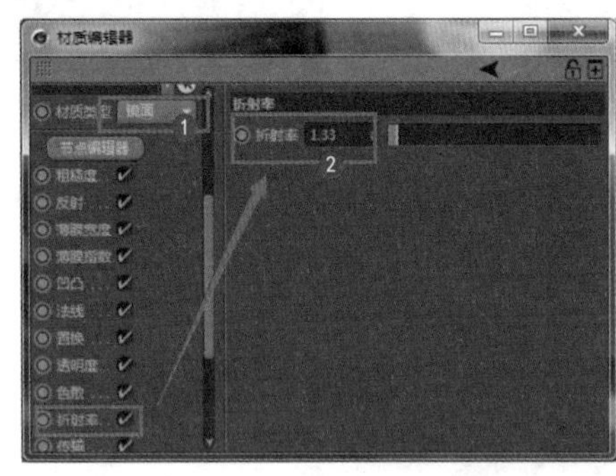

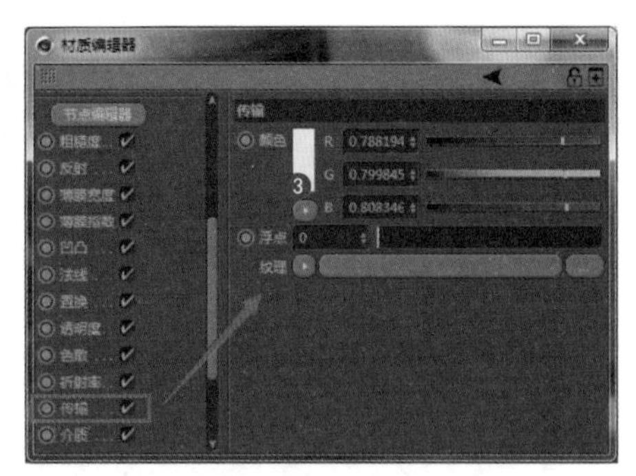

图 7.56

2 设置“介质”通道的“纹理”为“散射介质”❶，设置“密度”和“体积步长”参数（透光性能）❷，设置“吸收”通道为“RGB 颜色”（白色）❸，设置“散射”通道为“RGB 颜色”（白色）❹，如图 7.57 所示。

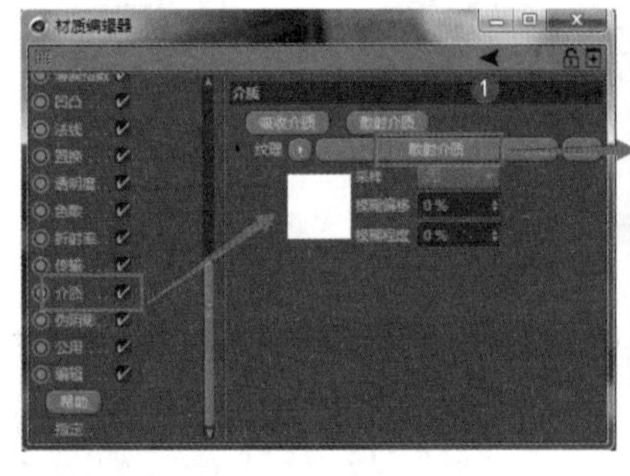

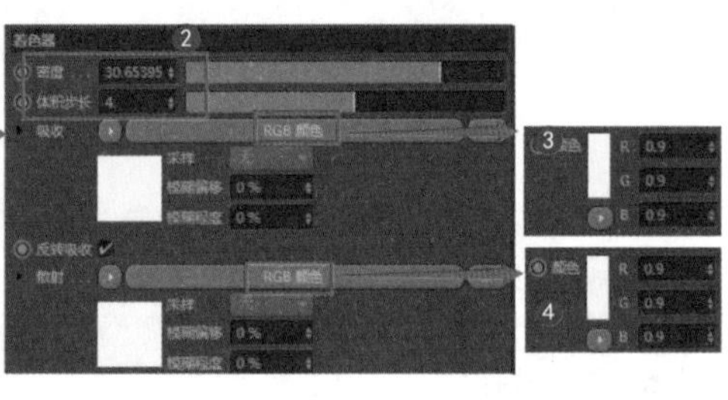

图 7.57

3 设置“发光”通道为“纹理发光”❶，设置发光功率❷，如图 7.58 所示。

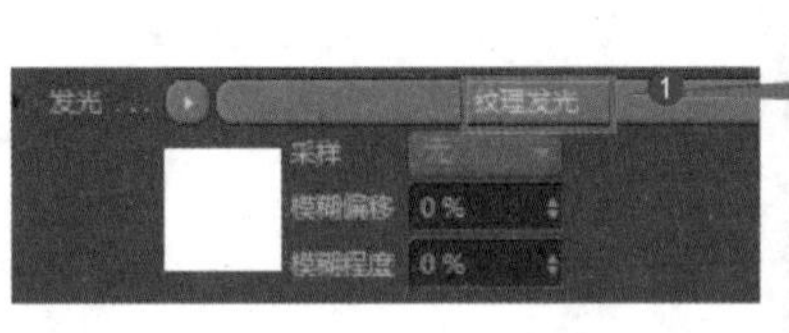

图 7.58

4 新建一个“光泽度”贴图（膏体表面）❶，设置“漫射”通道的颜色❷，设置“折射率”参数❸，如图 7.59 所示。

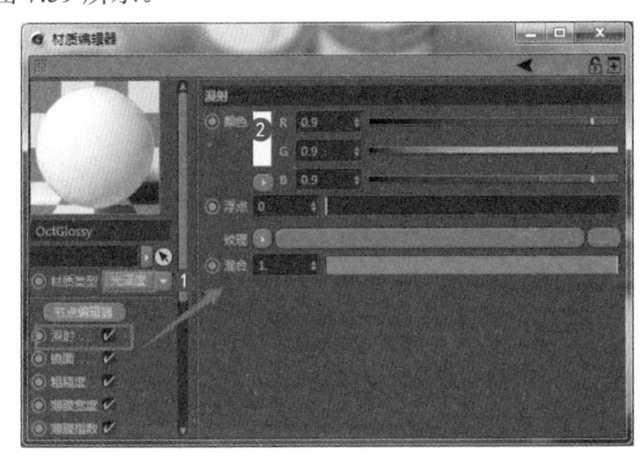
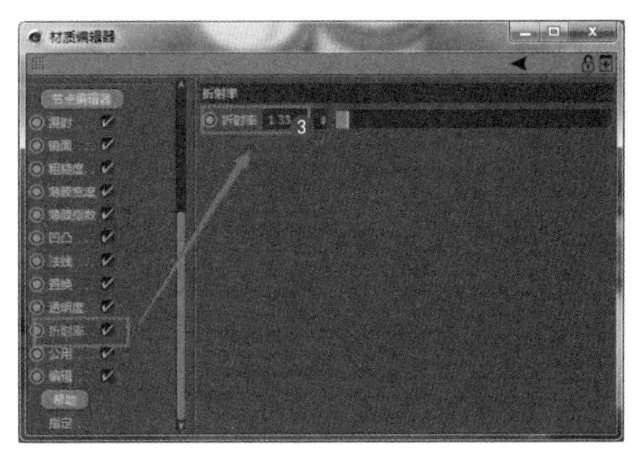

图 7.59

5 新建一个混合材质（用于混合刚才制作的两种材质）❶，设置混合模式为“衰减贴图”❷，设置衰减方式❸，设置“材质 1”为膏体内部材质❹，设置“材质 2”为膏体表面材质❺，❻为膏体渲染效果，如图 7.60 所示。

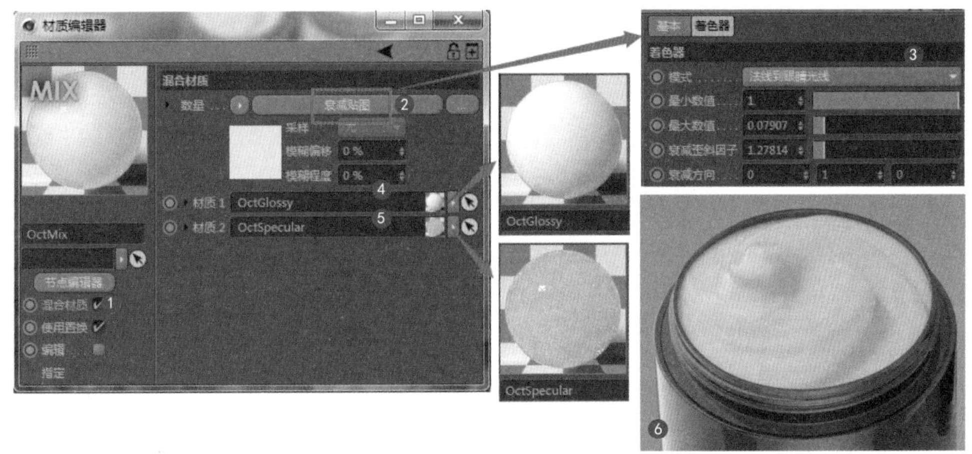

图 7.60

6 用同样的方法制作另一种粉色膏体材质❶，膏体最终的渲染效果为❷，如图 7.61 所示。

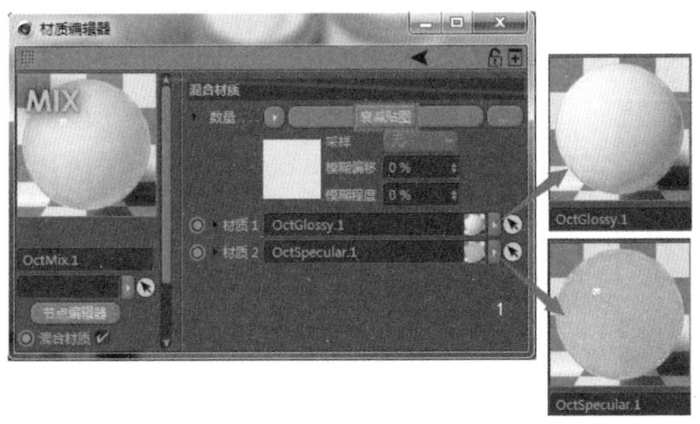

图 7.61

7.9 制作散光飘带材质

本例制作散光飘带材质，将利用一次混合产生蓝色透明光泽材质，设置二次混合产生复杂的混色飘带效果，如图 7.62 所示。

工程：07\101.c4d

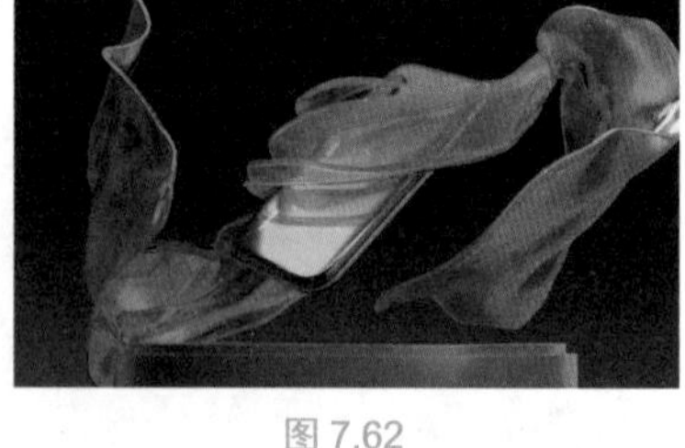

图 7.62

1 新建一个“光泽度”材质❶（蓝色反射），设置“镜面”通道的颜色为蓝色❷，设置“粗糙度”参数❸（值为 0.02 表示非常微弱的粗糙效果），如图 7.63 所示。

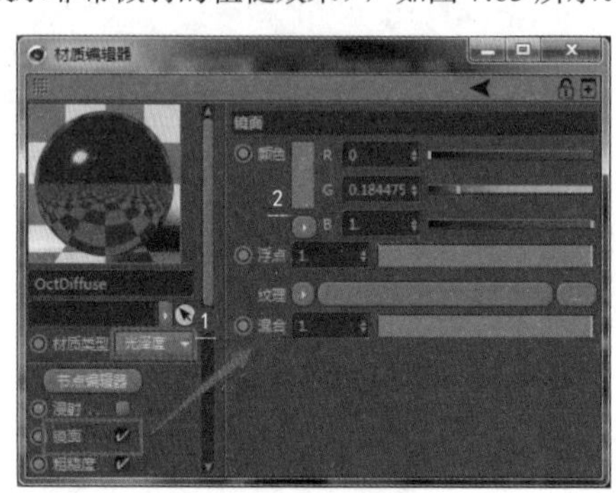

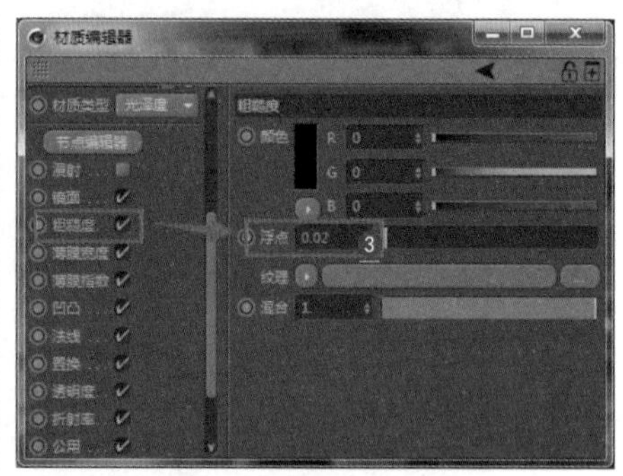

图 7.63

2 设置“折射率”参数❶，新建一个“镜面”材质❷（不反光蓝色），设置“漫射”通道的“颜色”为蓝色❸，如图 7.64 所示。

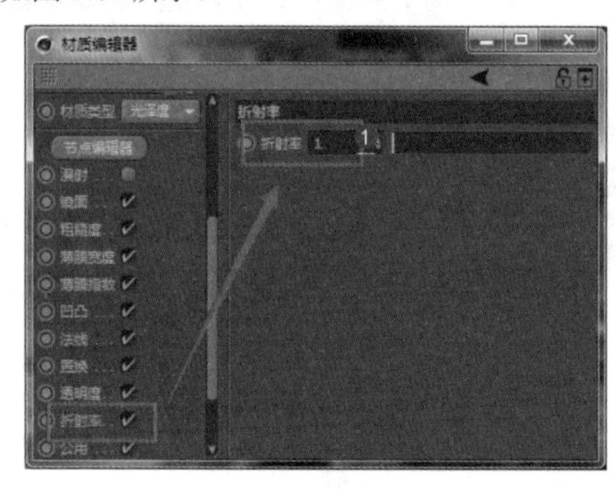

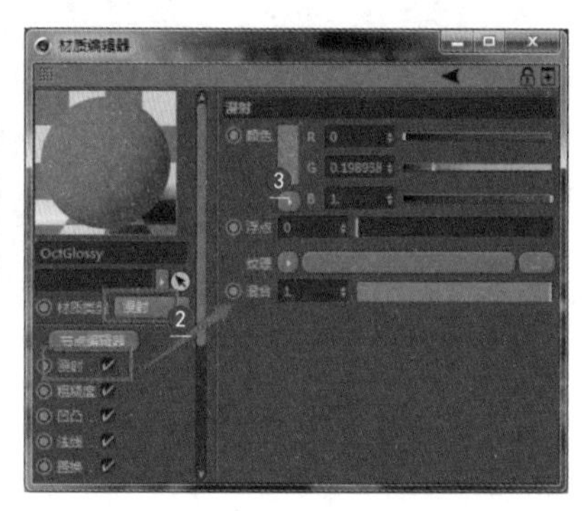

图 7.64

3 新建一个“镜面”材质❶（透明色），设置“粗糙度”参数❷。在“反射”通道中设置“颜色”为蓝色❸，如图 7.65 所示。将这个颗粒感的透明效果赋在蓝色反射表面，产生手机壳的质感。

图 7.65

4 设置“折射率”参数❶。新建一个混合材质❷（用于混合透明材质和不反光蓝色材质），设置“材质1”为透明材质❸，设置“材质2”为不反光蓝色材质❹，设置混合模式为“污垢”贴图❺，设置污垢贴图参数❻，如图 7.66 所示。污垢贴图可以控制颗粒仅产生在手机的边角范围内。

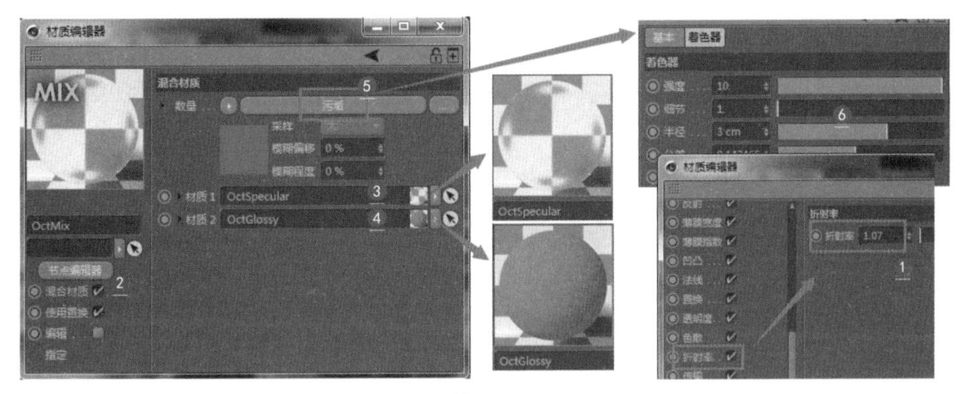

图 7.66

5 新建一个混合材质❶（用于二次混合蓝色反光材质），设置“材质1”为蓝色反光材质❷，设置“材质2”为第一次的混合材质❸，设置二次混合模式为“衰减贴图”❹，设置衰减参数❺（产生复杂的蓝色反射材质），如图 7.67 所示。图 7.68 所示为最终的渲染效果。

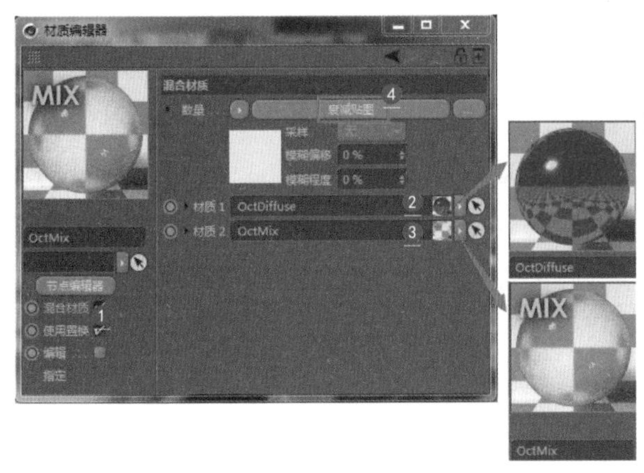

图 7.67

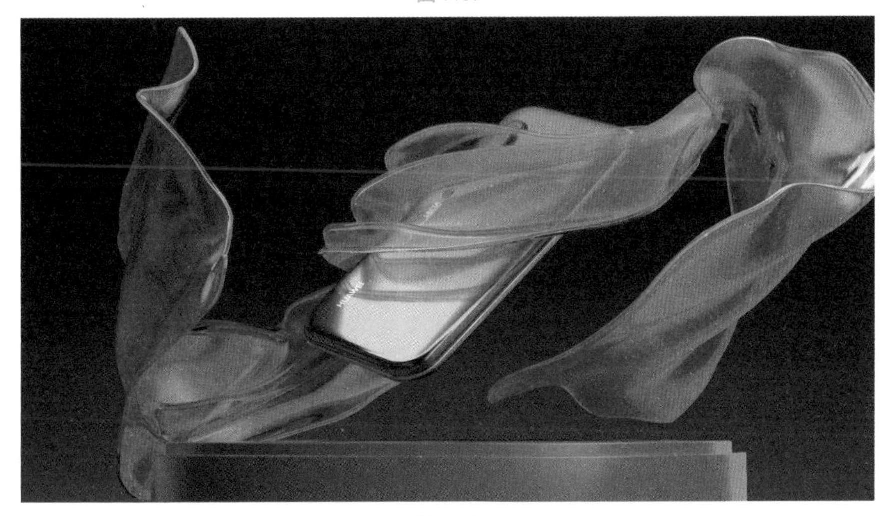

图 7.68

第8章 Octane 特殊材质应用

本章导读

Octane 材质的优势在于它可以实时产生渲染效果，让参数设置可视化，从而快速产生预期的材质效果。在场景制作时，经常会遇到许多特殊材质，如发光、七彩反射、斑驳的反射表面等，这些材质并不是单一的材质，而是多种材质的组合，是真实世界中经常会遇到的效果。

知识点 \ 学习目标	了解	理解	应用	实践
发光表面			√	√
斑驳的表面			√	√
七彩光泽表面			√	√
织物表面			√	√
各类材质混合表面			√	√

8.1 制作透光玻璃材质

本例将利用布料让模型产生厚度，设置黑体发光参数让材质产生暖色光，设置散射介质让玻璃体产生 SSS（次表面散射）效果，如图 8.1 所示。

工程：08\013.c4d

图 8.1

1 制作一个场景，新建一个球体❶，选择“模拟”→“布料”→“布料曲面”命令❷，建立一个布料曲面。在“对象”面板中将球体拖动到刚才建立的布料曲面下方，使球体成为其子物体❸。布料可让球体产生厚度（使球体更加有体积感），复制一个球体并将其缩小（此时小球在原来球的内部）❹，如图 8.2 所示。

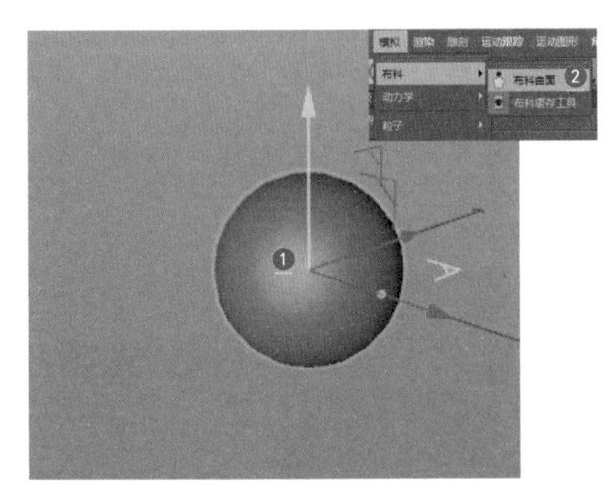

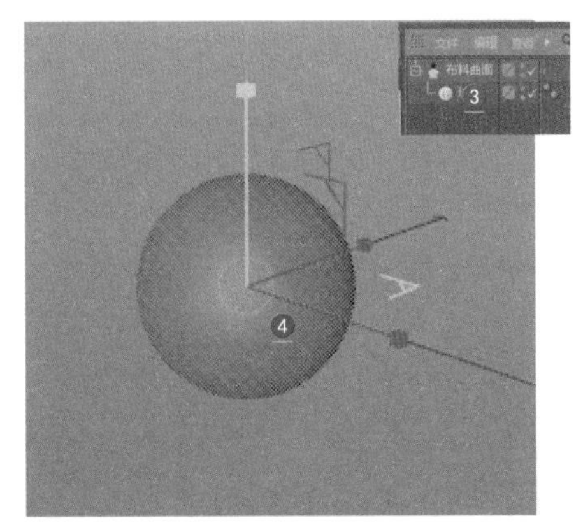

图 8.2

2 新建一个“漫射”材质❶（发光），设置“发光”通道的“纹理”为“黑体发光”❷，设置“功率”参数（发光亮度）❸，设置“色温”参数（较小的值可产生较暖的光效）❹，如图 8.3 所示。发光的作用是使物体本身亮起来。在制作夜景时自发光很常用。如果物体的材质有自发光，即便场景中没有灯光也可以看见物体，此时物体不会有阴影效果。“黑体发光”的设置主要有两方面：一是“功率”（发光强度），二是“色温”（发光颜色）。

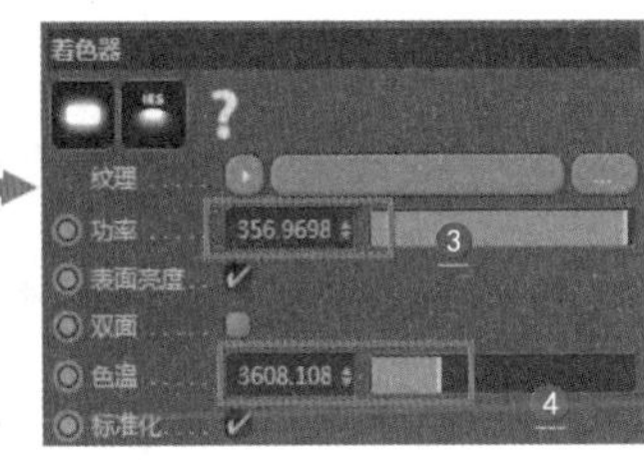

图 8.3

3 新建一个“镜面”材质（玻璃）❶，设置玻璃的“粗糙度”参数❷，设置“传输”通道的颜色（玻璃色）❸，如图 8.4 所示。

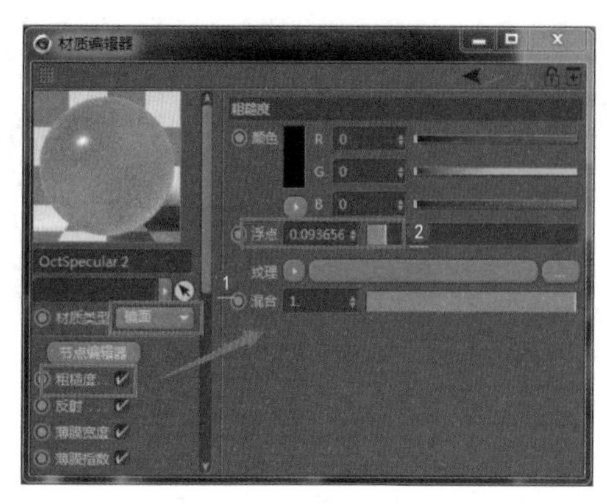

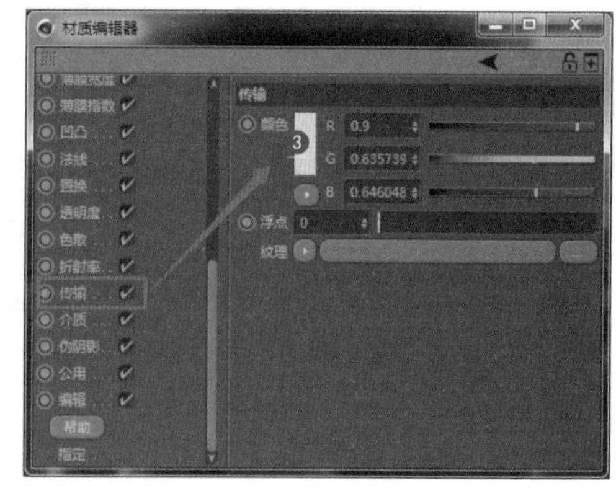

图 8.4

4 设置“介质”通道为“散射介质”（产生次表面散射效果）❶，设置“密度”和“体积步长”参数（决定了透光性能）❷，设置“吸收”参数（越小的值，玻璃内部的颜色越浓）❸，设置“散射”参数（越小的值，玻璃透光越好）❹，如图 8.5 所示。当光线穿透材质时，它会变得稀薄，“体积步长”可以模拟出厚的物体比薄的物体透明度更低的情形。注意“传输”颜色的效果取决于物体绝对尺寸。

图 8.5

5 ❶为玻璃渲染效果，❷为发光后的玻璃渲染效果，如图 8.6 所示。

图 8.6

6 新建一个“光泽度”材质（金色字）❶，设置“颜色”为黄色❷，设置“粗糙度”参数❸，如图 8.7 所示。

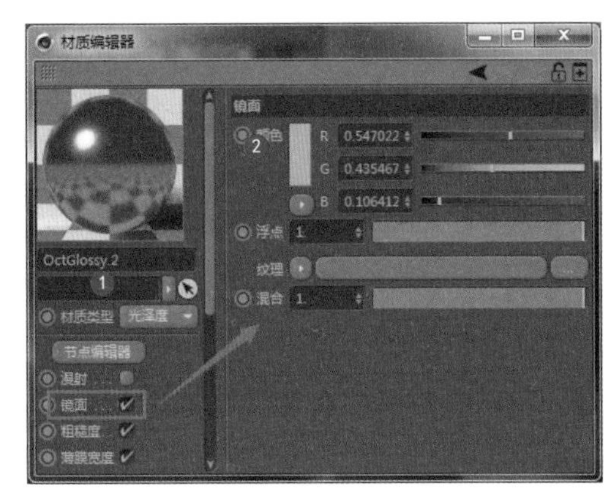

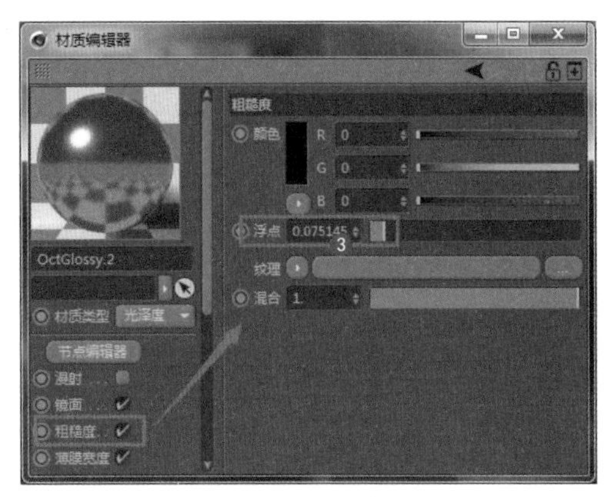

图 8.7

7 设置高亮度金属表面（“折射率”为 1），如图 8.8 所示。

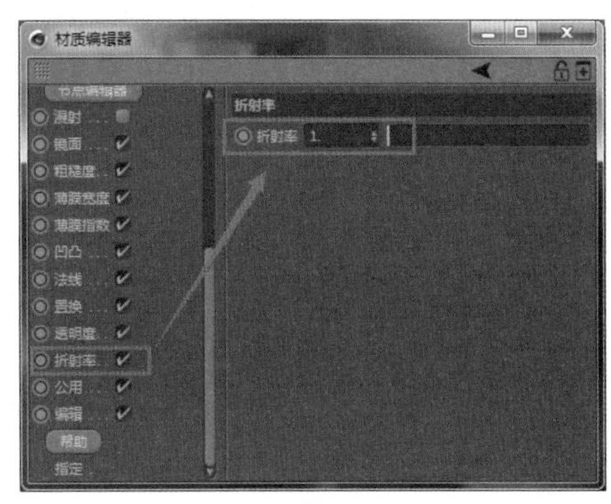

图 8.8

8 新建一个混合材质❶，设置混合通道贴图❷，为“材质 1”（球体）放置绿色玻璃材质❸，为“材质 2”（球体上的金字）放置金属材质❹，如图 8.9 所示。

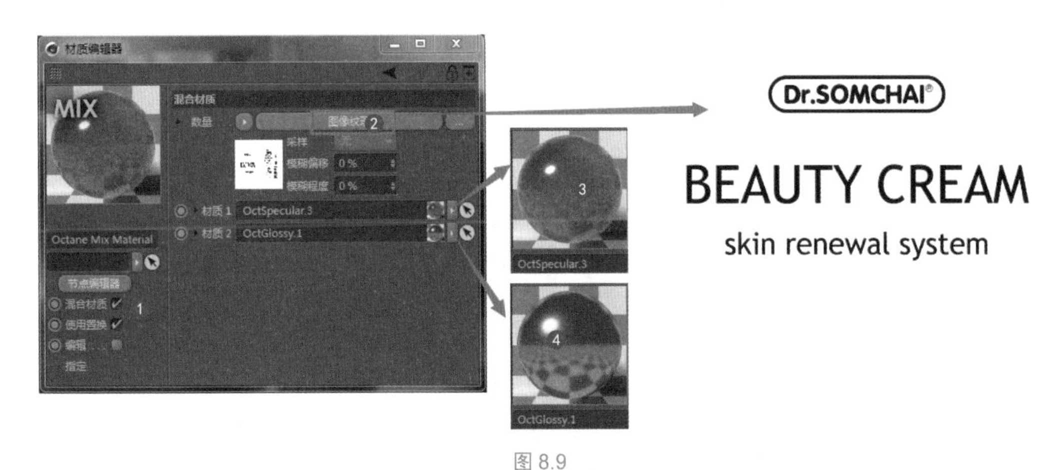

图 8.9

8.2 制作斑驳玻璃材质

本例制作斑驳玻璃材质，将利用传输控制玻璃的颜色，设置粗糙度贴图控制玻璃表面的磨砂效果，用散射介质控制次表面散射效果，如图 8.10 所示。

工程：08\006.c4d

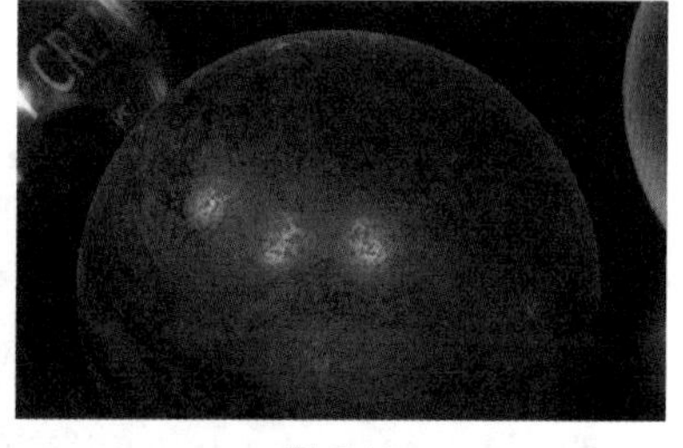

图 8.10

1 设置材质类型为“镜面”❶，设置“粗糙度”为贴图❷，如图 8.11 所示。

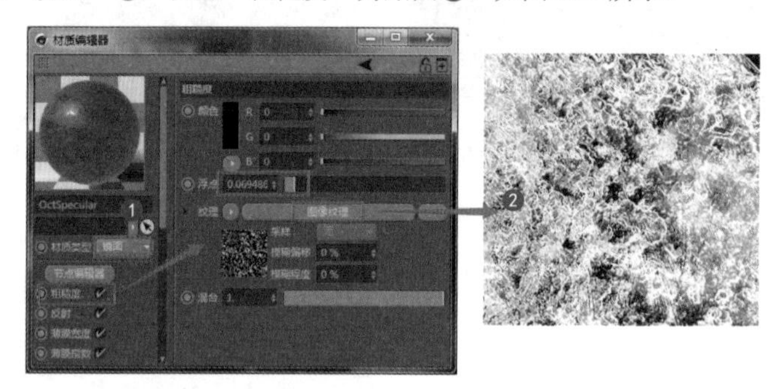

图 8.11

2 设置玻璃的“折射率”参数❶，设置玻璃的“颜色”值❷，如图 8.12 所示。

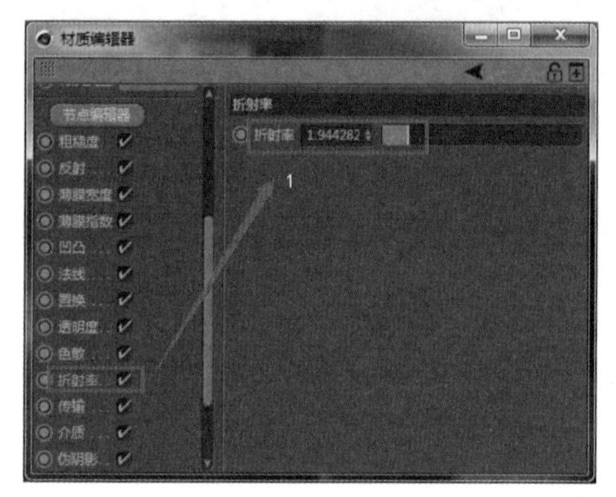

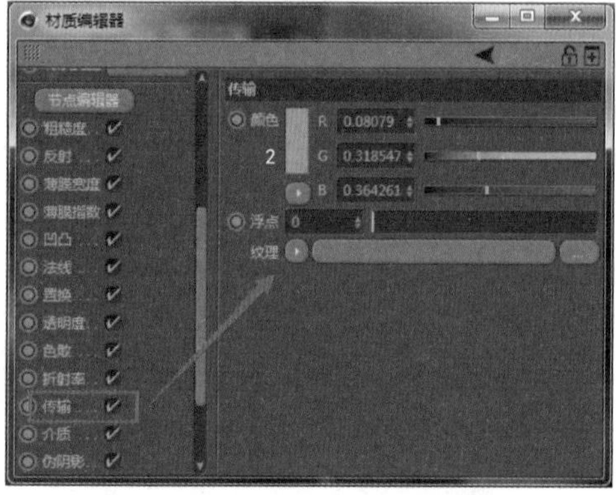

图 8.12

3 设置“介质”通道为“散射介质”❶，设置“吸收”参数❷，设置“散射”参数❸，如图 8.13 所示。

图 8.13

8.3 制作丝带材质

本例制作丝带材质，将利用薄膜宽度表现丝带的七彩光效果，设置置换贴图表现丝带边缘的花纹，设置 UV 贴图比例可以改变长条形的贴图方式，如图 8.14 所示。

图 8.14

1 新建一个“光泽度”材质❶，设置“粗糙度”参数❷，设置“薄膜宽度”参数（产生七彩光）❸，如图 8.15 所示。

图 8.15

2 设置“折射率”参数❶，在“对象”面板中选择贴图标签，设置贴图的 UV 长宽比❷，如图 8.16 所示。

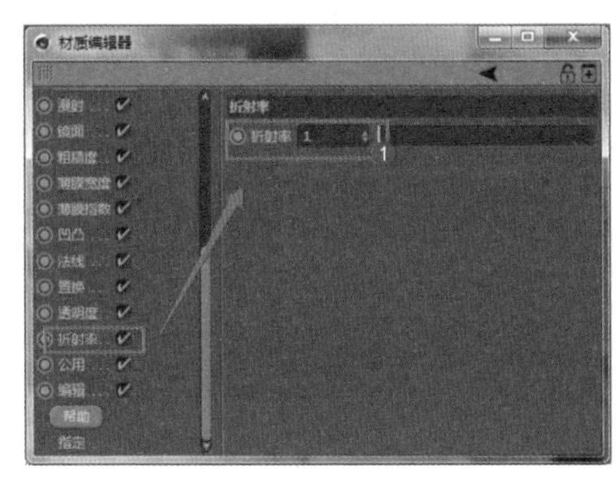
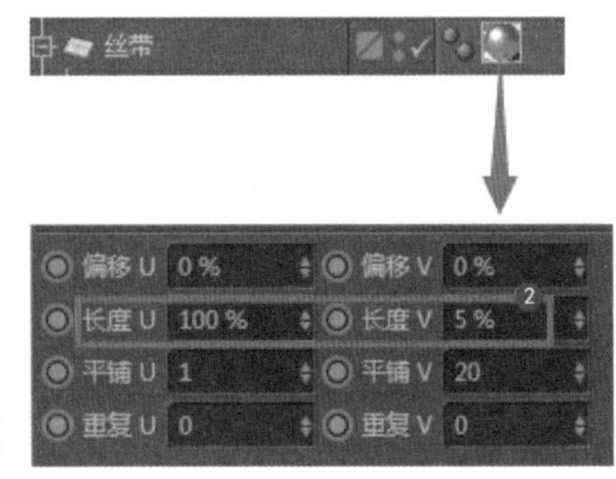

图 8.16

3 在“置换”通道中设置“纹理”为“置换”❶，设置纹理为“图像纹理”❷，设置丝带纹理贴图❸，设置“数量”参数（置换的凹凸强度）❹，如图 8.17 所示。

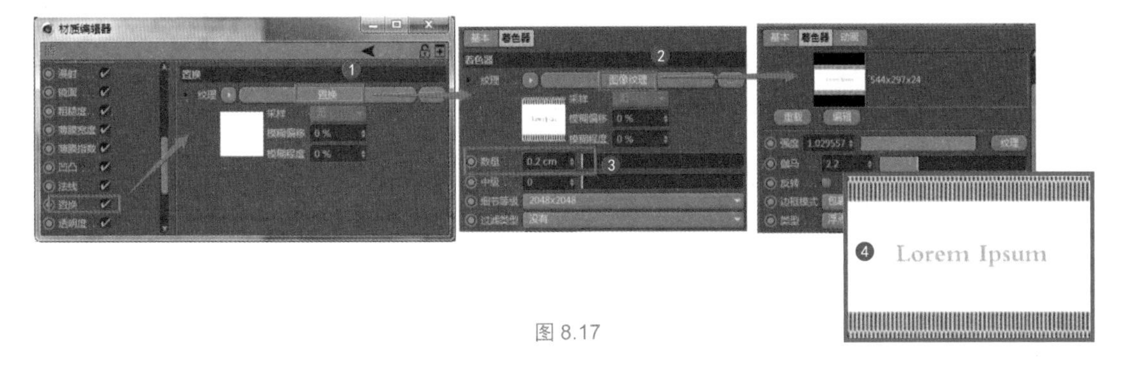

图 8.17

8.4 制作布料材质

本例制作布料材质，将利用法线贴图产生布料的凹凸感，设置镂空贴图制作布料的网眼效果，如图 8.18 所示。

图 8.18

1 新建一个“光泽度”材质❶，设置“漫射”通道的“纹理”为“图像纹理”❷，设置编织贴图❸，如图 8.19 所示。

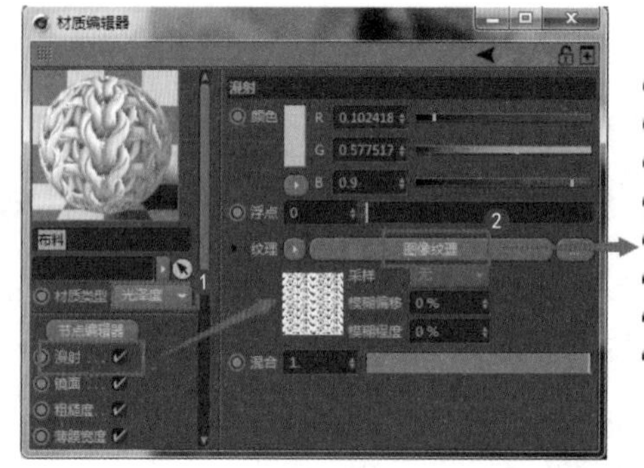

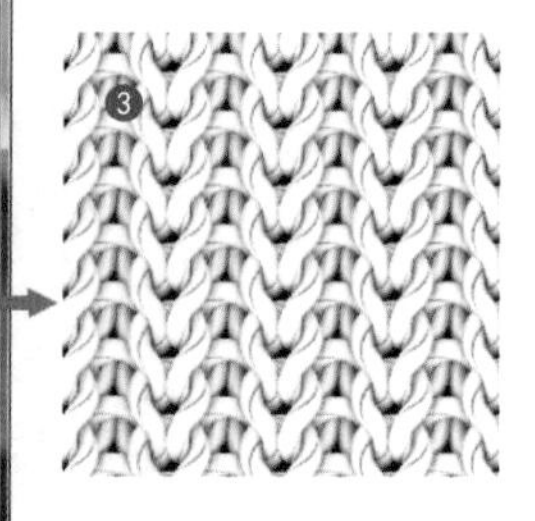

图 8.19

2 设置“粗糙度”参数，如图 8.20 所示。

3 设置“法线”通道的“纹理”为“图像纹理”❶，设置法线贴图（产生凹凸感）❷，如图 8.21 所示。

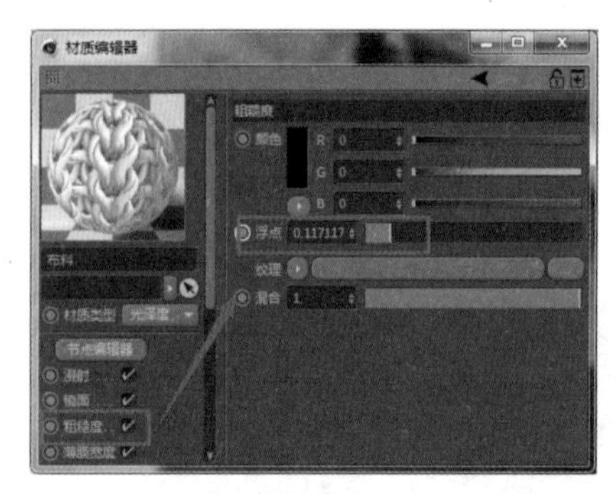

图 8.20

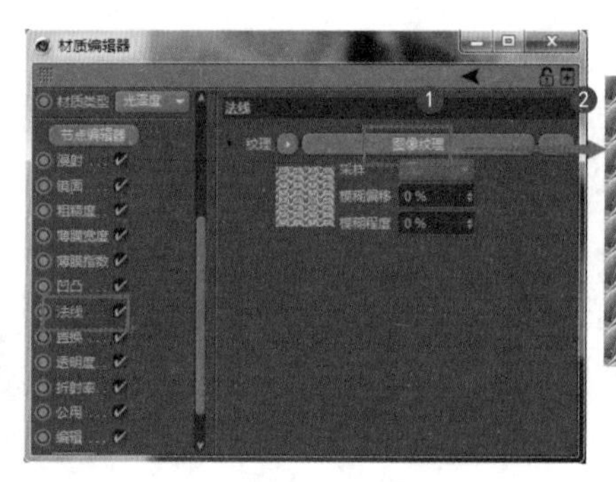

图 8.21

4 设置“透明度”通道的“纹理”为“图像纹理”❶，设置镂空贴图❷，如图 8.22 所示。

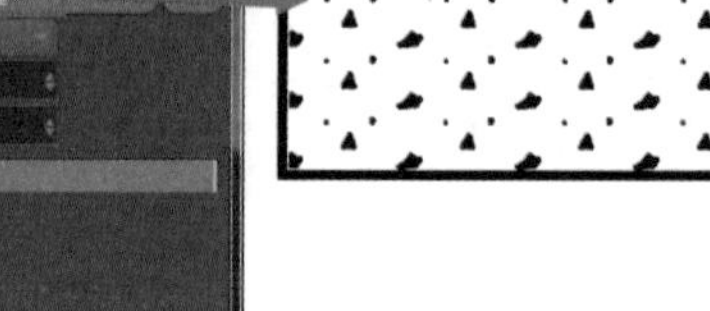

图 8.22

5 设置“折射率”参数，如图 8.23 所示。

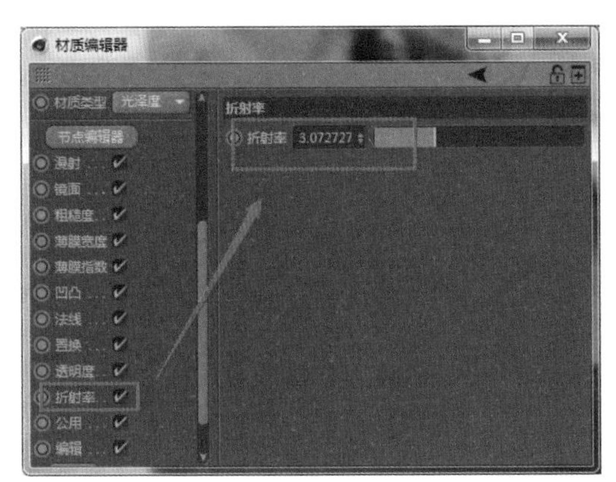

图 8.23

6 布料的最终渲染效果如图 8.24 所示。

图 8.24

8.5 制作纱网材质

本例制作纱网材质，将利用镜面贴图控制纱网的高光反射，设置凹凸贴图表现纱网的质感，如图 8.25 所示。

图 8.25

1 新建一个“光泽度”材质❶，设置“镜面”通道的“纹理”为“图像纹理”❷，设置纱网贴图❸，如图 8.26 所示。

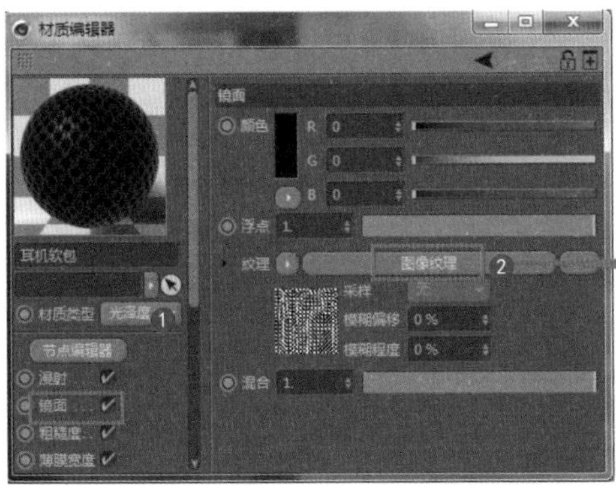

图 8.26

2 设置“粗糙度”参数，如图 8.27 所示。

图 8.27

3 设置“凹凸”通道的“纹理”为“图像纹理”❶，设置“凹凸”贴图（产生凹凸感）❷，设置凹凸的“强度”参数❸，如图 8.28 所示。

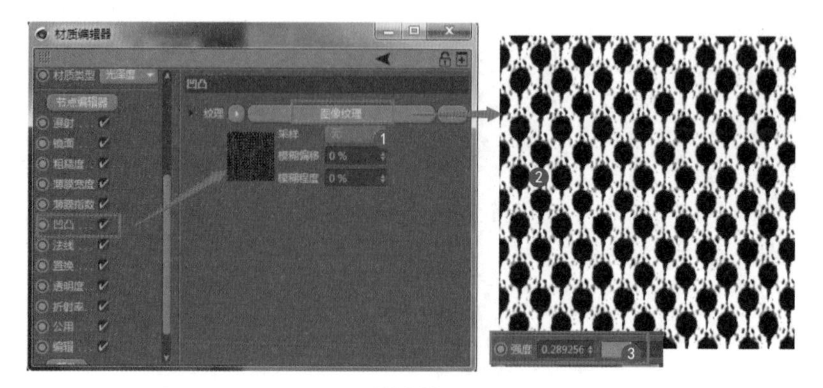

图 8.28

4 设置“漫射”通道的“纹理”为“图像纹理”❶，设置编织贴图❷，如图 8.29 所示。

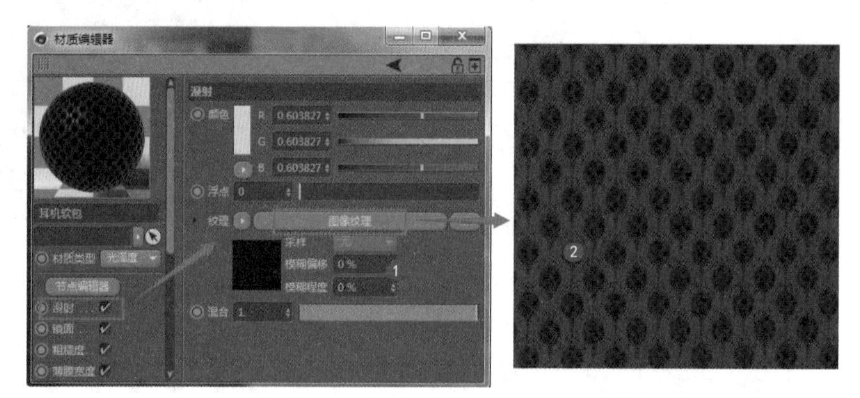

图 8.29

5 编织贴图平面效果为❶，编织物的最终渲染效果为❷，如图 8.30 所示。

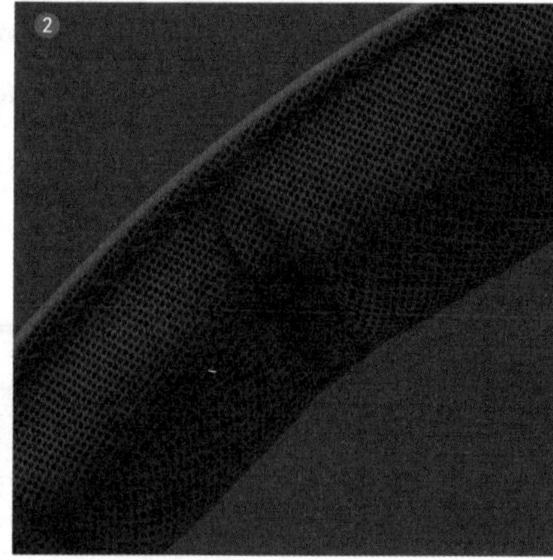

图 8.30

8.6 制作车灯材质

本例制作车灯材质，将利用传输颜色来控制车灯的颜色，设置色温来表现材质的发光效果，如图 8.31 所示。

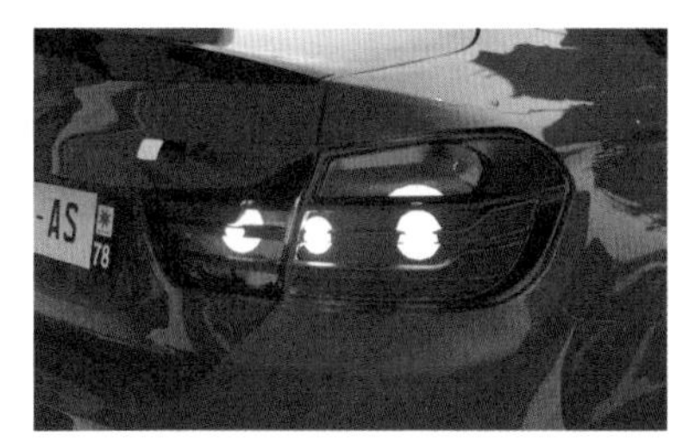

图 8.31

1 新建一个“镜面”材质（车灯玻璃）❶，设置玻璃的“粗糙度”参数❷，设置“传输”通道的“颜色”为红色❸，如图 8.32 所示。

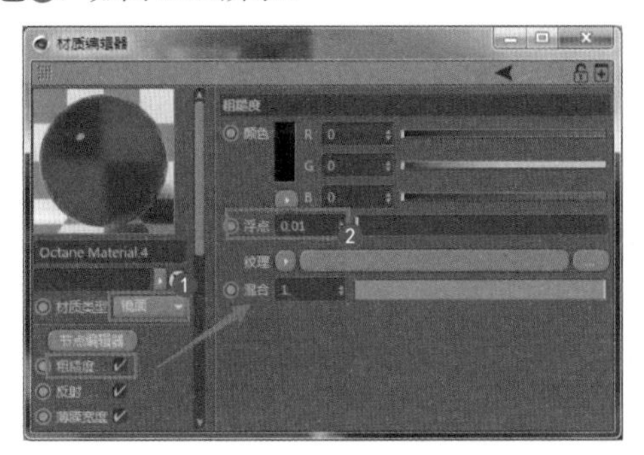

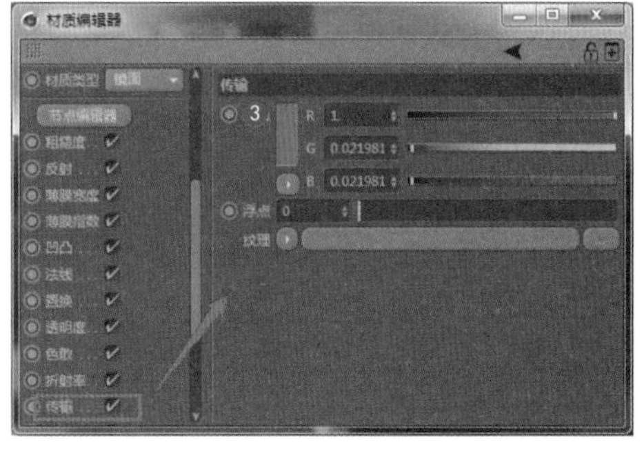

图 8.32

2 新建一个“漫射”材质（发光）❶，设置“发光”通道的“纹理”为“黑体发光”❷，设置“功率”参数（亮度）❸，设置“色温”参数（数值越大色调越冷，反之色调越暖）❹，如图 8.33 所示。

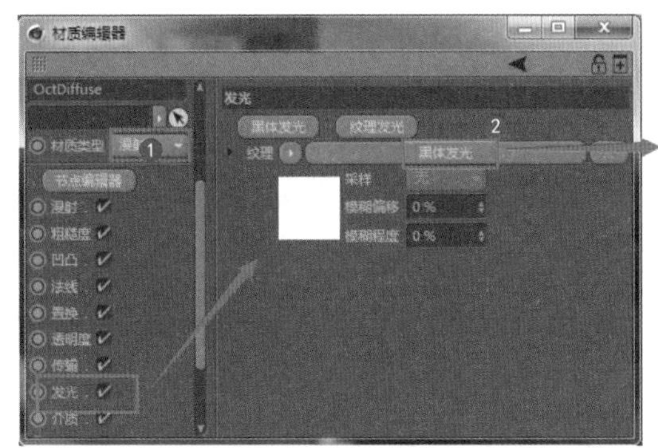

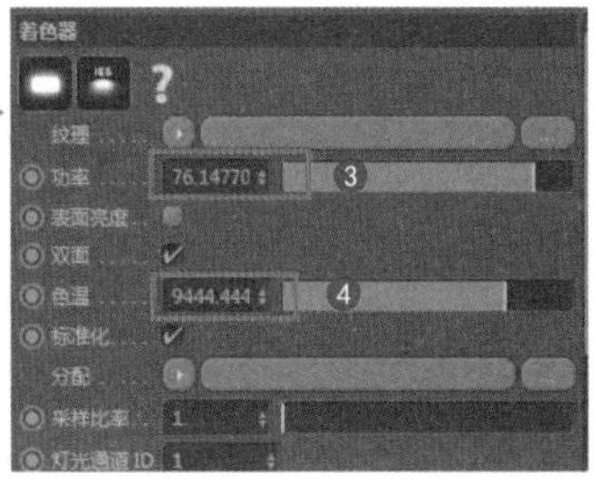

图 8.33

车灯的最终渲染效果如图 8.34 所示。

图 8.34

8.7 制作彩色发光玻璃材质

本例制作彩色发光玻璃材质，将利用发光贴图产生发光按钮材质，设置键盘的发光材质，设置键盘的玻璃材质，用混合贴图制作发光按钮，如图 8.35 所示。

图 8.35

1 新建一个“漫射”材质（发光）❶，设置“漫射”的“纹理”为“图像纹理”❷，设置发光贴图❸，如图 8.36 所示。

图 8.36

2 设置“发光”的“纹理”为“纹理发光”❶，设置“纹理”为“图像纹理”❷，设置发光贴图❸，取消选择“折射可见”复选框（不让纹理产生折射效果）❹，如图 8.37 所示。此时的键盘渲染效果如图 8.38 所示。

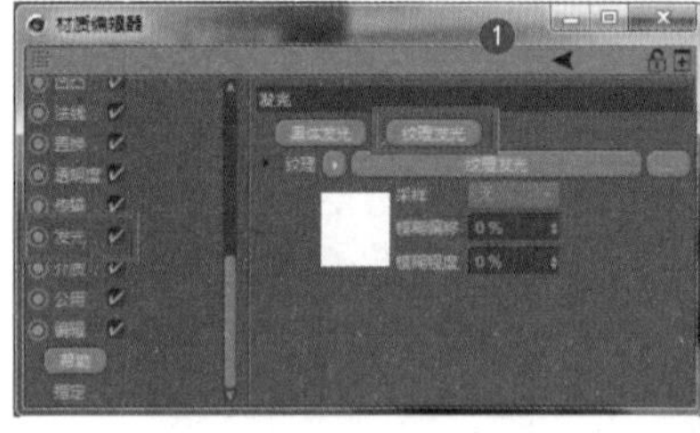
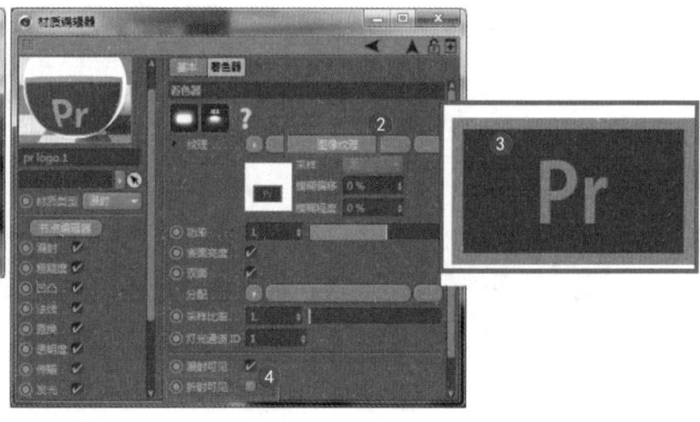

图 8.37

图 8.38

3 新建一个“漫射”材质（蓝色发光）❶，设置“发光”通道的“纹理”为“纹理发光”❷，设置“纹理”为“RGB 颜色”❸，设置发光“颜色”为蓝色❹，如图 8.39 所示。

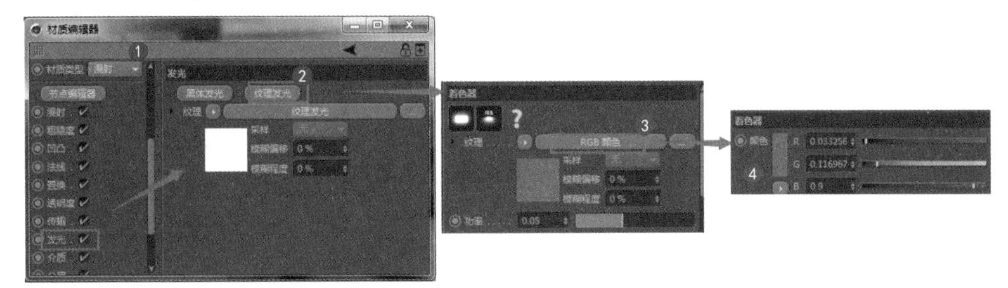

图 8.39

4 新建一个“镜面”材质（玻璃材质）❶，设置玻璃的“折射率”参数❷，设置玻璃的“颜色”值❸，如图 8.40 所示。

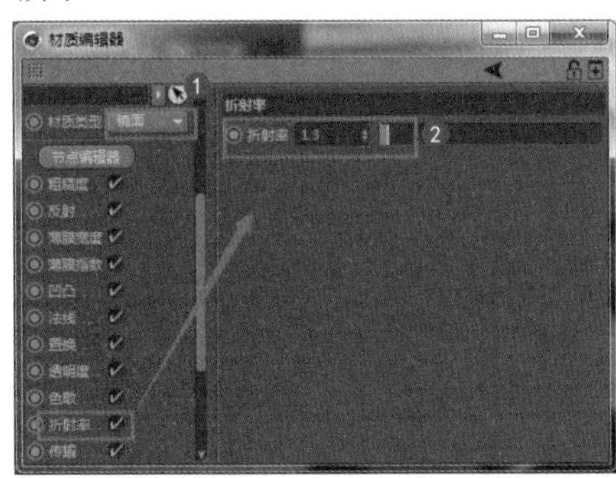

图 8.40

5 新建一个混合材质（用于混合出按钮上的发光图案）❶，设置混合方式为“图像纹理”❷，设置键盘的贴图❸，反转贴图的黑白色（产生按钮上的发光图案）❹，设置“材质 1”为蓝色发光材质❺，设置“材质 2”为玻璃材质❻，如图 8.41 所示。

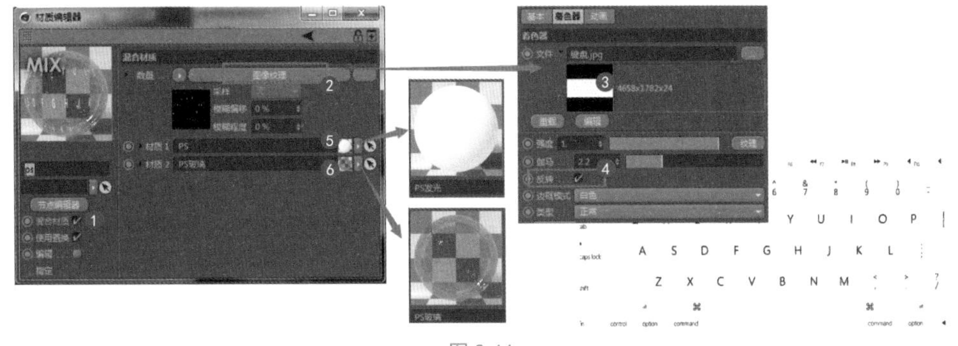

图 8.41

键盘的最终渲染效果如图 8.42 所示。

图 8.42

8.8 制作护肤品材质

本例制作护肤品材质，将利用不同的镜面颜色表现护肤品的瓶体，设置“散射”介质产生半透明膏体效果，用镂空贴图制作瓶体上的标志，如图 8.43 所示。

工程：08\027.c4d

图 8.43

1 新建一个“镜面”材质（瓶身材质）❶，设置“反射”通道为淡绿色❷，设置瓶身的“折射率”参数❸，如图 8.44 所示。

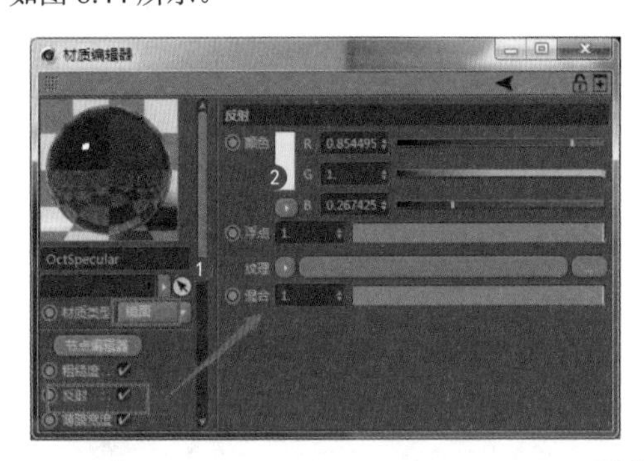

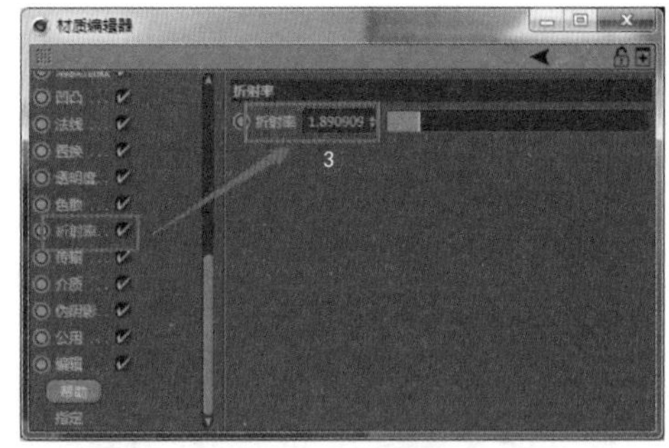

图 8.44

2 设置“传输”通道的“颜色”为绿色（瓶身颜色），如图 8.45 所示。

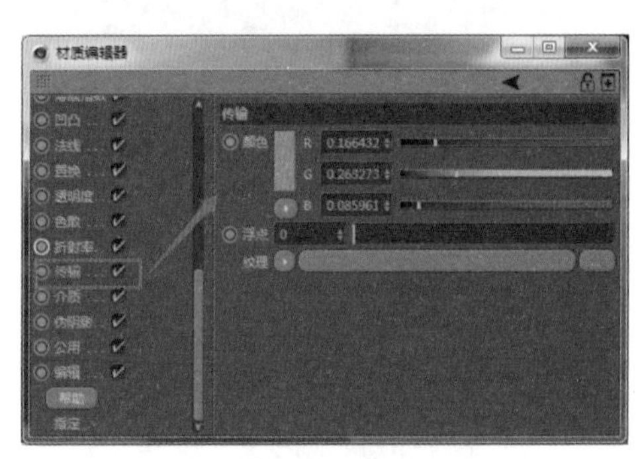

图 8.45

3 新建一个“镜面”材质（护肤品材质），设置“介质”为“散射”介质❶，设置“密度”和“体积步长”参数（透光性能）❷，设置“吸收”通道为“RGB 颜色”（淡绿）❸，设置“散射”通道为“RGB 颜色”（白色）❹，如图 8.46 所示。

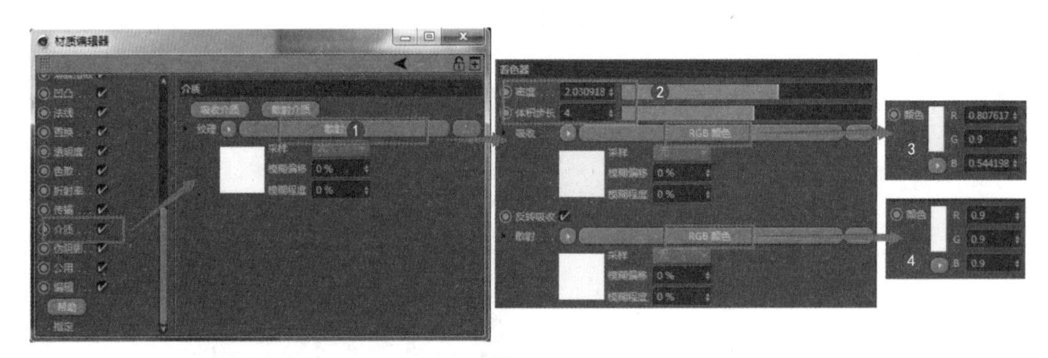

图 8.46

4 设置“发光”通道为“纹理发光”❶，设置发光的“功率”值❷，如图 8.47 所示。

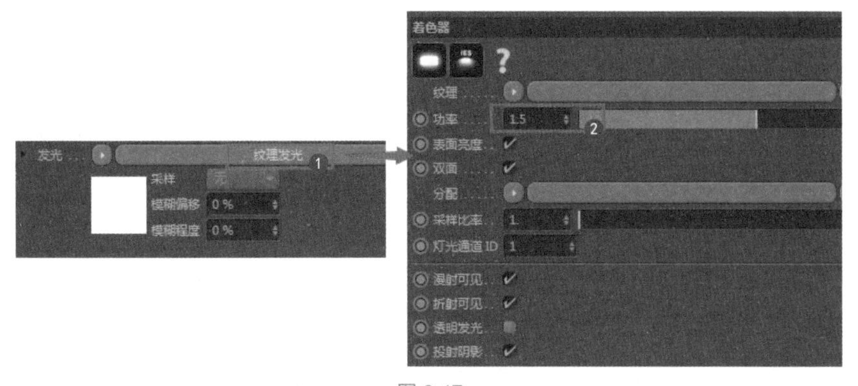

图 8.47

5 新建一个“光泽度”材质（瓶盖）❶，设置“镜面”通道的“颜色”为玫瑰金色调❷，设置“折射率”参数❸，如图 8.48 所示。

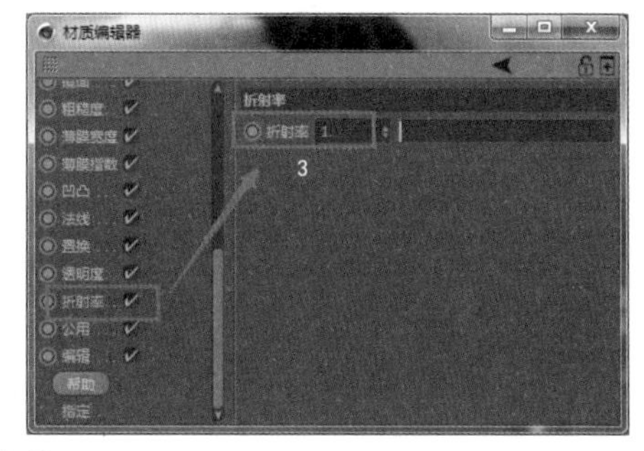

图 8.48

6 新建一个“光泽度”材质（瓶身 Logo）❶，设置“漫射”通道为“图像纹理”，设置 Logo 贴图❷，设置“透明度”通道为“图像纹理”，设置贴图类型为 Alpha，产生镂空效果❸，如图 8.49 所示。

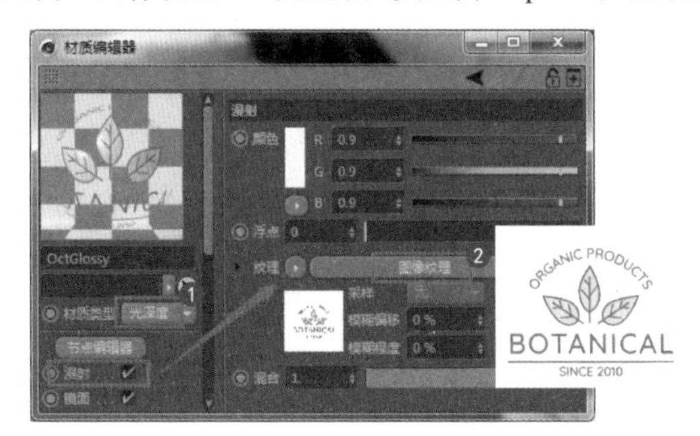

图 8.49

7 选择瓶身要贴镂空的区域，将镂空材质赋给该区域，如图 8.50 所示。

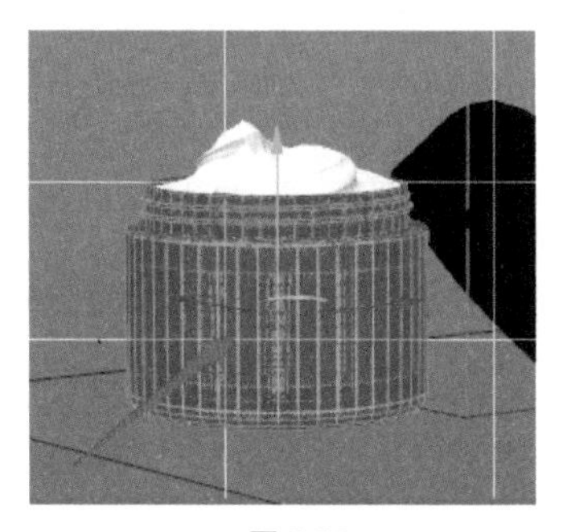

图 8.50

8.9 制作旋转反射的金属材质

本例制作旋转反射的金属材质，将利用折射颜色来控制玻璃的透明度，设置折射光泽度来表现玻璃表面的磨砂效果，如图 8.51 所示。

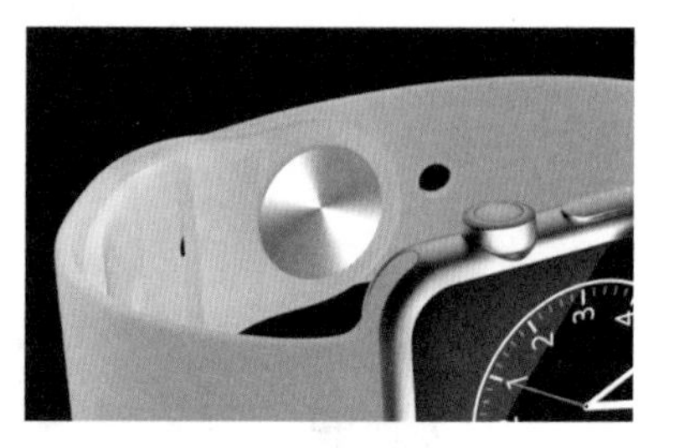

图 8.51

1 新建一个“光泽度”材质❶，设置“折射率”参数❷，如图 8.52 所示。

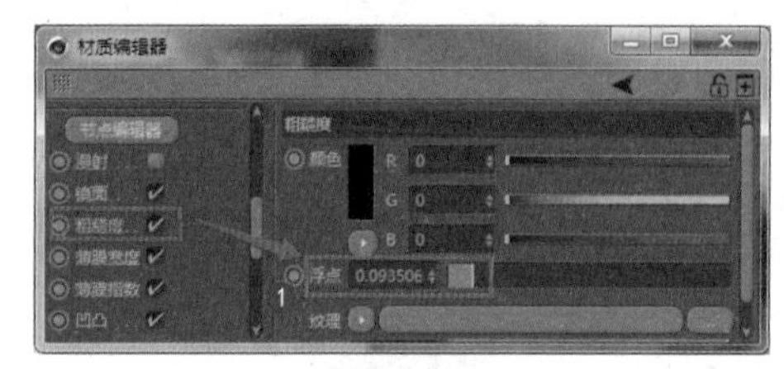

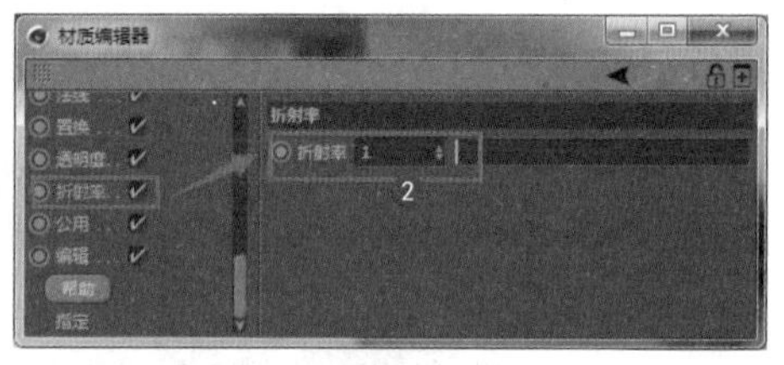

图 8.52

2 进入节点编辑模式，设置“凹凸”通道为“图像纹理”❶，设置贴图为旋转纹理贴图❷，如图 8.53 所示。

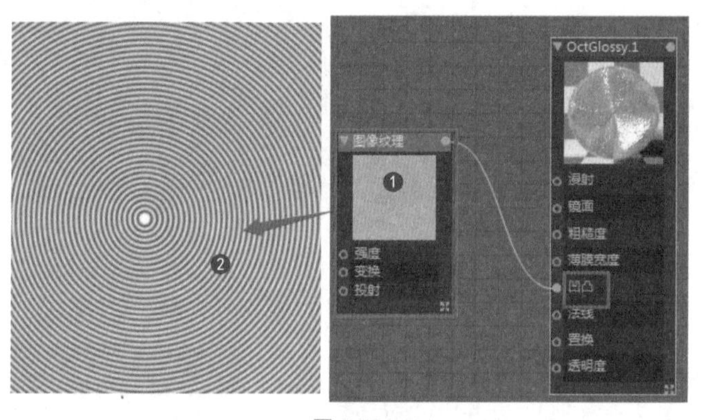

图 8.53

3 将渐变节点拖动到凹凸贴图连线上❶，设置渐变参数（颜色越暗，凹凸效果越弱）❷，如图 8.54 所示。

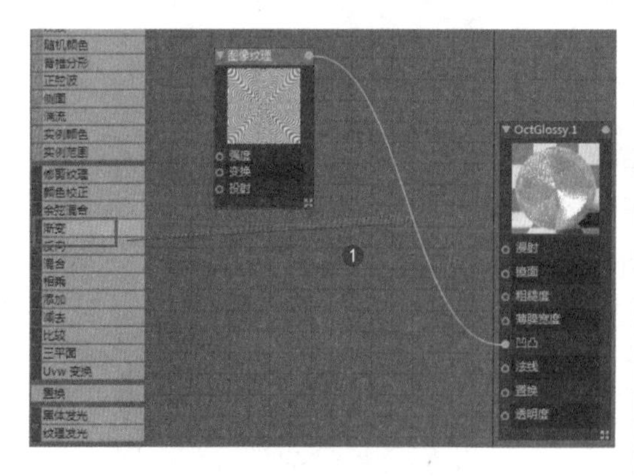

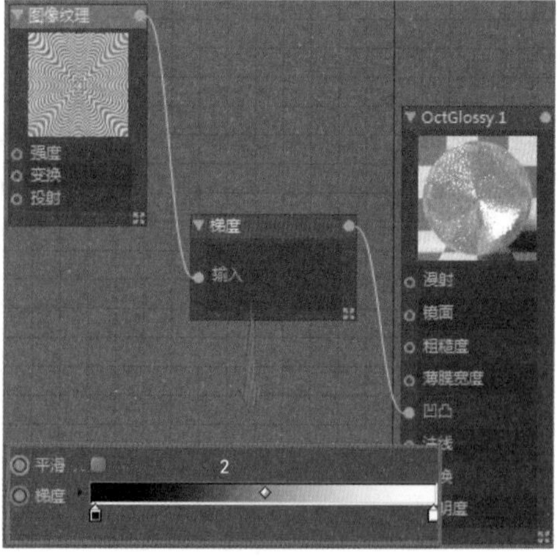

图 8.54

8.10 制作斑驳金属材质

本例制作斑驳金属材质，将利用粗糙度贴图表现不同区域的磨砂效果（影响光泽度），在“凹凸”通道设置贴图，用于表现斑驳的表面，如图 8.55 所示。

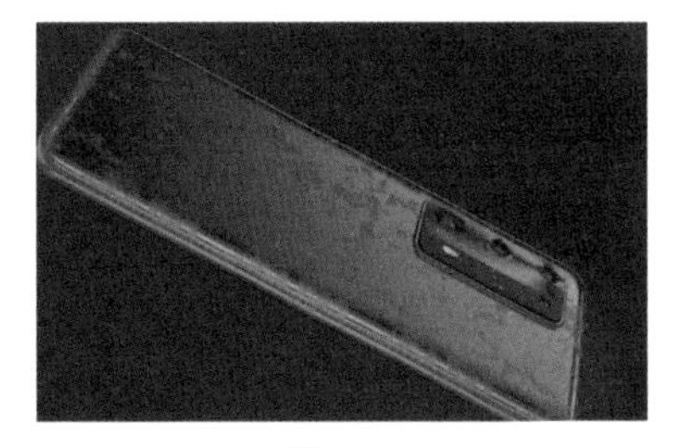

图 8.55

1 新建一个“光泽度”材质❶，设置“镜面”通道的“颜色”为暗黄色❷，如图 8.56 所示。

图 8.56

2 设置“粗糙度”参数❶，在“纹理”通道中设置斑驳的纹理贴图❷，如图 8.57 所示。

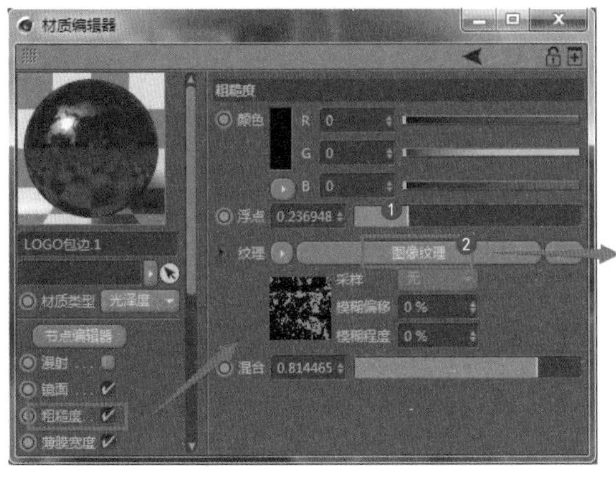

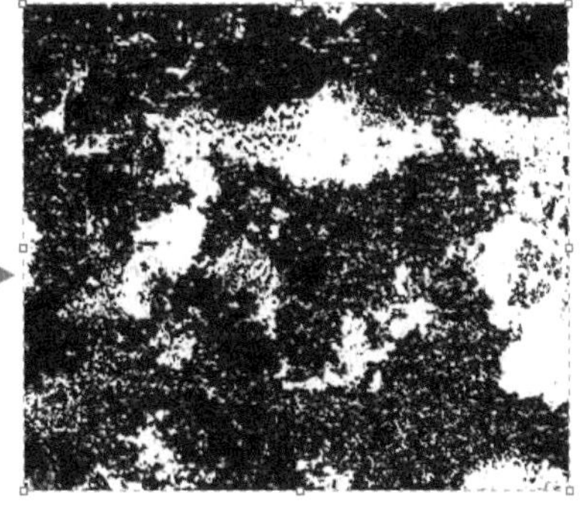

图 8.57

3 在“凹凸”通道中设置“纹理”为“梯度”（目的是减弱凹凸强度）❶，设置梯度模式（颜色越暗，凹凸越弱）❷，指定纹理贴图为斑驳贴图❸，如图 8.58 所示。

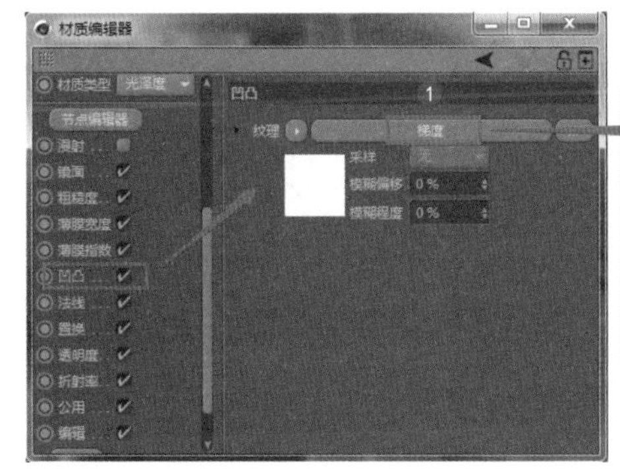

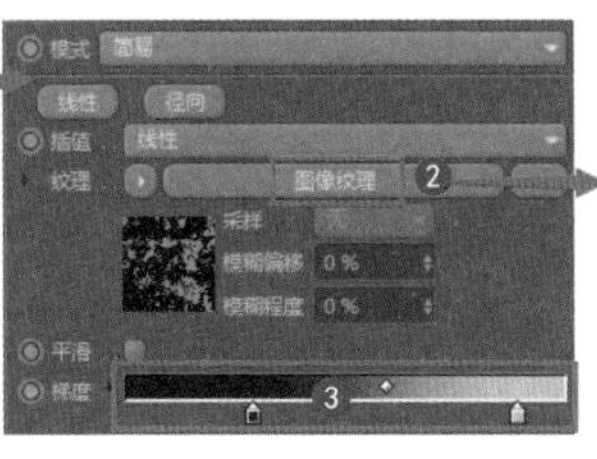

图 8.58

8.11 制作印字的拉丝金属材质

本例制作印字的拉丝金属材质，将利用噪波贴图制作拉丝金属，设置黑色文字部分的材质，再用混合贴图通道影响上述两种材质的效果，如图 8.59 所示。

工程：08\034.c4d

图 8.59

1 新建一个“光泽度”材质（拉丝金属）❶，设置“镜面”通道的“颜色”为淡灰色❷，设置“粗糙度”参数❸，如图 8.60 所示。

图 8.60

2 设置“折射率”参数，如图 8.61 所示。

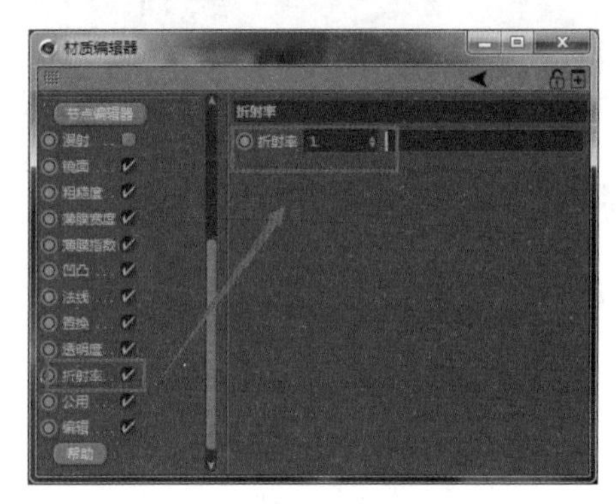

图 8.61

3 在“凹凸”通道中设置“纹理”为“梯度”（目的是减弱凹凸强度）❶，设置梯度模式（颜色越暗，凹凸越弱）❷，设置纹理贴图为“噪波”贴图❸，设置“噪波”参数❹，如图 8.62 所示。

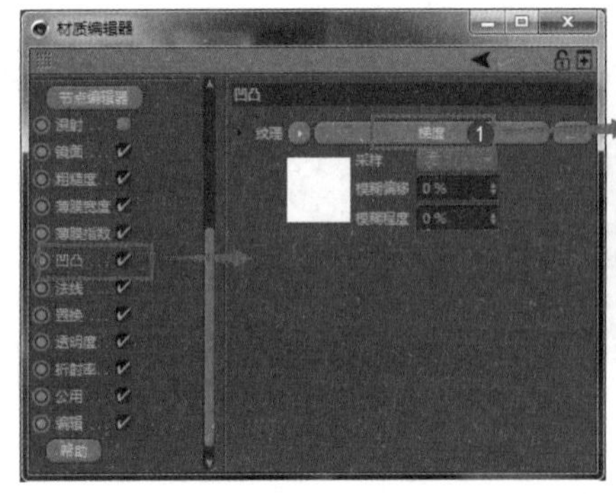

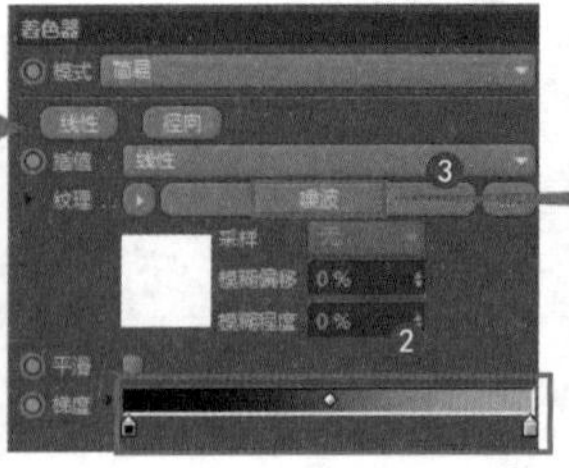

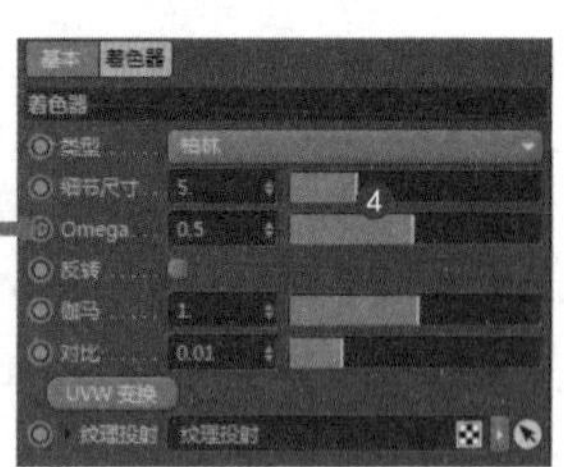

图 8.62

4 在纹理投射区域，加大 X 轴和 Y 轴的比例差距（产生拉丝纹理）❶，❷为拉丝金属效果，如图 8.63 所示。

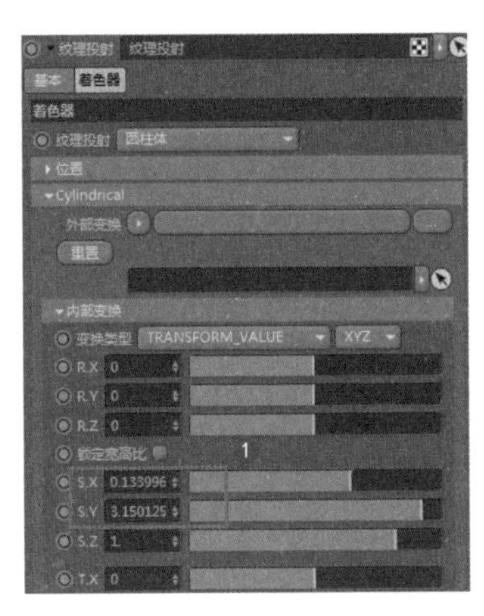

图 8.63

5 新建一个“光泽度”材质（黑色文字）❶，设置“漫射”通道的“颜色”为黑色❷，设置“粗糙度”参数❸，如图 8.64 所示。

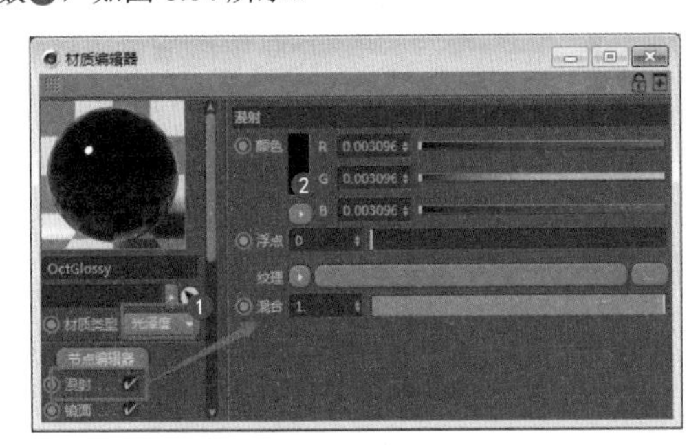
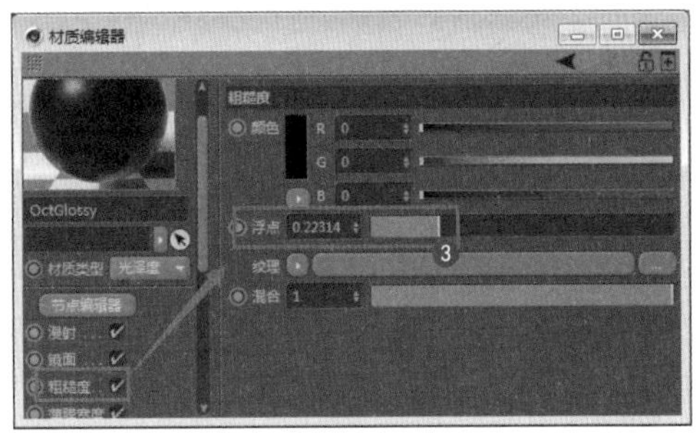

图 8.64

6 新建一个混合材质，设置混合通道为文字贴图（用于分布黑色文字）❶，设置“材质 1”为拉丝金属材质❷，设置“材质 2”为黑色文字材质❸，❹为最终的渲染效果，如图 8.65 所示。

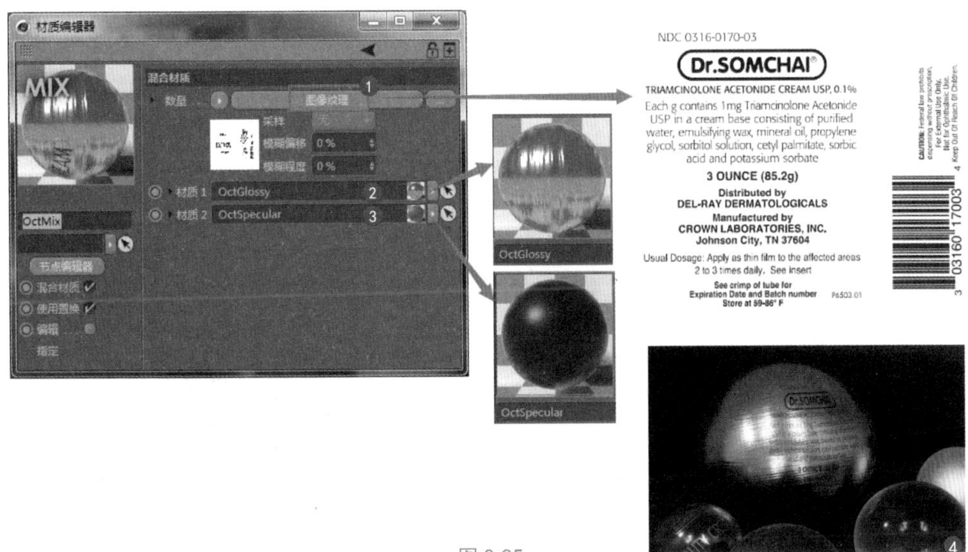

图 8.65

8.12 制作车削金属反射和指纹按钮材质

本例制作印字的拉丝金属材质，将利用锥形渐变产生车削金属反射，设置凹凸贴图产生金属表面的凹凸效果，如图 8.66 所示。

图 8.66

工程：08\036.c4d

1 新建一个“光泽度”材质❶，设置“镜面”通道的贴图为“渐变”❷，设置渐变方式为不间断的灰色和白色渐变❸，设置渐变类型为“二维・锥形”❹，如图 8.67 所示。

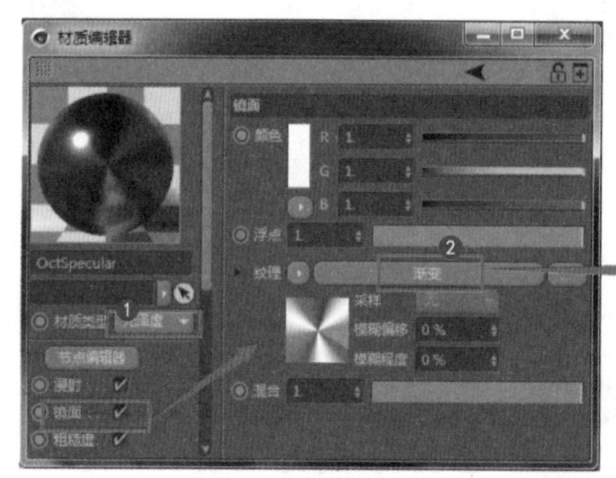

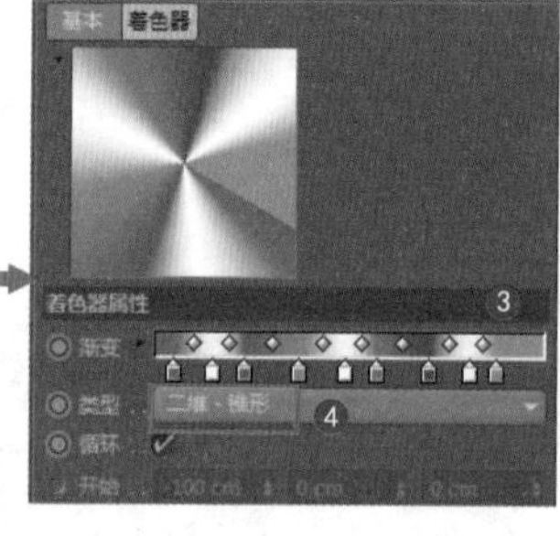

图 8.67

2 设置金属的“粗糙度”参数，如图 8.68 所示。

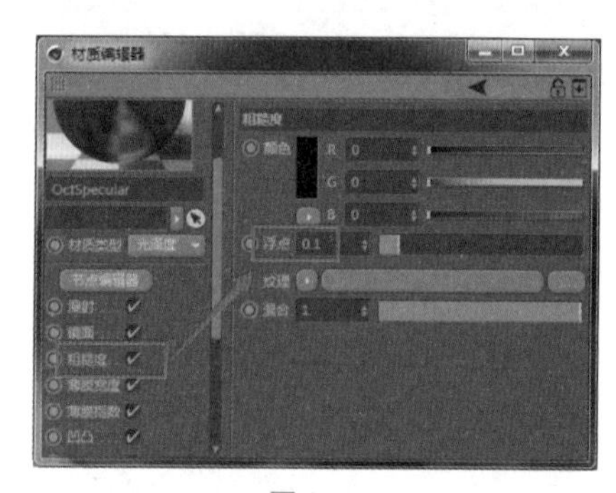

图 8.68

3 设置“凹凸”通道的“纹理”为“图像纹理”❶，指定凹凸贴图❷，如图 8.69 所示。

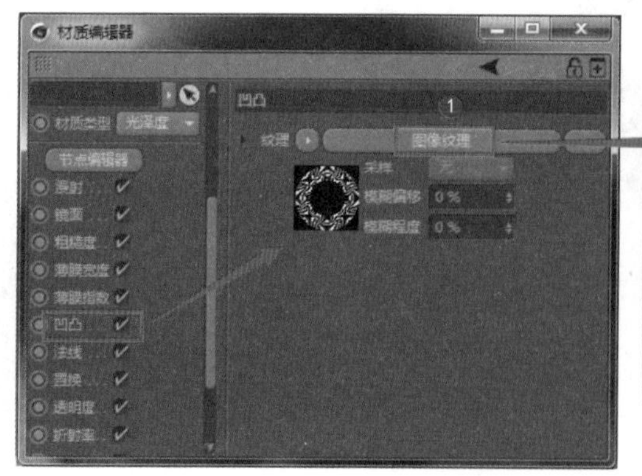

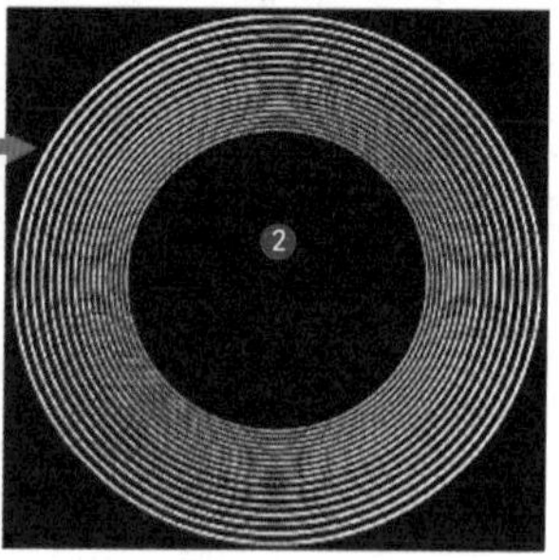

图 8.69

4 设置金属的“折射率”参数❶，车削金属反射效果❷，如图 8.70 所示。

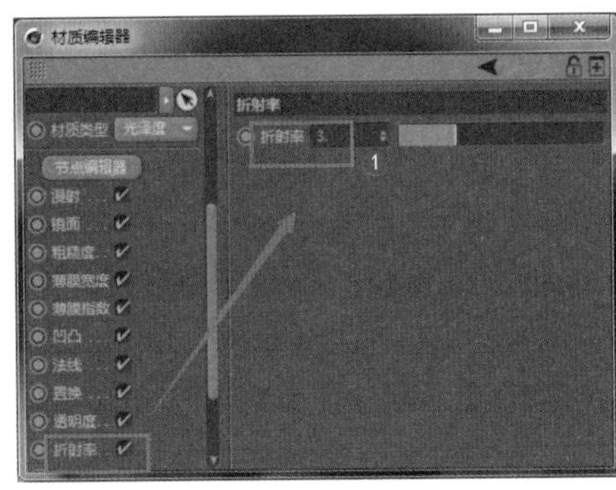

图 8.70

5 新建一个“光泽度”材质❶，设置金属的“粗糙度”参数❷，如图 8.71 所示。

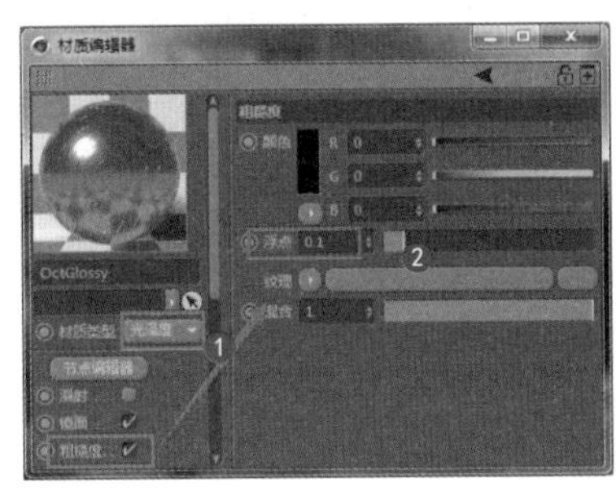

图 8.71

6 设置“凹凸”通道的“纹理”为“图像纹理”❶，设置凹凸贴图为指纹贴图❷，如图 8.72 所示。

图 8.72

7 设置“折射率”参数❶，指纹按钮的凹凸效果❷如图 8.73 所示。

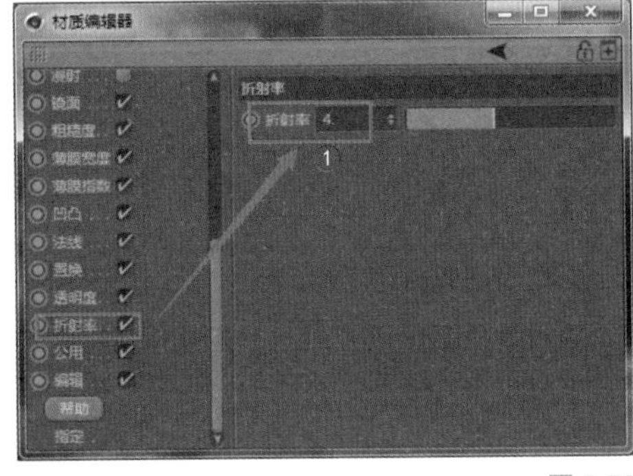

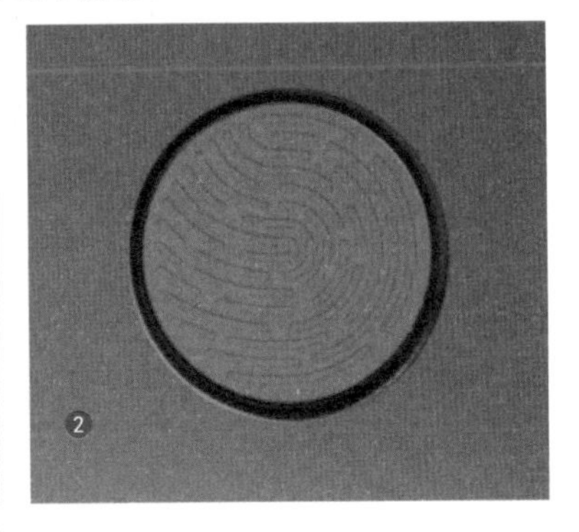

图 8.73

8.13 制作半透明膏体材质

本例制作半透明膏体材质，将利用“传输”通道控制材质颜色，用吸收和散射控制材质内部的半透明效果，设置发光纹理来控制半透明膏体的亮度，如图 8.74 所示。

图 8.74

1 新建一个“镜面”材质❶，设置“粗糙度”参数❷，设置“折射率”参数❸，如图 8.75 所示。

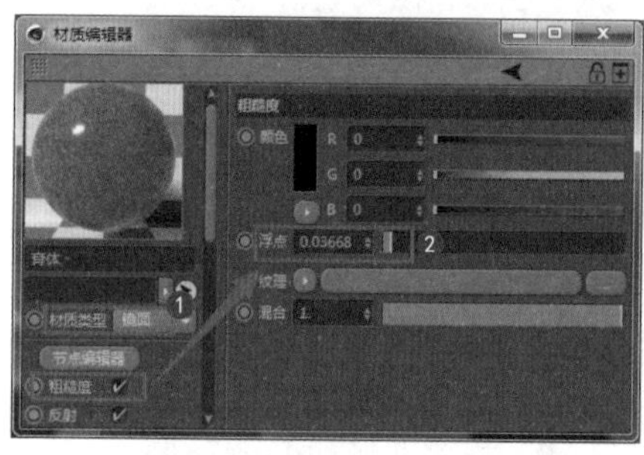

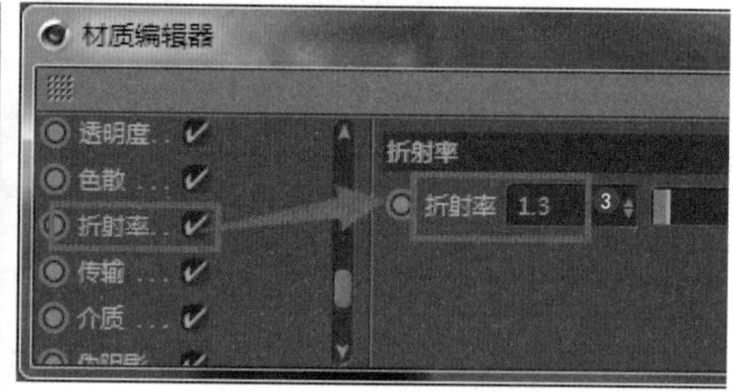

图 8.75

2 设置“传输”通道的“颜色”为淡绿色，如图 8.76 所示。

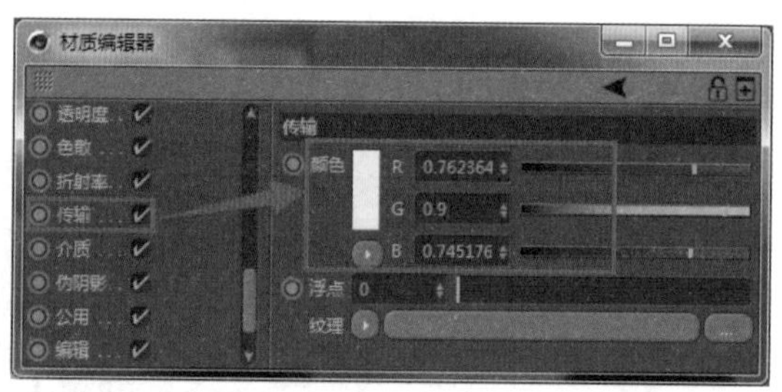

图 8.76

3 设置“介质”通道的“纹理”为“散射介质”❶，设置“散射”通道的“颜色”为绿色❷，如图 8.77 所示。

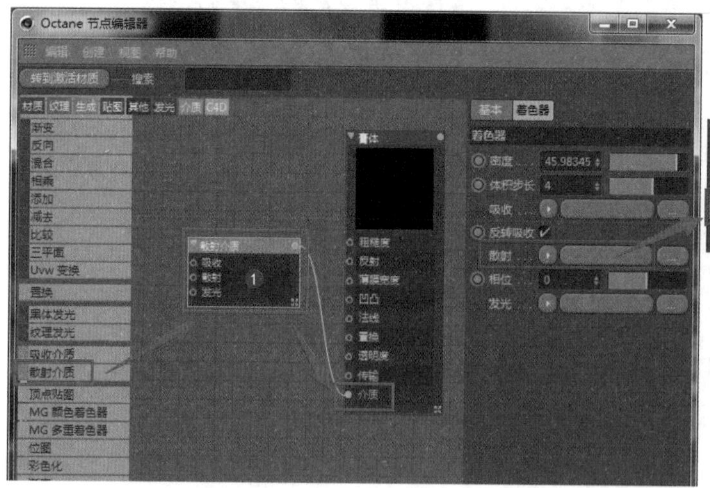

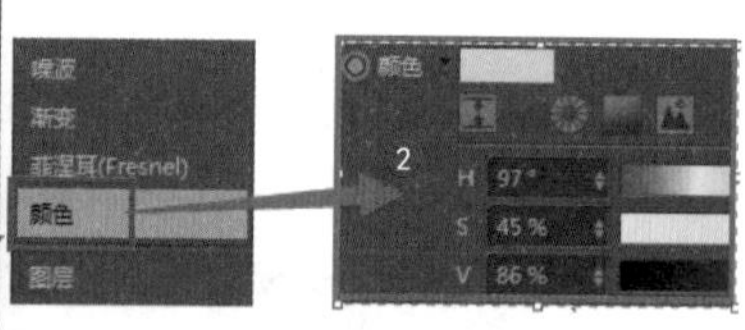

图 8.77

4 设置“发光”通道为“纹理发光”❶，设置“纹理”为“RGB 颜色”（绿色）❷，如图 8.78 所示。

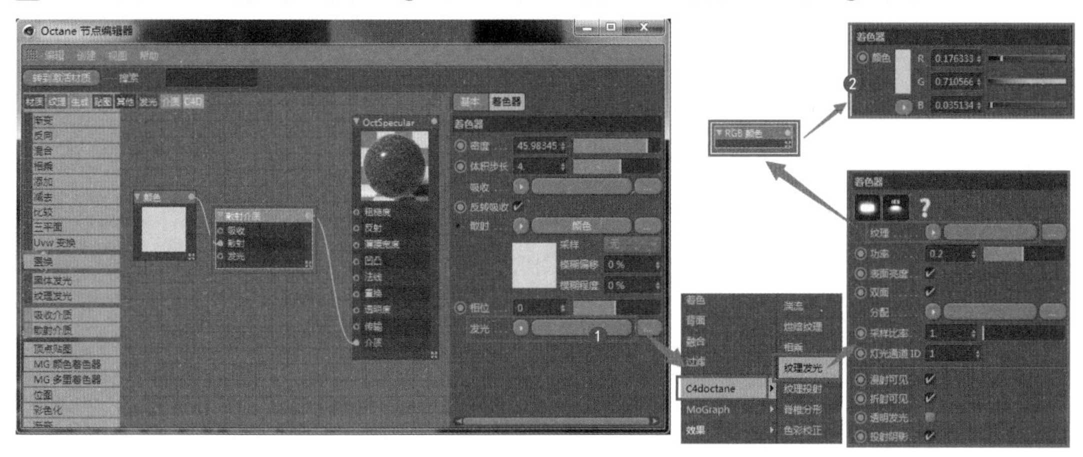

图 8.78

5 设置“吸收”和“散射”的控制器为“浮点”（用于控制它们的发散值），如图 8.79 所示。

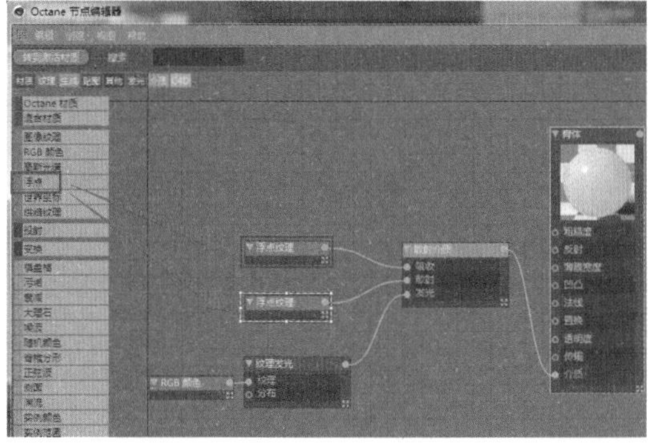

图 8.79

6 设置吸收浮点（产生内部阴影）❶，设置散射浮点（产生内部透光性）❷，如图 8.80 所示。

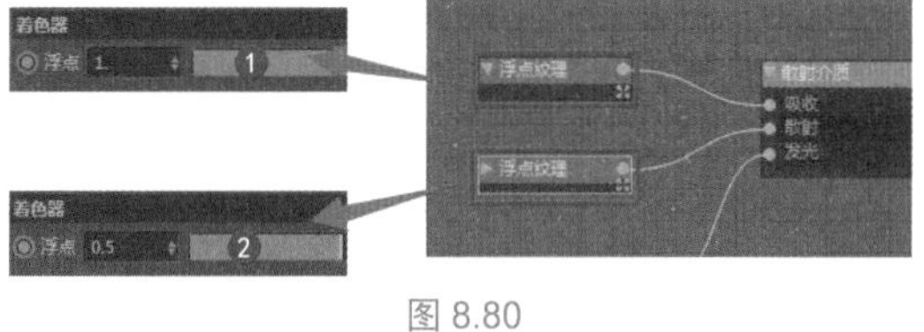

图 8.80

最终的渲染效果如图 8.81 所示。

图 8.81

第9章

综合案例应用

本章导读

本例将对前面章节中所学的内容进行巩固，制作产品外观模型并进行材质设置和渲染。制作过程中使用到了多种参数化几何形体和编辑工具，以及 Octane 渲染器的相关知识。

知识点＼学习目标	了解	理解	应用	实践
视图设置			√	√
渲染设置			√	√
模型制作			√	√
材质设置			√	√

9.1 产品外观建模

下面利用各种建模工具制作一个蜂蜜瓶子模型来巩固一下前面学到的知识。这个模型用到的工具为点线面的自带工具，包括切割、循环选择、倒角、挤压等，如图 9.1 所示。

工程：09\001.c4d

图 9.1

9.1.1 设置视图参考图

1 在视图背景中设置参考图。确保当前页面为正视图，按【Shift+V】组合键打开视图设置，在“背景”页面中添加背景贴图，如图 9.2 所示。

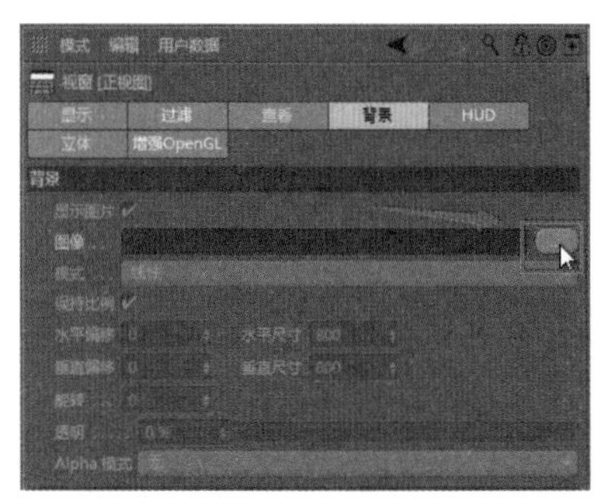

图 9.2

2 单击按钮，在弹出的对话框中选择要参考的图片“花蜜液的参考图 .jpg”文件。此时在正视图中出现了参考图，如图 9.3 所示。

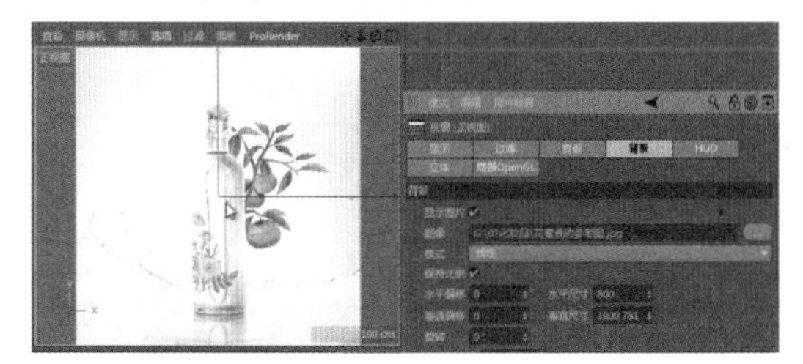

图 9.3

3 为了不影响建模，降低参考图的亮度。在“透明”区域内拖动滑块，降低透明度，如图 9.4 所示。

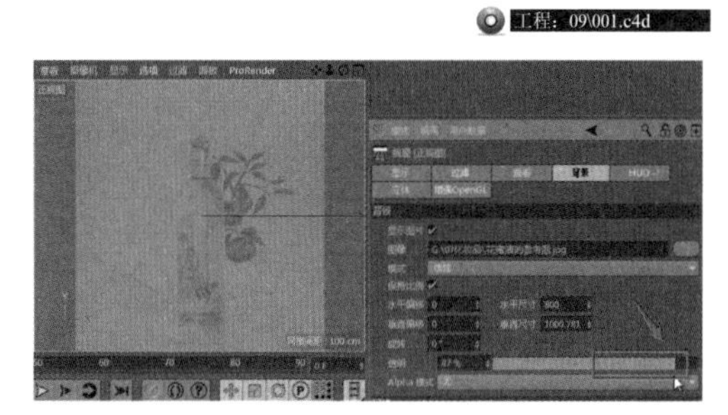

图 9.4

9.1.2 建立瓶口

1 单击正视图右上角的图标（也可以用鼠标中键单击视图放大），将正视图放大，以方便建模，如图 9.5 所示。

图 9.5

2 在工具栏中单击“圆柱”按钮，在视图中建立一个圆柱体，如图 9.6 所示。

图 9.6

3 拖动圆柱体上的调整节点，让圆柱体的尺寸和位置与瓶口对应，如图 9.7 所示。

图 9.7

4 设置“高度分段”为 2，“旋转分段”参数保持默认值为 36 即可，如图 9.8 所示。

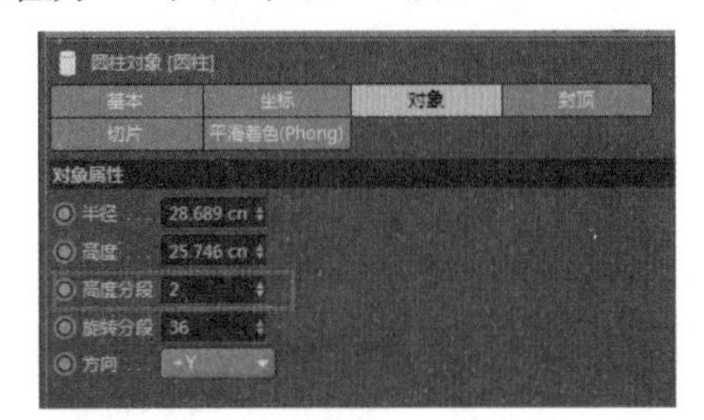

图 9.8

5 按【C】键，将参数化圆柱体改为可编辑多边形，单击界面右侧工具栏中的按钮，进入边界次物体模式，选择圆柱体最下方的边❶。双击该边，选择一圈边缘线❷，如图 9.9 所示。

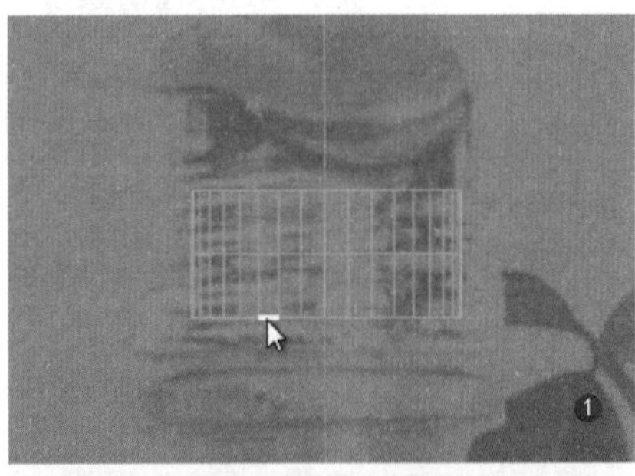

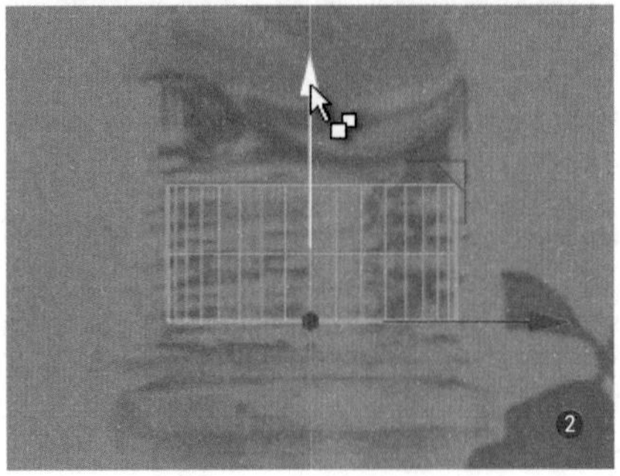

图 9.9

6 按住【Ctrl】键的同时沿 *Y* 轴向下拖动复制这圈线段，如图 9.10 所示。

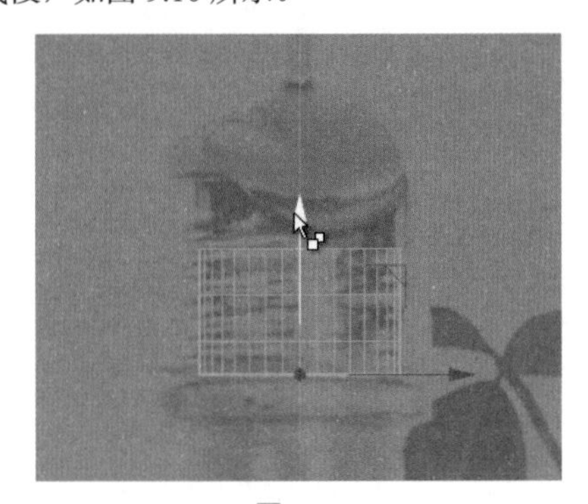

图 9.10

7 按住【Ctrl】键并沿 *Y* 轴向下拖动复制这圈线段，单击工具栏中的“缩放”按钮，不要选择任何轴向对这圈线段进行放大，如图 9.11 所示。

图 9.11

8 按住【Ctrl】键并沿 *Y* 轴向下拖动复制这圈线段❶，单击工具栏中的“缩放”按钮，向内缩小这圈线段，形成一个瓶子的凸起❷，如图 9.12 所示。

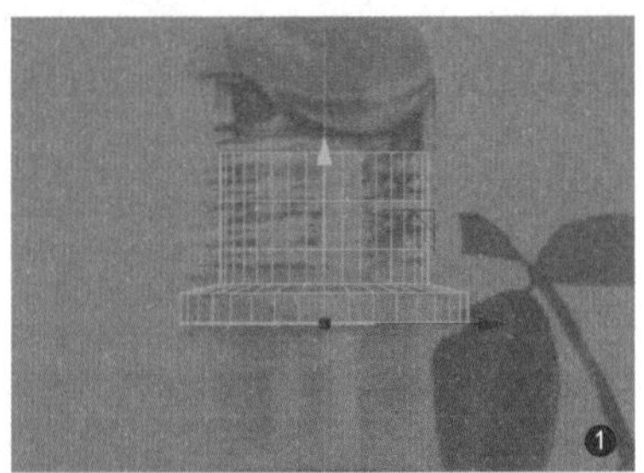

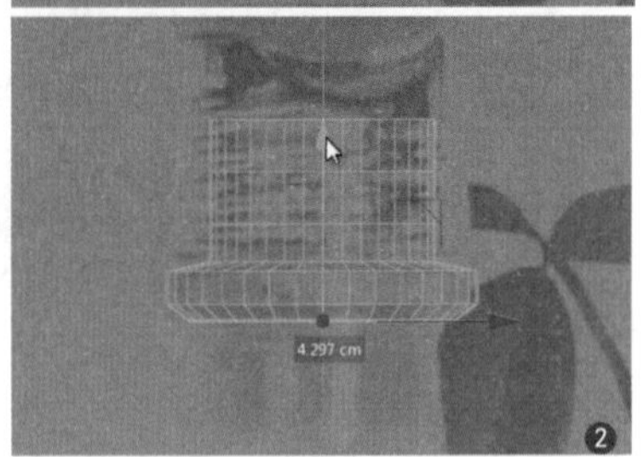

图 9.12

9 按住【Ctrl】键并沿 Y 轴向下拖动复制这圈线段，这些操作都是基于背景参考图的瓶口造型进行的，如图 9.13 所示。

图 9.13

10 用同样的方式制作完成瓶口下方连接瓶身的区域（复制并缩放），如图 9.14 所示。

图 9.14

9.1.3 制作瓶身和瓶底

1 制作瓶身和瓶底。用复制和缩放工具沿着参考图进行制作，用最少的面来制作与参考图相匹配的瓶身弧线。由于在后面还要用光滑工具进行细分，所以目前还不能将模型面数制作得太多，如图 9.15 所示。

图 9.15

2 将瓶身的细节制作完成，如图 9.16 所示。

图 9.16

3 单击“缩放”按钮，按【Ctrl+Shift】组合键的同时进行缩放，可以同时对平底的线段进行缩放和复制❶。用这种方法缩放 3 次，让底部形成足够多的细节（三层细节）❷，如图 9.17 所示。

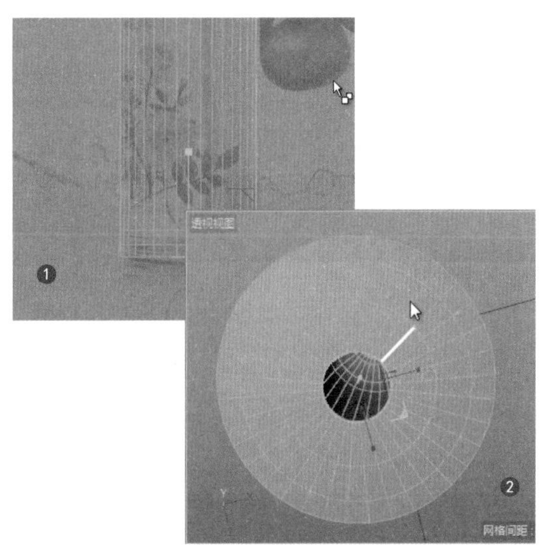

图 9.17

4 对平底进行封闭。右击，弹出快捷菜单，其中都是各种曲线操作命令，选择“封闭多边形孔洞”命令，如图 9.18 所示。

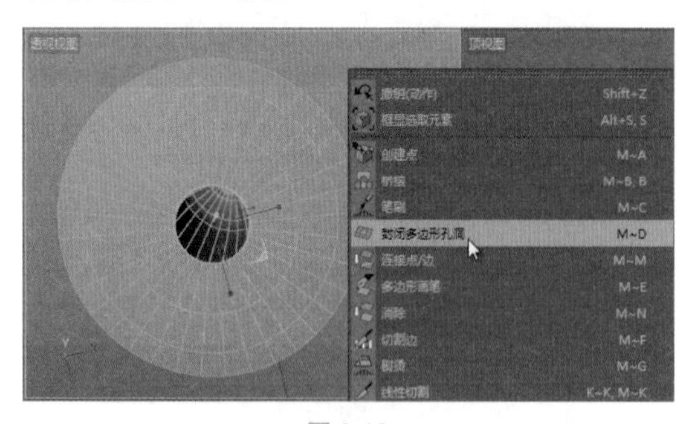

图 9.18

5 在视图中单击选择的线段，将洞口封闭，如图 9.19 所示。

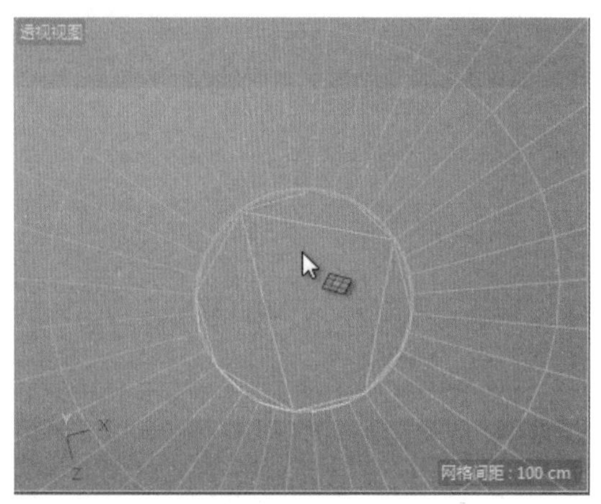

图 9.19

6 此时孔洞虽然封闭了，但是拓扑线不够均匀，要形成四边形才能够完美地体现模型的光滑度，所以要重新对孔洞的面进行切割。选择“网格”→“创建工具”→“多边形画笔”命令，如图 9.20 所示。

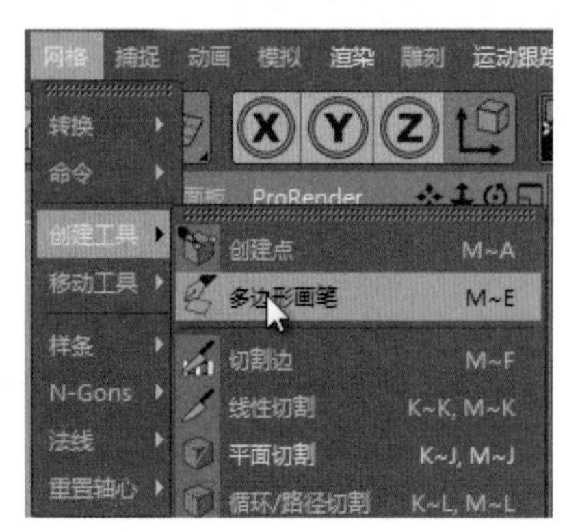

图 9.20

7 将视图放大，对圆形孔洞进行切割❶。切割后，可以看到所有的面都变成了四边面❷，如图 9.21 所示。

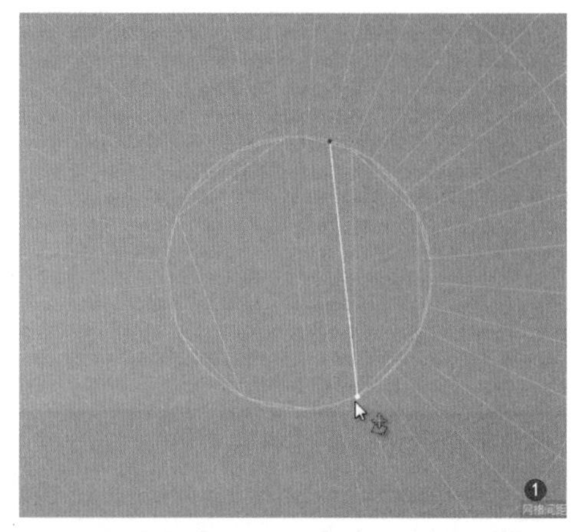

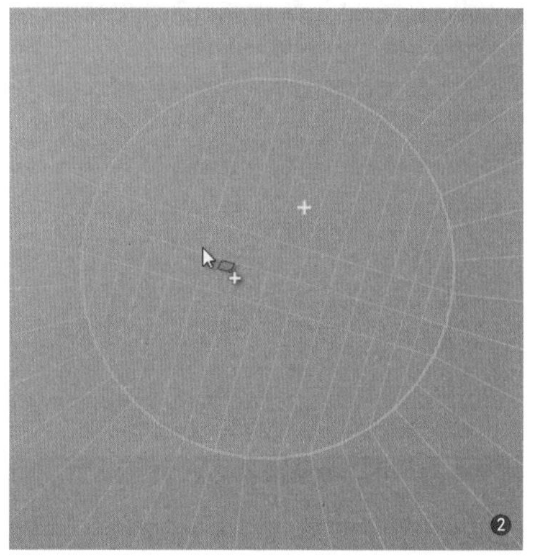

图 9.21

9.1.4 瓶子内部结构

1 将视图移动到瓶口处。下面将瓶口（圆柱体顶面）进行删除，单击按钮，进入模型的多边形次物体级别。选择瓶口的面❶，按【Delete】键将其删除❷，如图 9.22 所示。

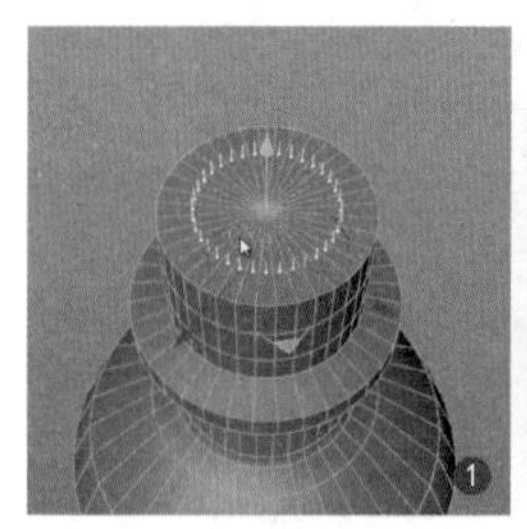

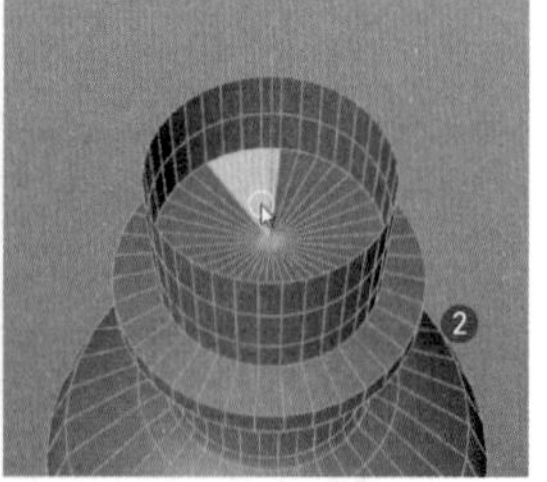

图 9.22

2 由于刚才制作圆柱体时，没有选择取消封顶，所以圆柱体底面的封顶还保持存在，继续选择底面❶，对其进行删除❷，如图 9.23 所示。

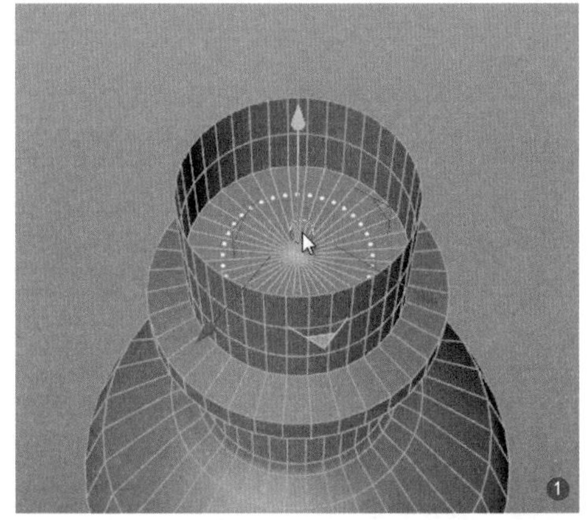

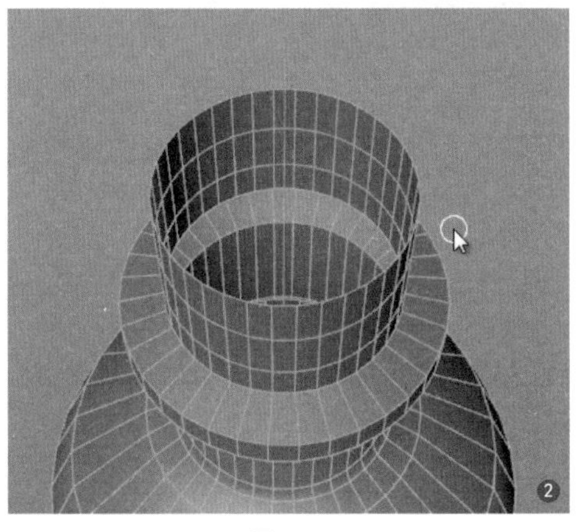

图 9.23

3 单击按钮，进入边界次物体级别，按【U+L】组合键（循环选择命令），选择瓶口的一圈线段❶。单击“缩放”按钮，按【Ctrl+Shift】组合键的同时缩小瓶口❷，如图 9.24 所示。

图 9.24

4 单击“移动”按钮，按住【Ctrl】键的同时沿 Y 轴方向向下复制选取的线圈❶，形成瓶口的内壁厚度❷，如图 9.25 所示。

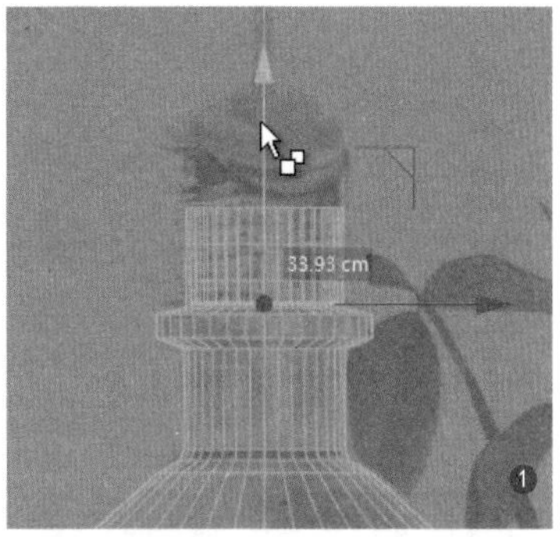

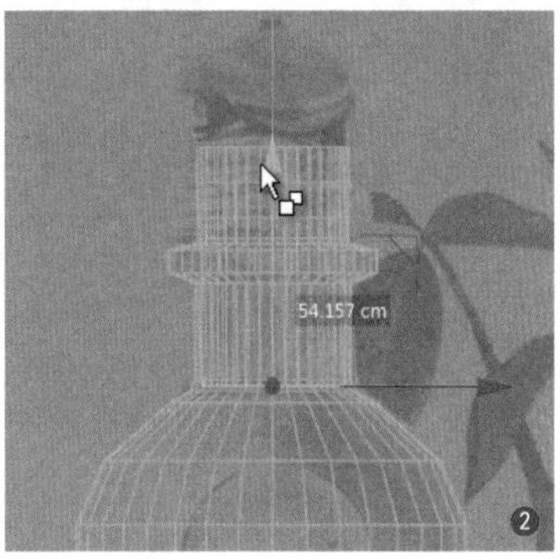

图 9.25

5 继续复制和缩放内壁，让内壁与瓶身外侧相匹配，如图 9.26 所示。

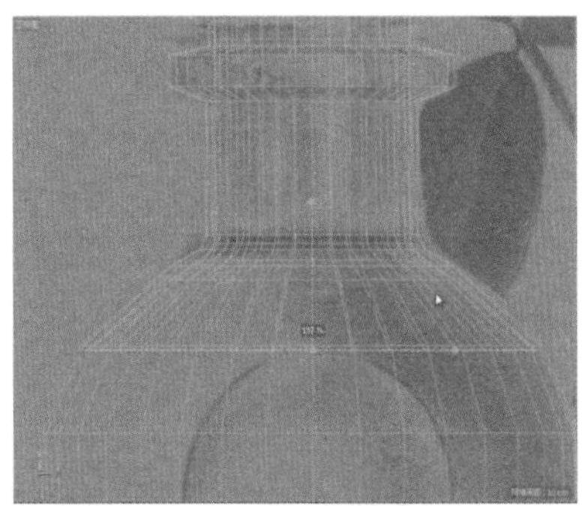

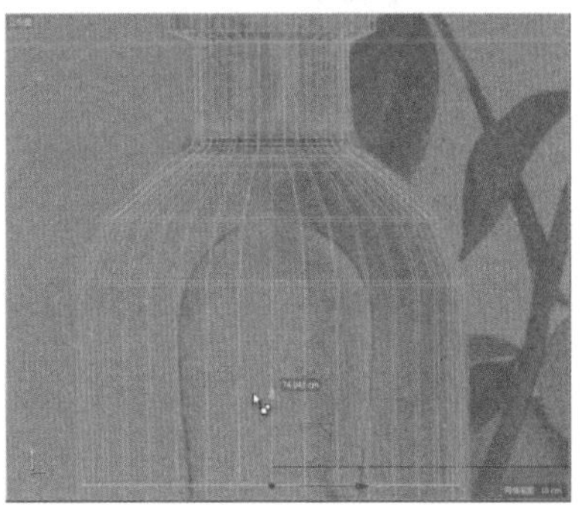

图 9.26

6 对瓶子底部进行线段的复制和缩放❶。最后利用“封闭多边形孔洞”命令对洞口进行封闭❷，如图 9.27 所示。

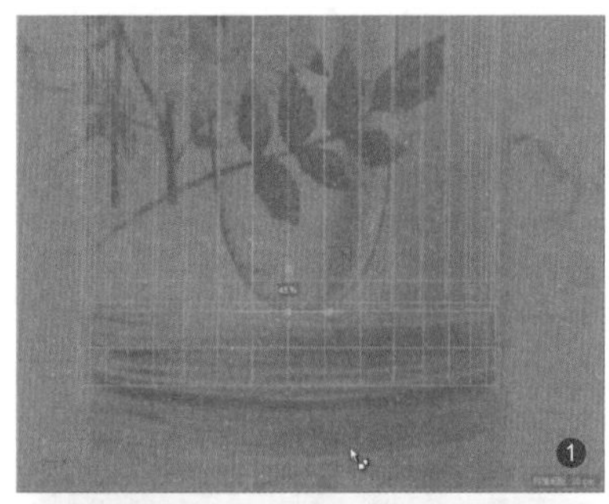

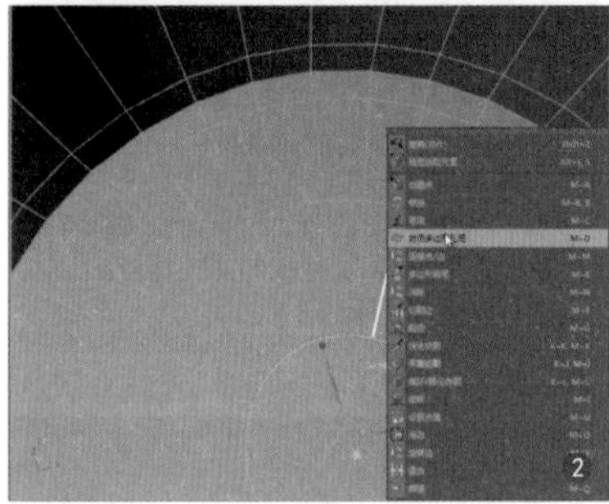

图 9.27

7 封闭孔洞后，利用“多边形画笔”命令进行切割❶，使其成为四边面分布❷，如图 9.28 所示。

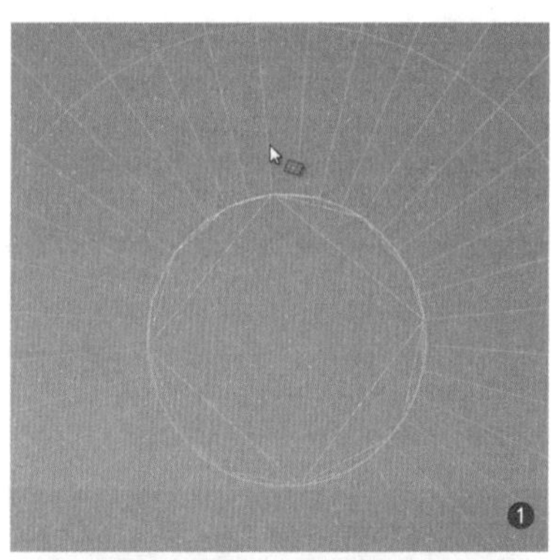

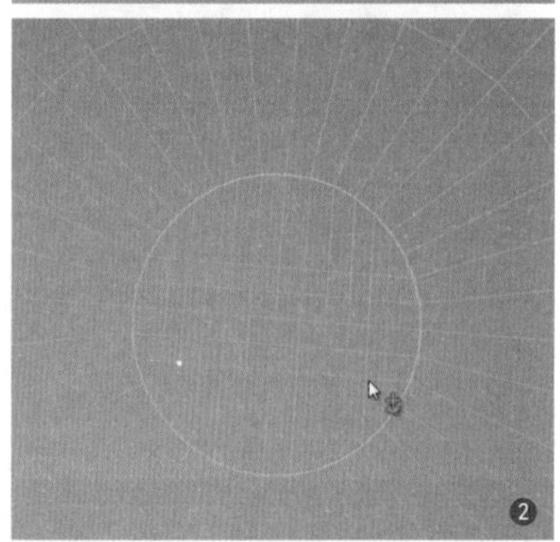

图 9.28

8 至此，瓶子基本体制作完成❶，下面对其进行倒角处理，按住【Alt】键的同时单击按钮，给瓶子添加“细分曲面”命令❷，如图 9.29 所示。

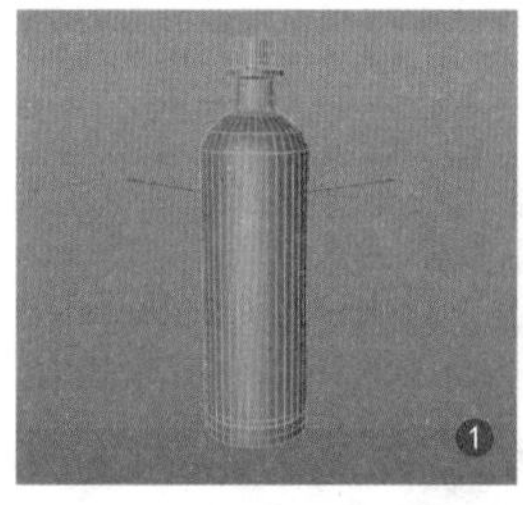

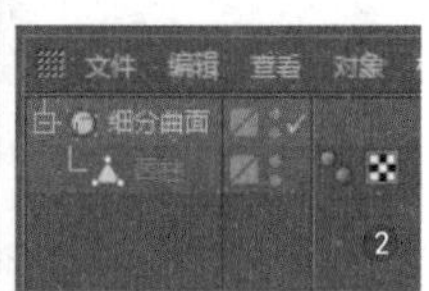

图 9.29

9 在细分曲面的参数面板中调整“类型”和“编辑器细分”参数，如图 9.30 所示。

图 9.30

10 从细分效果看，瓶身非常光滑，由于瓶口棱角处不需要太光滑，需要使用卡边技巧。在“对象”面板中单击“细分曲面”后面的图标（单击后变成），关闭细分效果，如图 9.31 所示。

图 9.31

9.1.5 调整瓶口细节

1 放大视图，按【U+L】组合键，循环选择要卡边倒角的线段，如图 9.32 所示。

图 9.32

2 右击，在弹出的快捷菜单中选择“倒角”命令，如图 9.33 所示。

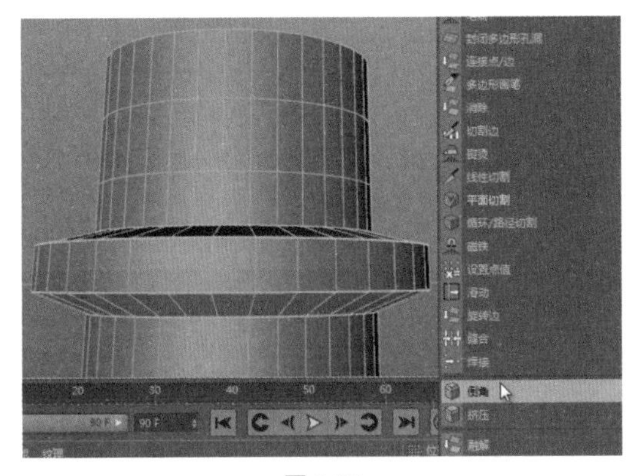

图 9.33

3 在视图空白处拖动鼠标即可看到倒角效果，如图 9.34 所示。

图 9.34

4 倒角完成后，在“对象”面板中单击“细分曲面”后面的图标（单击后变成图标）❶，重新开启细分效果，可以看到倒角后的细分效果，棱角更加硬朗了❷，如图 9.35 所示。

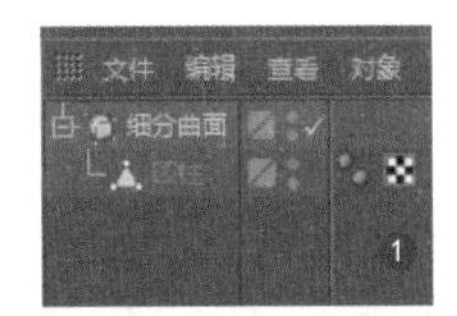

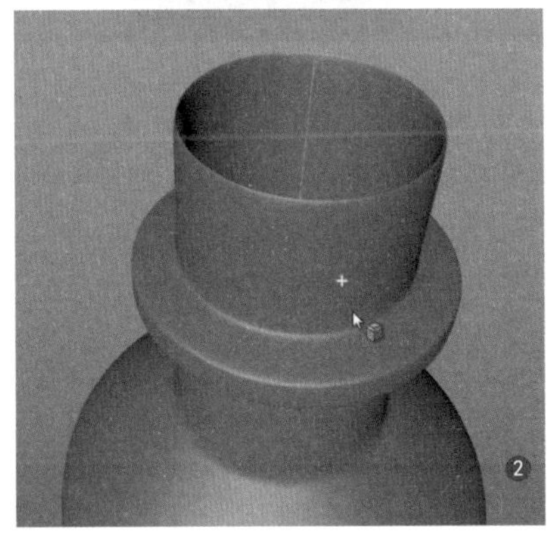

图 9.35

5 此时瓶口处还不够硬朗，需要继续在瓶口处倒角。在“对象”面板中关闭细分曲面效果，选择瓶口处的线段，右击，在弹出的快捷菜单中选择“倒角”命令❶。❷为倒角效果，如图 9.36 所示。

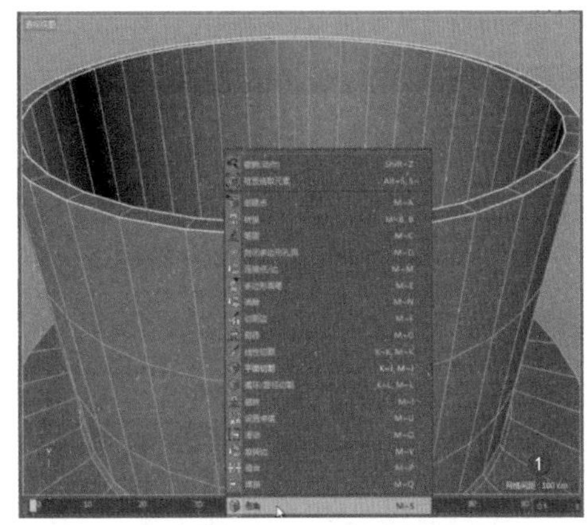

图 9.36

6 此时瓶口处的效果由于加了倒角线，所以光滑效果变得非常硬朗。卡边倒角是一个非常讲究技巧的操作，需要用户对光滑曲面非常熟悉，能够提前预判光滑后的效果，以便提前在建模时对模型进行加线和减线，如图 9.37 所示。

图 9.37

7 由于瓶身的弧度还不够完美❶，接下来继续加线。关闭细分曲面效果，回到瓶子的边界次物体操作状态（在“对象”面板中选择瓶子模型即可），按【K+L】组合键，打开“循环切割”命令，对瓶子进行加线❷，如图 9.38 所示。

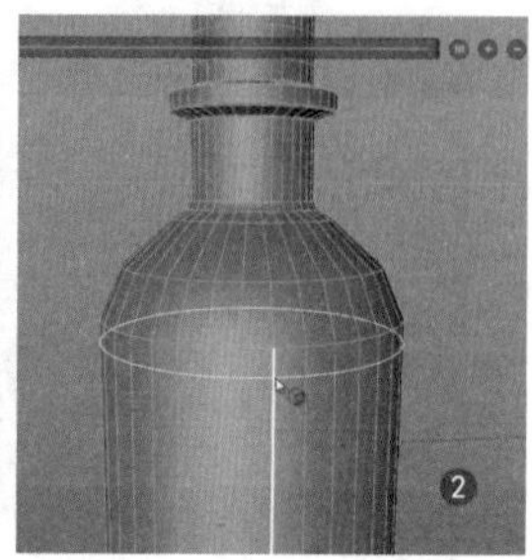

图 9.38

8 在瓶子中间加线❶，单击按钮可将加线居中在邻近两个线段中间❷，如图 9.39 所示。

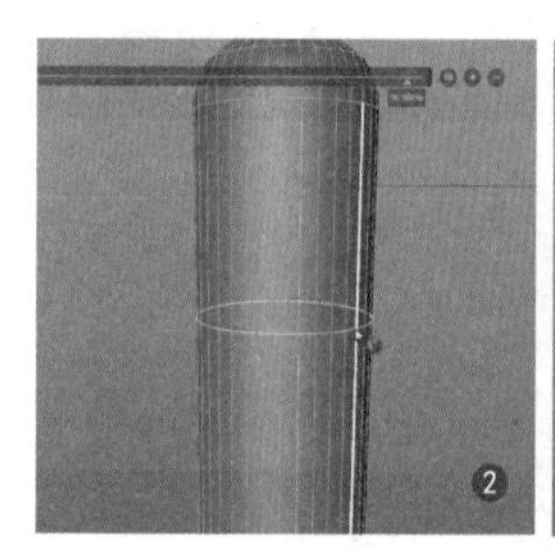
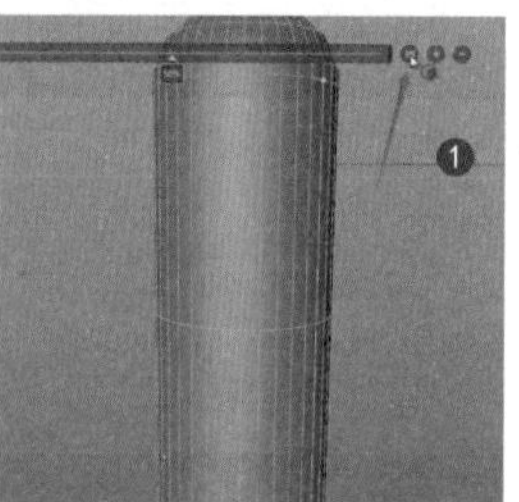

图 9.39

9 由于后续还要在瓶身上贴图，所以要在瓶身上多细分几条分段线。单击按钮进行等分加线，如图 9.40 所示。

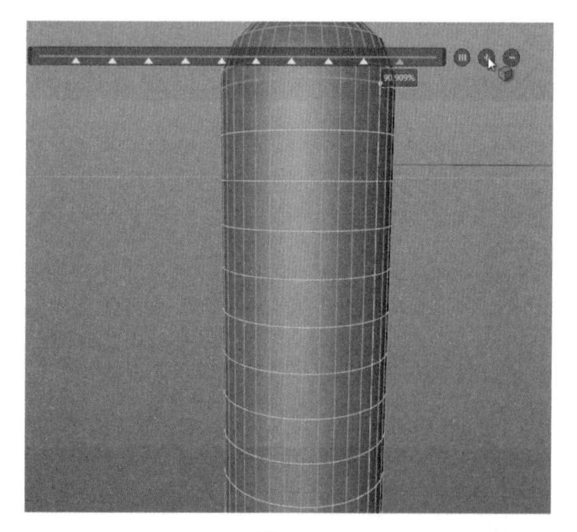

图 9.40

10 有些不太完美的线段（如分布不均匀的线段），需要用滑动的方法调整布线，滑动工具可以在整体模型不变的前提下分布线段的位置。选择要调整的线段，右击，在弹出的快捷菜单中选择“滑动”命令，如图 9.41 所示。

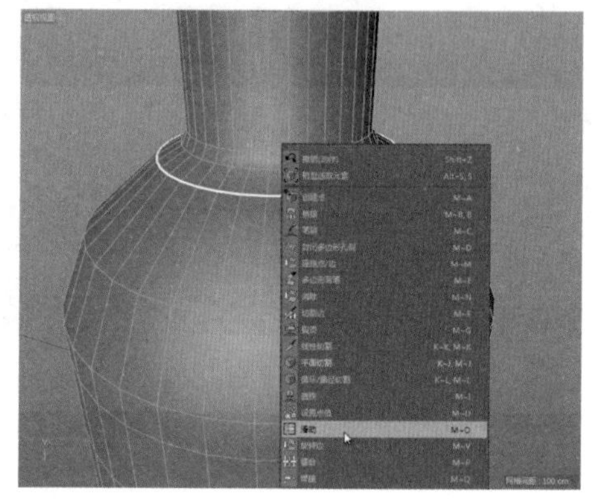

图 9.41

11 在视图中拖动鼠标进行位置滑动❶。❷为滑动后的效果，如图 9.42 所示。

图 9.42

12 随时打开或关闭细分曲面进行观察❶，调整模型❷，如图 9.43 所示。

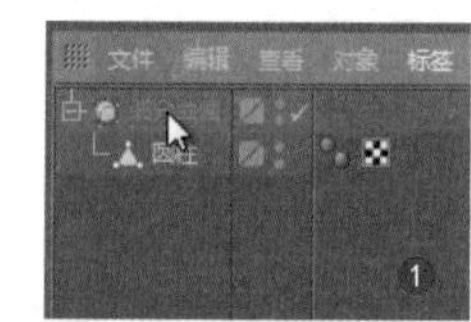

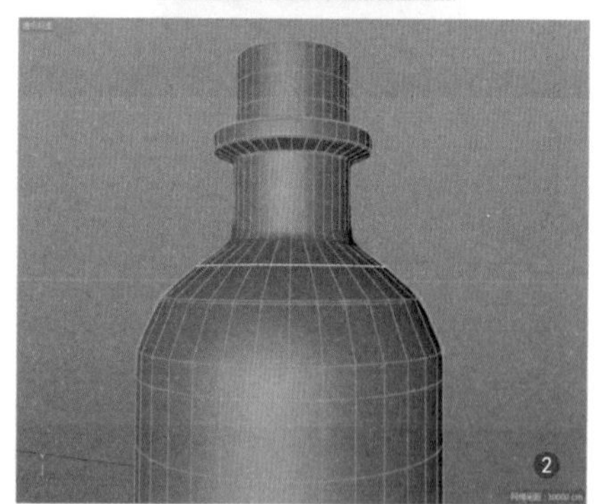

图 9.43

9.1.6 制作瓶盖

1 新建一个圆柱体❶，调整半径和高度，使其能够覆盖在瓶口处❷，如图 9.44 所示。

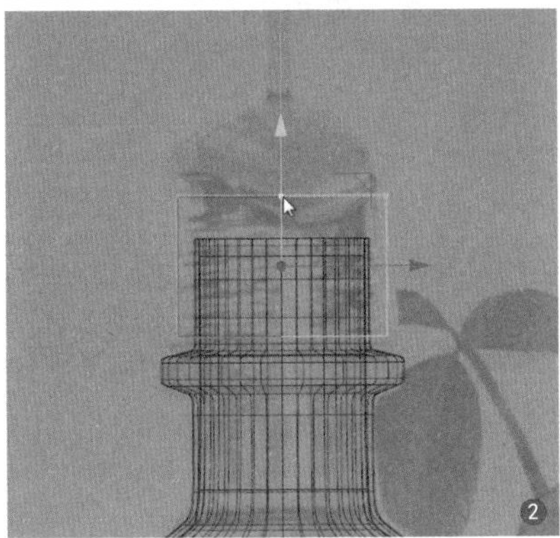

图 9.44

2 在参数面板中关闭圆柱体的封顶❶，圆柱体的上下封盖被取消。按【C】键将模型转换为可编辑多边形❷，如图 9.45 所示。

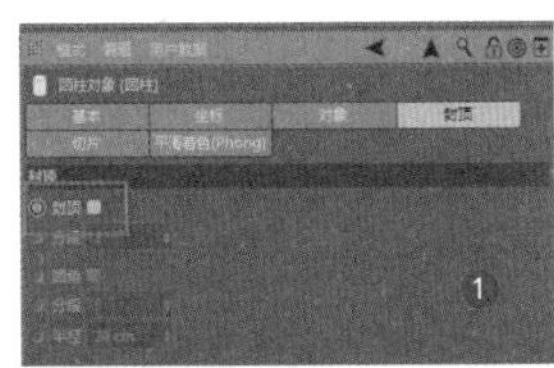

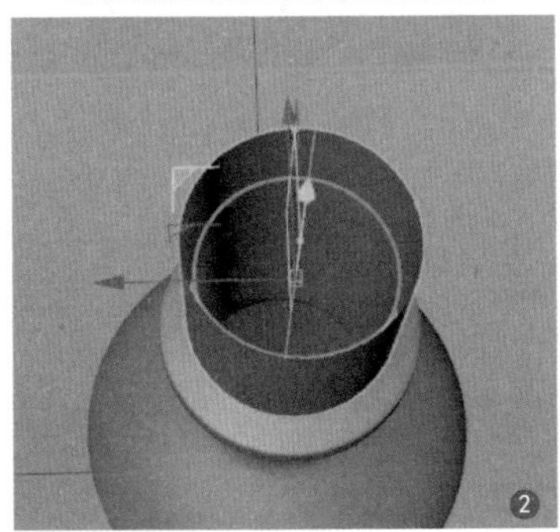

图 9.45

3 进入模型的边界次物体级别，按【U+L】组合键，循环选择圆柱体的顶边❶。按【Shift+Ctrl】组合键的同时复制并缩小顶边❷，如图 9.46 所示。

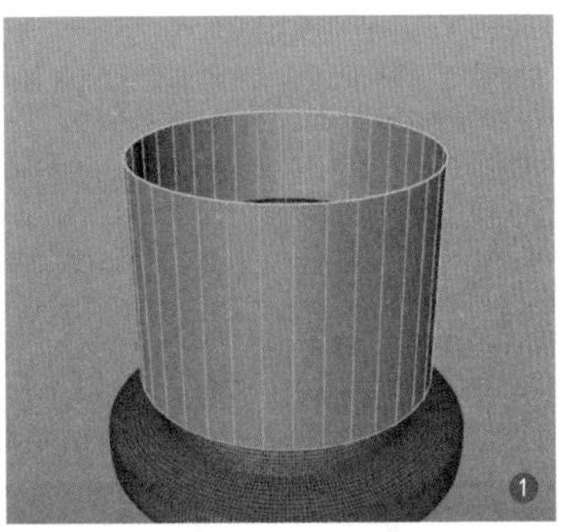

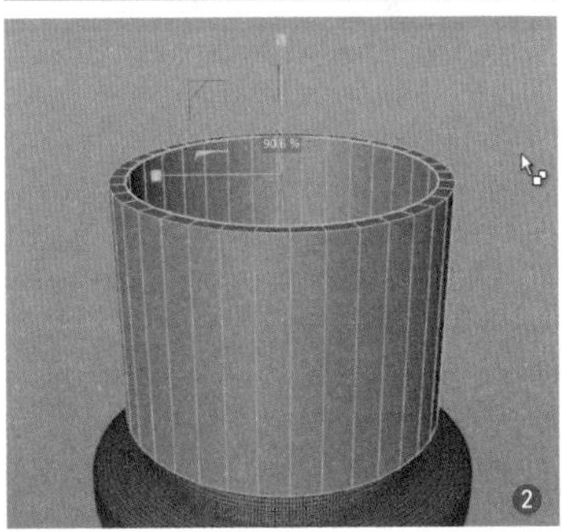

图 9.46

4 多复制几层顶边❶，然后对洞口进行封顶操作❷，如图 9.47 所示。

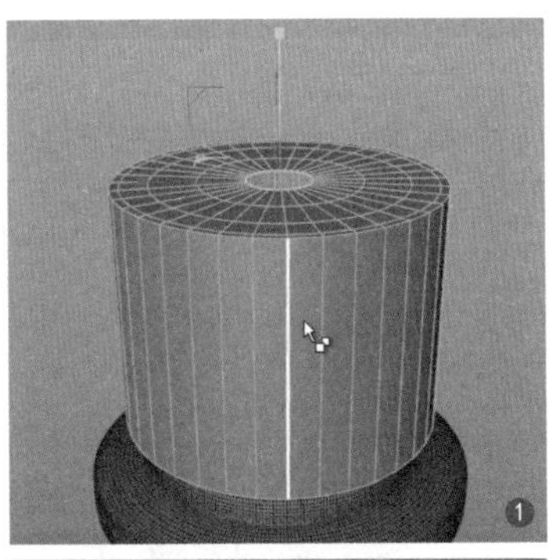

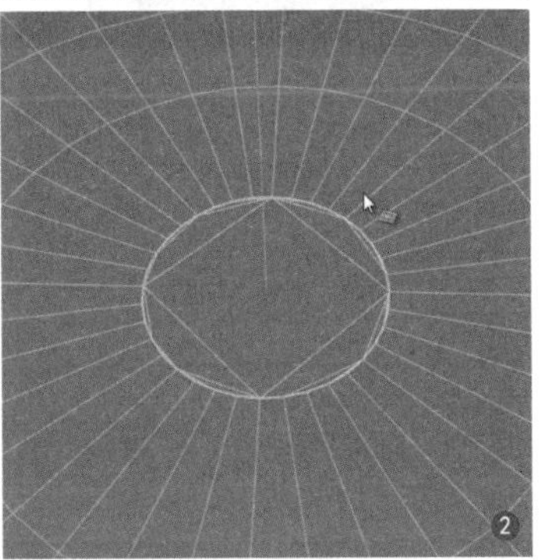

图 9.47

5 按【M+O】组合键选择“滑动”命令，在滑动参数面板中选择“克隆”复选框❶，对瓶盖侧面的边进行两次滑动克隆操作（上下顶边都进行卡边处理）❷，如图 9.48 所示。

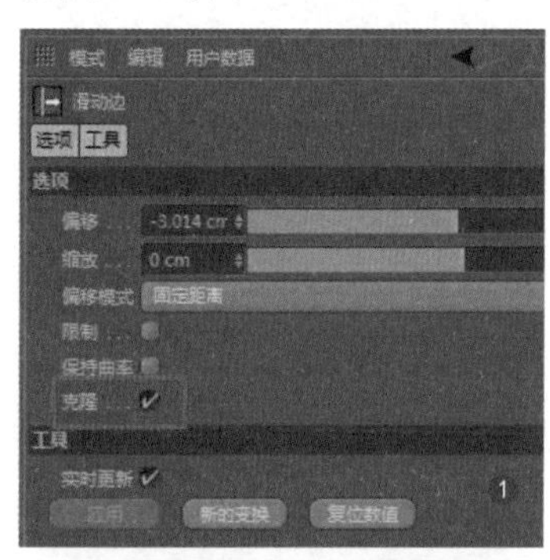

图 9.48

6 切换到正视图中，选择最下面的一圈边❶。用移动、缩放和复制的方法制作底边凸起❷，如图 9.49 所示。

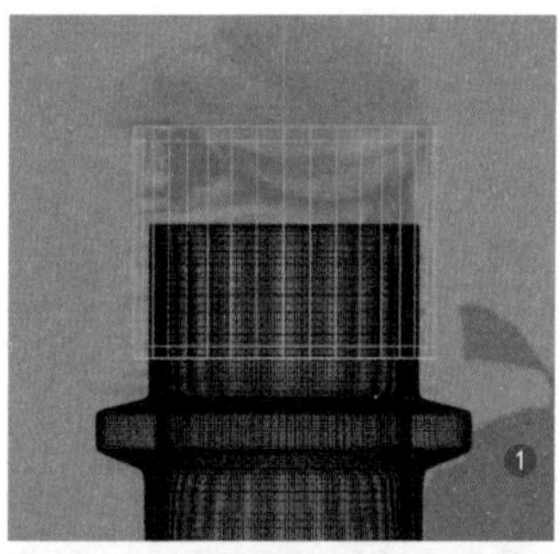

图 9.49

7 单击 S 按钮，对瓶盖进行独显❶。将瓶盖内部结构制作完成❷，参考瓶子内壁结构的制作，如图 9.50 所示。

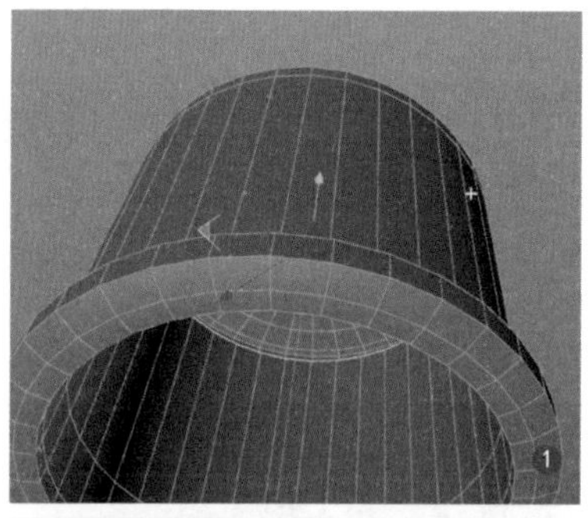

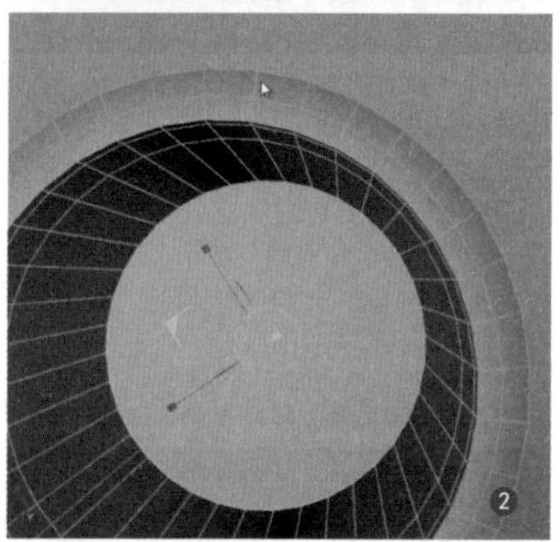

图 9.50

8 制作瓶盖的螺旋效果。选择“螺旋”工具❶，制作一个螺旋体❷，如图 9.51 所示。

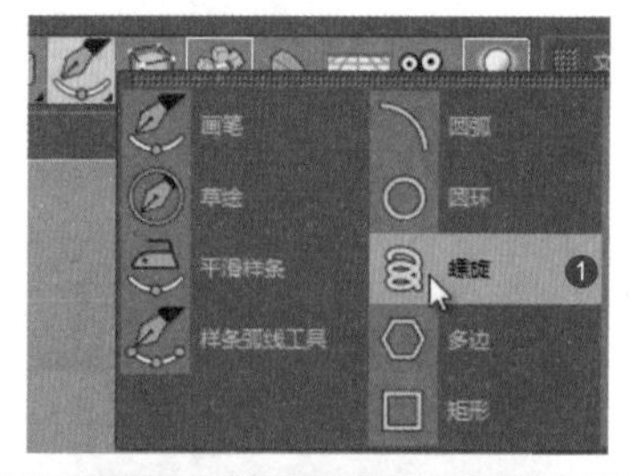

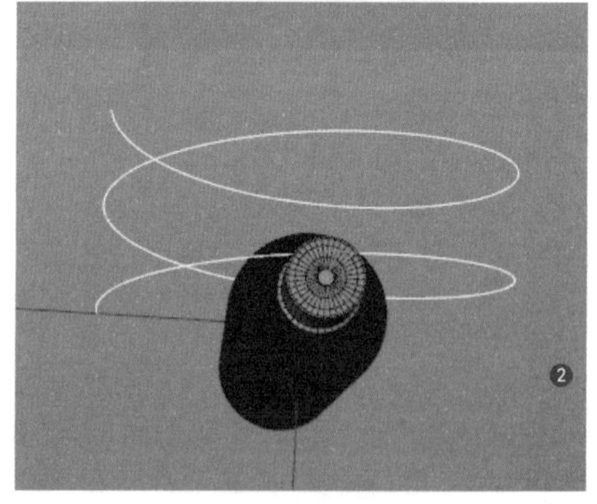

图 9.51

9 在参数面板中调整螺旋体的方向❶，让它和瓶子方向一致❷，如图 9.52 所示。

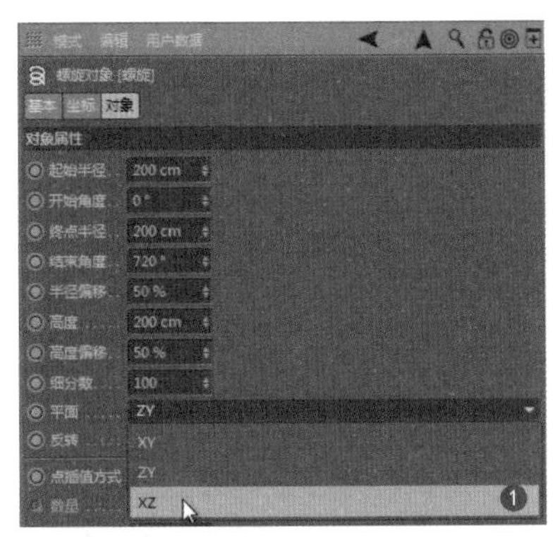

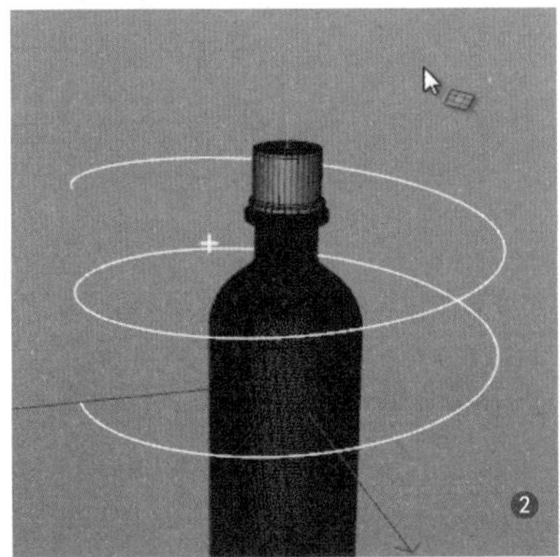

图 9.52

10 从参考图中可以目测，有 3 层螺旋口❶。设置“结束角度”为 1080°，“起始半径”和“终点半径”均为 32cm（和圆柱体半径相同）❷，如图 9.53 所示。

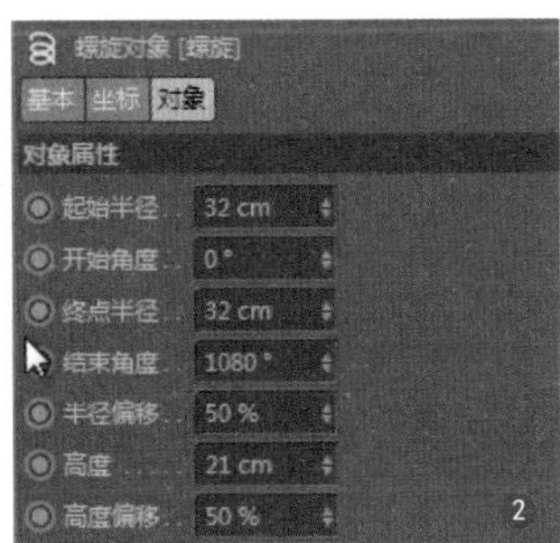

图 9.53

11 将螺旋线移动到合适的位置，它将作为生成模型的路径，如图 9.54 所示。

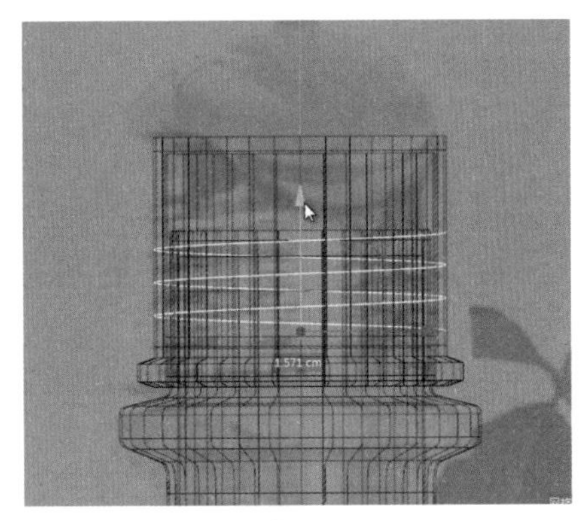

图 9.54

12 现在要制作一个横截面。选择“多边”工具❶，新建一个多边形❷，如图 9.55 所示。

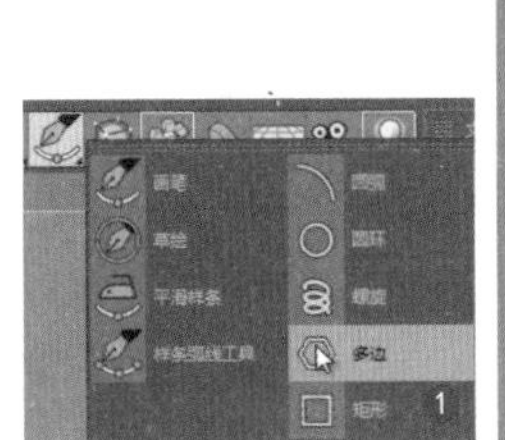

图 9.55

13 在参数面板中设置多边形的“侧边”为 3，“半径”为 3cm❶。❷为制作出的三角形截面，如图 9.56 所示。

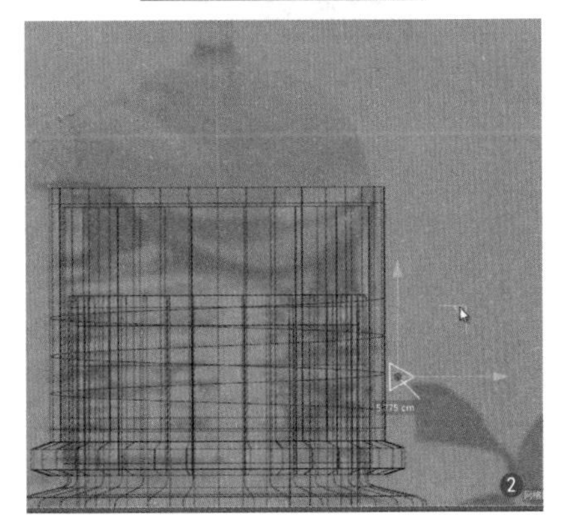

图 9.56

14 在工具栏中单击“扫描”按钮❶，新建一个扫描。在“对象”面板中将多边形和螺旋一起拖动到扫描下方，使它们成为扫描的子物体❷，如图 9.57 所示。

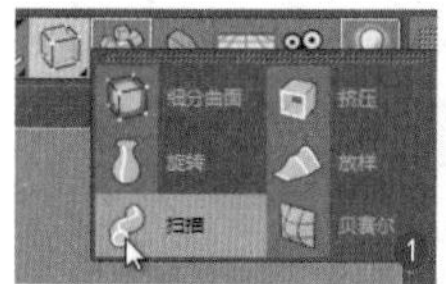

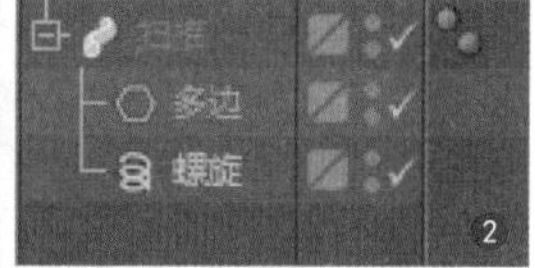

图 9.57

15 画面中出现了扫描后的螺旋造型，如图 9.58 所示。

图 9.58

16 为了得到正确的扫描螺旋，在参数面板中取消勾选“矫正扭曲”复选框❶，可以看到此时剖面得到了正确的姿态❷，如图 9.59 所示。

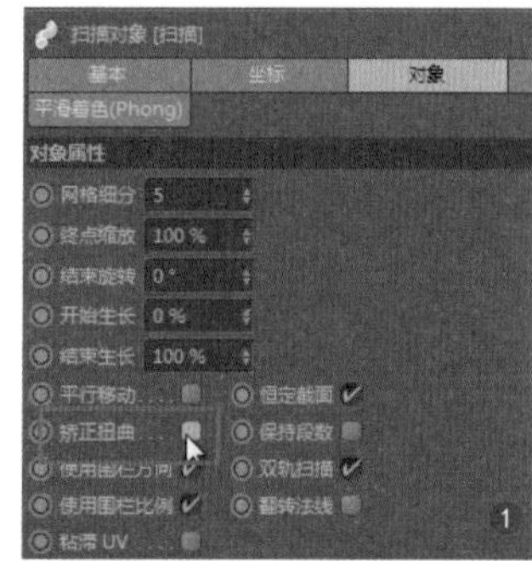

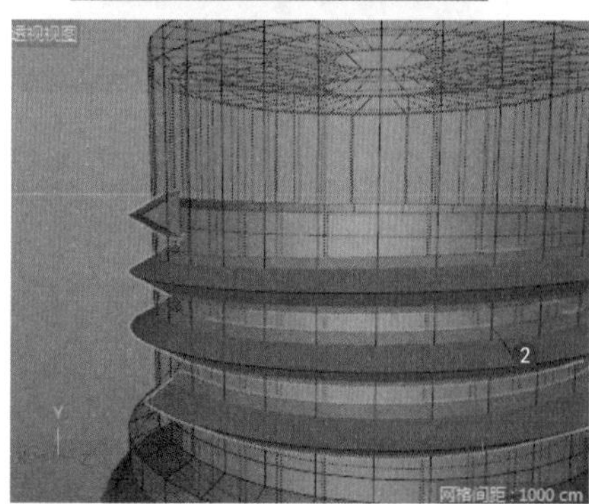

图 9.59

17 在“对象”面板中选择多边形剖面，在参数面板中设置“圆角”参数❶，❷为圆角效果，如图 9.60 所示。

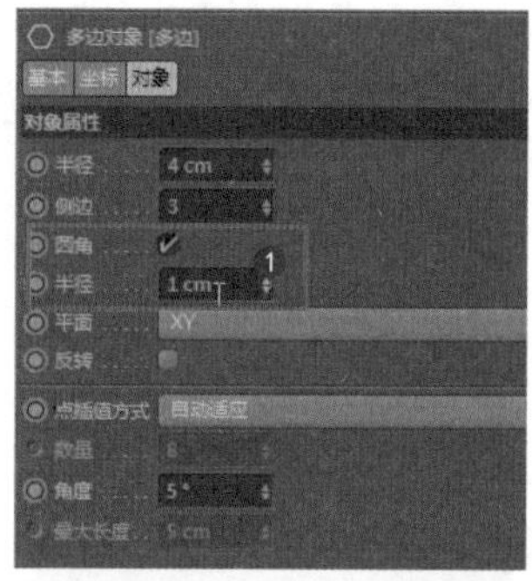

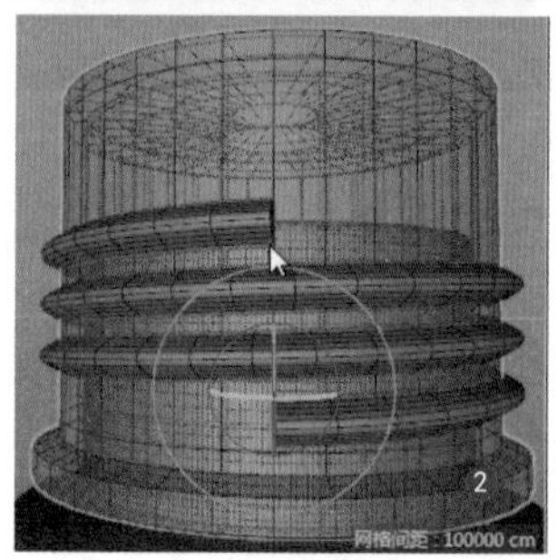

图 9.60

18 处理螺丝的尾部细节。在“对象”面板中选择扫描，在参数面板的细节缩放区域，按【Ctrl】键增加点，然后将起始点向下移动，缩小起始点的剖面尺寸，如图 9.61 所示。

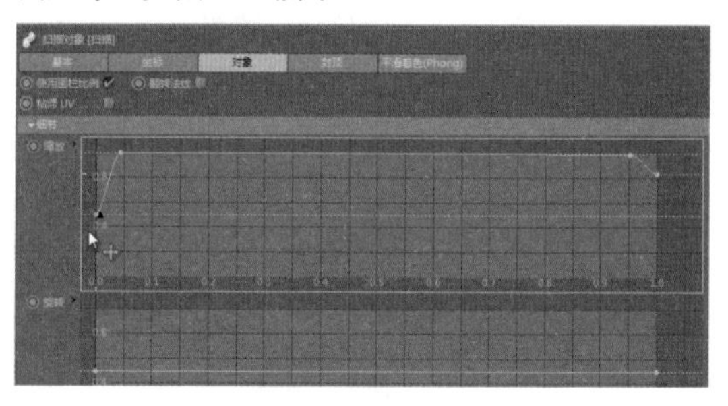

图 9.61

19 采用同样的方法缩小尾部的尺寸❶。至此，瓶盖制作完成❷，如图 9.62 所示。

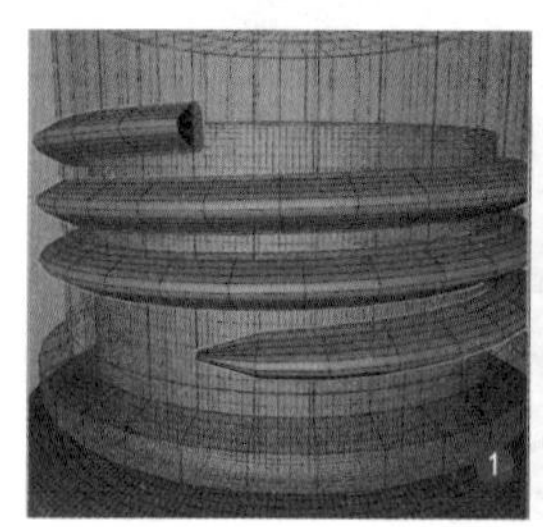

图 9.62

9.1.7 制作瓶中液体

1 制作瓶中的液体。制作思路是将瓶子内壁的面进行复制，然后进行面片法线反转。先将瓶子独显，选择瓶口内的曲线，如图 9.63 所示。

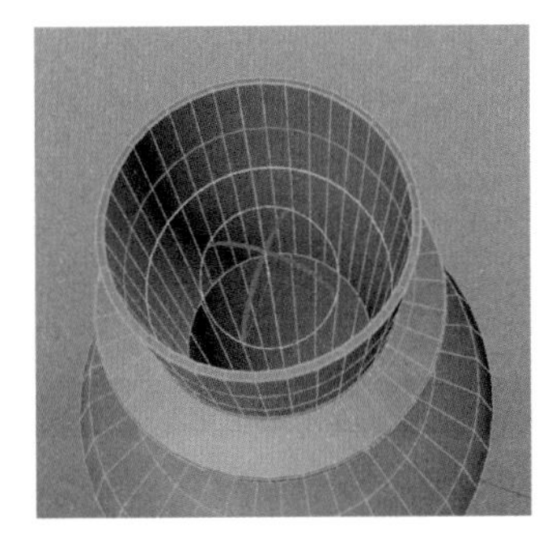

图 9.63

2 按【U+F】组合键（填充选择命令），将第 1 步选择的瓶口线以下的区域面片选中❶，右击，在弹出的快捷菜单中选择“分裂”命令❷，如图 9.64 所示。

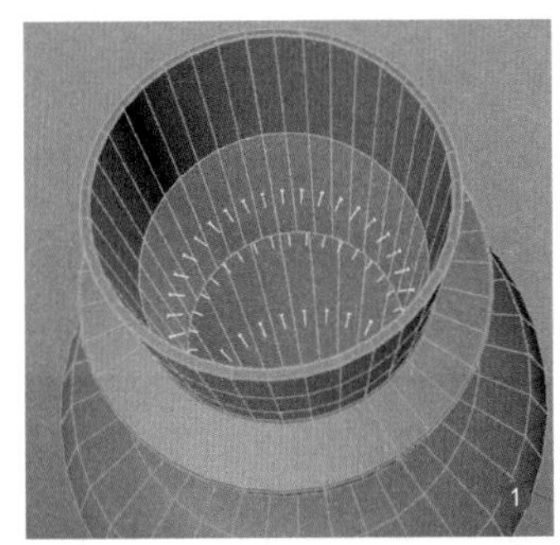

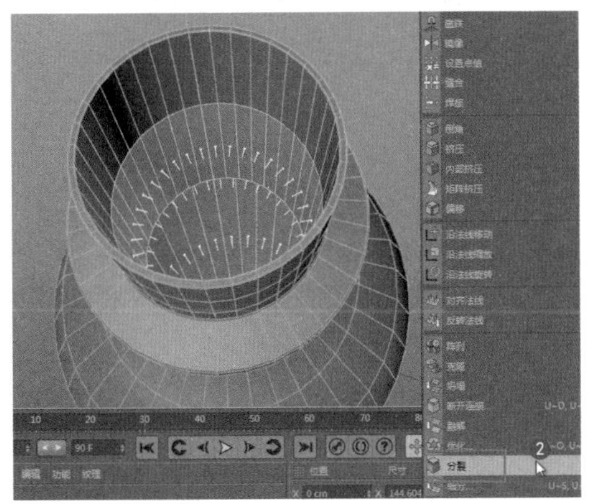

图 9.64

3 将分裂出来的面片进行独显❶。进入多边形次物体模式，全选面片，可以看到物体表面为蓝色❷，这说明法线是反的，如图 9.65 所示。

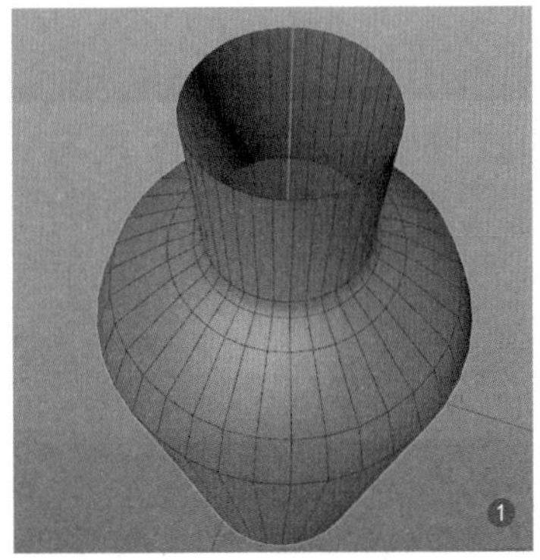

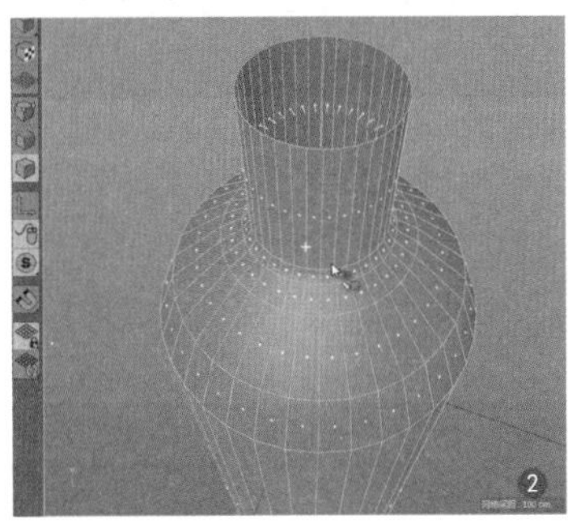

图 9.65

4 右击，在弹出的快捷菜单中选择“反转法线”❶，将模型的法线反向。这样就得到了一个正确的法线方向（黄色为正常的法线方向）❷，如图 9.66 所示。

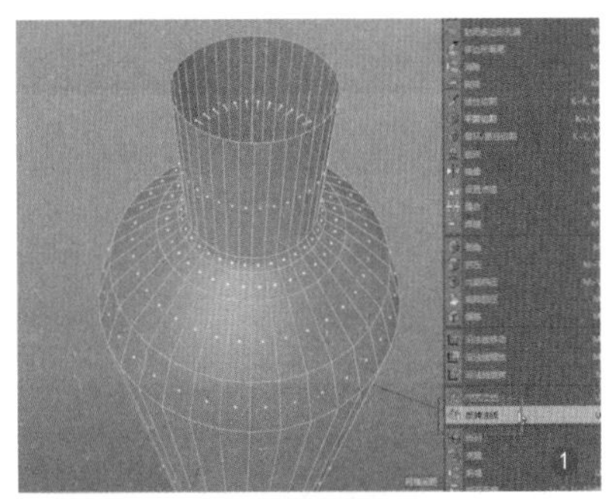

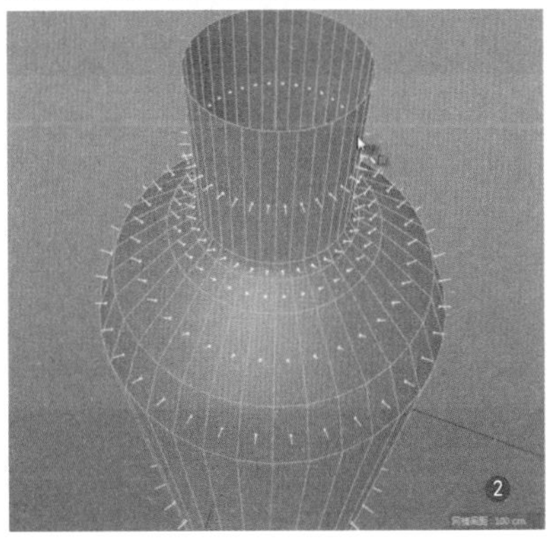

图 9.66

5 切割模型，进入边界次物体级别，按【K+K】组合键选择“切刀”工具，在参数面板中取消选择“仅可见”复选框❶（仅可见就是切割时忽略物体背面，禁用该复选框后则将物体背面的面片一起切割掉），切片模式选择“移除 A 部分”。按住【Shift】键的同时进行切割，按【Esc】键完成切割❷，如图 9.67 所示。

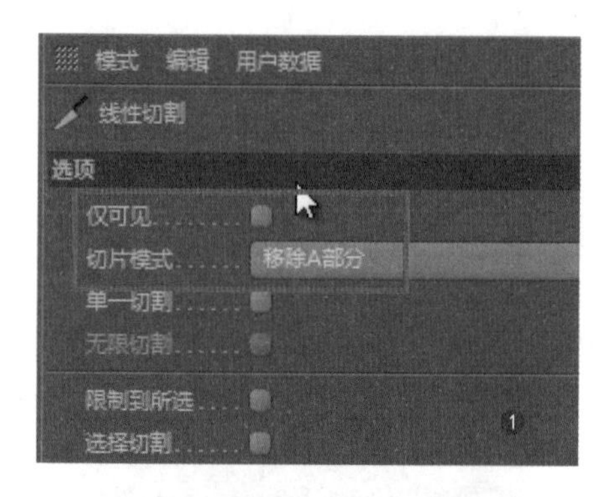

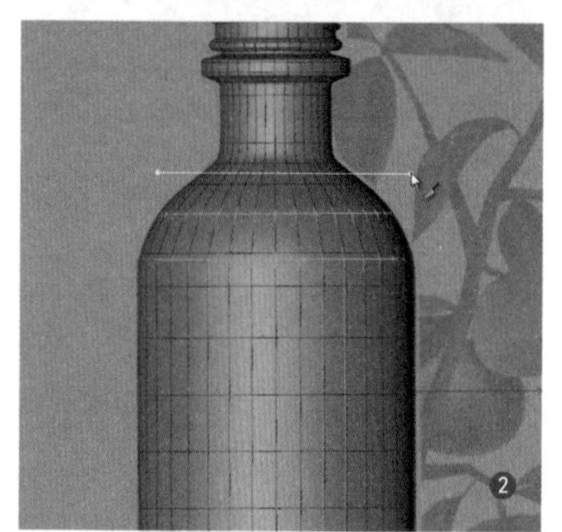

图 9.67

6 切除后的效果如图 9.68 所示。

图 9.68

7 在透视图中选择液体开口处的一圈线❶，往内部缩小并复制，然后往下方移动，在液体和瓶子内壁之间产生张力弧度。继续缩小并复制，完成液体表面的制作❷，如图 9.69 所示。

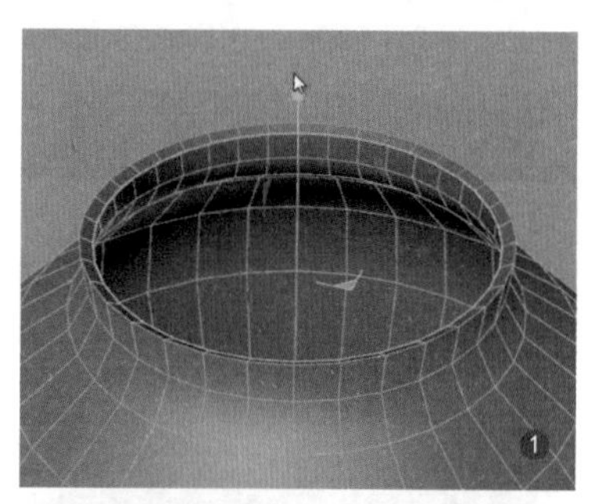

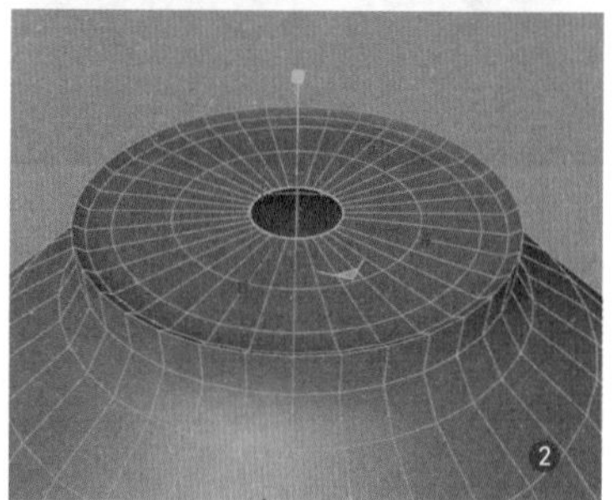

图 9.69

8 将洞口进行封闭并切割成四边面（参考前面的教学方法），如图 9.70 所示。

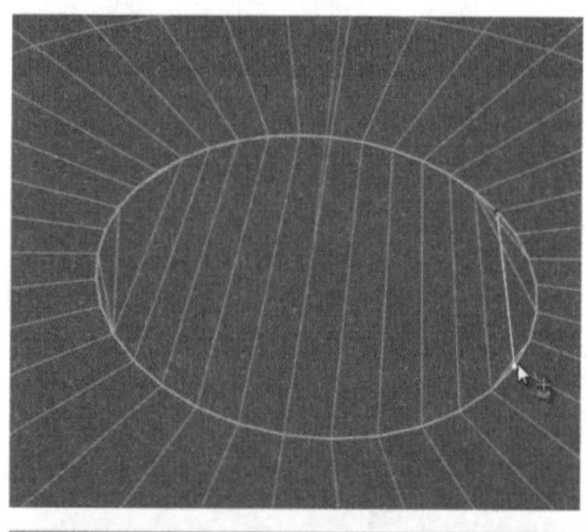

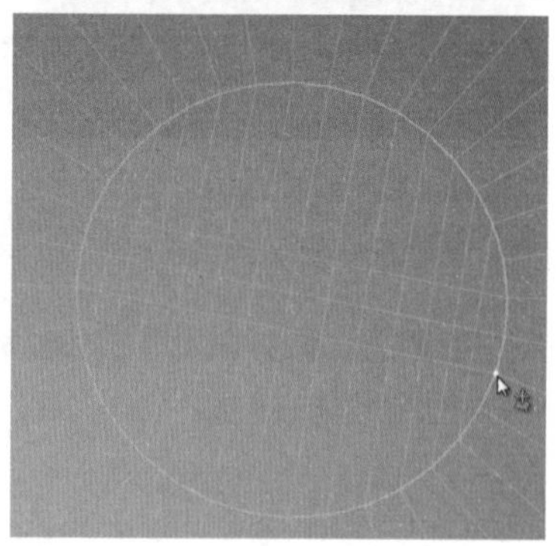

图 9.70

9 选择液体边缘的曲线❶，进行倒角操作❷（使用实体倒角，在不影响曲线位置的前提下增加两边的线），如图 9.71 所示。

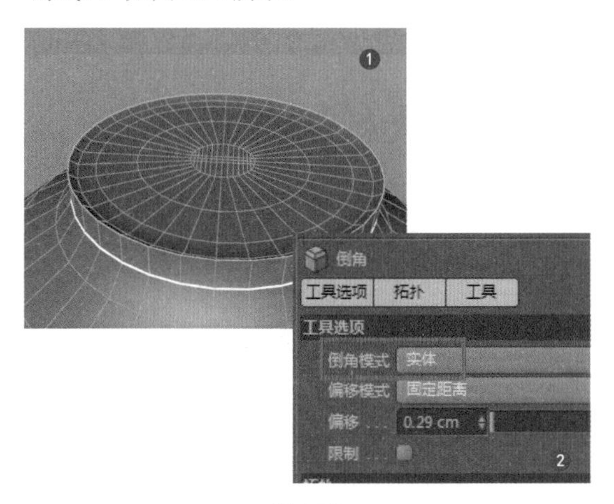

图 9.71

10 倒角完成后的效果为❶，给液体模型加细分曲面进行光滑测试❷，如图 9.72 所示。

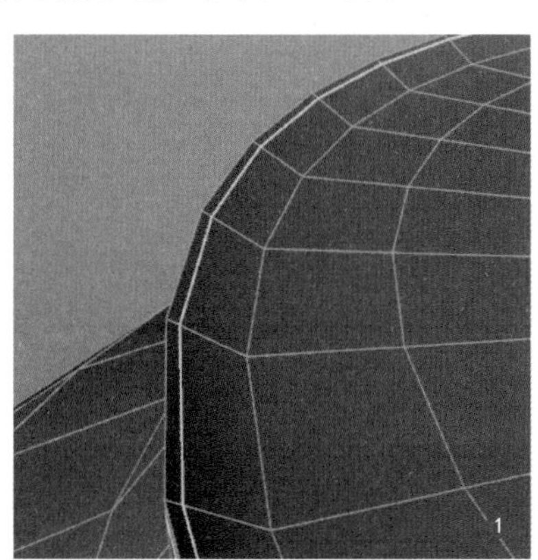

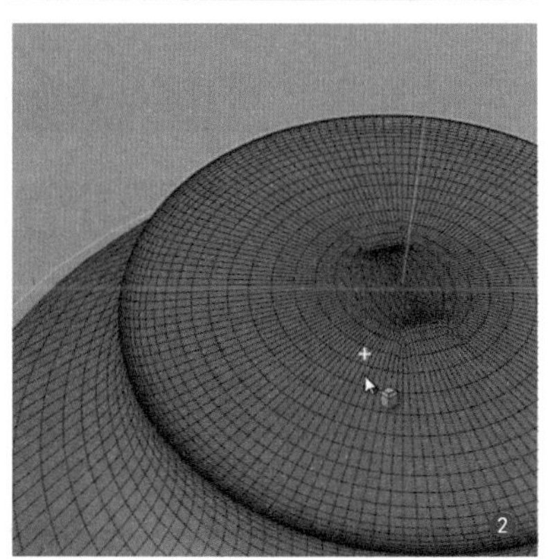

图 9.72

11 制作瓶内的气泡。制作一个立方体，设置尺寸和分段，如图 9.73 所示。

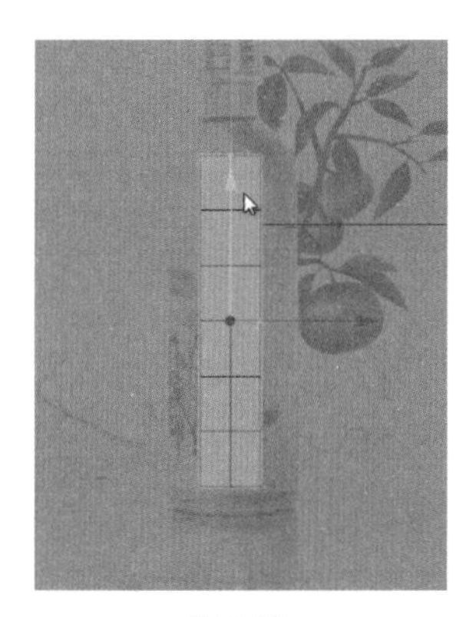

图 9.73

12 按【C】键将立方体转化成可编辑多边形。进入顶点次物体级别，框选顶点进行缩放❶，制作成气泡的外形❷，如图 9.74 所示。

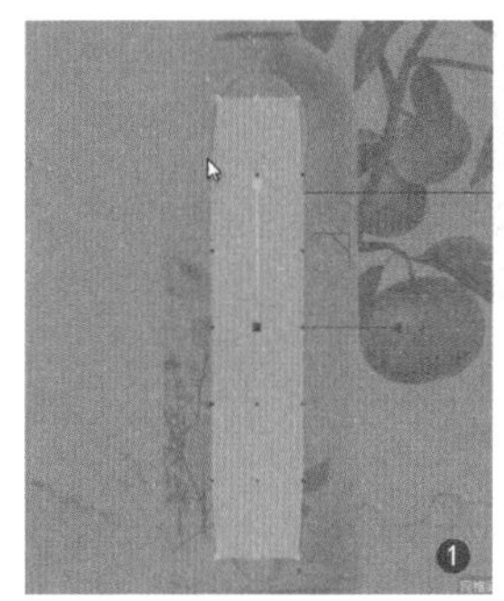

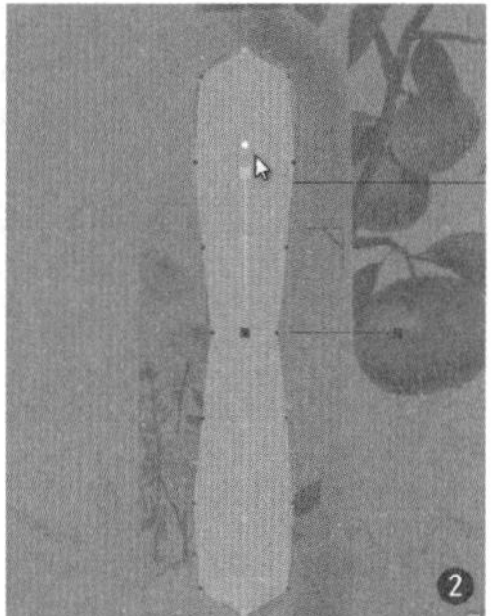

图 9.74

13 在顶视图中对顶点进行缩放❶，❷为完成后的效果，如图 9.75 所示。

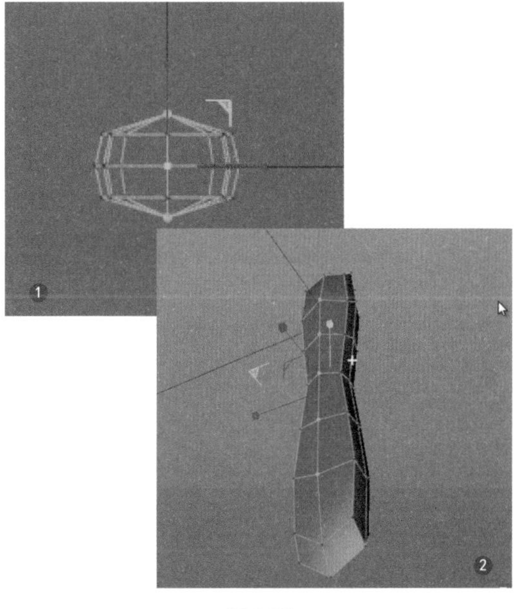

图 9.75

14 对气泡物体进行光滑操作，❶为目前的效果。将气泡和参考图对齐❷，如图 9.76 所示。

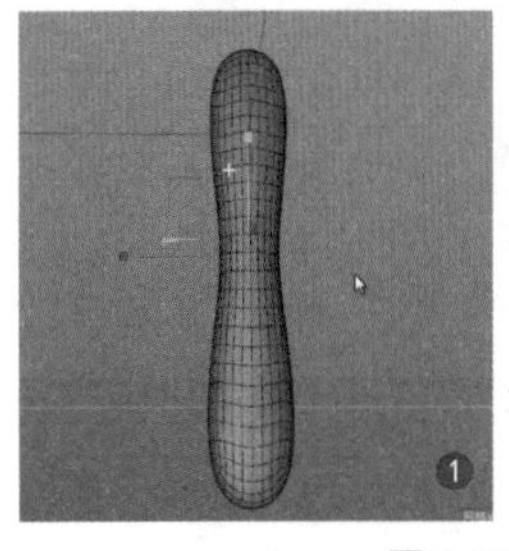
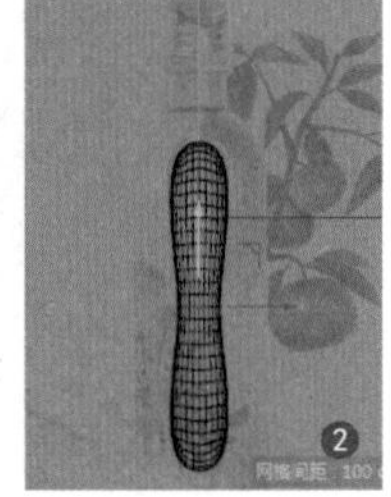

图 9.76

15 将气泡物体移动到液体边缘即可，如图 9.77 所示。

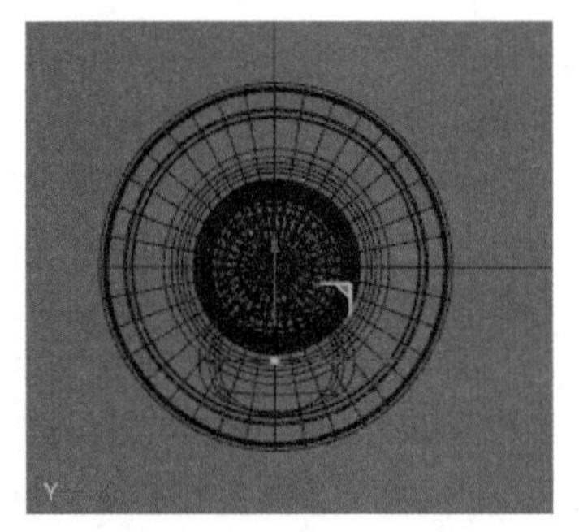

图 9.77

9.1.8 制作蜂蜜

1 制作瓶盖上方的蜂蜜，蜂蜜是一个不规则形状。先将瓶盖以外的物体隐藏❶，将要隐藏的物体点成红色即可❷，如图 9.78 所示。

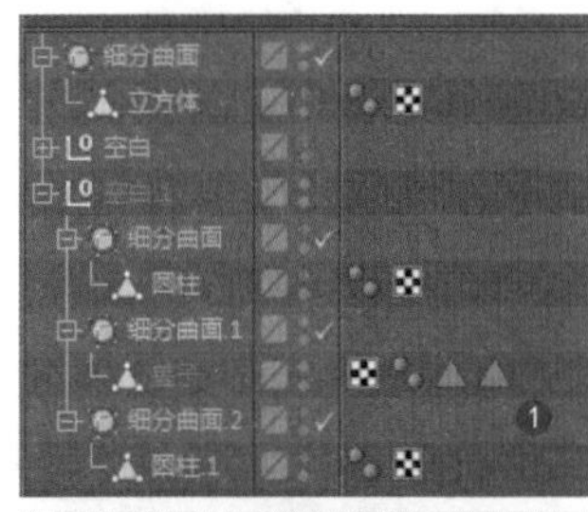

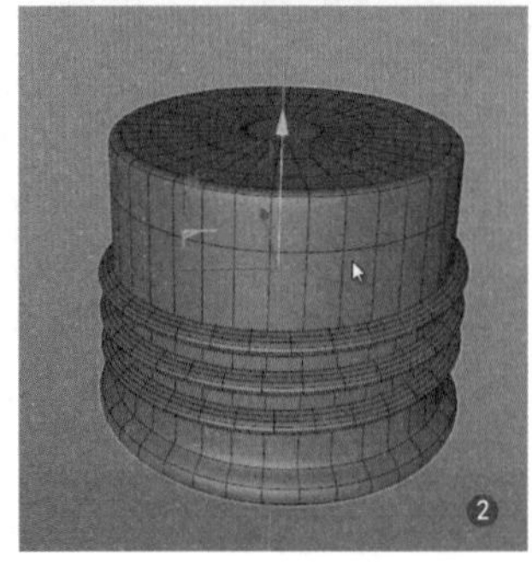

图 9.78

2 分析蜂蜜的范围，液体从上方流下来，在瓶盖上堆积蜂蜜❶。进入多边形次物体级别，按【K+K】组合键选择"线性切割"工具，在参数面板勾选"仅可见"复选框（切割操作将忽略背面影响）❷，如图 9.79 所示。

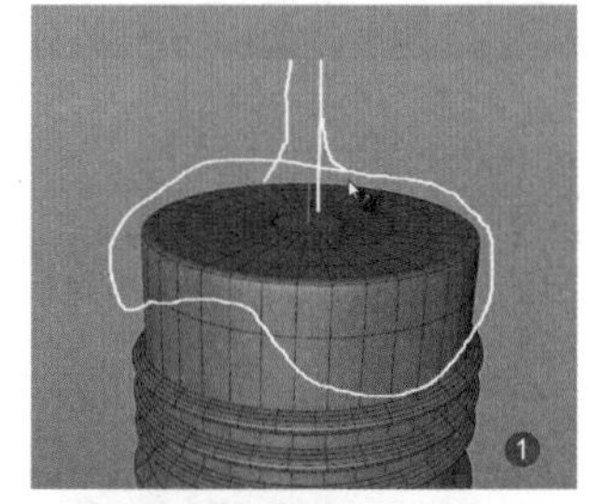
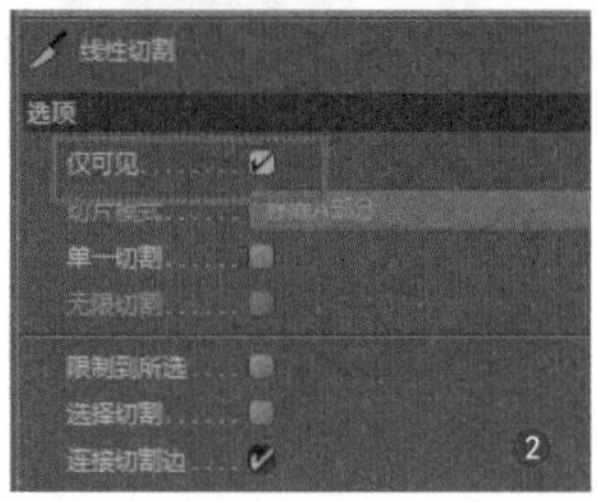

图 9.79

3 在瓶盖上进行切割❶，按【Esc】键完成切割❷，如图 9.80 所示。

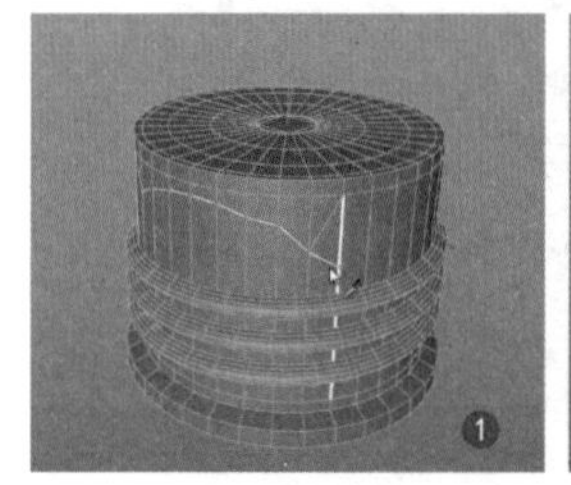

图 9.80

4 进入边界次物体级别，按【U+L】组合键选择循环边（刚才切割的一圈曲线）❶。按【U+F】组合键，对瓶盖上方的多边形进行填充选择❷，如图 9.81 所示。

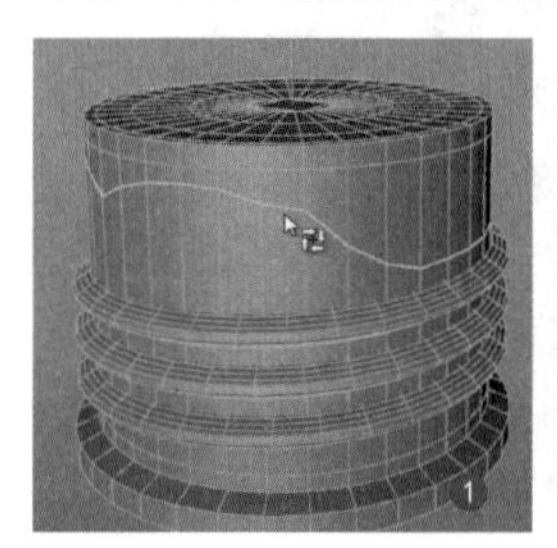
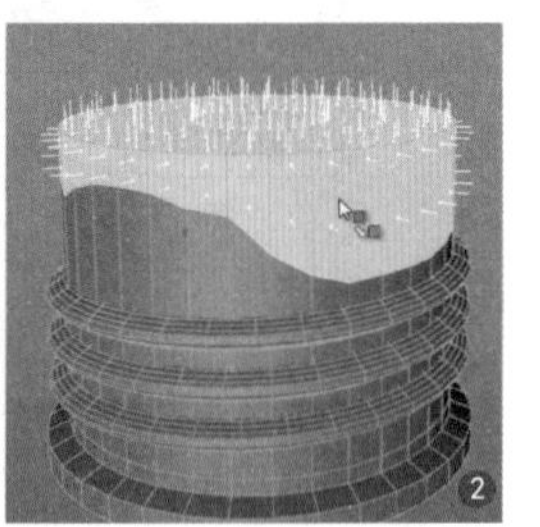

图 9.81

5 右击，在弹出的快捷菜单中选择"分裂"命令，将选择的瓶盖上方的多边形进行分裂，如图 9.82 所示。

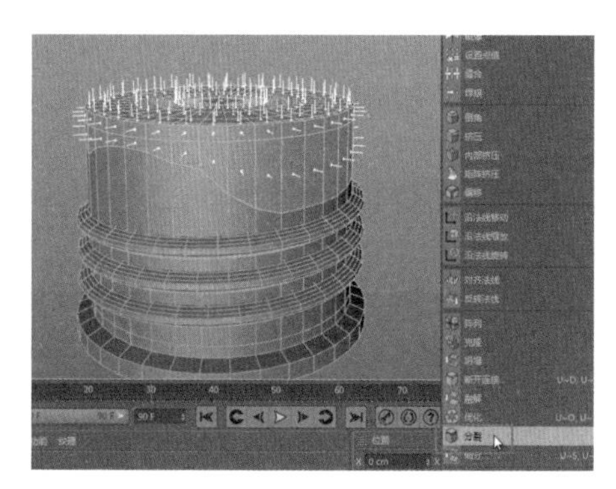

图 9.82

6 选择分裂出来的多边形，进入多边形次物体级别，按【Ctrl+A】组合键全选多边形。右击，在弹出的快捷菜单中选择“挤压”命令❶，对多边形进行厚度挤压操作（在视图空白处拖动鼠标即可）❷，如图 9.83 所示。

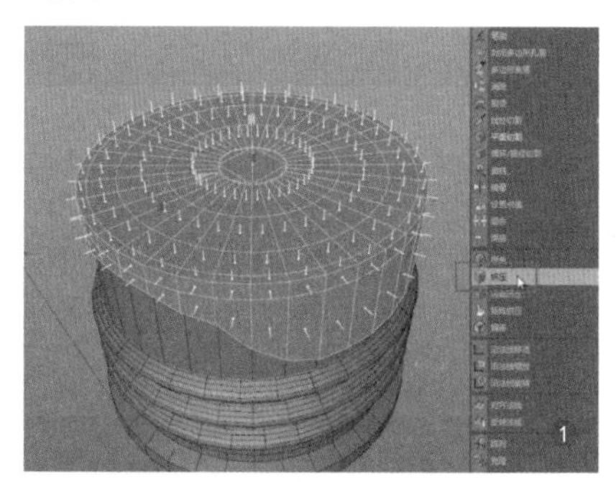

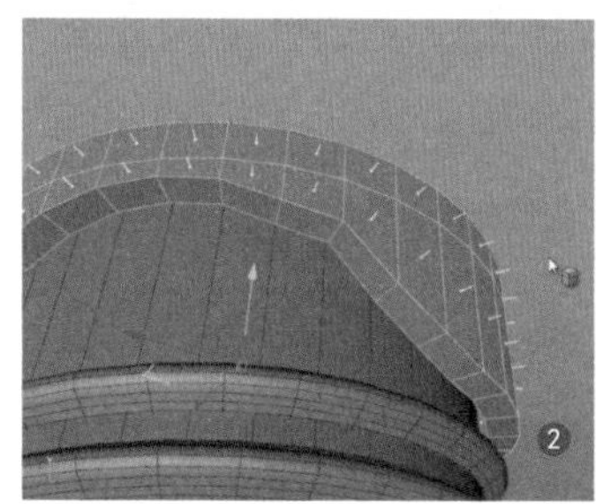

图 9.83

7 循环选择瓶盖内的曲线，用制作瓶子内壁的方法，复制移动蜂蜜内壁的曲线，如图 9.84 所示。

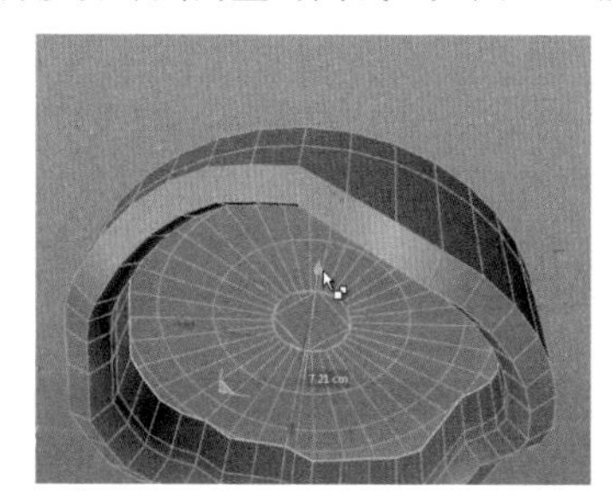

图 9.84

8 当复制移动到顶部时，切换到顶视图❶。按【T】键选择缩放工具，按住【Shift】键的同时缩放绿色手柄（Y 轴），直到缩放为 0 ❷，如图 9.85 所示。按住【Shift】键进行缩放是指以 10% 为比例进行缩放，缩放为 0 时，代表 Y 轴向的所有顶点缩小成一个平面上，也就是变相将这条曲线在 Y 轴压平。

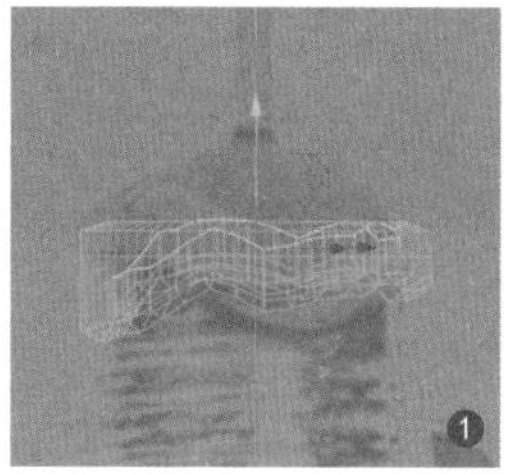

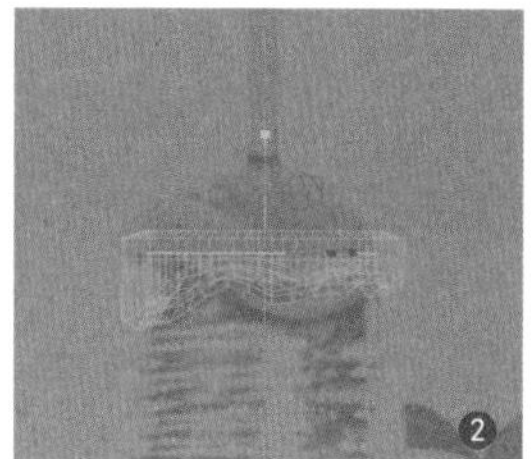

图 9.85

9 将内壁的孔洞进行封闭，图 9.86 所示为目前的蜂蜜效果。

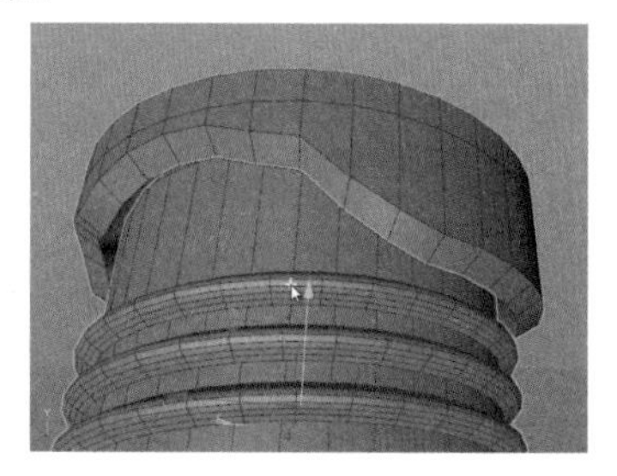

图 9.86

10 旋转视图到蜂蜜顶端，循环选择顶端的孔洞曲线❶，按【E】键选择“移动”工具，沿 Y 轴向上移动并复制该曲线，形成一个圆柱形❷，如图 9.87 所示。

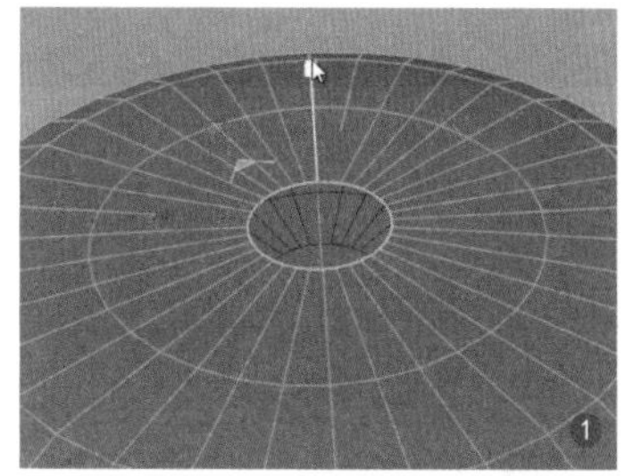

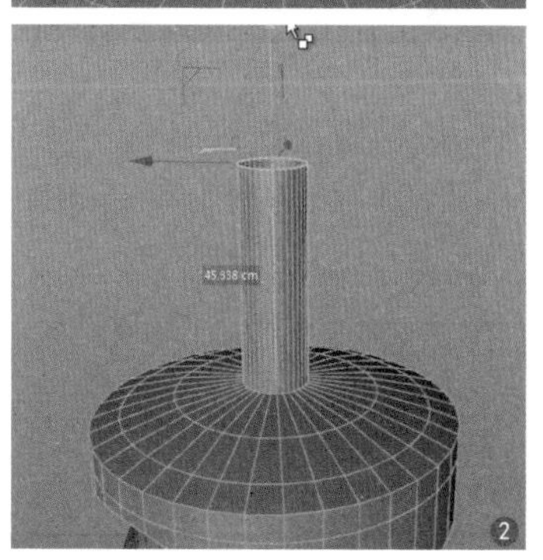

图 9.87

11 循环选择圆柱下端的曲线❶，按【M+S】组合键进行倒角操作❷，如图 9.88 所示。

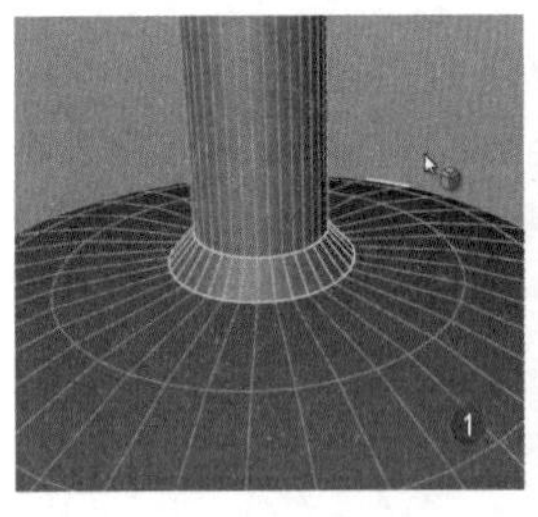

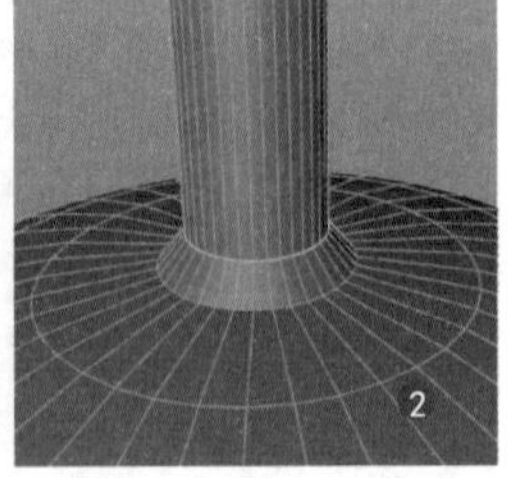

图 9.88

12 选择圆柱上的曲线❶，按【M+O】组合键，进行滑动加线操作（目的是让圆柱体更加光滑）❷，如图 9.89 所示。

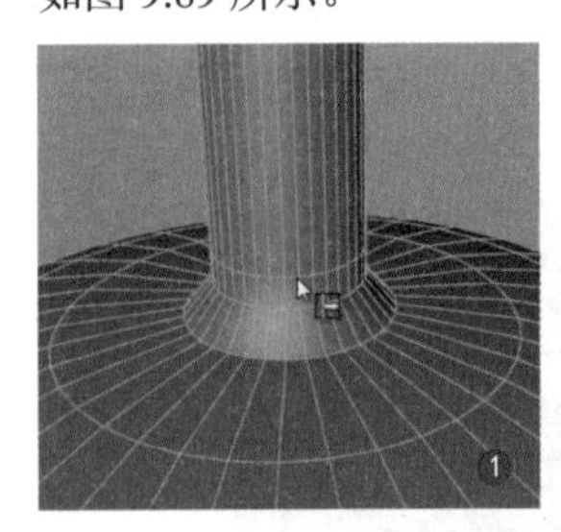

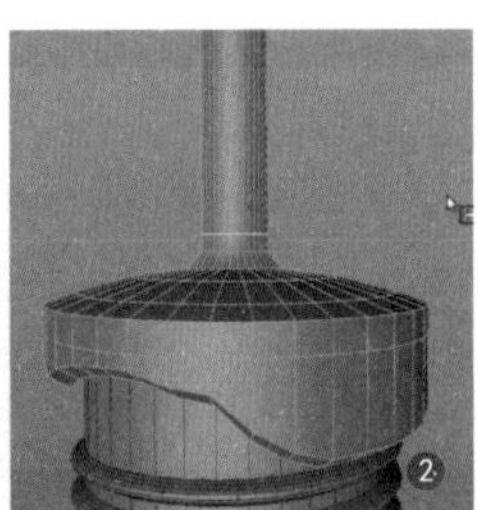

图 9.89

13 按住【Alt】键的同时单击按钮，给制作完成的蜂蜜多边形添加“细分曲面”命令，如图 9.90 所示。

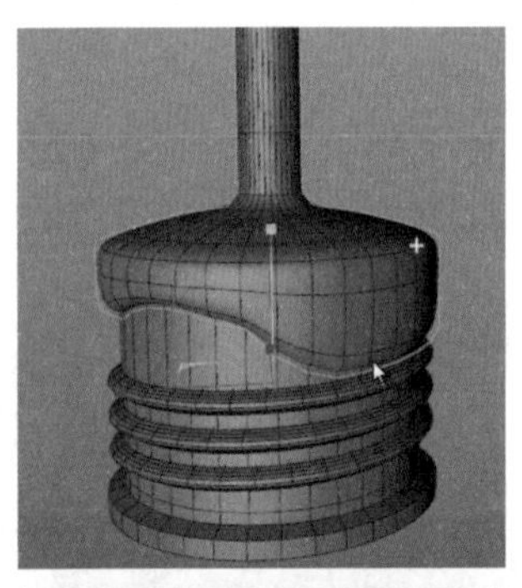
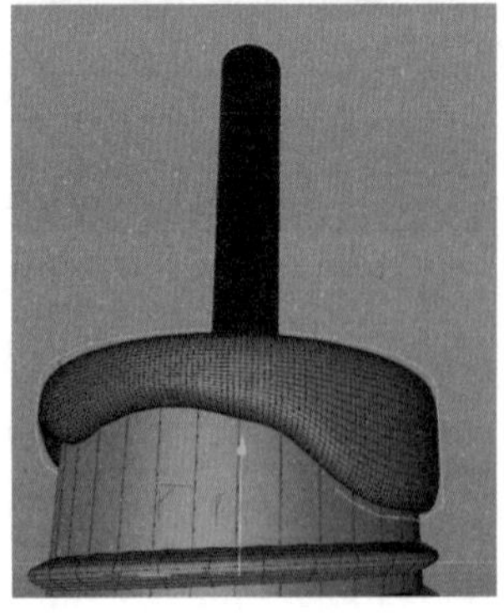

图 9.90

14 进行雕刻处理。选择蜂蜜物体，在“界面”下拉列表框中选择 Sculpt 选项，进入雕刻模式，如图 9.91 所示。

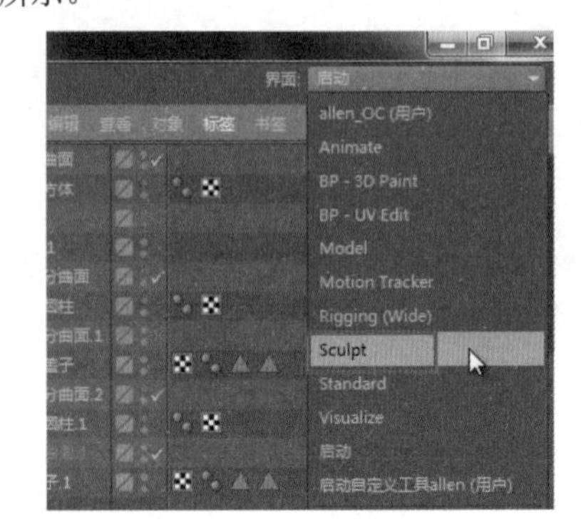

图 9.91

15 雕刻模式有很多雕刻工具，选择“平滑”工具对蜂蜜多边形进行涂抹❶，在视图中将会发现很多不同的操作方式。用“抓取”工具可以对模型局部加厚❷，如图 9.92 所示。

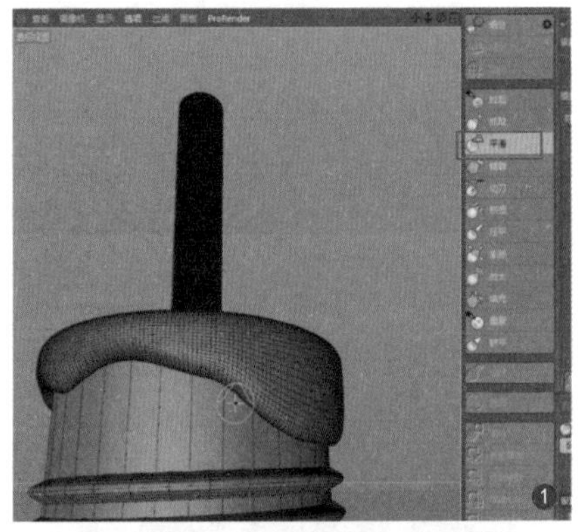

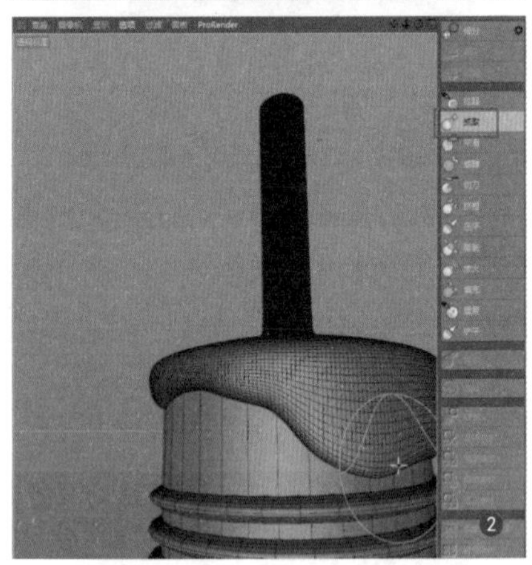

图 9.92

16 按住【Shift】键的同时拖动鼠标中键，可调节笔刷尺寸，如图 9.93 所示。

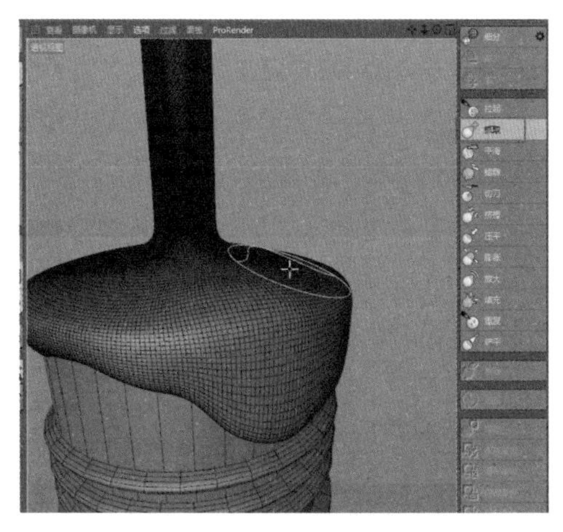

图 9.93

17 雕刻完成后在“界面”下拉列表框中选择“启动”选项，回到系统默认界面，如图 9.94 所示。

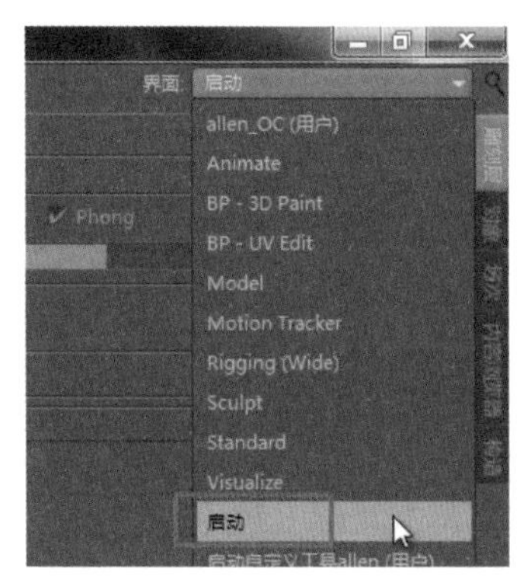

图 9.94

18 循环选择蜂蜜的圆柱体末端曲线，对其进行移动复制，让蜂蜜液体更长❶。❷为最终制作完成的模型，如图 9.95 所示。

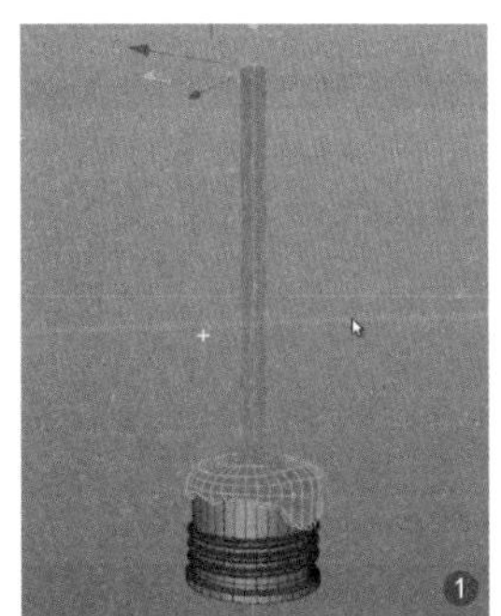

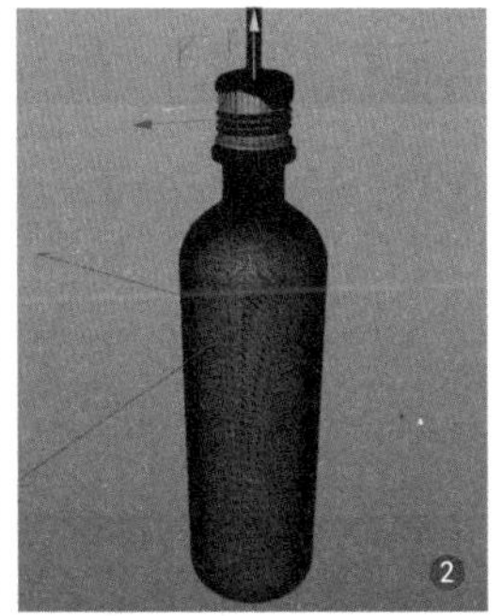

图 9.95

19 可以使用“等参线”显示模式，如图 9.96 所示，简化模型的细分显示。

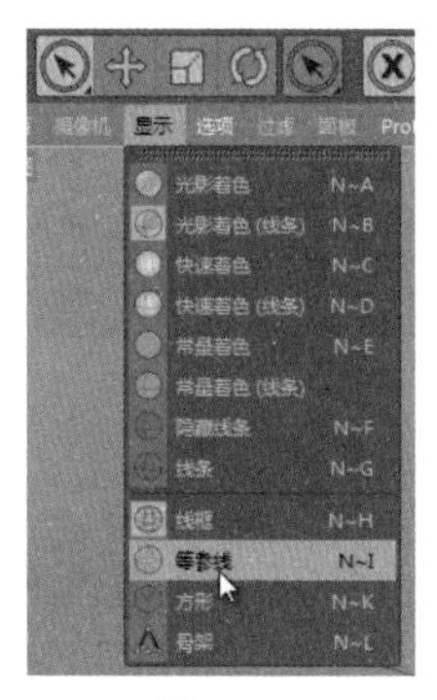

图 9.96

20 “等参线”显示的画面看上去更加美观简洁，如图 9.97 所示，布线也更容易识别。

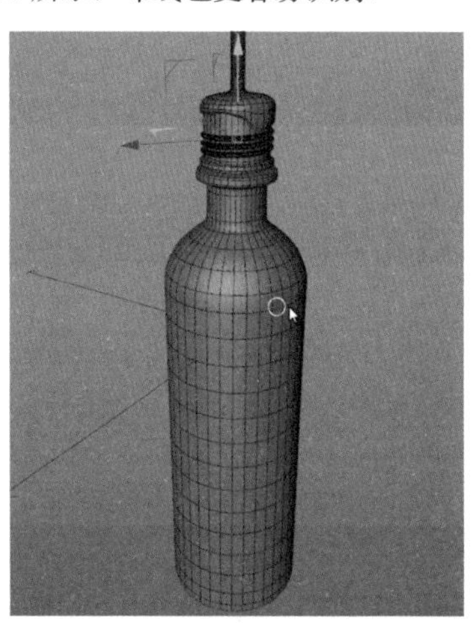

图 9.97

后面将学习如何为物体设置材质。至此，本例制作完成，效果如图 9.98 所示。

图 9.98

9.2 产品外观渲染

本例将利用折射率参数设置玻璃瓶材质，设置传输颜色控制液体表面，用镂空通道设置瓶子表面的镂空花纹。

工程：09\002.c4d

9.2.1 制作镂空彩漆瓶材质

1 新建一个“镜面”材质（玻璃瓶表面材质）❶，设置玻璃表面的“粗糙度”参数❷，设置玻璃的“折射率”参数❸，完成一个简单玻璃材质的制作，如图 9.99 所示。

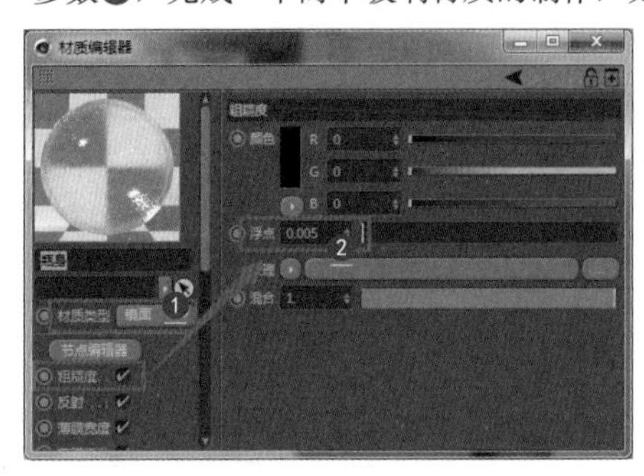
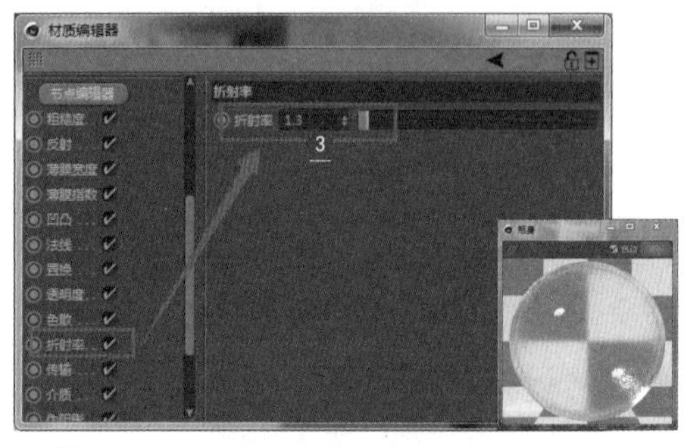

图 9.99

2 新建一个“镜面”材质（瓶内液体材质）❶，设置液体颜色❷，如图 9.100 所示。可以调整图像中 RGB 3 种颜色通道的值。3 种颜色代表 3 种通道。更改颜色可以调整其相关颜色通道的值。通道的默认颜色命名为红、绿和蓝，但是可以为它们指定任何颜色，而不必限制于红色、绿色和蓝色的变体。

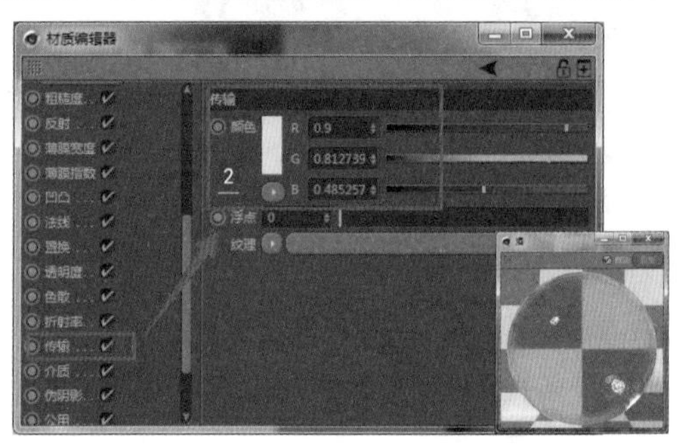

图 9.100

3 选择“伪阴影”复选框❶，让液体透亮，新建一个“镜面”材质（液体内的气泡）❷，如图 9.101 所示。伪阴影主要用来解决没有半透明材质阴影类型的问题。也就是说，这种材质阴影类型可以模拟如蜡烛、玉石、纸张等半透明材质，可以在材质的背面看到透光的灯光效果，也可以模拟如人的耳朵等在背光下的效果。

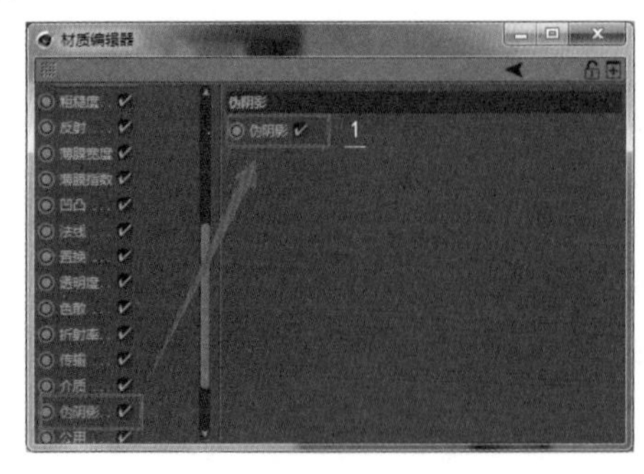
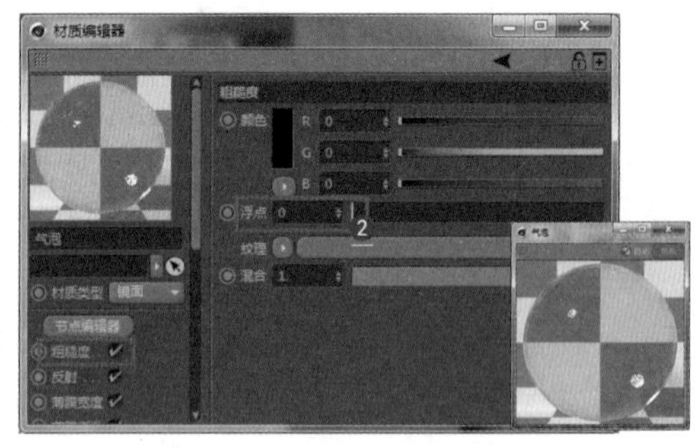

图 9.101

4 在“折射率”通道中设置“折射率”参数为 1.3（这是水的标准折射率参数），如图 9.102 所示。

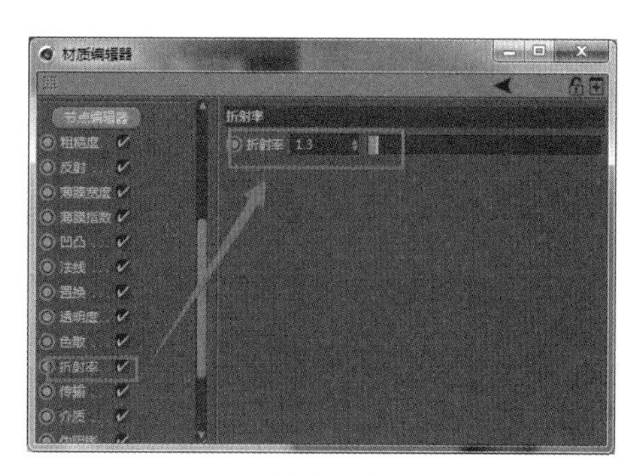

图 9.102

5 新建一个“漫射”材质（玻璃瓶的镂空花纹）❶，在“漫射”通道中设置“纹理”为“图像纹理”❷，❸为贴图效果，如图 9.103 所示。

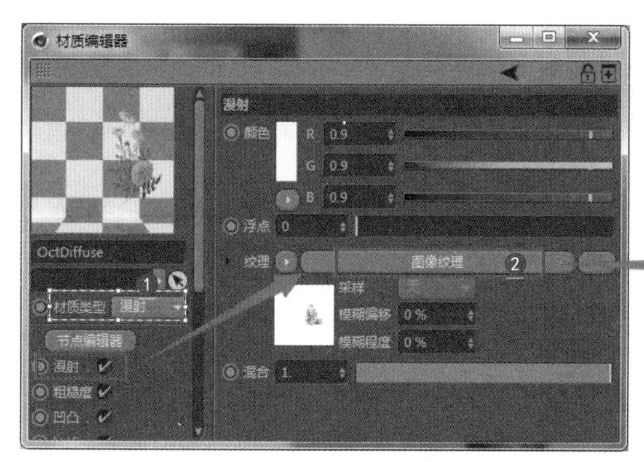

图 9.103

6 在“透明度”通道中设置“纹理”为“图像纹理”❶，设置类型为 Alpha（该图像本身具有通道属性）❷，❸为贴图效果，将镂空贴图赋予选中区域❹，如图 9.104 所示。PNG 格式是一种体积小、无压缩的带通道格式，用这种格式制作的场景渲染速度快，可快速产生遮罩，建议经常使用，它比 TIF 格式的渲染速度更快。

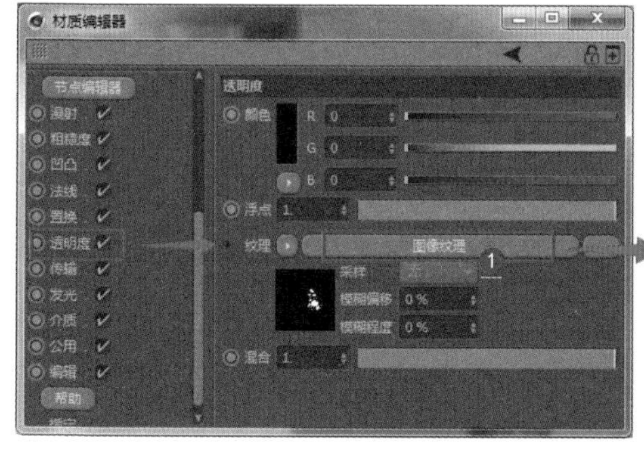

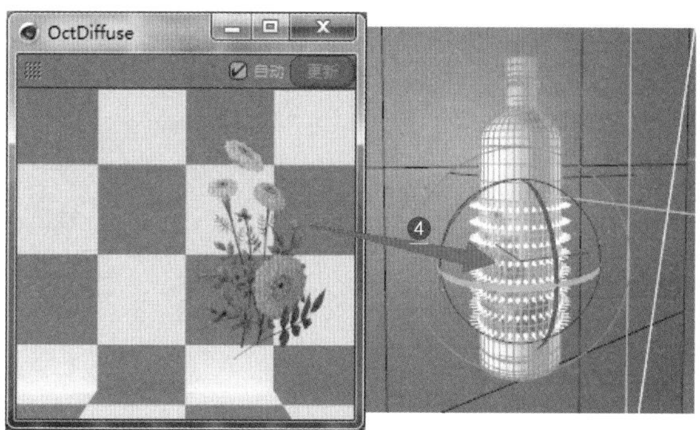

图 9.104

9.2.2 制作蜂蜜材质

本例将利用传输和折射率制作蜂蜜材质，设置散射介质来模拟半透明效果。

1 新建一个“镜面”材质❶，设置“粗糙度”参数❷，设置“折射率”参数❸，如图 9.105 所示。

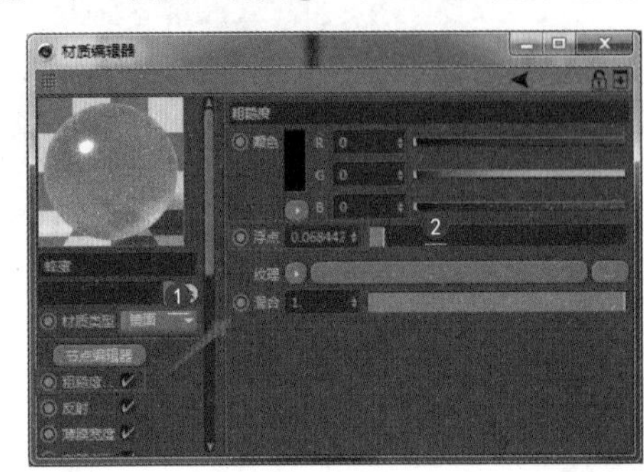

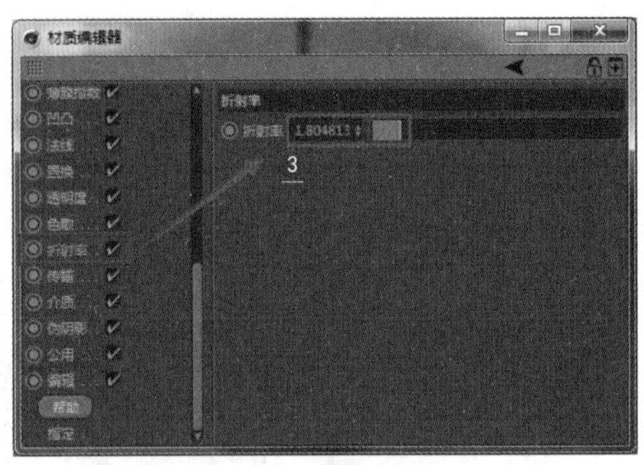

图 9.105

2 设置“传输”通道的颜色❶（蜂蜜的颜色），选择“伪阴影”复选框（让蜂蜜更透亮）❷，如图 9.106 所示，选择该复选框后将会使材质半透明，即光线可以在材质内部进行传递。

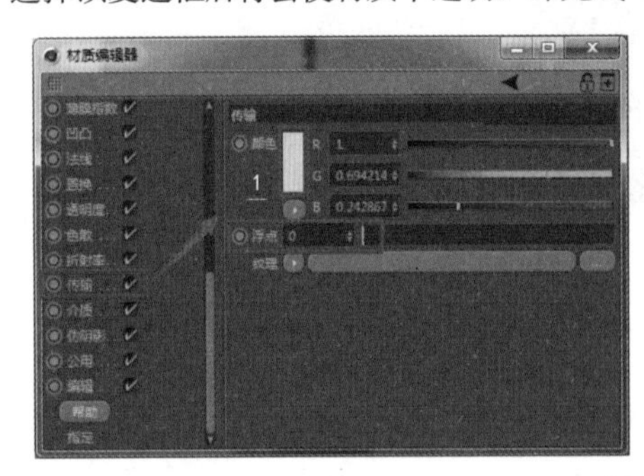

图 9.106

3 设置“介质”通道的“纹理”为“散射介质”❶（产生半透明效果），设置“吸收”参数❷（从蜂蜜内部透出厚重的阴影），设置“散射”参数（从蜂蜜内部透出亮光）❸，如图 9.107 所示。最终的渲染效果如图 9.108 所示，这种效果就是次表面散射（SSS）效果。

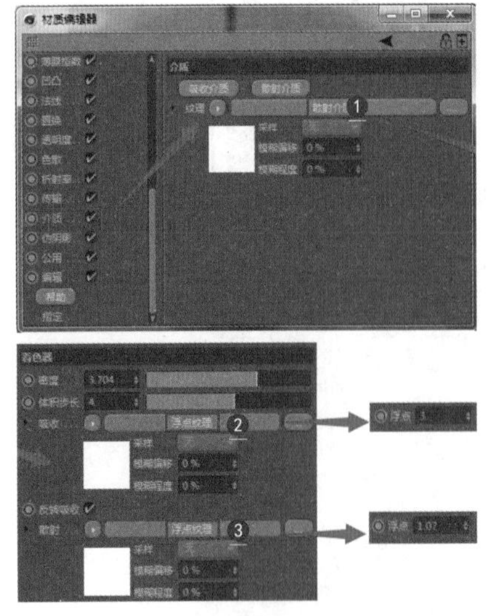

图 9.107

图 9.108